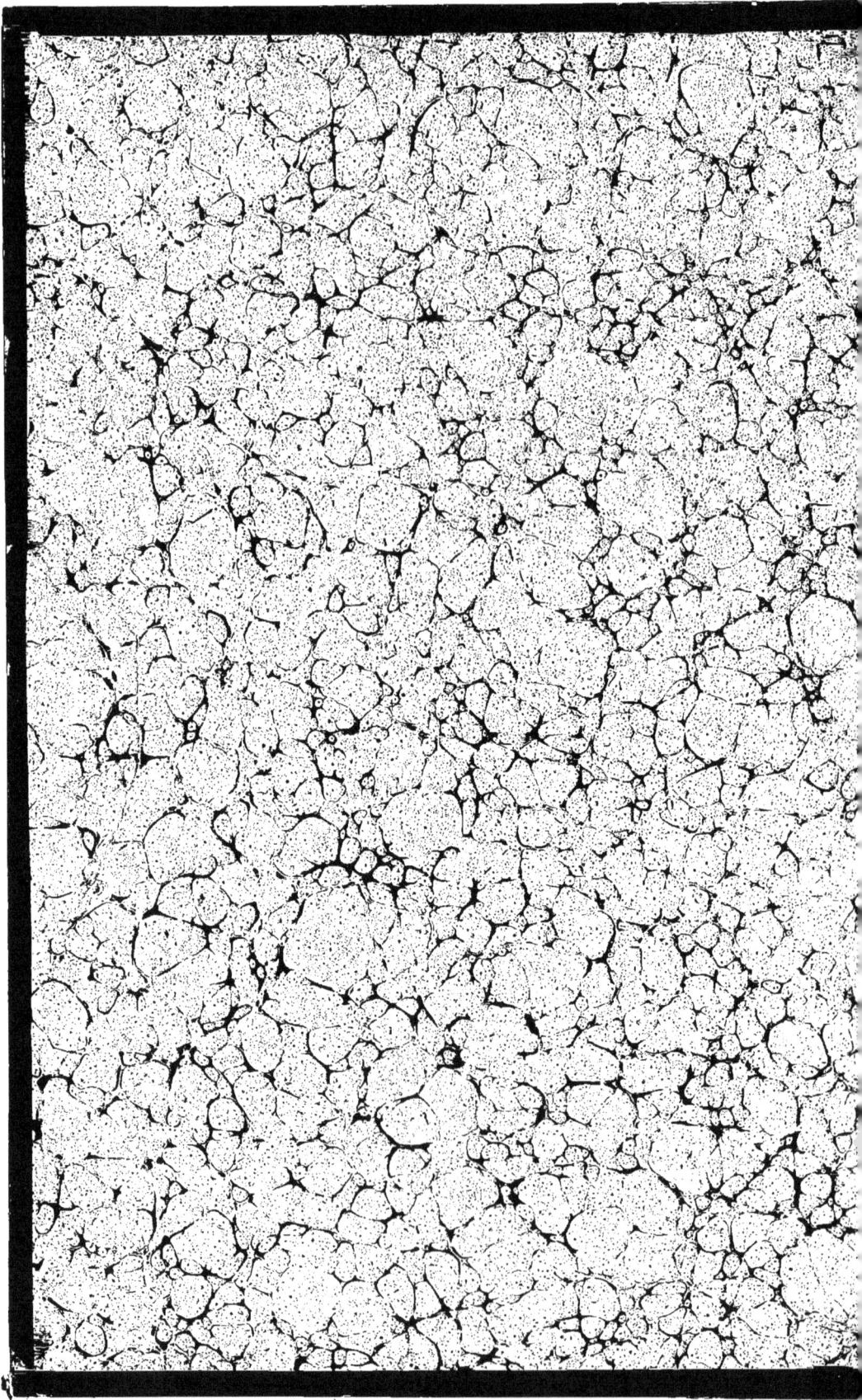

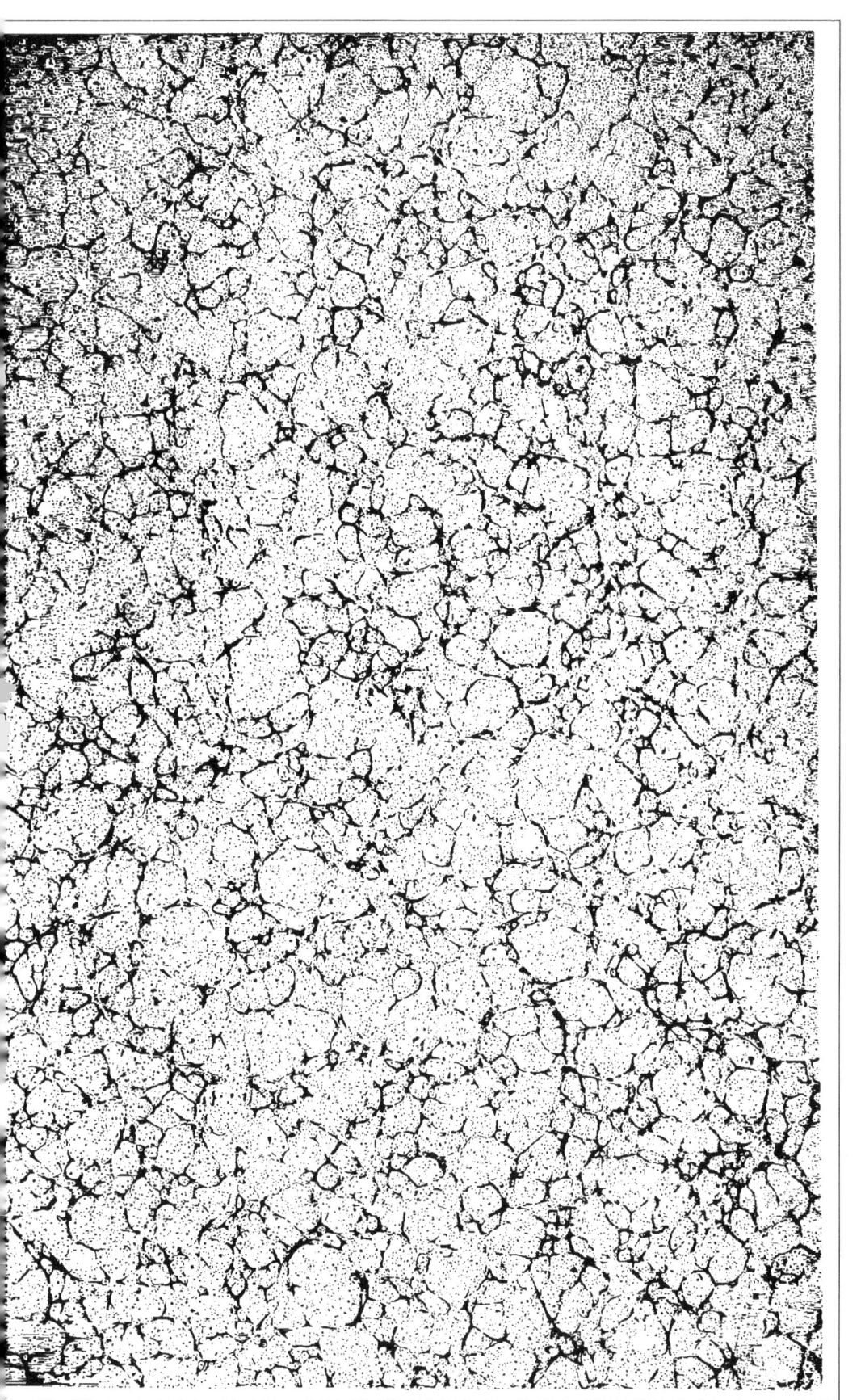

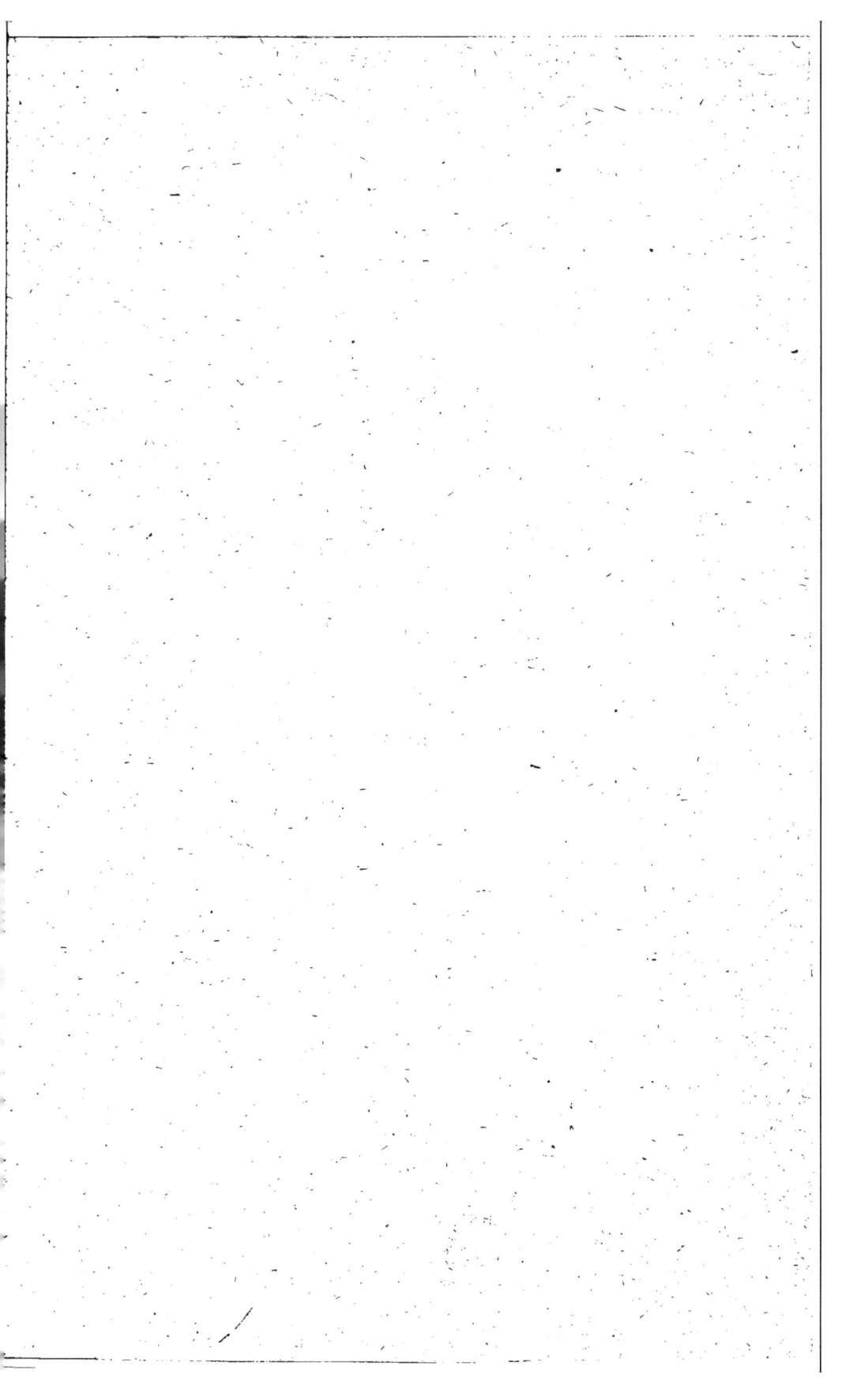

SUPPLÉMENT

AU

TRAITÉ DE L'EXPLOITATION DES MINES DE HOUILLE,

SUPPLÉMENT

AU

TRAITÉ DE L'EXPLOITATION

DES

MINES DE HOUILLE

OU EXPOSITION COMPARATIVE

DES

NOUVELLES MÉTHODES EMPLOYÉES EN BELGIQUE, EN FRANCE, EN
ALLEMAGNE ET EN ANGLETERRE, POUR L'ARRACHEMENT ET
L'EXTRACTION DES MINÉRAUX COMBUSTIBLES ;

PAR

A.-T. PONSON,

INGÉNIEUR CIVIL DES MINES.

TOME SECOND.

Edité par JULES PONSON, à Liége.

QUAI DE FRAGNÉE, 7.

LIÉGE.	PARIS.
A. FAUST, IMPRIMEUR-ÉDITEUR, Rue Sœurs-de-Hasque, 9.	J. BAUDRY, Éd., 15, r. des Sts Pères Même maison à Liége.

1867.

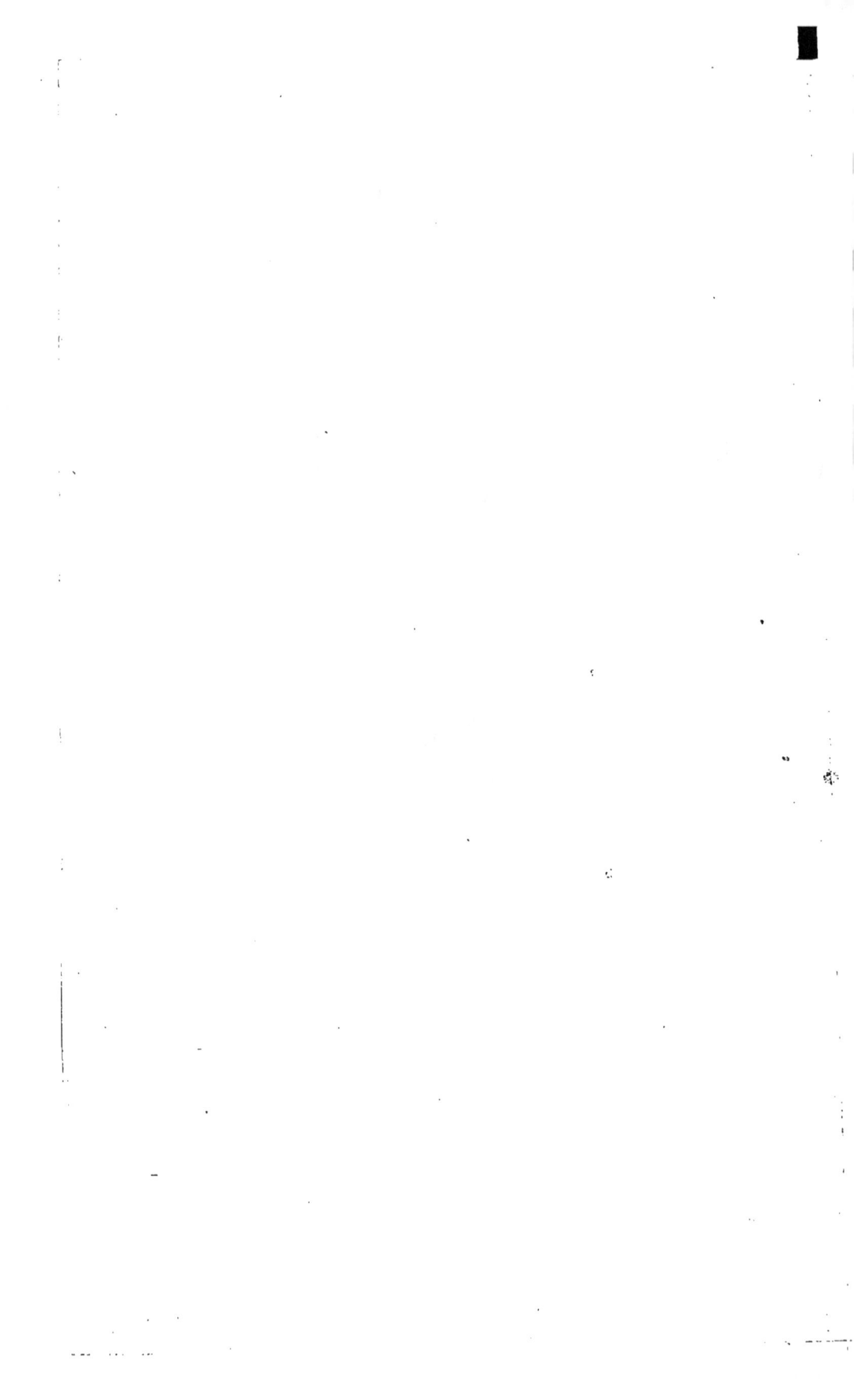

CHAPITRE V.

1ʳᵉ SECTION.

VOIES DE TRANSPORT INTÉRIEUR.

*Nécessité des modifications récemment apportées
aux chemins de fer souterrains.*

Le lecteur a vu, dans la première partie de cet ouvrage, les dispositions généralement usitées jusqu'ici pour les voies ferrées souterraines. Ce sont tantôt des rails plats en fonte ou en fer laminé, tantôt des rails saillants, avec ou sans bourrelets, encastrés dans des coussinets ou dans les entailles des traverses et assujétis par des cales en bois ou en fer, etc. Ces bandes de fer saillantes, dont la section est presque toujours trop faible, fléchissent sous l'influence des voitures agissant latéralement ou verticalement. Pour éviter cet inconvénient, le mineur peut diminuer les portées en multipliant les traverses ; mais alors il se heurte contre cette difficulté d'installer ces dernières dans un même plan horizontal et surtout de les maintenir dans cette position, et les rails sortent des échancrures ou des coussinets dans lesquels on les a encastrés. Les cales, qui ne peuvent être ajustées avec précision, prennent du jeu et se détachent ; alors les abouts des rails, ne se trouvant plus sur le même niveau, forment des saillies contre lesquelles viennent buter les roues des voitures, au grand détriment de ces dernières et de la voie elle-même. Enfin, les traverses, qui n'offrent pas une résistance suffisante, s'affaissent sous le choc du sabot des chevaux, ce qui détermine le rapprochement des rails Ces accidents nécessitent des réparations fréquentes, qui prennent beaucoup de temps et sont, par conséquent, désavantageuses, non par elles-mêmes, car leur prix est minime, mais par les retards qu'elles apportent à la circulation des produits. Or, la profondeur croissante, au-dessous du sol, des points où s'effectuent les travaux d'arrachement force l'ingénieur à donner aux galeries de roulage des longueurs considérables et à majorer le volume de la houille extraite par un même puits. Mais comme cet accroissement de la circulation des produits détermine dans le transport une extrême activité, incompatible avec ces retards, le mineur a recours à l'emploi de rails à grande section ou de rails dont la forme présente le maximum de résistance ; il cherche les dispositions les plus capables d'assurer la promptitude du montage et du démontage, en les conciliant, autant que possible, avec les conditions de stabilité et les considérations économiques.

Les voies ferrées de nouvelle création se divisent en deux classes, d'après la nature de la traverse qui peut être soit en bois, soit en fonte ou en fer malléable.

Voies ferrées souterraines avec traverses en bois.

Les rails à patte (rails vignoles à ⌐), plus ou moins mo-

difiés dans leur forme ou leur pose , sont employés dans
bon nombre de mines du continent. Les figures 1 à 4 de
la planche XXIII représentent quelques-uns des modules
westphaliens et la figure 5, le module des mines de Seraing,
près de Liége. La semelle constitue une large base, fort
convenable pour assurer la stabilité des voies permanentes et des voies qui doivent recevoir des voitures à
fortes charges. Ces rails, sans éclisses, sont fixés, au
moyen de clous à crochets ou à tête recourbée, sur des
traverses, ou billes en bois, distantes de 0.80 à 1.20 m.
d'axe en axe. Les billes — que l'on choisit plus larges
pour les points de jonction de deux rails consécutifs —
sont munies d'échancrures dans lesquelles se logent les
pieds des rails, dont elles préviennent l'écartement.

Les rails à talon de M. l'ingénieur de Soignies, ne sont
autres que des rails à pattes munis d'une nervure à la
surface inférieure de leur base. Ils sont, de même que ceux
là, fixés sur des traverses en bois par des vis ou par des
crochets et s'assemblent entre eux par des éclisses. Quoique
la nervure, qui se loge dans une entaille de la traverse,
augmente le poids du rail, son influence est néanmoins
assez grande sur la rigidité de celui-ci pour que, à poids
égal, il résiste mieux et ne soit pas plus coûteux que les
rails à pattes ordinaires (1). Les déviations (déraillements)
des voitures, qui parfois déterminent l'arrachement du rail
sur toute sa longueur, deviennent ici beaucoup plus rares,
parce que les rails, cloués sur les traverses, conservent
toute la hauteur de leur saillie, auparavant fort réduite par
l'encastrement dans les billes ou dans les coussinets, en
sorte que les roues ne sont plus exposées à ces fréquents
et énergiques frottements, causes des déraillements.

(1) *Revue universelle*, 1859, 4e livraison, p. 136.

Les exploitants des mines de Johann Friedrich, près de
Bochum, et de Steingat Christine (district d'Essen), ont
essayé de faire porter les rails vignoles sur des dés en
pierre. Le prix de ces dés n'excédait celui des traverses
en bois que de 4 centimes ; mais la pose coûtait un tiers
en plus. Cependant, on espère être indemnisé de cette dernière différence de prix par une plus grande durée (1).

A la mine de houille, dite Massen 11 (district de Dortmund), on a fait les changements de voie, les embranchements et surtout les gares d'évitement de l'intérieur et du
jour en pièces d'acier fondu, qui ne réclament presque
jamais de réparations et sont d'une grande durée.

Les rails à pont, ou américains, à ⊓ et à ⋀, dits aussi de
Brunnel ou de Barlow, des noms de leurs auteurs, sont d'un
fréquent usage dans les mines des comtés de Durham, de
Northumberland et de Lancastre. Le poids moyen des grands
modules (fig. 7) est de 10 kilogr. par mètre courant. Les
autres (fig. 8) ne pèsent que 8 kilogr. pour la même
unité. La base de ces rails est percée de trous à travers
lesquels passent les clous qui servent à les fixer sur les
traverses.

Comme ces rails, au sortir du laminoir, sont coupés à
grande longueur, on doit, en raison de l'avancement journalier de la voie, employer devant le front d'entaillement
des bouts de rails plus courts. Les traverses consistent en
pièces refendues de pinastre, ou pin sauvage, d'un équarrissage de 0.10 sur 0.10 m.

Les chemins de fer ainsi construits sont très-stables,
aussi s'en sert-on communément pour le transport mécanique.

---

(1) PREUSS. ZEITSCHRIFT. *Bd.* X, *S.* 206.

Voies avec traverses en fonte.

Les rails plats, ou rails à équerre, en usage dans un grand nombre de mines de la Prusse, le sont encore exclusivement dans celles d'Écosse et du Sud du pays de Galles.

Dans quelques localités, les voies formées de rails de cette espèce ont été l'objet de perfectionnements notables. C'est ainsi que, à la mine d'Abercarn, les rails en fonte sont munis, à leurs abouts, d'appendices saillants, qui s'engagent librement dans des ouvertures ménagées aux extrémités des traverses, également en fonte de fer. De cette manière, aucun mouvement n'est possible suivant l'axe et, lorsque le jeu est trop grand entre la traverse et le rail, il suffit d'y introduire un coin en bois. Cette disposition permet, en outre, de monter et de démonter la voie avec promptitude et facilité [1].

Voies ferrées avec traverses en fer malléable.

M. Hardy, ingénieur du charbonnage de Belle-et-Bonne (Couchant de Mons), construit des voies avec des rails à patte américains, disposés de la manière suivante (fig. 12 à 17) :

Ces rails ont une longueur uniforme de 2.50 m. Leur semelle est entaillée, du côté extérieur seulement, en trois points : au milieu de leur longueur et à leurs deux extrémités, de telle façon que le fond des entailles et la face verticale du rail soient dans le même plan.

Des cornières provenant de fers à équerre coupés à longueur convenable font office de coussinets ; leur face verticale, appliquée contre le fond des entailles, est pourvue

[1] PREUSS. ZEITSCHRIFT. *Bd.* 8, *S.* 186.

de trous correspondant à ceux des barres ; les trous sont traversés par de petits boulons qui relient les deux organes ; la tête de ces boulons est placée à l'intérieur de la voie et les écrous à l'extérieur. Les cornières du milieu, ou *cornières-coussinets*, ont 5 centimètres de longueur ; celles des extrémités, c'est-à-dire celles qui reçoivent les abouts de deux rails consécutifs, ont 7 centimètres. Elles sont percées de deux trous que traversent également de petits boulons. On les appelle *cornières-éclisses*.

La base des cornières est rivée sur des traverses consistant en fers à double équerre, ou à gouttière, coupés à 0.73 m. de longueur, afin de permettre l'installation d'une voie de 0.60 m. de largeur, mesurés d'axe en axe.

L'auteur de ces constructions (1) annonce que, depuis plus de deux ans, elles n'ont réclamé aucune réparation et que, sous le rapport de la stabilité du roulage, elles ne laissent rien à désirer.

M. Barthélemy Godin, ingénieur de la houillère du Paradis, à Liége, vient d'être breveté pour un nouveau système de traverses en fer malléable. Ce sont de vieux rails, coupés à longueur convenable, dont on replie en équerre les deux bouts. On fixe les rails à l'intérieur de ces traverses, au moyen de rivets ou de boulons (fig 17 bis et ter), et l'on obtient ainsi un ensemble aussi solide que léger. Ce système permet de donner aux rails une hauteur relativement faible, puisqu'ils conservent toute cette hauteur au-dessus des traverses.

Il y a quelques années, les voies souterraines des mines d'Anzin se composaient de barres de fer malléable à section trapézoïdale, de 10 mm. d'épaisseur, sur lesquelles des coussinets en fonte étaient solidement rivés ; mais,

(1) *Bulletin de la Société des anciens élèves de l'École des mines du Hainaut.* 8ᵉ nᵒ, p. 68 et 9ᵉ nᵒ, p. 135.

comme ceux-ci se brisaient fréquemment sous l'action des rivures, M. Desprez, sous-directeur du matériel de ces établissements, eut l'idée de couler directement les coussinets sur les barres, en provoquant l'adhérence des deux métaux par des trous, des hâchures ou des encoches, pratiqués aux extrémités de la traverse. Cette opération a eu un plein succès. Les coussinets sont doubles dans tous les points où se réunissent les abouts de deux rails consécutifs, et partout ailleurs, simples, c'est-à-dire moins larges. Ces coussinets reçoivent des rails de formes diverses, mais toujours invariablement fixés par deux clavettes en bois, mises à deux côtés opposés.

Les rails que l'on considère comme convenant le mieux dans les cas ordinaires consistent (Pl. XXIII, fig. 18 à 21) en barres méplates à section trapézoïdale arrondie à la partie supérieure. Ils servent à la circulation de roues à gorge (sorte de poulies) coulées en coquille. Les traverses en fer, que l'on place à 0.80 m. d'axe en axe, durent plus longtemps et coûtent moins que celles de bois.

Les rails à double champignon (fig. 22 et 23), ajustés de la même manière, s'appliquent aux voies permanentes qui, à cause du poids considérable des produits à transporter, réclament une grande stabilité.

Quelques ingénieurs pensent qu'on peut reprocher aux traverses de cette espèce un défaut de résistance à la flexion par suite duquel elles cèdent sous le poids des chevaux, rapprochent les rails et déforment la voie. Mais un long usage dans les mines d'Anzin n'a pas confirmé cette opinion.

Les coussinets en fonte ordinaire, fixés sur les traverses par des clous ou des rivets, ont une fragilité due autant à la matière qui les compose, qu'aux défauts de fabrication ; aussi se brisent-ils assez fréquemment sous l'action des

chocs incessants auxquels ils sont exposés. C'est pour
ce motif, qu'un ingénieur français a proposé, dans ces
derniers temps, de replier en forme de coussinet les extrémités des traverses en fer malléable et de loger entre les
mâchoires un rail de forme quelconque en le serrant avec
une forte clavette en bois.

Les résultats de cette disposition seraient fort avantageux sous divers rapports : ainsi l'élasticité du coussinet
permet d'y chasser la clavette sans le casser ; agissant sur
le rail à la manière d'un ressort, il détermine une grande
efficacité dans le calage ; enfin son poids est moindre que
celui du même organe en fonte et son prix, moins élevé.
Malheureusement, en cas de rupture de l'un des coussinets,
la traverse entière doit être remplacée. Or, ces ruptures
sont fréquentes, car le poids des voitures se faisant principalement sentir sur les points extérieurs, ils tendent à
fléchir et, comme rien ne s'oppose à cette flexion, le coussinet, tiraillé, finit par se casser. Les exploitants des mines
du Pas-de-Calais, qui avaient essayé ce système, ont fini
par l'abandonner.

M. Arnould se soustrait à l'inconvénient sans perdre aucun des avantages qui précèdent, en formant la traverse
et les coussinets, également en fer battu, de trois pièces
qu'il réunit ensuite par des rivets (fig. 24 et 25).

Les voies ainsi construites ont une grande durée et sont
peu sujettes aux ruptures, parce que les coussinets reposant sur la traverse, le poids des voitures se répartit sur
toute la surface de celle-ci ; enfin, si un coussinet vient à
se briser, il suffit de lui en substituer un nouveau.

Le même ingénieur établit encore des chemins de fer
d'une grande solidité, en profitant des avantages considérables des éclisses, qu'il dispose d'une manière fort simple,
(fig. 26 et 27). Des bandes de fer, *A*, un peu plus longues

que le coussinet ont leurs extrémités pliées d'équerre, elles forment deux tenons, qui pénètrent dans des trous correspondants des rails. La pose est facile : les rails étant juxtaposés par leurs abouts, on introduit les tenons de l'éclisse dans les trous et l'on établit l'ensemble dans le coussinet de manière que le joint en occupe le milieu ; puis on serre par une clavette en bois échancrée,

M. Sadin, ingénieur de la mine des Produits, près de Mons, écrit à l'auteur de ces lignes, en date du 26 août 1862, que déjà plus de 15000 traverses avec éclisses sont établies dans les mines qu'il dirige. Elles forment des voies d'une grande stabilité, condition importante pour un transport actif qui a pour objet des quantités de houille quelque peu considérables. La traverse et l'éclisse établissent, par un lien des plus simples, une solidarité complète entre tous les rails ; les abouts de ceux-ci ne peuvent sortir des coussinets et former des saillies, origine de ces chocs si destructifs des voitures et de la voie elle-même. L'élasticité des coussinets permet un calage toujours parfait et, avec ces organes, on n'est plus exposé aux déraillements. M. Sadin estime que la régularité des travaux souterrains a déjà remboursé et au-delà la dépense occasionnée par l'installation du système.

Rails mobiles, cylindriques, applicables au transport sur les haldes des houillères.

On trouve dans les ardoisières de Pennrhyn, près de Bangor (Nord du pays de Galles), des chemins de fer qui se montent et se démontent si facilement qu'on peut les considérer comme mobiles (1).

(1) PREUSS. ZEITSCHRIFT. *Bd.* X. *S.* 57.

Les rails (fig. 28) — en fer malléable — ont une longueur de 3.65 à 4.25 m. sur un diamètre de 37 mm. ; leurs abouts, recourbés à angle droit, forment des tenons destinés à pénétrer dans des ouvertures circulaires ménagées aux extrémités de traverses en fonte de fer (fig. 29), où elles se maintiennent sans cales.

Les voies de garage, établies conformément à la fig. 30, se composent de plaques en fonte, a, munies d'appendices latéraux, qui servent à les attacher à de fortes traverses. Ces plaques reçoivent les extrémités des rails et portent des aiguilles, b, b', pièces en fer forgé, pouvant tourner autour de leurs axes, c, c', pour s'ajuster suivant les cas, en cb ou en cd. Le rail tourne autour de f. Si le transport, après s'être effectué de X en Y, doit continuer suivant la direction XZ, les deux aiguilles sont portées en d et d', le rail h est enlevé pour faire place à fe dont l'extrémité vient se placer sur le prolongement de $c'd'$.

Ces voies, faciles à installer et à déplacer, offriraient des avantages pour les transports astreints à changer fréquemment de direction, tels que ceux qui doivent s'opérer sur les tas de houille, sur les carreaux des mines, etc.

II° SECTION.

VASES DE TRANSPORT INTÉRIEUR.

Caisses de voitures en tôle de fer ou en bois.

Chacune des deux substances offre des avantages et des désavantages spéciaux. Si, d'un côté, la durée de la tôle est à celle des planches comme 1.52 est à 1 ; si la contenance des voitures en tôle est de $\frac{1}{10}$ à $\frac{1}{16}$ plus grande que celle des autres, à volume égal, d'un autre côté, elles sont plus lourdes ; ensuite le défaut de rigidité de la tôle ne permet pas d'y attacher les essieux avec toute la solidité désirable ; enfin, les mineurs westphaliens ont trouvé qu'elle se corrode promptement dans les mines dont l'eau est acide ou salée.

Les voitures à caisses en bois coûtent environ 30 pour cent de moins que les voitures avec caisses en tôle ; elles sont plus faciles à réparer ; plus légères, surtout dans les mines sèches ; mais dans une atmosphère humide, elles perdent une partie de cet avantage et s'alourdissent ; dans les conditions ordinaires, cette différence de poids n'est pas aussi considérable qu'on serait tenté de le croire, car elle ne s'élève qu'à $\frac{1}{13}$ en faveur du bois.

Les causes principales de la détérioration des vases de

transport sont les chocs que produisent la chûte de matières pendant le chargement, et les déraillements sur les
plans automoteurs. Les chocs provenant du chargement,
ont peu d'effet sur les caisses en bois et ne font, d'ailleurs,
que des dégats faciles à réparer; ils sont plus nuisibles
aux caisses en tôle; mais non aux voitures mixtes, dont il
sera fait mention plus loin.

Quant aux chocs de la seconde espèce, leur action se
faisant sentir latéralement les rend désastreux, en ce
qu'ils brisent complétement ou tout au moins détériorent
profondément la caisse, qui alors se comporte d'après la
nature de la matière dont elle est composée. En effet,
qu'une voiture en tôle soit jetée hors de la voie ou précipitée, par suite de la rupture de la chaîne d'attache, au
bas d'un plan incliné, sa caisse, déchirée, écrasée, ne sera
plus qu'une ferraille bonne à mettre au rebut, ou si elle
n'est que déformée avec bris de certaines pièces de l'armature, encore les réparations réclamant l'intervention d'ouvriers spéciaux, deviendront fort coûteuses. En pareils
cas, au contraire, les caisses en bois simplement détério-
rées n'exigeront que le remplacement de quelques planches,
par le charpentier de la mine; et si la rupture est complète,
il pourra appliquer à une nouvelle caisse les ferrures
redressées et réparées de celle qui a été brisée.

Des expériences comparatives, faites dans un grand
nombre de mines du bassin de la Ruhr, ont établi pour
cette localité la supériorité du bois sur le fer. On a observé
notamment que les wagons en bois de la mine de Dalhau-
ser, construits dans le cours de l'année 1836, étaient encore en état de parfaite conservation en 1855. Cette longue
durée a été attribuée, en partie, à une peinture de minium
et d'huile de lin dont ils avaient été recouverts.

D'autres expériences ont eu lieu dans les puits n°s 8 et

12 du Grand-Hornu (Couchant de Mons) (1). Ces expériences ont duré 7 mois et ont porté sur 123 voitures en bois et 167 en tôle; les premières coûtaient 23.95 et les secondes, 39.60 fr. La moyenne de la dépense en réparations de chaque voiture en bois a été de 15.09 et en tôle, de 29.95 fr., ce qui, pour une année, donnerait respectivement 25.57 et 51.43 fr., ou une économie de 51 pour cent par l'emploi des caisses en bois. — Pendant le cours des essais, 29 caisses en bois et 26 en tôle ont été mises hors de service; les premières, possédant encore une valeur de 12.03 fr. et les secondes, de 8.64 fr. Enfin, les travaux des deux puits avaient pour objet l'exploitation de 7 couches, dont six étaient pourvues de plans automoteurs, conditions fort défavorables, comme on vient de le voir, aux voitures avec caisses en tôle.

Il semble résulter de ce qui précède, que la tôle peut être appliquée dans les mines où des voies convenablement établies n'exposent les voitures qu'à des chocs faibles ou peu nombreux et où la circulation sur des plans automoteurs est fort restreinte; mais que le bois est préférable lorsque des chocs fréquents et énergiques sont à craindre et les plans automoteurs, multipliés.

Voitures mixtes ou composées de bois et de tôle.

Déjà, en 1853, quelques mineurs westphaliens ont adopté avec succès des wagons mixtes, c'est-à-dire composés de parois latérales en fer et d'un fond en bois, sur lequel les essieux trouvent un point d'appui plus solide qu'avec la tôle, sans que le poids total du vase soit sen-

_____

(1) *Bulletin de la Société des anciens élèves de l'École des mines du Hainaut.* 3e numéro, page 35.

siblement plus fort. Cette disposition, imitée par les exploitants des mines de Blangy, pour des wagons d'une contenance de 6 et de 12 hectolitres, réduit l'intensité des chocs dûs au chargement, de même que le prix des réparations si coûteuses reprochées au caisses en tôle.

M. Delsaux, ancien élève de l'École des mines de Mons, a aussi composé des voitures de ce système et les a mises en usage au puits St-Antoine, de la houillère de l'Escouffiaux, au Couchant de Mons. Malheureusement, ces expériences et beaucoup d'autres ont été interrompues par la mort de cet ingénieur, enlevé au début d'une carrière si bien commencée.

Dans ces voitures, le fond en bois, solidement construit, sert de train et forme saillie sur la caisse, afin de recevoir la presque totalité des chocs latéraux dont les réparations sont alors faciles et peu coûteuses. La caisse, en partie préservée des chocs par le train et composée de surfaces planes, ne réclame que des réparations insignifiantes. Enfin, l'inventeur a choisi dans les deux systèmes, pour en faire un wagon mixte, les parties qui semblent présenter les conditions de solidité les plus favorables. Toutefois, l'épaisseur du fond en bois rend la voiture susceptible de s'alourdir par l'humidité. Ce wagon pèse 150 kilogr., contient 5 hectolitres et coûte fr. 75.

Capacité des voitures affectées au transport souterain.

Tous les ingénieurs sont d'accord sur ce point que la capacité, la forme et les dimensions des vases de transport dépendent de la section des galeries, de la puissance du gîte et du mode d'exploitation. La contenance des petits wagons est comprise entre 3 et 6 hectolitres, celle des grands, entre 6 et 12.

Une grande capacité permet d'obtenir du moteur le transport de fortes charges ou le maximum d'effet utile et, par conséquent, de diminuer notablement le personnel appliqué au roulage. Elle détermine aussi une réduction considérable dans la proportion du poids mort, qui est d'autant moindre que les dimensions du vase sont plus considérables. Les roues d'un grand diamètre, donnant lieu à moins de frottements facilitent la traction. Enfin, le nombre des gares d'évitement est réduit au minimum.

Un rouleur agissant sur un chemin de fer bien établi provoque aussi facilement la marche d'un wagon de huit hectolitres que d'un de quatre et, comme les roues ont un plus grand diamètre, le grand wagon, une fois lancé, acquiert une vitesse à peu près proportionnelle à cet accroissement de diamètre.

Mais à côté de ces avantages, viennent se placer des inconvénients qui leur ôtent beaucoup de leur importance.

La surélévation du centre de gravité au-dessus du sol rend les grands wagons moins stables que les petits. La hauteur où se trouve l'orifice de la caisse, rend le chargement plus pénible.

Les manœuvres accidentelles résultant des déraillements occasionnent l'encombrement de la voie ; le transport est interrompu en divers points simultanément par la nécessité où se trouve le rouleur d'appeler à son aide une partie du personnel du transport ; tandis qu'il est en état, seul et armé d'un levier, de remettre promptement sur la voie un wagon de petites dimensions. Ces accidents sont d'autant plus graves et plus nombreux que la voie est plus défectueuse ; mais lorsqu'elle est solidement établie, les voitures de grande capacité peuvent reprendre leur supériorité.

Appelées à desservir des couches minces, elles exigent

l'agrandissement de la section des galeries par l'entaillement des roches encaissantes, et un boisage dont les pièces
soient plus longues et d'un plus fort équarrissage et, par
suite, d'un entretien plus coûteux. Mais cette objection n'a
de valeur que relativement aux galeries ascendantes,
puisque, pour appliquer les chevaux aux voies principales,
que l'on prolonge actuellement à de grandes distances du
puits d'extraction, il est indispensable d'exhausser les galeries.

L'emploi des wagons de grandes dimensions semble devoir être limité aux voies horizontales ; car leur ascension
à vide et à bras d'hommes, même avec de faibles inclinaisons, réclame un nombreux personnel ; ou si, l'inclinaison
s'accroissant, les galeries sont transformées en plans automoteurs, il faut, pour leur donner une grande section,
arracher, à grands frais, des roches stériles; de plus, le
frein, dont la solidité doit être proportionnée au poids
qu'il s'agit de modérer à la descente, cesse d'être facile à
déplacer ; enfin, comme le wagon ne peut suivre l'avancement journalier du chantier d'arrachement, on doit pré-
poser un ouvrier tout exprès pour faire parvenir au point
de chargement les houilles provenant du front de taille.

Lorsqu'on examine les calculs auxquels se sont livrés
quelques ingénieurs dans une discussion qui s'est élevée
sur ce sujet (1), il est facile de voir que les grandes voitures
fonctionnant sur des chemins de fer horizontaux, stables
et bien entretenus, offrent des avantages notables, même
dans les couches minces; mais que, partout ailleurs, la supériorité des petites voitures est incontestable.

L'aménagement des couches droites devient fort coûteux

---

(1) *Exploitation de la houille en Belgique*, par Tonneau, p. 80.
Données sur l'exploitation de la houille dans la province de Liége,
par Thiry, p. 28.

si chaque taille doit nécessiter le creusement d'une galerie
à travers bancs. C'est pour se soustraire à cette dépense,
que les exploitants cherchent aujourd'hui à établir de larges
tranches, qu'ils subdivisent ensuite en ateliers d'arrachement.

Le système des larges tranches consiste à exploiter
successivement les diverses tailles, dont on fait arriver les
produits sur la voie de roulage inférieure par des plans
automoteurs. Or, on vient de voir que ceux-ci sont incompatibles avec les grandes voitures.

Une des préoccupations des ingénieurs est de porter
aussi loin que possible, l'avancement journalier de la taille;
il est prouvé que c'est une condition essentielle d'économie. Mais le travail occasionné par le déblai de la taille et
par l'exhaussement de la galerie et le temps qu'il faut y
consacrer sont en raison directe de l'avancement. Or, les
voitures de grande capacité, nécessitant une plus grande
largeur de galerie, ajoutent encore à ce travail et causent
de nouveaux retards.

Pour résumer cette discussion, nous dirons que, les
conditions d'exploitation, dans une mine, étant généralement complexes et les wagons devant néanmoins être tous
de contenance uniforme, comme les petits, d'après ce qui
précède, se plient mieux à toutes les exigences, ils sont,
en définitive, préférables aux grands, malgré les avantages
que ceux-ci peuvent posséder dans certains cas.

Observons encore que la manœuvre des grandes voitures
réclame des ouvriers d'une force athlétique (1) et que les
plus vigoureux ne résistent pas longtemps à ce rude mé-
tier. Il y a ici une question d'humanité qui, même à défaut

_____

(1) Et, comme conséquence, la création d'une nouvelle catégorie
d'ouvriers spéciaux, ce qui est désavantageux au point de vue économique.   (*Note de l'Éditeur*).

d'autre raison, doit suffire à faire frapper d'ostracisme les voitures à grandes dimensions.

Quoique l'exploitation des mines de Liége et de Charleroi ait pour objet des couches minces, le transport s'effectue au moyen de wagons en tôle de 7 à 9 hectolitres, le plus souvent de 8 et exceptionnellement de 10 à 12. Mais le système est tel qu'ils ne circulent guère que sur des voies horizontales et sur quelques plans automoteurs dont le frein ne doit jamais être déplacé.

Au Couchant de Mons, où l'exploitation se fait par tailles ascendantes, au Centre du Hainaut et dans les mines du département du Nord, où les voies sont étroites, les wagons, en bois ou en fer, contiennent 4 à 5 hectolitres.

En Angleterre, où l'usage de la tôle prédomine, ils sont de 4 à 7 hectolitres.

En Allemagne, où les caisses sont en tôle ou de construction mixte, mais plus généralement en bois, la contenance est de 4.5 à 5.5 hectolitres.

Enfin, les mineurs français ne profitent pas toujours de la puissance du gîte pour mettre en usage les voitures de grande contenance. Toutefois, on voit à Blanzy des voitures mixtes d'une contenance de 6 à 12 hectolitres.

Wagons des mines d'Anzin.
(Pl. XXIII, fig. 31 à 32.)

Aucune voiture de nouvelle espèce ne s'est produite depuis quelques années, si ce n'est celle que M. Cabany, ancien directeur du matériel des mines d'Anzin, a fait construire pour ces établissements. Quoique cet appareil ait été décrit dans plusieurs ouvrages, nous ne pouvons nous dispenser d'en faire mention ici ; au surplus, il a reçu dernièrement certaines modifications qui n'ont pas été publiées et qui trouveront place dans la description suivante.

M. Cabany s'est proposé de concilier l'emploi de roues de grand diamètre, qui facilitent la traction, avec la faible hauteur des voitures voulue pour le transport dans les couches minces dont il serait trop coûteux d'entailler les roches encaissantes. Pour arriver à ce but, il courbe l'essieu au-dessous de la caisse, dont le fond peut ainsi se rapprocher du sol. Les fusées, au lieu de faire corps avec l'essieu, s'y rattachent simplement par des écrous ; en sorte que ces pièces, les plus exposées à se détériorer et à se fausser, peuvent être promptement et facilement réparées. L'acier, dont elles sont faites, leur communique une longue durée ; elles sont d'ailleurs aussi minces que possible ; de sorte que le moment du frottement de la fusée sur le moyeu comparé à celui de la circonférence sur le rail est un minimum. La fusée est filetée à ses extrémités, carrée au point où elle traverse les trous de même forme pratiqués dans l'essieu ; partout ailleurs sa section est circulaire. Elle est munie d'une bague saillante qui s'engage dans la boîte de la roue. Des écrous, passant sur la vis intérieure de la fusée, rapprochent la bague de la rondelle flottante et serrent la caisse contre l'essieu.

Une excavation annulaire, ménagée dans la boîte, détermine autour de la fusée, mais non en contact avec elle, un réservoir à huile qui n'est pas sujet à des fuites. Enfin, un trou, recouvert d'un clapet, sert à introduire l'huile à mesure qu'elle se consume, opération qu'il suffit de renouveler tous les quinze jours.

Les roues, en fonte, ont 0.37 m. de diamètre, sont pleines, ondulées et fondues en coquille d'une seule pièce, afin d'obtenir des jantes dures ; la partie ondulée qui réunit la jante au moyeu n'ayant guère que 5 mm. d'épaisseur, la

roue est moins pesante que si elle était munie de rais.
Elles sont pourvues d'un ou de deux rebords, suivant le
système auquel elles doivent être affectées. Deux trous
elliptiques, ménagés vers la circonférence de la roue, sont
destinés à recevoir la barre d'enrayage.

La forme des vases, imités des berlaines liégeoises,
détermine une grande force de résistance; la caisse, renflée
latéralement, protège les voies contre les chocs; cette
disposition donne comparativement le maximum de capacité pour le minimum d'espace. Leur faible hauteur facilite
le chargement, et le peu d'élévation du centre de gravité
les rend stables et, par conséquent, peu sujets aux
déraillements. Le poids mort de ces voitures est de
176 kilogr.; mais il faut le compter de 180 à cause du
menu qui reste adhérent dans les angles. Leur contenance
est de 500 kilogr. de houille.

Roues en tôle de la houillère des Sarts-au-Berleur, près de Liége.
(Pl. XXIV, fig. 1 et 2.)

Entre le moyeu (en fonte), et la jante, ou bandage, (en
fer laminé), est ajustée un boîte annulaire, qui rend
les divers organes de la roue aussi solidaires que s'ils
avaient été coulés d'une seule pièce. Cette boîte se compose de deux pièces creuses, en tôle de 3 à 4 m m. d'épaisseur, assemblées par des rivets et dont on diminue le poids
au moyen d'évidements pratiqués sur les feuilles de tôle
latérales. Le bandage, dont le diamètre intérieur est légèrement plus faible que le diamètre extérieur de la boîte,
est amené à l'état incandescent, afin que les effets de la
dilatation facilitent sa mise en place; il se contracte par
le refroidissement, enserre la boîte et s'y attache d'une

manière invariable. On opère la liaison de la boîte et du moyeu en appliquant les extrémités intérieures des feuilles de tôle contre des retraites ménagées dans la fonte; alors la boîte à huile, jouant le rôle d'écrou, tourne sur l'extrémité filetée du moyeu, serre l'autre boîte et la maintient solidement.

L'essieu — de l'espèce dite *patent* — porte sur sa fusée une bague saillante qui s'engage dans une échancrure ménagée à la partie postérieure du moyeu, où elle est retenue par une rondelle flottante vissée sur celui-ci. L'huile, introduite dans le réservoir, se répand de là sur la surface de la fusée; on la verse par un trou cylindrique, auquel une vis sert de bouchon.

Ces roues ont un diamètre de 0.34 m.; elles pèsent chacune 20 kil. et sont assujéties sur des essieux de 12 kil.; elles pèsent donc moins que les anciennes. Leur construction est plus facile et leur durée beaucoup plus grande.

Nouvelle boîte à graisse (1).

Les voitures usitées pour le transport souterrain dans les mines de Bessèges pèsent 390 à 400 kil., lorsqu'elles sont pénétrées par l'humidité des travaux intérieurs, et contiennent 800 à 900 kil. de houille menue, ou 900 à 1000 kil. de gros. Les boîtes à graisse qui leur ont été appliquées ont permis d'obtenir, au moyen d'un corps non fluide, un graissage efficace et très-économique.

La figure 3 de la planche XXIV est une coupe de la roue et de sa boîte et la figure 4, une vue de face de la roue et des boulons d'attache; les figures 5 et 6 représentent la boîte à graisse détachée de la roue.

---

(1) *Bulletin de la Société de l'Industrie minérale.* T. V, p. 262.

La boîte, qui est en fonte et indépendante de la roue, n'étant exposée à aucune cause de détérioration, peut user plusieurs roues. Les deux pièces se relient l'une à l'autre au moyen de deux boulons qui serrent un joint de minium inséré entre entre les deux surfaces de contact. La matière lubréfiante pénètre dans la boîte par une ouverture rectangulaire, dont l'obturateur — en fer forgé — est pourvu d'un tampon en cuivre. L'obturateur est maintenu en place par un ressort, la seule pièce délicate, que sa position met d'ailleurs à l'abri des accidents et qui fonctionne fort bien. Cet ensemble constitue une fermeture aussi simple que solide. Pour introduire la graisse, il suffit de retirer l'obturateur avec les doigts ou avec un petit levier et de le repousser ensuite lorsqu'il s'agit de recouvrir l'ouverture de la boîte.

Les mineurs de Bessèges pensent que les matières lubréfiantes liquides peuvent fuir à travers les joints qui résultent du jeu de la roue sur la fusée et à travers l'orifice d'introduction de l'huile, dont la vis de fermeture devient flottante par suite de l'usure de son écrou en fonte ; aussi regardent-ils comme fort économique l'emploi de la graisse.

Essieux creux à graissage continu.
(Pl. XXIV, fig. 7.)

Le nouvel essieu proposé par M. Evrard a pour but d'écarter les inconvénients inhérents au graissage ordinaire des voitures des mines.

Il se compose d'un tube en fer étiré, portant à ses extrémités les fusées sur lesquelles sont calées les roues. Dans la chambre qui reste libre entre les deux fusées est établi sans frottement un réservoir à huile ou cylindre creux fermé aux deux bouts. Le tube, ainsi divisé en trois parties à peu près égales, est alésé à ses deux extrémités seulement. Il est percé, au milieu de sa longueur, d'un trou correspondant à un autre pratiqué sur le réservoir; ces trous destinés à l'introduction de l'huile sont imparfaitement fermés par un bouchon à vis; de telle sorte que le liquide peut s'écouler du réservoir à l'intérieur de l'essieu sans se répandre au dehors, étant retenu par un épaulement de la vis appliqué sur la surface extérieure du tube. La fusée, se composant de deux cylindres de diamètres un peu différents, offre une retraite de 2 à 3 m m. qui permet aux coussinets de la retenir dans l'essieu; elle est d'ailleurs maintenue invariable par une vis de pression, qui la pénètre de quelques millimètres, après avoir traversé l'épaisseur du tube. Une lame en fer embrasse la tête de cette vis et l'empêche de se desserrer. Le poids de ces essieux assemblés sur leurs châssis est de 65 kil.

L'huile, appelée du réservoir, se répand dans l'espace annulaire et, pour ainsi dire, capillaire compris entre l'essieu et la fusée; ces deux organes, constamment lubréfiés par la couche liquide interposée entre eux, ne peuvent s'user réciproquement. Des bulles d'air, provoquées par le mouvement de la voiture et peut-être aussi par les variations barométriques et thermométriques, s'introduisent dans le réservoir, où elles déplacent une quantité d'huile correspondante, qui se porte entre les surfaces flottantes. Cette sortie du liquide lubréfiant, à peu près nulle quand les voitures sont en repos, est fort lente et proportionnelle à l'effet obtenu quand elles sont en activité de service.

Les nouveaux essieux de M. Evrard sont entrés dans le domaine de la pratique : Douze voitures, dont le poids à vide était de 154 kil. et la charge, de 350 kil., ont fonctionné pendant huit mois sans interruption aux mines de Nœux (Pas-de-Calais), en parcourant 16 kilomètres par

jour. Ce service n'a déterminé aucun jeu sensible dans les
essieux ni dans les fusées, dont les surfaces flottantes
étaient restées intactes. La consommation d'huile a été de
3 décilitres pour un travail de 28 jours et un parcours de
448 kilomètres. Enfin, l'imperméabilité de ces organes est
telle que, après le déblai, au fond d'une carrière, d'une
couche épaisse de boue, dans laquelle les voitures plongeaient jusqu'aux essieux, les fusées avaient conservé une
propreté parfaite (1).

Autre, avec obturation naturelle.

Ce système est dû à M. Guillaume Dubois, dont nous
avons souvent lieu de citer le nom, soit au sujet de ses
propres inventions, soit à propos des innovations dont il
sait faire un choix judicieux pour l'exploitation qu'il dirige.
    La figure 8 de la planche XXIV est une coupe longitu-
dinale du nouvel organe et la figure 9 une section, suivant
la ligne CD.
    Ici encore, l'essieu, creusé à l'intérieur, fait l'office de
boîte. La cavité est cylindrique et terminée à chaque bout
par une rigole en plan incliné. La graisse, à demi liquéfiée,
est introduite, au moyen d'une seringue en fer-blanc, à
travers une tubulure ménagée au milieu de la partie supérieure de l'essieu. Cette graisse ne tarde pas à se solidifier
et ferme la tubulure; mais, sous l'action de la chaleur
développée par le frottement des fusées lorsque le wagon
est en marche, elle se fond à l'intérieur et se porte vers
les rigoles, où elle lubréfie les points de contact.
    Les avantages que présente cet agencement sont visibles
à première vue:

(1) *Annales des mines.* T. II, p. 321, 6° série.

Facilité de montage des chariots, qui se posent simplement sur les épaulement de la boîte, où ils sont retenus par des étriers, ou boulons-clames ;

Manœuvre aisée ;

Économie de graisse. En effet, un chariot une fois graissé, en a pour huit jours ; d'où résulte encore une autre économie : celle du temps appliqué au graissage ;

Légèreté de la boîte, dont le poids ne dépasse pas 8 kil. pour un émargement de 0.50 m. de voie ou, autrement dit, pour des wagons de 5 hectolitres.

Les essieux de M. Dubois commencent à se répandre dans le bassin de Liége et déjà un grand nombre de wagons en sont pourvus.

L'inventeur, à ce qu'on nous assure, ne fait pas usage de ses droits de brevet.

III° SECTION.

MOTEURS DU TRANSPORT INTÉRIEUR.

Substitution du travail des machines de diverses espèces à celui des hommes et des chevaux.

Depuis longtemps déjà, les ingénieurs anglais ont appliqué les machines à vapeur à la remorque des produits le long des plans inclinés et, plus récemment, à la circulation sur toutes les galeries horizontales ou faiblement inclinées. Dans ces circonstances, tantôt le moteur, installé à la surface, agit sur des câbles qui descendent le long du puits, pour être ensuite renvoyés dans le plan de la rampe; tantôt il fonctionne à l'intérieur et reçoit, par une colonne de tuyaux, la vapeur de chaudières établies au jour; tantôt enfin, la machine et les générateurs sont tous à l'intérieur, soit dans le voisinage du puits d'appel, soit à une distance plus ou moins grande, ce qui ordinairement est une cause de difficultés et de dangers, comme on le verra plus loin. Les machines de cette espèce sont presque toujours stationnaires et il est rare de voir fonctionner des locomobiles à l'intérieur.

Les appareils souterrains servent aussi, principalement dans le Cornwall et dans le Sud du pays de Galles, à transmettre, à de grandes distances et au moyen de câbles en fil de fer, une force destinée à l'assèchement des travaux, mais seulement lorsqu'on ne possède pas d'autre moyen.

C'est ainsi que, dans une houillère de la vallée de Swan-
sea, à l'extrémité inférieure d'une descenderie de 191 m. de
longueur et inclinée de 18 à 19 degrés, un câble, de 0.03
m. de diamètre, meut une pompe, dont le piston a un diamètre de 0.15 m. et une course de 1.52 m.

Depuis plusieurs années, quelques plans inclinés de certaines mines du Hainaut sont desservies par des machines
souterraines, avec des générateurs placés au jour ou à
l'intérieur ; mais le transport mécanique à la vapeur sur les
galeries principales des mines du continent est de date
fort récente et n'a été employé jusqu'à présent que dans les
mines d'Ibbenbühren, près de Munster, et de Von der Heydt,
près de Saarbrücken. Lorsque la distance du moteur à son
point d'action était trop grande, ou le puits d'appel trop
éloigné, ou que, pour tout autre motif, l'emploi de la vapeur était considéré comme inadmissible, les ingénieurs
anglais ont eu quelquefois recours aux machines à colonne
d'eau, qui sont si usitées en Allemagne et en Hongrie pour
l'assèchement des mines métalliques.

Lorsque les moteurs hydrauliques sont appliqués au
transport souterrain, on les place dans le voisinage du puits
d'exhaure, afin que l'eau, après avoir fonctionné, puisse
être élevée par les pompes d'épuisement. Ils fonctionnent
sous la pression de deux ou trois colonnes d'eau ; les
tiges des pistons agissant sur autant de manivelles attachées au même arbre déterminent la rotation de celui-ci.
A la mine de South Hetton, le service d'un plan remorqueur souterrain était fait par une machine de cette espèce;
mais elle a été remplacée, dans ces derniers temps, par
une machine à vapeur, avec laquelle les mineurs sont plus
familiarisés. Une machine à colonne d'eau fonctionne actuellement dans la mine de Gerhardt, district de Saarbrücken ; c'est la première qui ait été affectée, sur le continent,
au transport souterrain.

Les machines électro-magnétiques seraient, pour les
mineurs, d'une utilité incontestable ; on pourrait les installer dans toutes les excavations, quelle que fut la distance
du puits d'appel ou d'épuisement, et elles fonctionneraient
sans produire de chaleur sensible, ni d'émanations gazeuses
qui pussent altérer l'air de la mine. Mais dans l'état actuel
de la science, on ne peut pas espérer la découverte d'une
machine de ce genre, pratique et peu coûteuse, malgré
les efforts incessants que l'on fait pour y arriver.

Les moteurs à gaz de M. Lenoir, dans lesquels l'électricité ne joue qu'un rôle accessoire, pourraient peut-être
servir au transport dans les mines de houille. Ces appareils,
construits sur de faibles dimensions, sont d'un grand
usage à Paris pour élever les matériaux de construction
des édifices. Leur force ne dépasse pas 7 à 8 chevaux ;
aussi pourrait-on les multiplier dans les travaux souterrains. Elles sont d'un emploi commode et procurent beaucoup d'économie ; elles n'exigent pas de frais d'installation
et se passent de machiniste, et quand le travail est terminé, la dépense devient nulle, ces machines n'étant coûteuses que pendant la période même où elles fonctionnent.
L'échauffement des cylindres est assez considérable, aussi
les choses sont-elles disposées de manière qu'ils aient le
temps de se refroidir dans les intervalles des travaux ; au
surplus, les Anglais ont, à ce qu'on assure, trouvé le
moyen d'éviter cet inconvénient. Le gaz d'alimentation est
facile à conduire en tout temps dans toutes les parties de
la mine.

Le meilleur appareil employé jusqu'à présent dans les
excavations souterraines, celui qui semble destiné à entrer
de plus en plus dans la pratique, est la *machine à air comprimé*, laquelle est en tout semblable à une machine à
vapeur à haute pression et fonctionne sous l'action de l'air

atmosphérique comprimé à la surface, puis envoyé à destination à travers une colonne de tuyaux.

L'idée n'est pas neuve ; car depuis longtemps la compression de l'air a été mise en usage pour faire marcher les modèles en petit des machines à vapeur dans les expositions populaires. On raconte même qu'un appareil de cette espèce fonctionne à Constantinople dans une fabrique de poudre appartenant au gouvernement.

C'est en Angleterre que le principe a reçu sa première application sur une grande échelle. L'honneur en revient à MM. Randolph, Edler et Cie qui, dans le cours de l'année 1849, ont construit une machine à air comprimé pour les houillères de Govan, près de Glascow. Une autre a été installée, en 1856, pour le service de la houillère de Haigh, près de Vigan (Lancashire). Enfin, celle Dowlein, au Sud du pays de Galles, a été construite, en 1857-1858, par M. Truran, ingénieur en chef de cette usine.

Nous aurons à nous étendre plus amplement sur ce sujet dans le cours de ce chapitre.

Transport souterrain par machines à vapeur installées au jour.

Cette disposition de machines établies à la surface pour agir souterrainement est limitée au service des plans remorqueurs et n'a jamais été employée pour les galeries principales horizontales ou faiblement inclinées.

La mine de Drummore, près d'Édimbourg, offre un exemple remarquable de ce procédé. Deux plans inclinés ont été construits dans le plan de la grande couche (great seam), de manière que leur tête, voisine du puits d'extraction, forme le prolongement de la chambre d'accrochage.

Les deux câbles ronds, en fil de fer, enroulés sur les tambours du moteur installé à la surface, passent sur des molettes, ou poulies de renvoi d'un assez grand diamètre, placées au-dessus de l'orifice du puits, circulent verticalement dans un petit compartiment de l'excavation et en atteignent le fond, d'où ils sont renvoyés dans le plan de la couche, au moyen de poulies supportées par de fortes charpentes ; chacun d'eux passe ensuite sur un rouleau de friction fixé à la tête de la rampe (1).

Chaque plan remorqueur a une longueur de 455 m., qui s'accroît sans cesse jusqu'à ce qu'elle ait atteint la limite, à une distance de 823 m. ; l'inclinaison est de 15 à 20 degrés. La charge élevée dépasse deux tonnes métriques, et le poids de la corde est de 1.7 kil. par mètre courant.

La machine motrice, construite d'après les dessins de M. Ralph Moore, ingénieur des mines à Glascow, a une force nominale d'environ 50 chevaux ; elle est représentée par les figures 1, 2 et 3 de la planche XXV.

Deux cylindres conjugués, horizontaux, à haute pression sont fixés sur des plaques en fonte de fer, reposant elles-mêmes sur de fortes poutres en bois. Leurs pistons ont 0.40 m. de diamètre et 0.91 m. de course. La bielle de chacun d'eux se rattache à une manivelle, qui, par l'intermédiaire d'un pignon et de deux roues à friction, met en mouvement les tambours sur lesquels s'enroulent les câbles en fil de fer. Les glissières des boîtes de distribution de la vapeur reçoivent leur mouvement d'excentriques calés

---

(1) Ce procédé si simple était déjà usité, dans la dernière moitié du 18ᵉ siècle, par les mineurs liégeois *exploitant en vallée* au moyen de baritels à chevaux. L'un des câbles extrayait des produits de la chambre d'accrochage au jour, tandis que l'autre les remorquait du fond de la vallée à la base du puits, par l'intermédiaire d'une corde, accessoire d'une autre corde attachée à l'extrémité inférieure du second câble.

sur l'arbre de la couche du pignon et du volant, par l'intermédiaire de deux axes auxquels se rattachent les tiges
de ces glissières. Un troisième axe porte le levier de mise
en train.

La disposition imaginée pour l'embrayage et le débrayage
est fort ingénieuse : les crapaudines des arbres-de-couche
des tambours les plus rapprochés des roues renferment
chacune un coussinet d'une seule pièce, autrement dit une
boîte cylindrique, en cuivre, dans laquelle l'extrémité de
l'arbre de couche est implantée excentriquement. Ces
coussinets tournent sous l'impulsion d'un levier mis à la
portée du machiniste et agissant soit directement, soit
avec l'intermédiaire de tringles et d'un levier à deux bras.

En dehors des engrenages, à la circonférence extérieure
des deux roues, sont disposés deux blocs de bois, pourvus
de cannelures qui peuvent s'engager dans les cannelures
correspondantes des roues. Ce sont les freins destinés à
arrêter le mouvement et à régulariser la vitesse de la descente. Le jeu de l'arbre entre les deux positions extrêmes
de sa roue, c'est-à-dire entre les contacts de celle-ci avec
le pignon ou avec le frein, n'est que de 9 à 10 mm.

Les choses ainsi disposées, il suffit que le machiniste
manœuvre les leviers de manière à faire tourner en sens
convenable les coussinets dans leurs crapaudines ; alors
les extrémités des arbres, en vertu de leur position excentrique, mettent en contact la roue soit avec le pignon (ce
qui la fait participer au mouvement du moteur), soit avec le
bloc réfrénateur (qui, au contraire, en modère ou en anéantit
la vitesse), ou enfin la placent à égale distance de ces deux
organes de manière à la soustraire entièrement à leur
influence.

A la mine de Drummore, un tambour étant spécialement
affecté à un plan incliné, l'embrayage détermine l'ascension
du train chargé, le long de la rampe correspondante,

tandis que, pendant le débrayage, les voitures vides descendent par l'action de leur propre poids ; et le tambour, sollicité par elles, se déroule spontanément, avec une vitesse que modère une pression plus ou moins forte de la roue sur le bloc réfrénateur. Les tambours pouvant être embrayés ou débrayés séparément ou simultanément, de même les trains de chaque plan remorqueur pourront monter ou descendre isolément ou ensemble ; et leur mouvement pourra être suspendu sans que le moteur cesse de fonctionner.

Les roues à friction offrent l'avantage d'une action douce et coulante ; en outre, si, pendant la marche, une résistance supérieure à celle pour laquelle le moteur a été construit vient à se produire, si, par exemple, les voitures sortent des rails, que le câble s'accroche aux boisages, etc., le pignon glisse sur la roue, ce qui permet d'éviter les ruptures, ou, tout au moins, limite le nombre des organes brisés.

On doit à M. Robertson d'avoir découvert que les roues d'engrenage, dans la plupart des cas, n'ont pas besoin de dents pour se communiquer réciproquement un mouvement de rotation, et qu'en mettant en contact deux roues dont les surfaces extérieures soient munies de rainures, la friction suffit pour produire une adhérence au moyen de laquelle elles peuvent opposer à la résistance l'action du moteur. Cette découverte, quoique fort récente, a déjà été appliquée à l'extraction, au transport intérieur, aux grues, aux scies circulaires, aux appareils de sondage (voir à la page 3 du 1er volume), etc.

Traînage mécanique sur plan incliné avec moteur à vapeur installé à la surface.

Dans le courant de l'année 1863, les exploitants de

Monceau-Fontaine et du Martinet, près de Charleroi, ont établi, au puits n° 4, un transport sur vallée, fonctionnant à l'aide d'une ancienne machine à vapeur, établie au jour, dont le travail se transmet, par câbles, à des engins d'extraction disposés dans la mine. Les bobines à rotation indépendante, dont ce moteur est pourvu, permettent de raccourcir ou d'allonger les câbles, chaque fois que les circonstances l'exigent.

Il est facile au lecteur de se représenter les dispositions des lieux, même sans l'aide de figures : Au pied d'un puits de 414 m. de profondeur, est percée une galerie à travers bancs, de 300 m. de longueur ; cette galerie a recoupé plusieurs couches, parmi lesquelles on a choisi celle dont les roches encaissantes offraient la plus grande solidité, pour percer une galerie, de 105 m. de longueur, et d'une inclinaison variant de 41 à 43 degrés ; de sorte que la hauteur verticale comprise entre la tête et la base est de 68 m.

Les câbles descendent dans le puits, traversent une cheminée, ou puits incliné, passent au-dessous du sol de la chambre d'accrochage, sont déviés par deux poulies, s'avancent sur l'un des côtés de la galerie à travers bancs, jusqu'à la tête du plan incliné ; là, ils s'infléchissent sur des poulies de 0.80 m. de diamètre, puis continuent leur route et s'arrêtent à la base de ce plan. Dans la dernière partie de leur parcours, ils sont soutenus et conduits par des rouleaux de friction, de 0.40 m. de diamètre, espacés d'environ 8 mètres.

Le sol de la galerie de remorque est muni de rails vignoles, pesant 9 kilogr. par mètre courant. Ces rails sont disposés sur quatre lignes, de la base de la vallée jusqu'au-dessus du point de rencontre des vases d'extraction, et sur trois lignes seulement dans la seconde moitié supérieure,

de sorte que le rail du milieu sert simultanément aux deux
voies. Dans la crainte que la forte pente ne provoque le
glissement du chemin de fer, on a ancré celui-ci sur le sol
au moyen de broches de fer qui, après avoir traversé
quelques-unes des billes prises de distance en distance,
viennent pénétrer des coins en bois, préalablement encastrés dans la roche.

Sur le plan incliné, circulent deux chariots-porteurs, ou
cages montées sur quatre roues; les roues de devant ont
un diamètre de 0.29 m. et celles de derrière, 0.80 m., ce
qui réduit à 30 degrés la pente du tablier.

Le tablier reçoit, sur deux tronçons de rail, deux voitures placées bout à bout, c'est-à-dire dans le sens de la
longueur, et maintenues par des contre-rails.

Le chariot-porteur, arrivé à la base du plan incliné, se
loge dans une excavation disposée de telle façon que le
tablier soit horizontal et au niveau de la chambre dans
laquelle on substitue des voitures pleines aux vides. Cette
manœuvre effectuée, les ouvriers donnent le signal de
l'ascension à ceux qui se trouvent à la tête de la galerie
pour recevoir les voitures. Lorsque le porteur est sur le
point d'arriver au sommet de la voie, il passe sous un pont
mobile, dont l'ascension et la descente sont facilitées par
un contrepoids. En ce moment, le pont est levé; le porteur
avance de quelques décimètres au-dessus de la voie, puis
il rétrograde jusqu'à ce que ses rails soient au niveau de
ceux que porte le pont. Tous ces mouvements se font avec
une grande promptitude; ils viennent du jour, où les signaux sont transmis par une sonnerie électrique. Il suffit
alors de pousser sur le porteur les chariots vides préparés
à l'arrière et d'engager, dans la voie qui conduit au puits,
les voitures pleines, dont on forme ensuite un convoi
traîné par des chevaux.

Dans le but d'éviter les suites de l'inadvertance du machiniste qui n'arrêterait pas la machine en temps utile,
on a prolongé la voie ferrée du plan incliné au-delà de ce
plan ; elle s'élève d'abord de 0.50 m., sur une longueur de
2.50 m. ; puis devient horizontale sur 4 mètres, pour redescendre ensuite au niveau du sol, où sa marche reste
définitivement horizontale. Ainsi, il n'y a aucun inconvénient à ce que le porteur soit entraîné trop loin.

La partie supérieure du plan incliné se termine par une
rampe de 10 degrés, ou 18 pour cent, afin que la cage, à
son arrivée en ce point, roule encore sur une voie assez
inclinée pour que le porteur, en reculant vers le pont, ait
un poids capable d'entraîner avec lui le câble horizontal
de la galerie à travers bancs et de le ramener sur le plan
incliné. Cette pente de 10 degrés est, d'ailleurs, celle
qui s'accorde avec la position horizontale du tablier.

Les câbles appelés à circuler dans la partie inférieure du
puits, dans la galerie à travers bancs et le long de la vallée
sont ronds, en fil de fer ; à une profondeur de 120 à 130
m., dans le puits d'extraction, ils se rattachent à des câbles
plats, qui, passant sur des molettes spéciales, vont rejoindre
les bobines de la machine. L'assemblage des deux espèces
de câbles s'opère en repliant les extrémités de chacun
d'eux, en garnissant d'un manchon en tôle les œillets ainsi
formés et en les faisant pénétrer l'un dans l'autre.

Les deux petites voitures contenant chacune 330 à 340
kilogr. de houille, la charge du porteur est de 660 à 680
kilogr. La durée d'une ascension est de 2 minutes 5 secondes ; on élève, par conséquent, 57 voitures en une heure.
Ainsi, l'extraction journalière moyenne peut s'effectuer en
3 ou 4 heures et le résultat d'un travail continué sans interruption pendant 13 à 14 heures serait l'ascension de
750 à 760 voitures, soit de 250 à 260 tonnes métriques de

houille, non compris les produits stériles, désignés dans le Hainaut sous le non de *terres*. — La vitesse des voitures sur le plan incliné est de 3 mètres par seconde.

Les observations de l'auteur de ce travail sur la durée des câbles ronds, appliqués aux opérations de cette espèce, ont donné environ 8 1/2 mois; la faiblesse de ce chiffre est attribuée au passage des câbles sur les diverses poulies d'inflexion, de déviation, etc., joint à un effort de traction évalué à 1250 kilogrammes.

Les motifs qui ont engagé M. Scohy, ingénieur de Montceau-Fontaine, à exécuter ce tirage mécanique ont été de préparer un dernier étage de travaux que l'on pût exploiter immédiatement, sans attendre l'exécution d'une galerie à travers-bancs inférieure, évaluée à la somme de fr. 30000. Comme, d'ailleurs, la durée de l'exploitation de cet étage inférieur ne devait être que d'environ trois ans, il importait de réduire, par tous les moyens possibles, les frais de premier établissement. A cet effet, on a utilisé une ancienne machine d'extraction, d'anciennes molettes, de vieux câbles retirés du service d'extraction, etc. La machine a été montée dans la position qu'elle doit occuper ultérieurement; enfin, la sonnerie électrique sera prête à fonctionner dans le puits d'extraction dès que le transport sur vallée aura cessé.

Au premier abord, on est tenté de regretter que M. Scohy n'ait pas adopté le même système de transport sur toute l'étendue du parcours, c'est-à-dire du pied de la vallée à la chambre d'accrochage; mais il a pensé qu'il n'y aurait pas d'économie pour une distance horizontale de 300 mètres, puisque, la course de la machine ne pouvant excéder 100 mètres, il aurait fallu dételer deux ou trois fois. On aurait pu modifier la machine, mais les porteurs auraient été appelés à circuler sur deux voies, l'une horizontale,

l'autre inclinée de 42 degrés ; en outre, les efforts de traction auraient varié dans des limites fort écartées, de sorte
que, en maintenant l'uniformité de vitesse avec le même
nombre de voitures, l'effet utile aurait considérablement diminué, à moins qu'on n'eût majoré le nombre de voitures
à élever sur le plan incliné pour obtenir la même extraction ; mais alors surgissait un autre inconvénient : de grands
frais d'appareils et de câbles.

On s'étonnera peut-être encore de ce que la charge des
porteurs ait été bornée à celle de deux voitures, ou 660 à
680 kil. de houille. Cette disposition a eu pour motif la
crainte d'entailler le faîte de l'excavation sur une grande
profondeur, ce qui eût majoré considérablement la dépense.
Cependant ce travail était néanmoins indispensable à cause
de la forte inclinaison, qui, dans l'état actuel des choses
(c'est-à-dire en laissant aux voitures l'inclinaison exigée
par la hauteur de la galerie) est telle que la partie antérieure du porteur touche presque aux rails, tandis qu'il ne
reste qu'un jeu de 0.10 m. entre la partie supérieure des
voitures et les faîtes. Il est probable qu'on aurait aisément
surmonté ces difficultés par l'emploi d'un appareil semblable aux plates-formes oscillantes de la mine de Nachtigal, près de Witten, qui seront décrites plus loin.

Wagons d'accrocheture, voiture-parachûte, ou arrête-convoi, des plans inclinés (1).

M. Joniaux, ingénieur de la mine de Sart-les-Moulins,
près de Charleroi, frappé des retards et des désordres que

(1) 5° et 6° *Bulletins de la Société des anciens Élèves de l'École des mines du Hainaut.* p. 39.

peut causer la rupture des câbles au moment de la circulation des voitures sur les plans inclinés, a imaginé un
moyen qui permet, dans cette fâcheuse circonstance, d'arrêter celles-ci instantanément au milieu de leur marche;
c'est de placer à l'extrémité du convoi un wagon spécial,
pourvu de griffes, ou ancres, qui viennent à un moment
donné s'implanter dans le sol de la voie, entre les traverses,
où elles prennent un point d'appui. Le mouvement de ces
organes dépend de la tension du câble pendant la marche.

Ce wagon est réprésenté latéralement par la figure 8 et
horizontalement par la figure 9 de la planche XXIV. Aux
deux extrémités et sous les longrines, sont fixés des
paliers dans lesquels tournent deux arbres en fer. L'arbre
d'avant reçoit deux ancres convenablement courbées, entre
lesquelles est calé un levier formé de deux branches qui
se rattachent, l'une au câble du plan incliné, l'autre, à
l'extrémité d'une tringle destinée à transmettre le mouvement au levier de l'arbre d'arrière. Sur ce dernier sont
calées les griffes, disposées de manière à venir en contact avec le sol, immédiatement après que les ancres de
l'avant ont fonctionné. Entre les deux griffes se trouve un
levier chargé d'un contrepoids servant à équilibrer les
résistances et à provoquer le mouvement des organes
mobiles. Enfin, un grand levier, mis à portée de la main
du garde-convoi, paralyse l'action de l'appareil lorsque le
wagon d'accrocheture, dans les manœuvres à accomplir,
doit être détaché du câble.

Lorsque le train est en marche, les pièces mobiles
prennent la position indiquée par les lignes pleines de la
figure. Le câble, disposé parallèlement à la voie, agit sur
les griffes et les force à s'élever au-dessus du sol. Le câble
vient-il à se rompre, la tension cesse et les organes mobiles se placent suivant les lignes ponctuées; alors les

griffes, retombées sur le sol, s'y implantent et arrêtent subitement le wagon d'accrocheture, ce qui enraye la marche de tout le convoi.

Une autre espèce de voiture-parachûte fonctionne sur un plan incliné de la mine de Killingworth (Newcastle). Cette voiture (Pl. XXIV, fig. 10) est munie d'un déclic en deux pièces, dont la partie inférieure est articulée de manière à céder, seule, pendant l'ascension, à un double crochet calé sur l'essieu des roues d'avant, mais fait corps, pendant la descente, avec la partie supérieure de cet organe ; de sorte qu'une barre de fer assez pesante, engagée dans une échancrure du déclic, se détache lorsque le câble se rompt ; le bout inférieur, qui est pointu, tombe sur le sol, pénètre entre les traverses de la voie et empêche le train de continuer sa route rétrograde.

Établissement des machines et de leurs chaudières à l'intérieur des mines.

Les mines anglaises offrent souvent l'exemple de machines à vapeur avec leurs chaudières, établies à l'intérieur des travaux et affectées à la traction des trains de voitures. Comme l'exploitation n'a généralement pour objet que des gîtes puissants, les ingénieurs se préoccupent assez peu de la chaleur que développent les foyers des générateurs ; ils n'ont pas égard non plus à la grande quantité d'air que consomment ces foyers, vu les énormes courants qu'ils sont à même de faire circuler dans leurs mines, dont les excavations ont d'ailleurs de grandes sections.

Ce qui attire principalement leur attention, c'est le choix d'une position convenable pour les machines et les chaudières, qu'ils cherchent à rapprocher, autant que possible,

du puits d'appel, destiné à servir de cheminée. Car si
l'évacuation de la vapeur et des produits de la combustion
ne présente que peu de difficultés lorsque les générateurs
sont dans le voisinage de ce puits, si même elle offre
l'avantage d'augmenter le tirage et, par conséquent, d'activer la ventilation, il n'en est pas ainsi quand la fumée et
les gaz brûlés doivent s'échapper à travers une galerie de
retour de l'air de quelque longueur : La chaleur et l'humidité attaquent promptement le faîte et les parois de l'excavation et déterminent des éboulements qui arrêtent ou, tout
au moins, ralentissent la marche du courant ventilateur.
Or, le mal se complique de l'impossibilité de porter remède
à ces obstructions sans arrêter la machine, éteindre les feux
et faire évacuer la vapeur des chaudières, afin que le travail dans la voie d'aérage ne s'effectue pas au milieu d'une
atmosphère irrespirable, ce qui est inadmissible. Ainsi,
l'emploi des voies de retour de l'air est essentiellement
vicieux, si l'on n'a eu soin de revêtir au préalable ces
excavations d'un muraillement partiel ou total.

De semblables accidents sont arrivés très-souvent dans
les mines du Sud du Pays de Galles et du Nord de l'Angleterre, où ils ont occasionné des dépenses considérables.

La possibilité d'un danger plus grand encore, qui peut
compromettre l'existence de la mine, pousse le mineur à
exécuter ce muraillement : nous voulons parler des incen-
dies souterrains, accident dont une mine du Northumberland offre un exemple assez récent. Le moteur, établi
dans une chambre sans parements, à 824 m. du puits
d'appel, avait longtemps fonctionné sans encombre, lorsqu'enfin l'accumulation de la suie dans la galerie de
retour de l'air détermina l'embrasement de la houille qui
en forme les parois. L'extinction de cet incendie a été aussi
difficile que coûteux et, avant de remettre la machine en

marche, il a fallu construire, sur tout le parcours de la voie d'évacuation de la fumée, une double voûte en maçonnerie, destinée à prévenir le retour d'un pareil sinistre.

Parfois, dans le but de maintenir ouverte la voie de retour de l'air, le mineur fait parcourir à la fumée une grande longueur de vieux travaux, pour la conduire au puits d'appel. C'est ainsi que, dans une houillère de Glamorganshire, les gaz brûlés et la vapeur s'échappent à travers des galeries abandonnées, sur un parcours de 1100 mètres, qui sépare du puits d'appel le moteur. Mais la fréquence des éboulements et la difficulté de retirer les déblais des excavations occasionnent des dépenses considérables et sans cesse renaissantes.

Parmi les autres méthodes proposées et mises en usage pour éviter les inconvénients que nous avons signalés, il en est une dont il convient de faire mention ici. Elle consiste à placer la machine dans un lieu à l'abri de tout danger et à transmettre sa force au moyen de câbles sans fin, pour agir sur des tambours d'extraction, des treuils ou des pompes placées à distance. Dans les mines de l'Angleterre, de pareilles transmissions se font pour des distances considérables ; celle qui existe à la houillère de Shotton, comté de Durham, porte sur une longueur qui dépasse 2700 m. Le câble de la galerie d'extraction, dite Brewhouse, de la mine de Dowlais, dans le Sud du pays de Galles, a, pour remplir les mêmes fonctions, un longueur de 2750 m. Il tire, à chaque reprise, 36,5 tonnes métriques de houille, au moyen de convois de 30 à 35 voitures. — Mais ce procédé absorbe en pure perte une notable partie de la force motrice.

Sur le continent, l'emploi des générateurs souterrains, d'ailleurs limité aux houillères exemptes de grisou, peut être considéré, en thèse générale, comme impossible, vu la faiblesse des gîtes. Tous les inconvénients, tous les dangers signalés pour l'Angleterre se retrouvent ici, plus graves encore et augmentés de deux faits : la chaleur intense de foyers établis dans des excavations étroites et difficiles à maintenir à une température modérée et l'absorption d'une partie notable de l'air aux dépens de la ventilation. Ainsi la machine du Bois-du-Luc, dans le Centre du Hainaut, installée au centre du puits d'appel, fonctionne dans de bonnes conditions. Cependant, elle développe une chaleur intolérable dans la chambre qu'elle occupe. — Il a fallu renoncer à l'appareil moteur de la houillère des Douze-Actions (Couchant de Mons,) — dont les foyers, placés à distance du puits d'appel, déversaient leurs produits à travers une galerie de 3 à 400 m. de longueur, — parce que le tirage, imparfait, n'a jamais permis à la vapeur de se produire en quantité suffisante pour satisfaire aux besoins de la machine. De plus, la température de l'emplacement des chaudières était tellement suffocante, qu'aucune créature humaine n'aurait pu y subsister (1). Notons encore l'impossibilité, dans un milieu mal éclairé et ordinairement encombré, de surveiller les appareils souterrains aussi activement que ceux de la surface ; la difficulté de se débarrasser des cendres et de transporter le combustible provenant des parties les plus éloignées de la mine. Enfin, il résulte d'une foule d'observations, que la dépense en combustible est presque double pour les machines souterraines, à cause des circonstances défavorables où elles sont placées ; en sorte qu'un appareil hydraulique ou à air comprimé, dont l'effet utile ne serait que de 50 % serait plus avantageux, même dans les cas les plus défavorables, qu'une machine à vapeur.

(1) *Exploitation de la houille à* 1000 *mètres de profondeur*, par M. Devillez, p. 105.

Dans le Midi et le Centre de la France, où les conditions d'exploitation se rapprochent de celles de l'Angleterre, les mineurs n'ont pas craint d'agir comme dans ce dernier pays. Ainsi, dans le département du Gard , ils se servent de locomobiles pour remorquer sur la galerie d'allongement les produits de l'arrachement effectué sur l'aval-pendage des couches. Dans les districts de la Loire et de Saône-et-Loire, des machines souterraines épuisent les eaux, en les refoulant du fond jusqu'au jour (1). Nous devons citer encore la

Locomobile de la mine de Neu-Iserlohn (West- phalie.)

Ce moteur, installé à la tête d'un plan remorqueur, se compose des organes suivants (Pl. XXV, fig. 4, 5 et 6) :

Le générateur est formé de deux cylindres concentriques ; l'un, a, extérieur, a 1.40 m. de diamètre sur 2.36 de hauteur ; l'autre, intérieur, de 1.12 sur 2.14 m., possède, à sa partie supérieure une dépression de 1.10 m. de profondeur. Cette cavité, de même que l'espace annulaire compris entre les deux chaudières, renferme l'eau de vaporisation qui trouve ainsi une grande surface de chauffe. L'alimentation du générateur se fait au moyen d'un injecteur ou d'une pompe alimentaire ordinaire.

Une enveloppe, b, recouvre partiellement la chaudière extérieure et communique avec le foyer par des tuyaux. C'est par ceux-ci que se dégagent les produits de la combustion , qui, après avoir circulé entre l'enveloppe et la chaudière extérieure, traversent le tuyau c et se rendent dans les galeries de retour de l'air.

(1) *Matériel des houillères*, par A. Burat, p. 68.

Des soupapes de sûreté sont établies sur les tuyaux, d,d.

La vapeur, dont la pression est de 6 atmosphères, arrive, par le tuyau adducteur, e, aux boîtes de distribution, f, f, et aux cylindres moteurs ; puis, lorsqu'elle a fonctionné, elle traverse les tuyaux de décharge pour se rendre dans la boîte à fumée. Le diamètre des cylindres est de 0.17 m., la course des pistons, de 0.31 m. et le nombre de leurs excursions doubles, de 100 par minute. Des ferrures servent à consolider les cylindres sur l'enveloppe ; elles supportent aussi les douilles destinées à guider les tiges des pistons. A ces tiges sont fixées des crossettes, g, g, qui meuvent les bielles de transmission du mouvement de l'arbre de couche, par l'intermédiaire de deux manivelles placées à angle droit. Les crapaudines de l'arbre h tiennent à la chaudière extérieure par des consoles en fonte, i, i. Des excentriques et leurs tiges communiquent le mouvement aux tiroirs. Enfin, un robinet d'admission de la vapeur est réglé par une roue placée à portée du machiniste.

Le mouvement de l'arbre est transmis directement aux deux tambours, k, k, dont l'un sert à l'enroulement du câble de la cage, l'autre, au contrepoids. Les deux poulies l et l' ont pour but de faire tourner un pignon et une roue dentée, m. ; celle-ci, munie d'un bouton de manivelle, met en jeu la tige d'une pompe.

Alimentation des machines souterraines par des générateurs installés au jour.

Les considérations développées plus haut ont engagé les exploitants à rechercher les moyens de se servir de machines à vapeur sans faire cette vapeur dans les travaux.

Depuis longtemps, les Anglais ont eu recours à ce moyen

lorsqu'ils devaient opérer un transport mécanique dans
des mines infestées de grisou. Une disposition fort convenable existe à la houillère de Deep-Duffreyn (Glamorganshire). La vapeur, conduite à la chambre d'accrochage, qui
se trouve à 260 m. au-dessous de la margelle, circule dans
une galerie horizontale, de 236 m. de longueur, au bout
de laquelle elle alimente une machine oscillante, dont le
piston a 0.30 m. de diamètre et 0.40 m. de course. Cette
machine remorque en 2 1/2 minutes un train de 3 voitures
et d'une contenance totale de de 3050 kilogr., le long d'un
plan incliné qui a 437 m. de longueur avec une pente d'environ $\frac{1}{13}$.

La pression de la vapeur — qui est de 4.2 atmosphères
dans la chaudière et, à peu près, la même dans le récipient, sous le terrain, pendant les arrêts du moteur —
diminue et tombe à 2.1 atmosphères à la fin de chaque
période de travail. Les quelques minutes réclamées par la
manœuvre des voitures, à la tête et à la base du plan remorqueur, suffisent donc pour rétablir, dans le récipient,
la pression maxima de 4 atmosphères. Les tuyaux de conduite de la vapeur n'ont que 0.05 m. de diamètre intérieur.

La plupart des exploitants belges qui ont voulu jouir du
bénéfice des machines intérieures ont dû passer par la
nécessité de placer des générateurs à la surface, malgré
les pertes de force produites par la condensation de la
vapeur dans des tuyaux de grande longueur. Une machine
établie, il y a quelques années (1858), à la houillère du
Houssu (Centre du Hainaut) était, dans l'origine, alimentée
par des générateurs souterrains ; mais on a dû en venir
à l'autre méthode, tellement la fumée et la chaleur qui
rayonnaient dans la chambre de la machine étaient incommodes.

Ce changement dans le lieu de la production de la va-

peur a satisfait les exploitants, bien que les conditions
dans lesquelles ils se trouvent soient des plus défavorables,
puisque les conduites de vapeur passent par le puits d'exhaure, sans qu'on ait cherché à se garantir d'aucune façon
contre les causes de refroidissement (1).

M. Durant, ingénieur de la mine de Haine-St-Pierre
(Centre du Hainaut), a entrepris de conduire la vapeur dans
les travaux, pour faire fonctionner des pompes, placées à
50 m. au-dessous du niveau général d'épuisement, ou
250 m. du jour.

La colonne adductrice du fluide est placée dans le puits
aux échelles; elle se compose de 7 tronçons de 0.06 m.
de diamètre et de 35 m. de hauteur, réunis par des boîtes
de dilatation, que maintiennent de fortes traverses. Les
tuyaux de prise de vapeur partant de la chaudière, s'élèvent
de trois mètres au-dessus de celles-ci, afin d'y laisser retomber l'eau entraînée mécaniquement. Auprès du moteur
souterrain, se trouve un réservoir qui, retenant l'eau de
condensation, livre la vapeur sèche au cylindre.

Le réservoir est muni d'une soupape de sûreté destinée
à prévenir les accidents qui pourraient survenir si, les
chauffeurs ayant négligé de fermer complétement la prise
de vapeur, la colonne de tuyaux se remplissait d'eau pendant l'un des arrêts de la machine.

Les tuyaux sont garantis contre le rayonnement de la
chaleur par une enveloppe de foin, recouverte d'un torchis
en paille. La déperdition de calorique est si faible, qu'on
ne peut se douter de la présence d'une conduite de vapeur
dans les excavations.

Le manomètre annexé au réservoir a permis d'observer

---

(1) 3e *Bulletin de l'Association des Ingénieurs sortis de l'École
des mines du Hainaut*, p. 93.

les diverses pressions de la vapeur dans son parcours à
travers les 300 mètres de tuyaux de conduite. Le résumé
de ces observations est que, lorsque la machine fonctionne
avec une vitesse de 25 tours par minute, la différence de
pression entre le générateur et le réservoir varie entre
1/4 et 1/3 d'atmosphère; pour 16 à 20 tours, elle est à
peine de 1/4.

Une machine alimentée par de la vapeur venant du jour
a été installée à l'intérieur des travaux de Cowper Hartley
(district de Newcastle). Le fluide moteur est conduit à travers des tuyaux en fonte, de 0.20 m. de diamètre, soigneusement enveloppés de feutre. Dans ces circonstances, sur
un trajet d'environ 300 m., la pression perdue n'est que
de 0.07 kil. par centimètre carré, soit 1/35 de celles des
chaudières.

La machine souterraine de la mine de Bradford, près de
Manchester, placée à la tête d'un plan incliné, reçoit aussi
sa vapeur de la surface. Aucune précaution n'a été prise
pour éviter la condensation dans les tuyaux, placés le long
du puits de retour de l'air, dont la profondeur est de
228 m. La pression est de 3 atmosphères. Il n'y a, d'après
l'ingénieur anglais, presque pas de perte.

Transport mécanique à deux câbles dans la mine de Sherburn, comté de Durham.

La traction mécanique des voitures, dans les mines de
houille, s'opère au moyen de câbles sans fin, dont il sera
fait mention plus loin, ou de deux câbles qui s'enroulent
chacun sur un tambour spécial, et sont attachés, l'un à
l'avant du convoi et l'autre, à l'arrière, après s'être replié
sur une poulie installée à l'extrémité de l'excavation. C'est

le dernier procédé qui fait l'objet de ce paragraphe et des suivants.

Les travaux souterrains de la houillère de Sherburn ont été établis à une profondeur de 91.50 m. au-dessous du sol; ils ont pour objet une couche plateure ou faiblement inclinée, d'une puissance de 1.58 m. La fig. 6 de la planche XXVI est une esquisse de huit galeries principales qui ont été percées dans le gîte et dont quatre seulement sont en activité, ce nombre suffisant à l'extraction. Leur sol, coïncidant avec le mur de la couche, est tantôt horizontal, tantôt légèrement ascendant ou descendant; elles ne possèdent qu'une seule voie ferrée, de 0.50 m. de largeur et formée de rails américains ; mais cette voie est doublée aux points d'intersection des galeries et aux extrémités de chaque excavation, afin de rendre possible la manœuvre des trains.

La chambre de la machine a été placée à 70 m. du puits d'extraction; elle est voûtée en moëllons. Le moteur est accompagné de deux tambours sur lesquels s'enroulent des câbles en fil de fer, de 0.02 m. de diamètre. Dans le voisinage de la machine et du puits d'extraction, ces câbles circulent sur un plancher en fer, afin de ne pas entraver les manœuvres qui doivent s'effectuer dans l'accrochage. L'un, désigné sous le nom de *câble principal (main rope)* est destiné à la remorque du train à charge; l'autre, ou le câble d'arrière *(tail rope)*, ramène aux chantiers les voitures vides et prend place à côté du premier; il est interrompu dans sa continuité, à tous les points du parcours qui correspondent à l'intersection des galeries; mais ses divers tronçons peuvent être réunis très-promptement à l'aide d'agraffes représentées par la figure 18.

Ces agraffes sont des enveloppes, en fer forgé, rivées aux deux extrémités des bouts de câbles et terminées par des anneaux que réunit un étrier fermé par un boulon. Au bout de chaque excavation principale et sous le sol, se trouve une poulie horizontale, de 1.83 m. de diamètre. Lorsque le moteur tire sur la voie *ab* un train de voitures chargées, on attache à l'avant de ce train, l'extrémité du câble principal; et le câble d'arrière, s'infléchissant autour de la poulie placée en *b*, au fond de la galerie, vient se rattacher à la dernière voiture. Dans le mouvement de retour, lorsque les voitures vides sont rappelées aux ateliers, l'opération se renverse, puisque l'avant du convoi en devient l'arrière et réciproquement.

Deux câbles spéciaux, en tout semblables aux précédents et disposés de la même manière, fonctionnent dans la galerie *a d*; mais comme ils doivent, au point *c*, dévier de leur direction primitive, ils s'infléchissent sur des rouleaux verticaux pour franchir l'angle.

Des câbles d'arrière spéciaux courent sur le sol de toutes les galeries latérales, où il sont disposés comme ci-dessus. Ils ont deux fois autant de longueur que les galeries dans lesquelles ils fonctionnent et ils se replient sur des poulies horizontales à gorge, de 1.83 m. de diamètre, qui se trouvent au fond de l'excavation. On les attache à l'arrière du convoi quand il est chargé, à l'avant quand il est vide. Chacune de leurs extrémités se termine par un bout de câble de quelques mètres de longueur au moyen duquel on les relie au train.

Comme les câbles d'arrière des galeries *a e*, *a f*, etc., doivent, pour s'engager dans celles-ci, dévier de leur direction primitive, peu après leur sortie des tambours, on les force à s'infléchir sur quelques poulies verticales, au moment où ils franchissent l'angle *a*, plus ou moins fermé. En outre, chaque fois que le transport doit s'effectuer dans ces parties de la mine, l'un des câbles de *a e* ou de *a f* est substitué à celui *ab*, opération prompte et facile puisqu'il suffit de les dégraffer, puis de les agraffer au point *a*.

Les rouleaux sur lesquels repose le câble principal sont placés au milieu de la voie entre les deux rails; ceux des câbles d'arrière, latéralement à la voie, sur le côté droit de l'excavation. Ces organes amoindrissent les frottements et conduisent les câbles dans les courbures et les inflexions des galeries. Ils sont coulés en fonte et pourvus de rebords, de 25 à 27 mm., pour empêcher le câble de s'échapper. Les axes, en fer forgé, de 0.02 m. de diamètre, tournent dans des paliers en fonte, fixés sur des supports en bois ou en fer.

Les rouleaux cylindriques (fig. 8 et 9) ont une longueur variable de 0.30 à 0.15 m., suivant qu'ils sont appelés à fonctionner sur une voie courbe ou rectiligne. Affectés au service des câbles principaux, ils sont à 6.40 m. les uns des autres; pour les câbles d'arrière, cette distance s'élève à 9 ou 10 m.

Les rouleaux coniques (fig. 7) sont disposés verticalement ou forment avec le sol des angles dépendant du degré d'inflexion du câble. Celui-ci tend à sortir de sa place et à se porter vers le haut, mais il est retenu par la forme conique et surtout par les rebords très-saillants de cet organe.

L'esquisse fig. 17 représente, en projection horizontale, la manière dont les rouleaux sont disposés dans les courbures de la voie. Le rouleau vertical ne peut, à cause de sa hauteur, se trouver entre deux rails, mais à côté et aussi près que possible, de manière toutefois à ne jamais venir en contact avec les roues des voitures. Entre celui-là et le dernier rouleau horizontal, sont placés quelques rouleaux inclinés qui ménagent la transition de l'un à l'autre.

Au fond de chaque galerie où doit se faire le transport

mécanique, se trouve, au-dessous du sol, une poulie horizontale à gorge, de 1.80 m. de diamètre.

Au faîte des excavations règne un cordeau en fil de fer
destiné à faire fonctionner un marteau-signal établi dans
le voisinage du machiniste.

Voici les manœuvres :

Les extrémités du câble d'arrière couché dans chaque
galerie se trouvent aux orifices de celle-ci ; elles sont armées des agraffes ci-dessus décrites.

Un convoi vide doit-il être remorqué à travers la galerie
a b jusqu'en *b*, la corde principale, attachée à la voiture la
plus rapprochée du puits, se déroule au fur et à mesure
qu'elle y est sollicitée, son tambour étant indépendant de
l'arbre, pendant que le câble d'arrière, relié à l'extrémité
opposée du train, s'enroule sur son tambour, en ce moment solidaire du moteur. Les wagons cheminent ainsi
jusqu'à la gare qui se trouve en *b*, où d'autres wagons,
chargés de houille, attendent sur la seconde voie le moment de partir. On attache alors à ces derniers les extrémités des deux câbles, puis on renverse l'embrayage et le
débrayage des tambours et le train remorqué par le câble
principal se rend à l'accrochage.

Faut-il, en même temps, opérer la traction sur une voie
latérale, telle que *m n*, le machiniste, à un signal donné,
arrête le train dans la gare correspondant à l'intersection;
on dégraffe le câble d'arrière de la galerie *ab*, afin d'intercaler entre ses deux parties, celui de la galerie *m n* et,
pendant que le train chargé marche vers l'accrochage, les
voitures vides sont entraînées vers *n*. Chaque train est
accompagné d'un jeune garçon qui s'assied sur les traverses du dernier wagon et donne au machiniste les signaux d'arrêt en cas de déraillement ou de tout autre
désordre. Il y a, près de la chambre d'accrochage, six

ouvriers pour attacher et détacher les câbles des voitures ;
cinq, aux voies de garage, c'est-à-dire aux orifices des
quatre galeries en activité et à l'extrémité *b* de la voie principale, pour manœuvrer les câbles d'arrière ; enfin, un
manœuvre a pour besogne de lubréfier les essieux des poulies et des rouleaux de friction. De la sorte, 13 ouvriers
suffisent à une extraction journalière de 576 tonnes métriques, soit environ 6400 hectolitres.

Chaque jour, après le travail, on nettoye avec soin les
voies de roulage, on examine les rouleaux et on les répare,
s'il y a lieu.

L'accrochage et les gares d'évitement sont éclairés par
du gaz fabriqué au jour.

Le transport mécanique de Sherburn est évidemment
l'un des plus développés que l'on rencontre dans les mines
de l'Angleterre. Il est également rare de trouver une machine unique pour desservir simultanément un aussi grand
nombre de galeries dirigées vers tous les points de l'horizon et embrassant un champ d'exploitation aussi vaste.

Moteur de la traction mécanique de la mine de Sherburn.
(Pl. XXVI, fig. 15 et 16.)

Ce moteur, d'une force de 45 chevaux, se compose de
deux cylindres disposés comme ceux des bateaux à vapeur,
c'est-à-dire inclinés de 45 degrés sur l'horizon et conver-
geant vers le haut de manière que les deux axes forment
entre eux un angle droit.

La vapeur, provenant de générateurs placés au jour,
arrive aux cylindres par une colonne de tuyaux en fonte.

Le rayonnement de la chaleur est intercepté par une enveloppe faite avec des cordes d'herbes marines et recouverte d'un mortier de chaux.

Les tiges des pistons attaquent directement une manivelle calée sur l'arbre de couche des tambours. Les tambours sont au nombre de deux, placés l'un à côté de l'autre. Ils ont un diamètre de 1.55 m. pour une longueur de 0.50 m., leurs couronnes forment une saillie de 0.45 m. au-dessus de la surface cylindrique destinée à l'enroulement des câbles.

Il importe de pouvoir faire tourner les tambours et de les arrêter isolément ou simultanément, c'est-à-dire de les associer au mouvement de rotation de l'arbre ou de les rendre indépendants; à cet effet, des manchons d'embrayage ont été disposés de manière à s'engager dans des plateaux circulaires ou à s'en dégager, suivant le sens de l'impulsion donnée aux fourches qui les embrassent. Le machiniste fait manœuvrer ces fourches à l'aide de leviers, dont les extrémités sont à la portée de sa main.

La partie des tambours en contact avec l'arbre est revêtue d'une boîte en laiton, afin de diminuer les frottements en cas d'arrêt. Chaque tambour est muni d'un frein spécial destiné, non-seulement à arrêter subitement le mouvement de rotation, au moment où le convoi est arrivé à destination, mais encore à modérer, en tout point du trajet, la vitesse des voitures, qu'une inclinaison trop forte pousserait à dépasser la vitesse due à l'enroulement des câbles sur les tambours. Un troisième frein, pressant contre une roue calée sur l'arbre, arrête tout le système, en cas de rupture de l'un des organes, de déraillement ou de tout autre accident.

Ces diverses dispositions propres à réunir ou à disjoindre les tambours et le moteur et à en faire cesser les

mouvements sont d'une grande importance pour la régularisation du travail. En effet, des tambours calés sur le
même arbre produisent simultanément le même nombre
d'enroulements et de déroulements dont les développées
ne peuvent être égales, à cause de la superposition des
câbles sur eux-mêmes; il en résulte que le tambour de
déroulement, tantôt laisse échapper plus de câble que
celui d'enroulement, tantôt n'en peut fournir autant que le
second en réclame. Dans le premier cas, le câble se re-
lâche et quelquefois s'accumule en amenant de la confusion
sur la voie ; dans le second, la rupture est inévitable.
Mais, si au moment où le tambour appelé à dérouler est
rendu indépendant de l'arbre, tandis que celui qui enroule
en devient solidaire, ce dernier remorque, non-seulement
le train de voiture, mais encore le câble, qui se déroule au
fur et à mesure des besoins.

Ces dispositions offrent encore l'avantage d'écarter les
chances de chocs et de déraillement des voitures, tirées
alors en deux sens opposés.

La machine fait aussi fonctionner une pompe installée
à l'autre extrémité de l'arbre, du côté opposé au cylindre
moteur. L'appareil foulant élève au jour, à 91.50 de hauteur, l'eau d'un puisard, à travers une colonne d'ascension
de 0.20 m. de diamètre.

Chaque train se compose de 34 à 35 voitures, contenant un peu plus de 380 kilog., ou 4.2 hectolitres, et
marche avec une vitesse de 6.70 m. par seconde. De
même que dans tous les systèmes de transport mécanique,
les wagons ne sont remplis que jusqu'à 75 mm. du bord,
afin que la houille ne se répande pas sur la voie. En une
journée, 44 convois passent des ateliers à la chambre d'accrochage ; comme la durée réelle du travail est de 10 heures,
et que chaque trajet exige 13.6 minutes, y compris les

manœuvres d'accrochage et de décrochage, comme la durée du parcours à travers la plus longue des galeries, dont l'extrémité est située à 825 m. du puits, n'est que d'environ deux minutes, il reste pour la formation du convoi, son atelage et son dételage une moyenne de 11.6 minutes, temps absorbé par les manœuvres des cordes aux voies de garage et à la chambre d'accrochage.

Autres dispositions relatives au transport mécanique.

L'objet de ce paragraphe est de faire connaître au lecteur quelques dispositions des câbles d'arrière et des voies, offrant des différences assez notables avec celles que nous venons de décrire.

A la mine de Monkwearmouth, dans le bassin de Newcastle, une machine à vapeur est affectée spécialement au service d'une galerie d'allongement, assez régulièrement horizontale, qui ne possède qu'une voie ferrée simple, excepté dans les gares d'évitement à ses deux extrémités.

Les rouleaux du câble principal reposent sur le sol, entre les deux rails de la voie ; les poulies du câble d'arrière sont fixées aux boisages de la galerie, un peu plus haut que les rebords supérieurs des voitures (fig. 11). Dans le parcours de la voie simple, elles sont suspendues aux étais latéraux de l'une des deux parois de l'excavation, mais, dans les voies de garage, elles sont appliquées contre les étais de l'entre-voie, qui, dès lors, ne sont plus des obstacles au passage alternatif du câble sur chacune des deux voies parallèles. Le câble s'infléchit, au fond de l'excavation, sur deux poulies verticales qui le font passer du sol au faîte et réciproquement. Les poulies et les rouleaux sont espacés de 5 à 5.50 m. d'axe en axe (fig. 10).

Un convoi de 40 wagons, contenant chacun 485 kil. de houille, soit une charge totale de 19.4 tonnes, parcourt la distance de 1000 m. en 4 minutes, d'où résulte une vitesse de 4.26 m. par seconde.

Le câble d'arrière élève, en outre, les eaux accumulées dans une dépression de la couche. Il circule sur deux poulies verticales (fig. 14), qui, le pressant contre une troisième de plus grand diamètre, le maintiennent en état de tension; le frottement produit un mouvement de rotation qui, par l'intermédiaire d'une manivelle fixée sur l'arbre de la grande poulie, fait fonctionner le piston d'une petite pompe foulante. Ce procédé ne peut être appliqué qu'à de faibles hauteurs et d'une manière tout-à-fait exceptionnelle.

Dans une galerie à simple voie de la mine de Hetton, près de Sunderland, le câble d'arrière circule sur des rouleaux suspendus au faîte de l'excavation et solidement attachés aux chapeaux de cadres en bois que l'on a établis à tous les points du parcours où de semblables organes ont été jugés nécessaires. Cette disposition est, du reste, fréquemment employée.

La même mine renferme une galerie à peu près rectiligne, d'une longueur de 1756 m., avec une inclinaison descendante, variant de 3 à 6 degrés. Le chemin de fer, sur lequel circulent simultanément et en sens contraire un convoi plein et un vide, est établi conformément à la description qui en a déjà été donnée dans la première partie de cet ouvrage (1).

La partie la plus rapprochée de la chambre d'accrochage est composée d'une triple ligne de rails, à laquelle succède, au milieu de la longueur de l'excavation, une double voie de garage, de 50 m., terminée par une simple voie,

---

(1) *Traité de l'Exploitation des mines de houille*, T. III, § 543.

redoublée à la limite extrême, où les convois doivent se former.

Les câbles ont 25 m m. de diamètre; ils sont en fil de fer et reposent sur des rouleaux placés à des distances de 7 m. et fixés sur des solives que recouvrent des traverses successives (1).

Transport mécanique de la mine de Hartless-Hall, près de Wigan (comté de Lancastre).

Un chemin de fer à simple voie est installé dans une galerie de 823 m., présentant trois courbes d'environ 15 mètres de rayon.

Les câbles ont 12 m m. de diamètre et sont en acier. Celui qui est destiné à la traction des trains à charge circule sur des poulies cylindriques, les seules en usage dans cette mine. Ces poulies ont 75 m m. de hauteur et 0.25 m. de diamètre extérieur; elles sont pourvues de gorges de 62 m m. de profondeur et tournent dans des crapaudines en fonte. Dans les parties rectilignes de la galerie, elles se trouvent au milieu de la voie, à des distances de 15 m. les unes des autres, et leurs axes sont placés horizontalement. Dans les parties courbes, elles se rapprochent jusqu'à une distance de 1.80 m. et leurs axes forment avec le sol des angles de 50 degrés, qui, vers le milieu de la courbure s'ouvrent jusqu'à 75 degrés. Les ingénieurs de la mine trouvent que cette disposition répond mieux que toute autre aux inflexions des câbles.

Le câble d'arrière, qui marche à vide, repose sur des poulies de dimensions moindres (diamètre, 0.175 m.; hauteur, 37 m m.; profondeur à la gorge, 25 m m.); elles

(1) Preuss. Zeitscrift. Band X Abth. B. Seite 62.

se meuvent dans des étriers en fer, fixés aux montants
latéraux des galeries et placés à 9 m. les uns des autres.
A l'extrémité de la galerie, le câble se replie sur une
poulie de 1.06 m. de diamètre installée au-dessous du sol
de la gare d'évitement où l'on réunit les voitures pour les
former en convoi.

Une machine motrice de 12 chevaux fait mouvoir, à
l'aide d'un arbre de couche et de deux roues coniques,
une grande poulie à double gorge, qui est accompagnée
(Pl. XXVI, fig. 5), à une distance de 4.50 à 5 m., d'une
poulie de tension, également pourvue de cannelures à sa
circonférence et disposée de manière à pouvoir tourner
sur un train de voiture.

Une chaîne attachée au wagon et portant un contrepoids
passe sur une poulie et descend dans un puits intérieur,
d'une profondeur égale à la distance comprise entre les
deux roues, ou plateaux circulaires.

Le câble de la galerie s'engage dans la rainure inférieure de la roue *b*, se replie successivement sur les
roues *a* et *b*, revient sur *a* et, enfin, se dirige vers la galerie, en passant par-dessus *b*. Le câble, ainsi maintenu en
un état de tension tel qu'il ne peut glisser sur les roues,
doit nécessairement participer au mouvement du moteur.

La liaison de celui-ci avec la voiture antérieure des
trains s'effectue au moyen d'une pince ou tenaille, (fig. 1
et 2) suspendue à une courte chaîne terminée par un
crochet.

Le conducteur suspend la chaîne à un anneau de wagon,
saisit le câble dans l'échancrure dont l'extrémité de la
pince est pourvue, rapproche les deux mâchoires en agissant sur les branches de l'instrument, le long desquelles
il fait couler un anneau de serrage ; alors, après s'être assis
dans la première voiture, toujours vide, il donne le signal

de la marche. Tant que les voitures circulent sur une partie rectiligne de la voie, le conducteur tient la pince par l'extrémité supérieure et la maintient dans une position verticale; mais aussitôt qu'elles atteignent une courbe, il dirige l'instrument de manière que l'extrémité supérieure soit inclinée vers la partie convexe de la voie, pendant qu'il appuye l'un de ses pieds sur la chaîne. Cette manœuvre a pour but d'empêcher le contact du câble et des poulies pendant le passage de la voiture. Au moment où le convoi atteint le bout de la galerie, le conducteur fait glisser l'anneau de serrage le long des branches de la pince, détache celle-ci du câble et les voitures, en vertu de leur mouvement acquis, s'engagent dans la voie accessoire.

Ce mode de transport n'exige ni wagons-freins compliqués, ni grande habileté de la part des conducteurs, et le mécanisme en est des plus simples.

Les convois, formés de 15 à 20 voitures, contenant chacune 300 kil. de houille, franchissent la distance de 823 m. en 7 minutes. C'est un poids utile de 4.5 à 6 tonnes métriques marchant avec une vitesse de 1.97 m. à la seconde.

Une tringle en fer sert à transmettre les signaux. Elle se compose d'une série de tiges en fer rond laminé, de 12.5 mm. de diamètre, ajustées les unes à la suite des autres à la façon des appareils de sondage. On suspend cette tringle au plafond de la galerie par des fils de fer épais et courbés en S, en ayant soin de réduire, autant que possible, les points de contact. Ces fils se rattachent à des blocs de bois encastrés dans la roche du faîte. Enfin, les deux extrémités de la tringle, après avoir passé à travers des étais solidement tendus entre le toit et le mur, sont serrés par des écrous.

Des coups, frappés sur les tiges avec une courte barre de fer, forment des signaux entendus dans tout le parcours de la galerie, plus efficacement et plus sûrement que les signaux donnés à l'aide de cordeaux. Le conducteur lui-même peut se mettre en communication directe avec le machiniste, malgré la vitesse de la marche du convoi. Cette circonstance fort importante est mise à profit dans les cas, si fréquents, de déraillement, où il importe de suspendre immédiatement le mouvement du moteur sous peine de voir toutes les voitures rejetées hors de la voie.

Cette tringle-signal est caractérisée par sa légèreté, par la certitude de l'effet à produire, enfin par la netteté et la clarté des signaux.

Transport mécanique à deux câbles. — Mine de Von der Heydt, vallée de Burbach, à Saar-brücken.

Il n'y a pas longtemps que l'exploitation de la houille dans les districts de Saarbrücken avait pour objet exclusif la tête des couches, que recoupent des galeries de démergement destinées à ramener au jour les produits de l'arrachement aussi bien que les eaux (1) ; mais la partie supérieure du gîte n'ayant pu suffire aux besoins de l'extraction, les mineurs ont dû foncer des puits pour rechercher le prolongement de ce gîte au-dessous du niveau d'exhaure. Ces puits, desservis par des machines à vapeur, installées au jour, débouchent souvent au sommet ou sur les flancs de collines élevées et sur un terrain très-accidenté. Le transport à la surface dans ces conditions

_____

(1) *Traité de l'Exploitation des mines de houille.* T. II, § 465.

étant fort onéreux, sinon impraticable, et exigeant, en outre,
des constructions nouvelles, on a jugé convenable, dans la
plupart des cas, de continuer à utiliser la galerie d'exhaure
pour faire parvenir au jour les produits des étages inférieurs. Il suffit alors de la mettre en communication avec la
partie moyenne du puits et de construire une chambre
d'accrochage à l'intersection des deux excavations.

Telle est la disposition employée à la mine de Von der
Heydt, située à 5 kilomètres à l'ouest de Saarbrücken. La
galerie, à grande section, de 1881 m. de longueur, était
auparavant desservie par 34 chevaux ; mais pour arriver
à la suppression de ces moteurs fort coûteux, M. Nogge-
rath, inspecteur de la houillère, a fait établir, au mois de
février, 1862, un transport mécanique des plus remarquables par l'excellence des dispositions d'ensemble et de
détail.

Machines motrices.
(Pl. XXVII, fig. 1 et 2.)

Deux machines à vapeur sont installées, l'une au fond de
la galerie, pour ramener les wagons vides, l'autre à 135
mètres de l'orifice, pour tirer au jour les voitures chargées.
Ces voitures n'ont rien de bien particulier. Leur construction est identique ; seulement la première , affectée à la
traction des trains vides, est un peu moins forte que la
seconde, qui doit remorquer des convois de houille. Chacune d'elles se compose d'un cylindre horizontal , d'une
tige de piston, dont la crossette circule entre des guides,
d'une bielle et d'une manivelle. — Le dessin représente ces
organes dans des positions différentes : en élévation (fig. 1)
et en plan (fig. 2). — La manivelle produit la rotation d'un
arbre de couche sur lequel sont fixés le volant et une

poulie motrice, premier organe de la communication de mouvement.

La poulie est formée de deux pièces, l'une, *a*, l'autre, *b*, qui tourne folle autour de l'arbre. Elles sont disposées de manière que tantôt la seconde recouvre la première et que, par l'adhérence des surfaces coniques mises en contact, les deux organes n'en forment plus qu'un seul, commandé par l'arbre, ou que tantôt ils se disjoignent, afin que la partie folle, cessant d'obéir au mouvement de rotation, laisse dans l'immobilité la courroie qui la recouvre. Celle-ci, dans le premier cas, communique le mouvement au tambour par l'intermédiaire d'une seconde poulie, *c*, dont le diamètre est à celui de la première comme 2.5 est à 1. Un rouleau, *d*, placé au-dessous de la courroie (qui a 0.25 m. de largeur et pèse 63 kil.) lui donne un degré de tension qui l'empêche de glisser sur les poulies. Cette disposition permet de rendre, à volonté, le tambour et la machine solidaires ou indépendants l'un de l'autre.

Les moteurs étant munis chacun d'un tambour, sur chaque tambour s'enroule et se déroule un câble en fil de fer, de 20 mm. de diamètre; le convoi, vide ou plein, est placé entre les deux câbles et il suffit que l'une ou l'autre machine fonctionne pour le faire marcher en avant ou en arrière. S'agit-il de remorquer vers l'orifice de la galerie des voitures chargées, le machiniste du moteur au jour, saisissant le levier, force les surfaces coniques à se mettre en contact et aussitôt le tambour est entraîné dans le mouvement de la courroie. Faut-il introduire un convoi vide dans la mine, le moteur souterrain fonctionne, l'attire vers le fond de l'excavation et détermine le déroulement de la corde embobinée sur le tambour de la surface, après que le machiniste a imprimé au levier le mouvement destiné à disjoindre les deux parties de la poulie motrice.

Dans aucun cas, les moteurs ne cessent de fonctionner, même lorsqu'un tambour se déroule sous la traction de la machine opposée ; car ils doivent être prêts à tirer à eux les convois, suivant les exigences des manœuvres intérieures, au premier signal que reçoit le machiniste.

On a cherché à se soustraire à l'exécution de tambours de grande longueur, que nécessitait l'étendue des câbles, en faisant enrouler ces derniers trois fois sur eux-mêmes. Mais il a fallu pour cela faire usage d'appareils régulateurs placés au-devant des tambours. Voici le mécanisme fort simple imaginé par M. Sindel, directeur des machines de Von der Heydt, auquel sont dus tous les détails des ingénieuses dispositions que nous venons de décrire.

Une vis sans fin, e (Pl. XXVII, fig. 3 à 7), placée au-devant de chaque tambour, tourne librement dans des crapaudines fixées contre deux jumelles ; elle traverse deux écrous, f, f, qu'elle fait mouvoir en avant ou en arrière, suivant le sens de la rotation, écrous surmontés d'un petit chariot dont les roues reposent sur la surface supérieure des sommiers. Au chariot directeur sont annexés un rouleau de friction horizontal, g, et deux rouleaux à axe vertical, h, h, destinés à guider le câble ; en outre, il entraîne avec lui un curseur, i, formé d'une tige de fer méplat, avec enfourchement.

A la jumelle postérieure, sont fixées deux consoles, en fonte, munies de rainures ; dans ces rainures coule le châssis, j, formés de barres de fer parallèles, entre lesquelles se meut le curseur. Ce châssis porte : deux taquets, k, k, disposés à des distances que détermine la longueur du tambour ; deux appendices, l, recourbés en équerre et comprenant la tige d'un contrepoids, m ; et un

porte-courroie ou fourchette, *n*, destinée à recevoir entre
ses branches la courroie motrice, qui, partant d'une des
petites poulies fixées sur l'arbre du tambour, se porte alternativement sur chacune des trois poulies juxtaposées,
o, *p*, *q*. La première poulie, *o* est calée sur le même axe
qu'une roue d'engrenage, *r*, qui commande une autre roue
d'engrenage, *r'*, fixée à l'extrémité de la vis sans fin ; la
seconde *p*, tourne folle sur le même axe ; enfin, la troisième, *q*, est pourvue d'un arbre creux qui enveloppe le
précédent et se rattache à une roue d'engrenage, *s* ; celle-ci
commande, par l'intermédiaire d'un pignon une autre roue s'_2
de même diamètre.

Au moment où les organes du mécanisme ont pris la
position représentée par les figures, voici ce qui s'est passé :
La courroie, appliquée sur la troisième poulie, *q*, ayant
fait fonctionner les deux roues et le pignon, ceux-ci ont
entraîné la vis dans leur mouvement de rotation ; la vis, à
l'aide des écrous, a attiré le châssis de droite à gauche et
conduit le câble compris entre les deux rouleaux à axes
verticaux. Le curseur, arrivé contre le taquet, l'a repoussé
de droite à gauche, mouvement qui a déterminé la culbute
du contrepoids, entraîné dans le même sens le châssis et
la fourchette, et porté la courroie sur la poulie de gauche.
En ce moment, la poulie *o*, mise en état de rotation, est en
relation avec les deux roues, *r*, *r'* qui engrènent directement, et le chariot, entraîné par les écrous, retourne en
arrière. Bientôt il atteindra l'extrémité de sa course ; alors
le curseur heurtera l'autre taquet, ramènera le châssis, le
contrepoids et le porte-courroie dans leurs positions primitives pour recommencer le mouvement en sens inverse.

La poulie intermédiaire, qui tourne folle sur l'axe, n'a
d'autre fin que d'empêcher la courroie d'occuper simultanément les deux poulies, origines de mouvements contraires,
et d'éviter ainsi des tiraillements.

Le câble, en passant d'une extrémité à l'autre du tambour, produirait des écarts, à droite et à gauche, qui se feraient sentir sur la partie de la voie comprise entre le tambour et l'orifice de la galerie, où ils gêneraient la circulation des voitures, si le mécanicien n'avait eu recours à une disposition automatique fort simple : Sur le sol et au-devant du tambour est placée sur champ une longue barre de fer méplat, *t*, pouvant décrire un arc de cercle dans un plan horizontal et soutenu dans son mouvement angulaire par quelques galets. Deux châssis, *u*, *u*, placés, l'un vers la moitié de sa longueur, l'autre à son extrémité la plus rapprochée du tambour, comprennent les rouleaux de conduite, *v*, du câble, qui fait pivoter l'appareil, tantôt à droite tantôt à gauche, suivant le sens de l'enroulement et du déroulement.

La vapeur qui alimente le moteur souterrain provient de chaudières placées au jour, près de la margelle du puits Krug. Elle traverse une conduite verticale de 120 m. de hauteur; après avoir fonctionné, elle est ramenée au jour par une seconde colonne de tuyaux. Cette double conduite a été reconnue indispensable après plusieurs tentatives infructueuses pour condenser le fluide dans un puisard.

La vapeur est protégée contre la condensation par l'enveloppe des tuyaux, torchis de paille épais et serré, recouvert d'une couche d'argile, le tout renfermé dans un coffre en planches à section rectangulaire.

Auprès de la machine se trouve un appareil représenté par les figures 8 et 9. Il sert à purger de son eau de condensation la vapeur venant du jour. Cette vapeur se rend,

5

par un tuyau, *a*, dans un récipient, *b*, où elle s'accumule pour se déverser, par une action de trop plein, dans un réservoir, *c*; de là, elle s'écoule de temps en temps dans le puisart, par le tuyau de décharge *d*. Quant au fluide moteur, qui s'est ainsi asséché, il arrive au cylindre moteur, par la conduite *e*.

Manœuvres à l'intérieur (Pl. XXVIII, fig. 1 et 2.)

Le convoi étant mis en relation avec les deux moteurs au moyen de câbles, qui se rattachent, l'un à la voiture d'avant, l'autre à celle d'arrière, il est facile de se rendre compte de la manière dont le transport s'effectue.

S'agit-il de faire pénétrer un convoi vide dans la galerie? le moteur souterrain fonctionne et produit l'enroulement du câble sur son tambour, pendant que le tambour de la surface cède son câble sous l'effort de la traction. L'un des machinistes a embrayé et l'autre a débrayé les poulies motrices respectives. — Faut-il, au contraire, remorquer au jour le convoi chargé de houille? il suffit d'exécuter la manœuvre inverse, c'est-à-dire livrer à lui-même le tambour de l'intérieur et relier celui du jour avec la machine qui le commande.

Les deux moteurs opèrent le transport, non-seulement sur la voie principale, mais encore sur l'une des voies latérales; c'est ainsi que *M N* (fig. 1), est traversé par les produits du puits dit *Seilschacht*, venant d'un étage inférieur. Dans ces circonstances, il suffit d'installer une poulie, *P*, au point de croisement (fig. 2) et une autre, *P'*, au fond de l'excavation; sur ces poulies, d'environ 2 m. de diamètre, s'infléchit un câble accessoire, qui ne sort jamais de la galerie. Les extrémités sont d'ailleurs munies, l'une d'un crochet, l'autre d'un anneau, qui correspondent à l'anneau et au crochet des deux premiers câbles; enfin, vers la poulie, la voie est double sur une certaine longueur, afin de former un garage qui permette d'amener le convoi vide, pendant que les ouvriers sont occupés à préparer un autre convoi chargé de houille.

Nous appellerons :

a, l'anneau placé à l'avant d'un train.

m, » » à l'arrière »

c ou c', le crochet du câble de la machine souterraine.

n, » » » du jour.

x, l'anneau du câble accessoire.

y, le crochet » »

Le lecteur est prié de se rappeler que dans notre dessin le moteur du jour est à gauche et celui du fond, à droite; en outre, il voudra bien marquer respectivement des lettres A, B et C, en commençant par la droite, les trois parties dont se compose la figure 2.

Les choses ainsi disposées, si un train de voitures vides, après avoir été appelé dans la mine par la machine souterraine est arrivé au point de croisement des deux voies, pendant qu'un autre convoi chargé attend au fond de la galerie latérale, voici la simple manœuvre à exécuter (fig. 2, A) :

Enlever de a le crochet c et l'attacher à l'anneau x, après avoir infléchi le câble sur la poulie P, alors la machine souterraine, mise en relation avec le convoi par le câble intermédiaire, xy, remorque les voitures vides jusqu'au fond de la voie latérale, où elles se placent parallèlement aux voitures pleines.

Pour amener les voitures pleines au point de croisement des deux voies (fig. 2, B), fixer en m le crochet n et y en a; le moteur de la surface fonctionne et amène le convoi dans la galerie de roulage principale, à la place précédemment occupée par le convoi vide.

Ici cesse l'intervention du câble accessoire, qui reste sur la voie en attendant une autre expédition. Au crochet *y* (fig. 2, C.), retiré de *a*, substituer le crochet *c* et enlever le câble souterrain *c'* de la poulie *P*; le moteur du jour fonctionne de nouveau et entraîne le convoi jusqu'au-delà de l'orifice de la galerie.

Quelques parties notables de la zône appartenant aux couches *Karl* et *Heinrich*, sont situées au-dessus du niveau d'exhaure et recoupées par la galerie à travers bancs, encore intacte; elles devront être prochainement exploitées. Le transport des produits, qui nécessitera un parcours assez considérable, s'effectuera de même au moyen d'un câble accessoire.

Voitures et câbles.

Ces diverses manœuvres n'exigent qu'une seule voie, excepté aux abords des points de chargement, où se trouve une voie double d'une certaine longueur; les garages qui en résultent permettent d'amener le convoi vide côte à côte avec le convoi chargé ou en charge. Les voies, formées de rails vignoles qui pèsent 11 à 14 kil. par mètre, ont une largeur de 0.73 m.

Les câbles portent leurs anneaux et leurs crochets attachés sans interposition de bouts de chaîne. On introduit l'anneau ou le crochet dans le câble, que l'on replie ensuite sur lui-même; puis on lie avec une lame de fer doux courbée en cercle; la lame, serrée à coups de marteau, forme plusieurs reprises juxtaposées, qui résistent à tous les efforts de disjonction. Ce procédé prompt et simple est mis en œuvre au jour et à l'intérieur.

Les voitures se rattachent entre elles par des bouts de chaîne armés de crochets ; 50 à 80 voitures forment un convoi. Celle qui est placée en tête doit maintenir l'extrémité du câble remorqueur à une certaine hauteur au-dessus du sol, afin qu'aucun obstacle ne s'oppose au libre passage des voitures. Mais il n'en est pas de même du câble qui se déroule en suivant immédiatement le dernier wagon : si son point d'attache est trop élévé au-dessus du sol, le poids des trois à quatre premiers mètres étant insuffisant pour vaincre la tension à laquelle il est soumis, il s'écarte des rouleaux et les abandonne pour se porter sur la paroi convexe de la galerie, qu'il dégrade, en se détériorant lui-même. Il a donc fallu, puisque la voiture d'avant devient immédiatement voiture d'arrière dans l'opération suivante, pouvoir élever, à volonté, le point d'attache au-dessus des poulies ou le rapprocher de celles-ci. Ce résultat s'obtient au moyen des *voitures conductrices* (fig. 13 et 14), dont une est toujours placée en tête du convoi et une autre à la queue.

Au-dessous du train de la voiture conductrice et suivant son axe longitudinal, sont placées des tringles, *a*, en fer méplat tournant autour de charnières, *b*, et offrant à leurs extrémités des anneaux auxquels se rattache le câble. Ces anneaux (fig. 15, 16 et 16bis) doivent être susceptibles de s'élever ou de s'abaisser suivant la position de la voiture dans le convoi. Un fer recourbé, *c*, est rivé sur la tringle de manière que sa branche verticale, munie de deux trous, puisse s'introduire dans un étrier attaché à la face intérieure de la pièce latérale du bâti. Une broche cylindrique en fer traverse simultanément les trous forés dans la pièce et dans l'étrier et l'un de ceux du fer vertical. Elle se termine au dehors par une plaque munie d'une échancrure dans laquelle peut librement passer une clichette.

Les figures 15 et 16 sont prises au moment où l'anneau

est à son point le plus bas ; il s'agit de le relever. L'ouvrier
tire à lui la plaque, en faisant passer la clichette à travers
l'échancrure, dégage ainsi le fer recourbé de la broche
qui le retient, puis soulève l'anneau, qu'il a préalablement
saisi de la main gauche, et fourre la broche simultanément
dans le trou de l'étrier et dans le trou supérieur du fer
recourbé. La clichette reparaît au dehors, tombe dans la
verticale, comme auparavant, et retient les divers organes
à leur place. — Les employés et les surveillants sont
autorisés à se servir de ces voitures pour circuler dans la
mine.

Si quelque déraillement survient, c'est généralement
après le passage d'une courbe fortement caractérisée et au
point de raccordement de celle-ci avec la partie rectiligne
de la voie. Pour contraindre la voiture en marche à revenir
spontanément sur le chemin de fer, on place en ces points
dangereux (fig. 17, 18 et 19) des poutrelles faisant saillie
sur le sol et dont les extrémités se rapprochent l'une de
l'autre ; leurs arêtes extérieures sont armées de fers d'angle
qui les préservent d'une trop prompte usure. Une voiture
vient-elle à dérailler, celles de ses roues qui sont tombées
entre les deux rails, heurtent la partie oblique de l'une
des poutrelles, poursuivent leur route, guidées par cette
poutrelle qui les fait remonter sur la voie. Cette disposition a été prise partout où l'expérience en a démontré la
nécessité.

La voie décrit des courbes variées, assez nombreuses,
dont les câbles doivent suivre toutes les inflexions ; aussi
est-elle munie de *rouleaux de friction* de diverses catégories.

Les *rouleaux de friction* appliqués aux parties rectilignes ont leurs *axes horizontaux* (fig. 3, 4 et 5). Ils sont traversés par des essieux d'une certaine longueur, qui tournent dans des boîtes cylindriques. Les supports, ou crapaudines, sont assez écartés l'un de l'autre pour que le rouleau puisse subir des déviations latérales de 0.8 à 0.9 m. en cédant aux déviations des câbles; deux boulons fixent chaque support à un madrier, attaché lui-même à une traverse de la voie. Ces rouleaux sont généralement espacés de 6.30 m. Ils offrent cette particularité que l'huile étant contenue dans une boîte, aucune partie ne peut s'en échapper; en sorte que son effet lubréfiant se produit dans son intégrité. Cette boîte est formée par le coussinet de l'essieu, à l'orifice duquel a été ménagé un anneau saillant, destiné à prévenir l'épanchement de la matière grasse, au milieu de laquelle se meut seul un renflement cylindrique.

Une partie de l'essieu n'est pas en contact avec la saillie du coussinet.

Les rouleaux employés dans les courbes ont pour but de conduire le câble en le maintenant entre les deux rails, malgré les inflexions de la voie, et de le soustraire aux frottements contre les parois de la galerie. Leurs axes sont verticaux ou inclinés.

Les *rouleaux inclinés* (fig. 12) tournent sur une base, de forme trapézoïdale, dans laquelle pénètre la partie inférieure de l'essieu, qui s'y fixe par son extrémité filetée, deux écrous le maintenant sur son axe. Ils ont un rebord assez large pour empêcher le câble de s'échapper.

Trois espèces de *rouleaux de friction à essieux verticaux* ont été employés dans la galerie de Von der Heydt.

Les uns sont compris dans une cage rectangulaire en fonte de fer et munis de deux essieux (fig. 8 et 9): celui de dessus, autour duquel tourne le rouleau, est invariable-

ment attaché à la cage ; celui de dessous, solidement
encastré dans le rouleau, tourne avec lui dans une grenouille, formée d'un alliage de plomb et de zinc. Chaque
essieu — en fer forgé — est accompagné d'un moyeu de
même nature. Ils sont lubréfiés, l'un par une dépression
ménagée à la face supérieure de la cage, l'autre par un
petit canal qui le met en relation avec la surface extérieure
du rouleau.

Par cette disposition, la seule pièce exposée à l'usure
est la grenouille, que l'on peut renouveler aisément et à
peu de frais. Ces organes se sont bien comportés ; cependant on a remarqué que le câble, à sa sortie du rouleau,et
lorsqu'il tend à se porter vers le haut, vient frotter contre
l'arête fort aiguë du plateau de la cage.

Pour éviter cet inconvénient, on s'est avisé de supprimer la cage. Les rouleaux de cette espèce (fig. 6 et 7)
sont pourvus chacun d'un essieu unique autour duquel
ils prennent leur mouvement de rotation. Cet essieu,
qui a 42 mm. de diamètre, est par lui-même assez solide
pour résister à la pression des câbles dans les courbes
de la voie, sans qu'il faille donner un point d'appui à son
extrémité supérieure. Une broche, qui le traverse, s'oppose au soulèvement et à la sortie du rouleau. Enfin,
l'huile, versée dans une dépression de la surface supérieure,
est charriée par une mèche, à travers un canal oblique.
Un couvercle préserve ce dernier des poussières et des
autres détritus de la voie.

Ces rouleaux seraient à l'abri de tout reproche, si le
frottement du câble sur la surface extérieure ne creusait
des cannelures qui les met promptement hors d'usage. Les
rouleaux obliques, occupant sur la voie un espace plus
petit que les rouleaux à axes verticaux, peuvent être rapprochés de l'un ou l'autre des rails, sans risquer d'être

heurtés par les voitures. La non-concordance de leurs parois et de la ligne suivant laquelle les câbles se meuvent, les préserve, du moins en partie, de ces cannelures destructives. Ils sont aussi moins coûteux et plus faciles à installer, mais ne maintiennent pas aussi bien les câbles dans la direction prescrite ; toutefois, ils n'en sont pas moins d'un grand usage.

Citons enfin les doubles rouleaux verticaux, représentés par les figures 10 et 11.

Données numériques.

Dans la machine du jour, le diamètre du piston est de 0.32 m. et sa course, de 0.94 m. Dans la machine souterraine, ce diamètre est de 0.39 et la course, de 0.63.

Dans l'une et dans l'autre, le nombre d'excursions doubles par minute est de 65 à 70 et la pression de la vapeur, de 3 1/2 atmosphères.

Avec une pression de 3 atmosphères, la force du moteur est de 9 chevaux ; avec 4 atmosphères, de 16.

L'extraction de 75 wagons exige 9 chevaux.

La perte de pression que produit la conduite de la vapeur du jour à la chambre de la machine est, par centimètre carré, de 0.17 à 0.20 atmosphères.

Le tambour a pour diamètre 2.98 m. et pour largeur, 1.46 m.

Le diamètre du câble étant de 20 mm., le nombre d'enroulements est de 200. Il y a donc 2 3/4 tours superposés.

Autrefois, la vitesse des convois était de 1.90 m. à 2.20 m. ; aujourd'hui que les voies ont été rectifiées et les rouleaux bien ajustés et que les courbes sont faciles, cette vitesse peut aller jusqu'à 3.14 m.

Pour extraire un convoi, il faut 12 minutes ; la halte
entre deux trains consécutifs est de 10 minutes.

La vitesse moyenne des voitures est donc de 2.60 m.
Mais le mouvement, lent au départ, est plus lent encore à
l'arrivée, en sorte que vers le milieu de son parcours, la
vitesse atteint son maximum de 3.14.

Dimensions de la caisse des chariots : Longueur, 1.57 m.;
— largeur, 0.63 m. ; — hauteur, idem. Les roues ont
0.37 m. de diamètre. Un chariot vide pèse avec ses roues
2.70 à 2.75 kilogr. La contenance est de 500 kilogr. de
houille, ou 5.70 hectolitres.

Le câble rond a 43 mm. de diamètre et pèse 1.15 kil.
par mètre courant.

Transport par câbles dans la mine domaniale de Glücksburg, près d'Ibbenbüren (1).

La formation houillère d'Ibbenbüren est comprise dans
un plateau qui court de l'est à l'ouest et se prolonge dans
une vallée, où elle est recouverte de terrains plus récents,
tels que le trias, le calcaire jurassique, etc. Le chemin
de fer Hanovre-ouest a été construit dans cette vallée,
parallèlement à la direction des couches.

L'extraction des produits a lieu, soit par des puits ayant
leurs orifices sur le plateau, soit par des galeries débouchant dans la vallée. Celle de ces galeries dont nous avons
à nous occuper ici part du puits Pommer-Esche et arrive
directement à la station de Püsselbüren, afin de conduire
les houilles destinées au débit par chemin de fer.

La longueur totale de l'excavation est de 1135 m. à

---

(1) BERG-UND-HUTTENMÆNN. ZEITUNG VON FREIBERG. 1864, n° 28.

partir de l'orifice jusqu'à l'origine de la voie qui établit une communication avec le puits Pommer-Esche. Elle est percée suivant un plan horizontal et dirigée en ligne droite, à l'exception d'une déviation latérale de 5.20 m., résultant d'un défaut de coïncidence entre les deux parties du percement, exécutées simultanément par taille et contretaille. Dans le but d'anéantir l'influence nuisible de cette inflexion sur le transport, une longueur de 25 m. a été prise en avant et en arrière du coude et deux courbes de 110 m. de rayon y ont été tracées afin d'obtenir par leur raccordement une voie que les wagons franchissent sans aucune difficulté.

La galerie a 2.60 m. de largeur et 2.50 m. de hauteur. Elle est muraillée dans les parties où la roche n'offre pas toute la solidité désirable ; partout ailleurs, elle est privée de tout revêtement. Un canal large et profond sert à l'écoulement des eaux.

Sur le prolongement de la galerie, à 102.40 m. de son orifice, est installé le moteur avec tous ses accessoires.

Le chemin de fer est à simple voie dans toute l'étendue de la galerie, à l'exception des deux extrémités, où deux voies étaient indispensables pour pouvoir exécuter toutes les manœuvres. Vers l'orifice, il se divise en deux branches parallèles, destinées à recevoir simultanément deux trains: l'un de voitures vides, l'autre de voitures pleines. Il marche en ligne droite sur une longueur de 79.40 m. ; puis se courbe à angle presque droit pour se diriger vers la limite de la station de Pusselbüren, où se trouvent les culbuteurs vers lesquels des chevaux conduisent les voitures.

A l'extrémité souterraine, la longueur de la double voie est de 98.20 m. Le transport par câble finit à une distance de 39.70 m. du puits Pommer-Esche, en un point où est installée une poulie verticale, de 1.49 m. de diamètre, sur laquelle le câble qui se rattache au dernier wagon du convoi d'arrière se replie et change de direction.

A partir de ce dernier point, la galerie se bifurque; l'un des embranchements est affecté aux convois vides, l'autre aux convois à charge ; en sorte que les cages, recevant les premiers et livrant les seconds par deux côtés opposés, il n'y a à craindre aucun retard dans l'extraction.

La largeur de la voie est de 0.57 m. Les poutrelles qui recouvrent les canaux d'écoulement des eaux servent de traverses à la voie ferrée. Ces poutrelles, d'un équarrissage de 0.10 sur 0.13 m., ont une longueur de 1.80 m. et sont écartées, d'axe en axe, de 1.40 m.

Les rails à pont, ou rails Barlow (Pl. XXXIII, fig. 7), ont été choisis dans cette circonstance, comme offrant une grande stabilité, une grande résistance à la flexion latérale provoquée par le mouvement de filet des wagons. Ces rails pèsent 9.25 kil. par mètre courant ; leur charge normale est de 650 kil., lorsqu'ils en pourraient supporter une de 765, sans que la flexion de haut en bas pût se faire sentir d'une manière sensible. La largeur du patin, qui est de 78 mm. empêche les inflexions latérales.

Le passage des voitures de la voie simple à la voie double, et réciproquement, est déterminée par des appendices en fer que le convoi déplace et qui se referment spontanément sous l'action de contrepoids.

La traction s'opère au moyen de deux câbles : l'un, *d'avant*, portant sur des rouleaux de friction installés sur le sol de la galerie, entre les deux rails ; l'autre, *d'arrière*, courant le long du faîte de l'excavation et un peu sur le côté du convoi.

La forme des rouleaux fixés au sol diffère suivant que leur service a pour objet une voie simple ou double, une partie rectiligne ou courbe de l'excavation. En ligne droite, les rouleaux sont cylindriques et placés horizontalement, à des distances de 8.36 m. Ces organes ont 0,15 m. de diamètre et 0.20 m. de longueur et sont munis à chacune de leurs extrémités d'un bourrelet saillant qui prévient la chûte du câble. L'axe, en fer forgé, repose par ses tourillons dans des paliers en fonte.

Dans les inflexions de la voie provenant du défaut de raccordement, les rouleaux sont coniques et disposés horizontalement de telle façon que la base la plus large soit tournée vers le centre de la courbe. L'influence de deux inflexions opposées est telle que les rouleaux coniques de la première doivent retenir le câble sur les rouleaux de la seconde. Les axes de ces organes sont installés à un niveau un peu inférieur à ceux des autres rouleaux, afin que les voitures ne soient pas exposées à les heurter en passant au-dessus. Ces rouleaux sont espacés entre eux de 4.18 m. L'une des bases a 78, l'autre 234 mm.

Sur les voies doubles des extrémités du chemin de fer, les rouleaux sont les mêmes, mais nécessairement posés entre les deux voies.

Les câbles d'arrière reposent sur des rouleaux de friction de 0.15 m. de diamètre. Comme, dans cette position, ceux-ci ne sont pas exposés aux oscillations, leur longueur n'est que de 0.05 m. Les poulies ont à la gorge une profondeur de 0.04 m. Elles sont pourvues de supports qui permettent de les fixer près du faîte, au moyen de trois boulons, à des étais placés vers l'une des parois de la galerie, à des distances de 8.36 m. Enfin, une planche attachée à chaque étai, dont la tranche inférieure est en contact avec les rebords de la poulie, empêche le câble de sortir de la gorge. La construction de ces organes dans les courbes est exactement la même. Comme, sur les doubles

voies, c'est-à-dire vers l'orifice et le fond de l'excavation,
le câble doit passer alternativement d'une voie sur l'autre,
il n'est plus possible de mettre des étais et l'on doit suspendre les poulies au-dessus de la ligne-milieu des deux
voies, ce qui se fait : au fond au moyen de chapeaux et au
jour, d'une charpente établie dans ce but.

Au-devant de l'orifice de la galerie, dans le voisinage
de la voie courbe qui conduit à la station, se trouvent
deux poulies, de 1.10 m. de diamètre, supportant l'une
le câble d'avant, l'autre celui d'arrière ; puis, en se rapprochant du moteur, deux couples de poulies, de 0.62 m.,
et enfin, au-devant du tambour moteur, deux rouleaux,
mobiles sur leurs axes et destinés à faciliter l'enroulement régulier des câbles. Mais cette dernière disposition
ne remplit pas son but, car la main de l'homme doit
venir en aide à la régularité de l'enroulement. Le procédé employé à Saarbrücken et décrit ci-dessus est bien
préférable ; on pense qu'il devra être introduit à Ibbenbüren. Les wagons sont en planches de 26 mm. d'é-
paisseur. Chacun d'eux contient 400 kilog. de houille ;
mais le chargement pourrait être plus fort, si l'on ne jugeait convenable de laisser sous les bords de la caisse un
espace vide de 5 à 7 centimètres pour éviter que la houille
tombe et souille la voie. La caisse a 1.50 m. de longueur,
0.68 m. de largeur et 0,50 m. de hauteur, hors d'œuvre,
ce qui donne une contenance de 5.1 hectolitres. Elle repose sur un train formé de deux poutrelles reliées par des
traverses. Des roues en fonte, de 0.31 m. de diamètre,
sont calées sur les essieux, qui tournent dans des crapaudines également en fonte.

Pour relier les trains aux câbles, ceux-ci sont enveloppés, sur une longueur de 0.31 m., d'une douille fixée par
des rivets ; à la douille, est attaché un anneau tournant,

suivi d'une chaîne de 6 m. de longueur, dont le poids entraîne le câble sur le rouleau situé immédiatement derrière la voiture. La chaîne, terminée par une boule, pénètre entre les deux branches d'une fourche fixée à la caisse du wagon. L'ensemble est traversé par un boulon, dont l'œillet reçoit une clavette suspendue à une chaînette.

Les wagons sont réunis par de petites chaînes à trois mailles, dont les bouts s'engagent dans les fourches des caisses; celles-ci sont alors distantes de 0.25 à 0.30 m.

On donne les signaux en frappant un certain nombre de coups sur des tiges rondes en fer, de 22 mm. de diamètre, soudées bout à bout et formant une ligne non interrompue d'un bout à l'autre de la voie. Comme le son se propage 17 fois plus vite dans le fer que dans l'air, il parcourt $17 \times 340 = 5780$ m. par seconde; ainsi un coup frappé au fond de la galerie devrait être perçu par le machiniste en 0.2 secondes; mais, en réalité, le temps écoulé est de 0.4 à 0.5 secondes, probablement par suite de l'imperfection de quelques soudures.

Cette disposition permet de donner, avec célérité et d'un point quelconque de la galerie, des signaux dont la transmission est certaine; mais elle offre un inconvénient assez grave: Le son engendré pendant la marche est en partie absorbé par le bruit de la machine et des roues dentées, en sorte qu'il n'a jamais la netteté suffisante pour ne laisser aucun doute dans l'esprit du machiniste. Aussi, par mesure de sûreté, pour éviter les malentendus, les signaux sont-ils recueillis à l'orifice de la galerie par un jeune homme, qui les transmet à la machine au moyen d'une seconde frappe.

Les manœuvres à exécuter sont les suivantes:

A l'extrémité souterraine de la galerie, les wagons chargés venant du puits sont formés en convoi au nombre de 25 à 28 et attachés les uns aux autres.

Le câble d'avant est accroché à la première voiture et celui d'arrière, à la dernière. Six coups frappés sur les tiges font connaître au machiniste que « le train est prêt »; bientôt après, deux coups sont le signal de « en avant! » et la machine fonctionne.

Les convois franchissent un espace de 1135 m. en 7 1/2 minutes, ce qui donne une moyenne de 2.52 m. par seconde. Chaque convoi est accompagné d'un garde qui prend place dans un wagon spécial attaché à l'arrière, afin de prévenir le machiniste des accidents qui peuvent survenir ; dans ce cas, un seul coup signifie « halte, » et trois coups « en arrière! » Les wagons arrivés au jour et les deux câbles détachés, le convoi plein est traîné par des chevaux au point de déchargement; en même temps, les câbles sont attachés au train vide, celui d'arrière à la voiture destinée à entrer la première dans la mine et celui d'avant à la dernière.

Le temps nécessaire pour attacher et détacher est de 1 1/2 minutes. Ainsi deux convois, l'un vide, l'autre plein exigent $2 \times 7 1/2 + 2 \times 1 1/2 = 18$ minutes pour aller et revenir, temps qu'il faut porter à 20 minutes à cause des interruptions et autres retards éventuels. Trois convois chargés peuvent être extraits en une heure; comme ils comportent au minimum 25 voitures contenant chacune 400 kilog., leur charge totale est de $3 \times 25 \times 400 = 30,000$ kilogr., ou 30 tonnes métriques. Enfin, la quantité pour une journée de huit heures s'élève à $8 \times 30 = 240$ tonnes. La vente assez faible des dernières années n'a exigé que le tiers de ce maximum d'extraction. Aussi le transport n'a eu lieu que pendant les premières heures de la journée.

La machine à vapeur est à haute pression et à cylindre horizontal. Le diamètre de ce dernier est de 0.31 m.; la course du piston, de 0.78 m. La machine travaille à 3 1/3 atmosphères effectives ; elle engendre 35 excursions doubles par minute et représente une force de 12 chevaux. Le générateur a 1.80 m. de diamètre et 4.10 m. de longueur.

Un pignon, recevant son mouvement du moteur placé latéralement, avance ou recule sur l'arbre du volant sous l'impulsion d'un levier d'embrayage ; il est ainsi appelé à s'engrener alternativement sur l'une ou l'autre des deux roues calées sur l'arbre des tambours ou à se placer entre elles de manière à n'en commander aucune. Les tambours ont 1.40 m. de diamètre et 0.62 m. de longueur ; ils sont installés l'un au-devant de l'autre. L'enroulement des deux câbles se fait par-dessous afin qu'ils soient forcés de circuler dans un canal souterrain ; cette circonstance a été nécessitée par l'existence d'un chemin public qui passe entre le bâtiment de la machine et le chemin de fer et qui ne peut être supprimé. Le tambour d'avant est plus élevé que celui d'arrière afin que le câble du second n'éprouve aucun obstacle dans sa marche.

La superposition des câbles sur eux-mêmes rend indispensable l'embrayage et le débrayage ci-dessus décrits. En effet, si les deux tambours étaient mûs simultanément par la machine et faisaient en sens inverse l'un de l'autre un même nombre de tours, le tambour qui déroule donnerait trop de câble au commencement de l'excursion et la tension du câble, trop forte au milieu de la course, deviendrait telle, vers la fin, que la rupture en serait à craindre. Il faut donc que les révolutions de chaque tambour déroulant soient entièrement indépendantes, c'est-à-dire qu'il « marche à vide », comme disent les mineurs allemands, et que son mouvement soit une conséquence de la traction opérée par le tambour enroulant. Mais pour que le tambour déroulant ne donne pas trop ou trop peu de câble, ce qui produit des chocs ou une grande tension, et surtout pour

l'empêcher de revenir en arrière, chaque cylindre est muni
d'un frein-enveloppe en fer, manœuvré par un levier;
celui-ci, disposé de manière que le serrage de l'un des
freins détermine le serrage de l'autre, est mis à la portée
du machiniste, de même que les leviers de distribution et
d'embrayage. Alors le câble déroulant, appelé à suivre le
convoi conserve une tension suffisante pour que le mouvement de progression soit doux et régulier et que les
voitures ne puissent s'entrechoquer, ni dérailler.

Le personnel affecté à ce transport spécial se compose
d'un machiniste et d'un chauffeur, d'un garde et de deux
rouleurs chargés de conduire les wagons au point où se
forment les convois, de ranger ceux-ci et de les attacher
au câble; d'un jeune homme placé à l'orifice de la galerie
pour répéter les signaux et aidant, en outre, à attacher et à
détacher les câbles; enfin, d'un charpentier pour réparer
les voies, graisser les rouleaux, etc.

Transport mécanique par câbles ou chaînes sans fin.

On se sert communément en Angleterre de câbles sans
fin pour la traction mécanique des produits sur les voies
horizontales ou inclinées, construites à l'intérieur et à
l'extérieur.

Un câble unique, formant une courbe fermée, transmet
aux voitures un mouvement continu, toujours dans le même
sens et les fait incessamment circuler de l'accrochage aux
ateliers et *vice versâ*.

Dans ce système, les doubles voies sont rigoureusement
indispensables, mais il n'est pas nécessaire qu'elles soient
rectilignes et elles peuvent être contournées et irrégulières.
Chaque voiture étant isolément attachée au câble, il n'y a

plus lieu de former des convois et ainsi se trouve supprimée la cause des arrêts. Le lecteur a déjà vu un exemple
de ce procédé dans la première partie de cet ouvrage (1).

Chaîne sans fin établie à la mine de Pelton, près d'Ashton (comté de Lancastre).

Dans cette mine, les produits de l'arrachement doivent,
pour parvenir au puits d'extraction, traverser une galerie
d'allongement de 273 m. de longueur, puis un travers
bancs de 364 m., autrement dit, franchir un parcours
total de 637 m. en deux lignes formant entre elles un angle
à peu près droit. Sur ce parcours, fonctionne une chaîne
sans fin, faisant circuler les voitures pleines et vides, sur
un chemin de fer à double voie. Ce chemin, qui a 0.56 m.
de largeur, est formé de rails en équerre. La chaîne ne
diffère en rien de ce qu'on appelle une chaîne anglaise.

La chambre de la machine a été percée dans le voisinage du puits d'extraction et de la galerie à travers bancs;
elle est revêtue d'une voûte en maçonnerie. Le moteur, —
d'une force de 12 à 15 chevaux, — est à cylindre horizontal, de 0.31 m. de diamètre, avec un piston dont la
course a 1.51 à 1.83 m. Des roues coniques transmettent
le mouvement à une poulie, de 1.52 m. de diamètre, à la
périphérie de laquelle est creusée une gorge profonde.
C'est la poulie motrice de la chaîne sans fin. Celle-ci
traverse les deux galeries, se replie sur une poulie de
renvoi installée au fond de l'excavation et revient à son
point de départ. Des rouleaux de conduite sont placés à
l'intersection des deux voies, afin de faciliter le changement de direction, c'est-à-dire de soumettre la chaîne à

(1) Tome III, page 70.

une direction brisée. La chaîne court simultanément sur les deux voies, dont l'une est affectée à la circulation des voitures vides, l'autre à celle des voitures chargées.

Les deux poulies extrêmes : la poulie motrice et celle de renvoi, sont installées au-dessus du sol , en des points un peu plus élevés que les bords supérieurs des wagons, en sorte que ceux-ci puissent passer au-dessous. Mais dans tout le reste du parcours, la chaîne s'affaissant en vertu de son propre poids, traîne sur le sol des galeries, ou vient reposer sur les wagons, qui , alors, sont entraînés dans le mouvement.

Cet entraînement, à peu près certain pour les voitures vides, ne l'est pas au même degré pour les voitures chargées, plus exposées au glisssement de la chaîne. Pour éviter cet inconvénient, on a fixé, à la paroi antérieure des caisses de voitures, des fourchettes (Pl. XXVI, fig. 3 et 4) ou pièces en fer échancrées à leur partie supérieure. L'échancrure, plus petite que les maillons, peut cependant en recevoir un, introduit de champ, en sorte que la résistance opposée par la fourchette au mouvement de la chaîne, force le wagon à marcher en avant. Il suffit alors de le pousser au-dessous de cette chaîne, pour qu'aussitôt il marche du même pas et dans le même sens qu'elle. Il suffit aussi, pendant le parcours des voies, de la soulever, pour que le wagon en devienne indépendant. Aux deux extrémités du trajet, la hauteur à laquelle se trouvent les deux poulies produit spontanément le même effet et les voitures restent stationnaires pendant que la chaîne continue son mouvement. Pour éviter les glissements de la chaîne sur les poulies des deux extrémités de l'excavation, on fixe dans les gorges de ces poulies de petites dents en fer qui augmentent le frottement.

Deux ouvriers placés au point de croisement des deux

voies font franchir le passage angulaire aux wagons en leur imprimant, à la main, le changement de direction, afin qu'il ne puisse survenir aucun ralentissement dans la marche. Le machiniste préposé au moteur est assisté d'un manœuvre lorsqu'il retire les wagons pleins pour leur en substituer des vides, dans le voisinage de la poulie motrice. Deux autres ouvriers remplissent les mêmes fonctions, mais en sens inverse, auprès de la poulie du fond.

Les caisses et les trains des voitures sont en bois, avec essieux en fer forgé et roues en fonte. Leur contenance est de 360 kil. de houille et leur poids, de 180 kil.

Lorsque la machine marche régulièrement, le trajet se fait en 14 minutes, ce qui donne une vitesse de 0.75 à 0.76 m. à la seconde. Comme on accroche les voitures, aux deux côtés du chapelet, à des distances de 22 à 23 m., il en arrive une à destination toutes les deux minutes. La chaîne traîne sur le sol lorsqu'elles sont inégalement espacées.

La marche normale est régulière ; le transport se fait sans confusion ; enfin, l'accrochage et le décrochage s'exécutent promptement et sûrement (1).

Machine à vapeur souterraine employée à la traction à deux cordes.

Les premiers appareils qui ont été mis en usage n'avaient qu'un seul cylindre dont la bielle attaquait directement l'arbre des tambours. Un volant calé sur cet arbre permettait de vaincre l'inertie des points morts. Aujourd'hui, l'on ne rencontre plus que des cylindres conjugués, tantôt oscillants, tantôt fixes et placés à angle droit, comme

(1) PREUSS. ZEITSCHRIFT. Bd. IX, Abth. B, Seite 88.

le lecteur l'a vu dans un des paragraphes qui précèdent, tantôt enfin, couchés horizontalement, position qui con- corde avec la faible hauteur des excavations. Dans tous les cas, la condition essentielle à laquelle le constructeur cherche à satisfaire est de construire les moteurs de telle sorte qu'ils occupent le moins de place possible.

La machine n'est accompagnée que de deux tambours lorsqu'il s'agit d'opérer la traction sur une galerie unique à voie simple ou double ; mais lorsqu'il y a deux excava- tions à desservir, le moteur fait fonctionner simultané- ment quatre tambours, deux pour chaque direction.

La mine de Shotton (comté de Durham) possède un spé- cimen d'une machine aussi bonne que simple et assez fréquemment employée. Cet appareil, d'une force de 75 à 80 chevaux, a des cylindres d'un diamètre de 0.53 m. Les pistons, dont la course est de 0.61 m., fournissent 80 pulsations par minute, ce qui donne 40 révolutions des tambours.

La vapeur, engendrée à la surface, descend dans l'inté- rieur à travers des tuyaux et se rend aux deux boîtes de distribution, où les glissières la font passer alternative- ment au-dessus et au-dessous des pistons. Les glissières sont mises en jeu, soit par la main du machiniste agissant sur le levier de mise en train, soit au moyen de bielles d'excentrique et d'une coulisse de Stephenson. Les tiges des pistons attaquent les manivelles calées à l'extrémité d'un arbre de couche ; cet arbre porte un grand pignon, qui communique le mouvement de rotation aux tambours par l'intermédiaire de deux roues.

Le lecteur sait déjà combien il importe que les deux tambours fonctionnent ou s'arrêtent indépendamment l'un de l'autre. A cet effet, les extrémités de leurs arbres re- posent sur des paliers mobiles pouvant recevoir un mou-

vement rectiligne d'avant en arrière et *vice versâ*. A ces
paliers sont attachées des bielles terminées par des excentriques qui s'engagent dans un arbre horizontal, portant,
à l'une de ses extrémités, une roue commandée par un
pignon. Il suffit que le mécanicien donne quelques tours à
une roue à main pour que l'arbre, agissant sur les excentriques, rapproche ou écarte les roues du pignon et détermine l'engrenage ou le désengrenage des deux organes.
Comme on l'a vu plus haut, l'effet utile de ces appareils ne
dépasse guère 50 pour cent du travail effectué, à cause des
difficultés de leur entretien.

Application des locomotives au transport souterrain.

Les Anglais ont fait beaucoup de tentatives pour introduire l'emploi des locomotives dans les mines de houille ;
mais toutes sont restées infructueuses. Aussi ce mode de
transport souterrain ne se rencontre-t-il nulle part en
Angleterre et en Écosse. Les ingénieurs ont trouvé l'explication de cet insuccès dans les dispositions particulières
de leurs exploitations : Le courant d'air, débouchant dans
la mine par la chambre d'accrochage, traverse les galeries
principales pour se rendre aux divers ateliers d'arrachement ; or, la salubrité et la sûreté des travaux dépendent
de l'état atmosphérique de ces diverses excavations, que
les locomotives doivent parcourir et qu'elles inondent de
vapeur et de fumée, en troublant l'aérage et en les rendant
insalubres.

Comme l'accès du courant ventilateur dans les travaux
ne peut avoir lieu qu'au moyen du puits d'extraction ou du
puits d'exhaure, il n'y a aucun espoir que les Anglais,
malgré leur sens pratique et leurs efforts, parviennent

jamais à utiliser ces appareils pour le transport intérieur. Les mines belges se trouvent dans le même cas. Mais. dans certaines mines d'Allemagne qui, outre un grand nombre de puits, possèdent des galeries d'exhaure débouchant au jour, de semblables tentatives pourraient- elles avoir de meilleurs résultats ?

Les essais réitérés faits à la mine de Von der Heydt, près de Saarbrücken, ont répondu négativement à cette question. La galerie d'extraction, dite Burbach, dont l'orifice est au jour, est ventilée par un courant complétement indépendant et séparé de celui qui circule dans les travaux d'arrachement. Ce courant, fort vif, était propice à l'évacuation des vapeurs et des produits de la combustion. Cependant, malgré ces circonstances favorables, si rares à rencontrer, il n'a jamais été possible d'utiliser les locomotives d'une manière entièrement satisfaisante (1).

La galerie d'exploitation de Burbach a une longueur de 1672 m. En hiver, le courant d'air y pénètre, soit par son orifice, soit par une descenderie percée dans le gîte ; puis il revient au jour en traversant le puits de service. En été, sa marche est inverse.

M. Nöggerath, inspecteur de la mine, a choisi, pour faire les essais, l'époque de l'année pendant laquelle les deux courants contraires se font sentir alternativement. Des locomotives à voies étroites avaient été construites exprès pour la circonstance ; leur force était de 10 chevaux, elles étaient donc capables de traîner 50 à 60 voitures, d'une contenance de 5 quintaux métriques ; mais on ne put donner au convoi plus de 18 voitures, ce qu'on attribue au défaut d'adhérence des roues des locomotives sur des rails fort humides. Le parcours s'effectuait avec

(1) PREUSS. ZEITSCHRIFT. *Bd.* XII. *Abth.* B, *S.* 155.

une vitesse de 2.08 m. par seconde ; il y avait un temps d'arrêt de 15 minutes aux deux extrémités de la voie.

Les circonstances atmosphériques seules ont influé sur les résultats de ce transport. Ainsi, dans les temps chauds et humides, l'air avait le temps de se renouveler pendant les arrêts de la locomotive ; la fumée, promptement dissipée, n'avait que peu d'action sur les yeux du machiniste ; mais celle du coke produisait des maux de tête dont se plaignait vivement le personnel du transport. Dans les temps doux et pendant le soleil d'été, les résultats ont été peu satisfaisants ; car les vapeurs et les fumées, n'ayant pas assez de temps pour s'échapper régulièrement obstruaient tellement l'excavation, qu'il était impossible d'apercevoir une lumière placée à 30 m. de distance et que les hommes étaient affectés de violentes céphalalgies, même avec l'emploi de la houille.

Ainsi, lorsque le courant d'air est constamment dirigé dans le même sens, le transport par locomotives est possible ; mais si le courant se renverse, on doit forcément avoir recours à un aérage artificiel qui imprime à l'air une vitesse suffisante et toujours dans le même sens. On peut préserver les machinistes des atteintes directes de la fumée en adjoignant à la cheminée de la locomotive un appareil qui force les produits de la combustion à s'échapper en avant ou en arrière, suivant les exigences de la direction du courant. En outre, les yeux doivent être protégés par des verres semblables à ceux que portent les machinistes des voies ferrées de la surface. Enfin, il faut avoir soin de projeter la fumée latéralement pour éviter les désagrégations produites par la chaleur sur le plafond de la galerie.

En résumé, on n'a pas jugé assez avantageux les résultats obtenus dans cette voie expérimentale et l'on a abandonné la traction souterraine par locomotives.

Application des moteurs hydrauliques au transport souterrain.

Une machine à colonne d'eau a longtemps fonctionné à la mine de South Hetton, près de Newcastle, sur la Tyne, et elle y a donné des résultats très-satisfaisants ; des considérations toutes locales ont engagé, il y a peu de temps, les exploitants à la remplacer par une machine à vapeur.

L'eau motrice qui la faisait fonctionner provient d'infiltrations rencontrées à la partie supérieure du puits. Avant la construction de l'appareil, elle tombait au fond de l'excavation, où elle était aspirée par les pompes, sans avoir produit d'effet utile mécanique. Depuis lors, réunie dans un réservoir pour alimenter la machine à colonne d'eau, elle suffisait à la remorque de vingt convois par jour ; mais pour un nombre double, l'eau faisant défaut, on empruntait aux pompes d'épuisement, qui livraient environ 90 litres par minute et pendant 24 heures. Ces eaux motrices descendaient à travers une colonne de chûte de 180 m. de hauteur, dont les tuyaux alimentaires avaient un diamètre de 0.10 m., faisaient fonctionner une machine composée de deux paires de cylindres, disposés deux à deux à angle droit, de la même manière que ceux de l'appareil ci-dessous décrit. Les pistons, de 0.075 m. de diamètre et 0.30 m. de course, produisent environ 100 pulsations par minute sans que cette grande vitesse donne lieu à aucun choc.

L'appareil hydraulique est installé à la base d'un plan remorqueur, de 805 m. de longueur, dont l'inclinaison varie de 19 à 38 degrés.

Il élève un train formé de 20 wagons et pesant ensemble 15.3 tonnes métriques ; chaque ascension s'accomplit en

5 ou 6 minutes. La quantité d'eau débitée équivaut à un filet constant de 2 hectolitres par minute. Le travail effectué par cette machine peut être assimilé à 30 ou 35 chevaux-vapeur.

Les ingénieurs anglais reprochent aux machines à colonne d'eau d'introduire dans les travaux souterrains de grands volumes d'eau dont l'enlèvement occasionne autant de difficultés que l'écoulement des produits de la combustion pour les machines à vapeur. Cependant, elles conviennent parfaitement pour transmettre sur tous les points d'une houillère une force exempte du danger et des inconvénients inhérents à l'autre agent ; aussi peuvent-elles être appliquées, non-seulement au transport, mais encore à bon nombre de travaux qui jadis exigeaient le bras de l'homme.

Dans les houillères, les colonnes d'ascension peuvent être utilisées comme colonnes de chûte ; elles ne réclament dès lors que des tuyaux partant de leur base et destinés à conduire les eaux motrices au point d'action. Mais, comme les machines d'épuisement sont sujettes à des chômages et à des arrêts assez fréquents, comme les machines hydrauliques sont appelées, au contraire, à travailler d'une manière intermittente à des moments de la journée déterminés, il vaut mieux rendre indépendants les deux appareils, en établissant auprès des bâches de la pompe un réservoir, origine de la colonne de chûte. Lorsque l'eau motrice doit être conduite à de grandes distances pour alimenter une ou plusieurs machines, on pourrait obtenir un mouvement uniforme du liquide dans les tuyaux de conduite, en installant un réservoir à air à la base de la colonne de chûte et un accumulateur auprès de chaque machine travaillante. Les capacités de ces appareils seraient naturellement proportionnées à l'effet utile que l'on voudrait retirer de chacun.

Une machine à colonne d'eau semblable à celle que
M. Juncker a construite à Poullaouan, avait été établie au
puits N° 9, du Haut-Flénu (Couchant de Mons) pour épuiser
les eaux pendant le fonçage de ce puits au-dessous du
niveau de 295 m. Mais ce fonçage, ayant été abandonné,
on décida d'exploiter en vallée les parties des couches
d'aval, en remorquant les produits au moyen de machines
à colonne d'eau, alimentées par les eaux venant des exploitations supérieures et des cuvelages. Ces eaux, retenues
à l'étage de 230 m., fournissent, par conséquent, une
colonne de chûte de 35 m.

Machine à colonne d'eau de la houillère royale Gerhard Prinz Wilhelm, près de Saarbrücken.

Cette houillère possède depuis quelque temps une machine à colonne d'eau, à deux cylindres conjugués, destinée à remorquer les voitures le long d'un plan incliné.
La galerie d'exhaure — qui a recoupé la couche Beust,
objet de l'exploitation actuelle, — et le premier étage des
travaux situés immédiatement au-dessous communiquent
par une descenderie percée dans le gîte. Dans la première
de ces excavations se trouve le réservoir du moteur, dans
la seconde, ce moteur lui-même. Les eaux motrices em-
pruntées à la galerie d'écoulement sont conduites dans
le réservoir, percement dirigé perpendiculairement à la
galerie d'exhaure et dont la longueur est de 106 m., la
largeur, de 2 m. et la hauteur, de 1.57 m. Le réservoir est
disposé de manière que la surface de l'eau y soit constamment à une hauteur de 1.57 m., lorsque celle du canal
de déversement atteint sa hauteur normale. Il débouche
dans une descenderie, dont il est séparé par une digue en
maçonnerie étanchè que traverse un tuyau placé à environ

0.15 m. au-dessus du fond de l'excavation. Ce tuyau, pourvu, à son origine, d'une soupape régulatrice d'arrêt, forme un coude pour prendre la direction de la galerie descendante et se dirige ensuite au premier étage, siége de la machine motrice.

La conduite est formée de tuyaux d'un diamètre de 0.13 m. ; elle a une longueur de 196 m., mesurée suivant la pente, qui est de 12 degrés, d'où résulte, entre le niveau de l'eau dans le réservoir et l'orifice d'admission, une hauteur verticale de chûte de 40.50 m. La soupape régulatrice annexée au réservoir donne le moyen de mesurer le volume du courant qui passe par la conduite.

Les figures que renferme la planche XXXII indiquent les diverses dispositions de l'appareil et feront comprendre aisément l'action des eaux motrices.

La figure 1 représente le bâti en fonte supportant les deux cylindres moteurs, qui sont perpendiculaires entre eux et forment avec le plan horizontal des angles de 45 degrés. Les bielles agissent sur la manivelle calée à l'extrémité de l'arbre de couche que supportent deux crapaudines, ainsi qu'on peut le voir par la figure 8. Cet arbre reçoit, immédiatement derrière la crapaudine la plus rapprochée de la manivelle, un excentrique, *a*, communiquant le mouvement alternatif aux appareils distributeurs. Puis vient l'anneau, *b*, ou manchon de la came, *c*, le disque du frein, *d*, et enfin, les deux tambours, *e*, *e'*, construits comme à l'ordinaire et disposés de manière que leurs moyeux puissent être déplacés par l'enlèvement des câbles. Le disque du frein est enveloppé d'une bande de fer, courbée en cercle, qu'un ouvrier serre en agissant par son poids sur un levier à pédale.

Les figures 2, 3 et 4 indiquent les positions relatives des organes moteurs de la distribution ; on y voit la position

de la manivelle relativement à l'excentrique , celle de la
came *c*, de son anneau, *b*, et du tasseau marchant dans le
sens de la la flèche.

Les appareils distributeurs se composent de cylindres et
de pistons (fig. 2), dont les tiges reçoivent un mouvement
alternatif de l'excentrique, *a* ; celui-ci tourne fou sur l'arbre,
par l'impulsion qu'il reçoit de la came *c*, qui est invariablement fixée à l'arbre par son anneau et qui vient appuyer
sur l'un ou l'autre côté de l'appendice *f*, suivant que
l'arbre reçoit un mouvement de droite à gauche ou de
gauche à droite. Comme l'enveloppe *g* ne peut suivre le
mouvement de rotation de l'excentrique, elle est sollicitée
vers le haut ou vers le bas, à droite ou à gauche, suivant
la position de cet organe ; alors elle attire l'une des tiges
et repousse l'autre, de telle sorte que l'un des pistons
distributeurs admet l'eau, tandis que l'autre s'oppose à son
introduction. Une roue, *h*, venue à la fonte avec l'excentrique
ou liée avec lui de toute autre façon, se manœuvre au
moyen de poignées et sert à arrêter l'appareil ou à le
mettre en train.

Chaque cylindre moteur et le cylindre distributeur qui
en dépend sont coulés en une seule pièce.

La distribution se fait par deux pistons, garnis de rondelles en cuir et de disques métalliques et fixés par des
écrous qui s'engagent dans des filets de vis pratiqués sur
les tiges.

L'admission des eaux dans le cylindre moteur se fait
par la partie supérieure, o_1, et leur décharge, par la partie
inférieure, o_2, à l'aide de caisses , ou canaux, rectangulaires résultant de l'élargissement du cylindre distributeur.
L'eau débouche par la tubulure *t*, remplit l'espace compris
entre les deux pistons, puis, comme ceux-ci, doués de
leur mouvement de va-et-vient, s'abaissent et s'élèvent

alternativement, ils mettent la colonne de chûte en communication avec la face inférieure, puis avec la face supérieure du piston moteur et cela, une fois pendant une
excursion complète. Enfin, après avoir produit son effet,
l'eau s'échappe à travers les mêmes caisses rectangulaires
et les tuyaux r_1 et r_2, prolongements des cylindres distributeurs.

Deux régulateurs sont établis auprès de la machine : l'un
en m, l'autre, destiné à assurer une complète obturation,
en n. Mais souvent il arrive que le mouvement doit être
arrêté subitement et comme, dans ce cas, la force vive
résultant de la vitesse de l'eau dans les tuyaux de conduite
pourrait déterminer leur rupture, le constructeur a fait
disparaître cet inconvénient en plaçant entre les deux
régulateurs un réservoir à air, composé de fortes tôles,
qui les met en communication au moyen de tubulures et
de tuyaux. L'air renfermé à la partie supérieure du réservoir forme un coussin élastique toujours prêt à céder lorsque
l'eau affluant par le tuyau tend à s'élever, pendant que,
sous l'influence des chocs les plus énergiques, la soupape
de sûreté, s; s'ouvre et laisse échapper l'eau.

Pour remplacer l'air que l'eau disperse pendant la marche
de l'appareil, une petite pompe pneumatique fonctionne
en x (fig. 1) pour remplacer l'air perdu. Cette pompe,
dont la bielle s'attache en l est commandée par le collier de
l'excentrique. Un indicateur de niveau d'eau ou un robinet
d'épreuve permet de s'assurer à chaque instant du volume
d'air renfermé dans le réservoir.

La figure 9 montre la disposition de l'appareil dans la
mine. En i sont représentés les tuyaux adducteurs de l'eau
et en k le canal de décharge qui reçoit les eaux qui ont fait
fonctionner le moteur.

Cette machine, d'ailleurs très-bien construite, dont la

marche ne laisse rien à désirer, offre cependant un grave inconvénient. Les garnitures des pistons s'usent rapidement et doivent être souvent renouvelés; mais pour ôter ces objets des cylindres, il faut enlever l'arbre des tam_bours de ses crapaudines, et les couvercles *m*, ce qui est un travail hérissé de difficultés. Il serait possible de porter remède à cet état de choses, mais il faudrait pour cela changer quelques-unes des dispositions principales.

Données numériques relatives à cette machine.

Effet utile.

Cet appareil fonctionne à la tête d'une galerie descendante, dont l'inclinaison est de 12 dégrés et dont le sol est recouvert d'une double voie ferrée, composée de rails vignoles. En une minute et demie, il remorque sur ce plan incliné qui a 108.70 m. de longueur, un convoi formé de 3 voitures contenant chacune 5 tonnes métriques, tandis que 3 autres voitures, vides, descendent sur la voie parallèle. Pendant le trajet, les tambours font 37 révolutions, pour lesquelles la dépense d'eau est de 23 à 25 hectotitres. Le diamètre des tambours est de 0,94 m. et celui des pistons moteurs, de 0.25 m. La course de ces derniers étant de 0.26 m., leur vitesse par seconde est de 0.214 m. pendant que celle des vases sur le plan remorqueur est d'environ 1.21 m. La colonne de chûte opérant une pression de 3.94 atmosphères, les deux pistons donnent un effet utile de:

$$\frac{2}{75} \times 491 \times 1.033 \times 3.94 \times 0.214 = 11.40 \text{ chevaux-vap.}$$

En comptant une minute pour l'accrochage et le décrochage des voitures, une semblacle machine permet d'extraire en une journée de 10 heures:

$$\frac{10 \times 60}{2.5} = 720\text{ wagons ou } 3101 \text{ tonnes métriques.}$$

Frais d'installation du moteur:

Creusement de la chambre de la machine et du réservoir.	fr.	6470.25
Tuyaux de conduite et soupape . . .	»	3040.50
Acquisition de la machine	»	4987.50
Installation proprement dite	»	2695.85
Ensemble. . .	fr.	17203.20
A déduire la valeur de la houille exploitée	»	4185.00
Reste. . .	fr.	13018.20

De l'air comprimé comme organe de la transmission des forces.

La compressibilité de l'air, qui ne semble limitée que par la résistance du vase qui renferme ce fluide, est la faculté qu'il possède de se réduire à un volume moindre que son volume primitif. Lorsque, par exemple, cinq litres d'air ont été réduits à un litre, l'air est comprimé à cinq atmosphères. La force d'expansion est sa tendance à reprendre son volume primitif aussitôt que la pression qui le retient captif cesse de s'exercer. C'est un ressort parfait, qui ne casse jamais et peut remplacer exactement la force qui lui a donné naissance.

La vapeur d'eau, dont la force d'expansion s'amoindrit facilement par l'effet de la condensation, doit être mise en usage peu de temps après sa création et ne peut être envoyée au-delà de certaines distances. Il n'en est pas de même de l'air comprimé, qui peut se conserver beaucoup plus longtemps et agir à une grande distance de son lieu

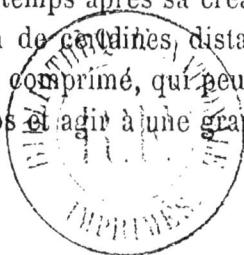

d'origine. Des manomètres métalliques placés dans le tunnel du Mont-Cenis ont prouvé que pendant la marche du
travail il n'y a aucune différence entre les tensions de l'air
au commencement et à la fin de la conduite.

L'envoi de l'air comprimé dans l'intérieur de la mine
ne présente pas de difficulté et les pertes de pression sont
peu importantes.

Les ingénieurs attachés aux travaux du Mont-Cenis sont
arrivés à donner à tous les organes de la transmission une
imperméabilité telle que la quantité d'air perdu ne s'élève
qu'à 0.006. La conduite d'air, dont on craignait les fuites,
n'en a pas accusé une seule sur une distance de 1800 m.,
qui sépare les réservoirs des ateliers d'arrachement,
quoique l'ensemble du système soit exposé aux alternatives d'un froid de 17 degrés et d'une chaleur de 35 à 40
degrés centigrades.

Enfin, « l'air comprimé — dit Gaugain — n'est qu'une
transformation utile et commode de la force de la vapeur
dont on se sert pour le produire. »

L'expérience prouve, il est vrai, qu'il est l'un des agents
les plus désavantageux qui puissent être employés pour
accumuler et emmagasiner une force; puisque le travail
de la vapeur qu'absorbe à elle seule la compression de
l'air s'élève à 30 pour cent, lorsqu'on utilise la détente
dans une certaine limite, et que, en ne profitant de
celle-ci en aucune manière, l'effet utile se réduit à 0.465;
qu'ainsi le rapport de la force utile au travail dépensé
peut être considéré comme compris entre 0.45 et 0.50, ce
qui constitue une énorme perte de force. Mais fût-elle
plus considérable encore, le mineur devrait s'estimer heureux de posséder cet agent de transmission qui lui permet
d'écarter des travaux souterrains les foyers générateurs,
causes permanentes d'incendie et d'explosion de grisou.

Au moment de sa compression, l'air abandonne une
partie de sa chaleur spécifique. Dans les expériences faites
au Mont-Cenis, on a constaté qu'après cent pulsations
la température des corps en contact avec le fluide comprimé s'est élevé de 31 degrés centigrades; l'eau, les
parois des réservoirs, les tubes de conduite, etc. absorbent
cette chaleur, qui se dissipe dans l'atmosphère ambiante
avec laquelle l'air comprimé se met promptement en équilibre. Lorsque l'air soumis à une forte pression se répand
dans les excavations souterraines, il se dilate, emprunte
aux corps environnants la chaleur qu'il avait perdue et
détermine un refroidissement salutaire de l'atmosphère,
ordinairement fort élevée, de la mine.

Les premiers appareils compresseurs dont on s'est
servi consistaient en corps de pompe qui puisaient dans
l'atmosphère l'air à comprimer et l'injectaient dans la capacité destinée à le contenir. Mais dans ces appareils, manœuvrant à sec, le cuir des clapets se durcit et fonctionne
mal et le plus petit corps étranger, un grain de sable, par
exemple, suffit parfois pour paralyser entièrement l'action
de ces organes, surtout au-delà d'un certain degré de
tension. La couche d'air interposée entre le clapet et le
piston atteint un état de compression qui lui permet de
se dilater; l'air occupe alors toute la capacité du corps
de pompe et il arrive une limite au-delà de laquelle la
compression, devenant fort difficile, ne peut être obtenue
que par les plus grands efforts. De là, augmentation du
prix de l'air comprimé et prompte usure des appareils.

Tels sont les motifs qui ont engagé les mécaniciens, à
introduire de l'eau entre le piston et les soupapes, autrement dit à remplacer le *piston solide*, d'ailleurs rarement
parfait, par un véritable *piston liquide* qui remplit toujours exactement le corps de pompe dans lequel il fonc-

tionne. Le lecteur verra dans les paragraphes suivants
des exemples de cette nouvelle disposition.

Extraction et épuisement souterrains par l'air comprimé.

Le premier établissement de ce genre date de 1849. Il
a pour objet le puits Dixon Hangingshaw n° 2, appartenant à la fabrique de fer de Govan, près de Glascow.

Ce puits a recoupé successivement six couches de
houille, inclinées de 6 degrés, dont la dernière, N° 6, a
été exploitée à l'étage de 160 m. et en amont du puits.
Une galerie à travers bancs percée à cet étage a rencontré
les couches nᵒˢ 5, 4, 3 et 2 ; et un *faux puits*, ou puits
intérieur, a recoupé une seconde fois et à une profondeur
de 24 m. la couche n° 3.

Les nécessités de la ventilation ne permettaient pas
d'avoir recours à une machine à vapeur pour extraire les
produits du faux puits et en assécher les travaux. La distance (803 m.) semblait trop grande pour faire venir la
vapeur du jour. On songeait à employer la pression de
l'eau, lorsque M. Elder proposa de charrier, dans un tuyau
de descente, de l'air préalablement comprimé à la surface, afin de faire fonctionner un appareil semblable aux
machines à vapeur sans condensation, en rejetant après
son fonctionnement l'air dans les excavations, dont il favo-
riserait ainsi la ventilation.

Le puits d'extraction et de retour de l'air est divisé en
deux compartiments, l'un pour l'entrée, l'autre pour la
sortie de l'air. Il en est de même de la galerie à travers
bancs, à laquelle est attribuée une grande section, soit
2.70 sur 1.80 m.

La machine à compression, que nous décrirons dans le

paragraphe suivant, est installée à 21 m. du puits d'extraction. Elle est alimentée par deux générateurs qui desservent aussi l'appareil d'épuisement.

L'air, comprimé au jour, se rend par une conduite dans le puits d'extraction, *a*, parcourt la galerie à travers bancs, *b*, et arrive en *c*, à l'appareil souterrain qu'il fait fonctionner.

Cet appareil n'est autre qu'une ancienne machine à vapeur à haute pression, à double effet et à balancier. Son cylindre, qui est vertical, a 0.25 m. de diamètre. Le piston a 0.45 m. de course et fait 25 excursions par minute sous une pression de 1.40 kilogr. par centimètre carré de surface. Un pignon calé sur l'arbre du volant commande une roue dentée portée par l'arbre des tambours. Du côté opposé, le même pignon attaque une seconde roue, à laquelle est atachée une manivelle, qui, par l'intermédiaire d'une bielle et de deux varlets, fait mouvoir des pompes soulevantes placées dans le faux puits. Un appareil d'embrayage et de débrayage, fort simple, donne la faculté de faire fonctionner isolément ou simultanément l'extraction et l'épuisement.

L'air qui a servi, ayant encore une certaine tension au moment de sa sortie de l'appareil, est conduit dans le compartiment d'entrée, d'où il se rend dans quelques chantiers établis à l'étage de 160 m., puis revient par la galerie *b*, descend dans l'un des compartiments du faux puits, alimente d'air frais toutes les excavations inférieures, remonte par l'autre compartiment et se dirige vers le puits d'appel, à travers la galerie de retour de l'air. Les flèches indiquent la marche du courant, *d d* les portes d'aérage et *e* les cloisons.

L'air absorbe, pour sa détente subite, des quantités de calorique telles que la marche de l'appareil est quelque-

fois interrompue en hiver par les glaces qui se forment
dans le cylindre moteur et dans la conduite d'évacuation.
Dans tous les cas, l'air, au sortir de la machine, étant
presque toujours au point de congélation de l'eau, a, sur
l'atmosphère des excavations, une influence des plus salu-
taires, puisque la température ordinaire des houillères est
de 27 degrés centigrades et s'élève même parfois, par la
présence des hommes et des chevaux, à 32 degrés, point
où elle est fort incommode pour les travailleurs.

Enfin, la perte de pression dans la conduite, ou la différence observée à l'appareil de compression et à la machine
motrice souterraine, n'est guère que de 7 à 14 centièmes
d'atmosphère, ou 70 à 140 grammes par centimètre carré.

Chacune des cages d'extraction du faux puits ne contient
qu'une voiture chargée, pesant 360 kilogr., dont 250 kilogr.
de houille. La durée de l'ascension étant de 19 à 20
secondes, si l'on compte le double de ce temps pour les
chargements et les déchargements, l'extraction sera de
60 vases, ou 15 tonnes métriques de houille par heure.

Lorsque les pompes, qui ont 0.15 m. de diamètre et
0.45 m. de course, marchent à raison de 25 coups par
minute, elles débitent, dans cet espace de temps, 14 litres,
en faisant abstraction de toutes les pertes.

Machine à compression de Govan.
(Pl. XXIX, fig. 2, 3 et 4.)

Cette machine, installée au jour, à 20 m. environ de
l'orifice du puits d'extraction, est alimentée par les deux
générateurs de l'appareil d'exhaure. Elle se compose de
deux cylindres soufflants et d'un moteur à vapeur.

Le cylindre de ce dernier est vertical. Le piston a

0.38 m. de diamètre et 0.91 m. de course. Il est accompagné d'un balancier, d'une bielle et d'un volant. Le balancier repose sur une colonne creuse, en fonte, dont la partie supérieure sert de réservoir central pour l'air comprimé.

Celui-ci provient de deux pompes à air renversées et placées de chaque côté de la colonne. Les tiges de leurs pistons traversent les boîtes à étoupe des fonds inférieurs des cylindres. Ces tiges, dont les têtes sont en croix, glissent dans des guides verticaux et se rattachent au balancier par des bielles latérales. Les corps de pompe sont doublés en laiton pour éviter la corrosion. Il en est de même des pistons, qui sont dépourvus de toute garniture et simplement ajustés avec soin dans les cylindres.

A la partie supérieure du réservoir, — dont la base renferme de l'eau, — au-dessus de la surface de cette eau, se trouve l'origine de la colonne qui conduit l'air dans les travaux. Cette colonne est formée de tuyaux en fonte, reliés par des manchons, et débouche dans la boîte de distribution de la machine travaillante, installée dans la chambre voisine du faux puits.

Les pompes à condenser l'air ont un diamètre de 0.53 m. et leurs pistons, une course de 0.45 m. Chacune d'elles contient trois soupapes composées de 44 boulets de 0.05 m. de diamètre rangés sur trois cercles concentriques. Ces boulets, renfermés chacun dans une cage (fig. 3), se soulèvent d'environ 13 mm. Ils sont en laiton, quoique leur résistance à l'admission de l'air eut été moindre s'ils avaient été en gutta-percha ; mais cette dernière substance n'a pu être admise, à cause de la difficulté qu'il y avait, à cette époque, de se procurer des sphères convenables.

Ces pompes fonctionnent comme suit: Pendant l'excursion ascendante des pistons, l'air extérieur est sollicité à

traverser la soupape d'aspiration et celui qui se trouve
renfermé dans le cylindre est comprimé entre le piston et
les diaphragmes supérieurs, dont il soulève les soupapes
dès qu'il atteint une pression donnée. Dans l'excursion
descendante, l'air passe simplement de dessous au-dessus
des pistons.

La pression de l'air s'élevant à 2 atmosphères, environ,
les fuites par les soupapes occasionneraient de grandes
pertes si les boulets n'étaient recouverts d'une couche
d'eau, à travers laquelle tout l'air doit passer. Pour entretenir ces couches à une hauteur convenable, deux tuyaux,
de 12 à 13 millimètres de diamètre, plongent par un bout
dans l'eau du réservoir, tandis que l'autre débouche dans
le cylindre immédiatement au-dessus de l'extrémité de la
course ascensionnelle du piston. L'air comprimé, pressant
sur la surface de l'eau que renferme le réservoir, force le
liquide à s'élever dans les petits tuyaux pour se répandre,
pendant la descente du piston, sur les deux soupapes
inférieures. Quant au diaphragme supérieur, il reçoit, à
travers ses boulets, l'eau qui se trouve en excès au-dessus
du piston et dont le trop plein s'écoule spontanément dans
le réservoir. L'eau qui fuit à travers les boulets de la soupape inférieure est recueillie dans des gouttières, qui la
conduisent dans un bassin particulier, d'où une pompe,
de 75 mm. de diamètre et de 0.25 m. de course, mise en
jeu par le balancier, vient l'extraire pour la rejeter dans le
réservoir. Des robinets règlent le volume d'eau déversé
par les tubes et admis dans les cylindres. Un tube indicateur placé de côté, marque, à chaque instant, le niveau
de l'eau dans le réservoir.

Par cette disposition, l'air comprimé passe en entier
dans le réservoir et il ne peut y avoir aucune détente
au dessus du piston au commencement de sa course des-

cendante. Outre sa fonction obturante, l'eau contribue à refroidir l'air et les appareils de compression. Ainsi, l'on avait calculé que, pour comprimer l'air à deux atmosphères, la chaleur dégagée aurait été capable de mettre l'étain en fusion; mais l'eau absorbe le calorique à mesure qu'il se dégage. Une partie de cette eau passe à l'état de vapeur dans la conduite principale, où elle se condense. C'est pour cela qu'on a placé un robinet au fond du puits, afin de la faire évacuer de temps en temps.

Des soupapes de sûreté sont établies sur la conduite de l'air comprimé, soit au jour dans le voisinage de la machine, soit à l'intérieur; elles se soulèvent spontanément lorsque la tension de l'air dépasse une certaine limite ou que l'appareil condenseur travaille pendant le chômage de la machine souterraine.

Les nombreux boulets des soupapes renchérissent l'appareil; mais elles s'ouvrent facilement et offrent des joints imperméables lorsqu'ils sont recouverts d'une couche d'eau. Enfin, elles ne réclament aucune réparation et, par conséquent, n'occasionnent pas de chômages.

La disposition est heureuse et bien combinée; il n'y a plus, dès lors, à s'étonner de ce que l'appareil a travaillé depuis six ans (1860) et, la plupart du temps, jour et nuit, sans exiger de réparation, ni de rajustement, excepté le remplacement de quelques cages-à-soupapes brisées.

La vitesse normale de la machine à vapeur motrice est de 25 excursions doubles par minute, sous une pression de 1 1/4 atmosphères, l'air recevant une pression moyenne un peu supérieure, c'est-à-dire d'environ 1.4 kilogr. par centimètre carré.

M. Randolph, l'auteur de cette machine, a observé que la température de l'air dans la conduite varie entre 32 et

60 degrés, suivant l'état atmosphérique et la vitesse du travail de l'appareil (1).

Autres appareils de même espèce construits en Angleterre.

Deux machines à air comprimé ont été appliquées pendant le cours de l'année 1856 au transport intérieur de la mine de Haigh, près de Vigan (Lancashire). Elles sont installées au jour et désignées par les numéros 1 et 2.

La tige de la pompe à air N° 1 est attachée à l'extrémité d'un balancier, que meut le piston d'un cylindre à vapeur, agissant à l'autre extrémité. Ce cylindre est accompagné d'un condenseur.

La machine travaillante souterraine est à deux cylindres conjugués. Elle est placée à 158 m. du puits d'extraction et à la tête d'un plan incliné, de 458 m. de longueur, incliné de 16 à 17 degrés, et remorque un train de six voitures.

L'appareil compressur n° 2, à haute pression, est formé de deux cylindres horizontaux, placés bout à bout, l'un pour la vapeur, l'autre pour la compression, leurs pistons se rattachant à une tige unique. Outre la compression de l'air, à laquelle suffit une force de sept chevaux-vapeur, le moteur a pour destination de faire fonctionner un jeu de pompes, de 0.10 m. de diamètre et de 91 m. de hauteur. La pompe à air et les tuyaux d'échappement de l'air, sur une longueur de plus de 18 m., sont recouverts d'une couche d'eau qui empêche ces organes de s'échauffer pendant le travail. — Si de l'eau s'introduisait dans les tuyaux de conduite, elle se transformerait en glace dans les cylindres des machines souterraines et obstruerait les lu-

(1) Mechanic's Magazine, n° 1748.
Institution of Machanical Engineers, 1857.

mières et les passages. C'est ce qu'il faut éviter avec soin.

La machine travaillante (de même modèle que la précédente) fonctionne dans une excavation située à 340 m. du
puits. Elle fait mouvoir une chaîne-sans-fin sur une descenderie, de 487 m. de longueur, inclinée de 5 degrés.
Les voitures sont accrochées à la chaîne à des intervalles
d'environ 18 m., en sorte que 26 voitures chargées de
houille remontent la rampe, que descendent simultanément
26 voitures vides. 430 chariots, ou 102 tonnes, sont ainsi
remorquées chaque jour. L'égalité de distance entre les
voitures est réglée par un levier installé à 18 m. au-dessus
de la base de la rampe. Ce levier, heurté par le vase descendant, met en jeu une sonnette, dont le tintement avertit
l'ouvrier d'accrocher un autre vase.

Dans les deux circonstances, l'air comprimé est conduit
du jour aux appareils à travers une colonne de tuyaux en
fonte, de 0.10 m. de diamètre, aux joints garnis de caoutchouc. Ces tuyaux ont été soumis préalablement à une
pression d'expérience de 20 à 22 atmosphères. L'air, comprimé à 7 ou 8 atmosphères, semble conserver à peu près
la même pression dans les machines souterraines (1).

Il existe, dans les mines de Dowlais, près de Merthyr
(Sud du pays de Galles), deux machines à air comprimé,
construites pendant le cours des années 1857 et 1858 par
M. Truran, directeur de l'établissement.

La première est une véritable machine soufflante, dont
le balancier reçoit le mouvement d'un cylindre à vapeur,
pour le transmettre à la tige du cylindre à air attachée à
l'extrémité opposée. Les deux cylindres ont pour diamètre

(1) THE ENGINEER, 27 sept. 1861.

0.91 m., la course de leurs pistons est de 2.13 m. et le
nombre des excursions complètes, de 9 à 10 par minute..
La pression de la vapeur et celle de l'air sont également
de 1.8 atmosphère. Les soupapes, munies de simples
garnitures en cuir, n'ont été l'objet d'aucune disposition
qui les préserve de l'échauffement.

La température maxima du réservoir d'air comprimé,
après un travail d'une demi-heure et une pression de 2
à 1.8 atmosphères a été de 48 degrés centigrades, pendant
que l'air atmosphérique accusait 13 degrés. Théoriquement, elle aurait dû s'élever à 65.5 degrés.

L'appareil de compression est à 23 m. du puits d'extraction, dont la profondeur est de 160 m., et la machine
travaillante à 915 m. du fond de l'excavation, ce qui fait
une conduite de 1098 m., qui est formée de tuyaux de
0.088 m. de diamètre. Malgré la longueur du parcours,
la pression de l'air dans la mine diffère peu de la pression
observée au jour lorsque la machine ne fonctionne pas;
mais elle baisse d'une manière sensible pendant la marche.
Ainsi, quand la pression dans le réservoir du jour est de
1.9 à 1.8 atmosphères, elle est à la machine en chômage
de 1.5 atmosphères et en marche, de 1.10 seulement.

La machine travaillante souterraine est composée de
deux cylindres verticaux et d'un arbre portant quatre excentriques auxquels viennent se rattacher les tiges de
quatre pompes foulantes. Celles-ci ont 0.10 m. de diamètre et 0.20 m. de course; elles fournissent 80 pulsations par minute et élèvent l'eau à une hauteur de 65 m.

Une seconde machine à vapeur, à deux cylindres horizontaux, est établie dans une excavation souterraine; ses
cylindres ont un diamètre de 0.50 m. et leurs pistons,
une course de 1.21 m. Sa principale fonction est de remorquer des voitures sur un plan incliné; mais en même

temps elle fait fonctionner un cylindre à air, à double effet, semblable à un soufflet de haut-fourneau. L'air comprimé vient s'accumuler dans un réservoir, ou régulateur à vent, de 6 m. de longueur, analogue à une chaudière à vapeur cylindrique, et de là, par des tuyaux en fer forgé, de 0.10 m. de diamètre, dans une galerie inclinée, franchit un parcours de 640 m. pour arriver au point où se trouve l'appareil d'épuisement.

Celui-ci se compose de deux cylindres verticaux, dont les tiges commandent des manivelles calées sur l'arbre du volant. Deux excentriques, placés sur cet arbre, mettent en jeu deux pompes, dont l'une élève l'eau du puisard dans une bâche, d'où l'autre la prend et la refoule dans un réservoir situé auprès de la première machine travaillante.

Les cylindres de la seconde machine ont 0.20 m. de diamètre et leurs pistons 0.45 m. de course, et les pistons des pompes, 0.12 m. de diamètre et 0.37 m. de course.

La pression de l'air est à peine d'une atmosphère effective.

Nouvelle machine à comprimer l'air.
(Pl. XXIX, fig. 1.)

Si, d'une part, les machines de compression dans lesquelles le mécanicien ne s'est pas préoccupé de mettre les corps de pompe, les pistons et principalement les soupapes à l'abri de la haute température que développe le travail sont sujettes à des réparations et à des chômages qui se reproduisent sans cesse; d'autre part, il est à craindre que les appareils semblables à ceux de Govan ne deviennent coûteux, par suite de la multiplicité des soupapes, et compliqués dès qu'il s'agit de grandes dimensions. M. Johnson a pris, dans le cours de l'année 1860,

un brevet d'invention pour une machine plus simple, moins
coûteuse, facile à construire dans tous les cas. Plusieurs
appareils de cette espèce sont établis à Modane, village
de la Savoie. Ils compriment l'air qui transmet la force
motrice nécessaire au percement de la partie nord du
tunnel du Mont-Cenis. Un autre se trouve à l'établissement de Seraing, près de Liége, où il sert à essayer les
perforateurs destinés à ce gigantesque travail(1).En voici
la description:

Un piston, auquel un moteur à vapeur imprime un mouvement de va-et-vient, fonctionne dans un cylindre horizontal, dont les extrémités débouchent dans des chambres
de compression verticales. Le cylindre et une partie des
chambres sont remplis d'eau, de façon que le piston,
entièrement immergé, est toujours imperméable à l'air.

Deux soupapes, ajustées sur leurs sièges à la tête de
chaque cylindre vertical, sont recouvertes d'une couche
d'eau formant une fermeture hydraulique d'une imperméabilité parfaite. Une des soupapes de chaque paire sert à
l'admission de l'air dans les chambres de compression,
l'autre, à l'évacuation de cet air comprimé. Chacune d'elles
est immergée dans une cuvette spéciale.

Le mouvement alternatif du piston dans le cylindre
élève l'eau de l'une des chambres de compression au
même instant où une dépression correspondante se produit dans l'autre.

---

(1) Un autre encore ne tardera pas de fonctionner sur la fosse *Pierre-
Denis* des charbonnages de Marihaye, où l'on veut essayer le perforateur du Mont-Cenis (grand modèle) pour percer une galerie de roulage
et une voie d'air, situées respectivement aux étages de 454 et de 413 m.
et ayant chacune environ 1000 m. de longueur totale (600 au sud et
400 au nord du puits). On se propose, le percement terminé, de faire
servir l'appareil au transport souterrain et à l'avaleresse de la fosse
précitée et d'une bure d'exhaure.

Lorsque le niveau de l'eau descend, l'air extérieur pénètre dans la chambre en traversant la soupape d'admission ; pendant l'ascension, le liquide en s'élevant comprime l'air et le force à s'échapper par la soupape de décharge ; alors il traverse les tuyaux horizontaux, qui le conduisent dans un réservoir, où il s'accumule.

Une bâche, placée à la partie supérieure de l'appareil est constamment entretenue pleine d'eau. L'eau s'écoule dans des réservoirs, qui, par une action de trop plein, maintiennent les niveaux des cuvettes à la hauteur voulue. Comme, trop abondante, cette eau mettrait obstacle à l'action des soupapes d'admission et que, trop rare, elle cesserait de les rendre imperméables, des robinets règlent la quantité qui doit sortir du réservoir dans un temps donné.

Les cuvettes des soupapes d'exhaustion ne sont alimentées que par les petites quantités d'eau entraînées mécaniquement à travers ces soupapes. Le fluide en excès s'écoule dans un récipient sphérique disposé entre les deux cylindres verticaux et contenant un flotteur métallique, autour duquel a été ménagé un espace libre destiné à la vidange périodique du réservoir, opération qui s'effectue automatiquement de la manière suivante :

Lorsque l'eau, incessamment déversée dans le récipient, atteint une hauteur déterminée, elle soulève le flotteur ; ce mouvement entraîne l'ouverture d'une soupape de décharge, à travers laquelle s'écoule le superflu de l'eau soumise à la pression de l'air ; la soupape se referme, jusqu'à ce qu'un nouvel afflu soulève de nouveau le flotteur, etc. Ainsi, l'eau fournie en jets continus par les robinets, après avoir entretenu les soupapes dans un état constant d'immersion et s'être opposée au retour de l'air, est expulsée de l'appareil spontanément et par intermittence, de même que l'eau entraînée mécaniquement par l'air comprimé.

L'air qui entre dans l'appareil et qui en sort, à chaque excursion du piston, correspond aux volumes engendrés par celui-ci.

Le diamètre des chambres de compression étant de 0.285 m. et la course du piston, de 0.75 m., le volume d'air est de :

$$2 \times \frac{\pi \cdot (2.85)^2}{4} \times 7.5 = 95.64 \text{ litres.}$$

Les dimensions des appareils de Modane sont :
Diamètre, 0.50 m. — Course, 1.50 m. — D'où résulte un volume de 600 litres ou 6 hectolitres.

Changements au compresseur du Mont-Cenis.

Après un assez long usage de la machine à comprimer l'air, on s'aperçut que la soupape d'évacuation, manœuvrée par la sphère creuse, adhérait parfois à son siége. On a supprimé ces deux derniers objets et on les a remplacés par un tuyau faisant communiquer le point de sortie de l'eau avec les soupapes, placées au haut de l'appareil, où l'eau se rend spontanément, élevée par une pression de 5 atmosphères. Un robinet, ajusté au-dessus de l'emplacement de l'ancienne sphère creuse, règle l'orifice de sortie. L'eau d'exhaustion, rendue à destination, est employée de nouveau et, chaque jour, on compense les pertes en ajoutant quelques litres de ce liquide.

Emploi de l'air comprimé pour le transport en vallée, dans la mine de Sarslongchamps et Bouvy [1].

Les couches de cette concession sont de belles plateures

[1] *Bulletin de la Société des anciens élèves de l'École des mines du Hainaut.* 3ᵉ nᵒ, page 33.

très-régulières, dont l'inclinaison varie de 25 à 32 degrés et la puissance, de 0.38 à 0.55 m. Les quantités de produits stériles qu'elles fournissent et qui doivent être élevés au jour forment environ 30 pour cent du poids de la houille. Le toit est d'une qualité variable ; tantôt, assez résistant, il n'exige pas de soutènement ; tantôt, ébouleux et fissuré, il ne se soutient que par la multiplicité des bois. Les roches encaissantes sont généralement traversées de *coupes*, ou fissures aquifères ; mais lès grandes venues d'eau sont rares.

C'est pour l'extraction systématique, par vallée, du pied de ces couches, que les administrateurs ont jugé convenable d'installer des appareils à air comprimé. Leur premier soin a été d'envoyer en Angleterre M. Cornet, ingénieur de l'établissement, pour qu'il étudiât ce genre de moteurs et pût former son projet en pleine connaissance de cause, après s'être rendu compte des moindre détails.

Les travaux en vallée ont commencé par les couches du puits n° 6, l'un des plus méridionnaux de la concession, et au-dessous d'une galerie à travers bancs, située à une profondeur de 366 mètres. Les champs d'exploitation doivent avoir une hauteur de 140 à 160 m., mesurée suivant la pente, que l'on a reconnue être de 28 degrés.

Les appareils consistent en une puissante pompe à air installée au jour et en trois machines d'extraction souterraines, tout-à-fait semblables aux machines à vapeur ordinaires ; l'une d'elles fonctionne actuellement dans la couche Caroline, les deux autres doivent servir ultérieurement à l'extraction des couches dites Grande-Veine, Sehu, Huit Paumes, Pré et Marie.

La pompe à air, d'une force effective de 118 chevaux, débite, par minute, 5.3 m. c. d'air à la pression de 3 1/2 atm. effectives, avec une vitesse au piston de 1.50 m. par

8

seconde, la pression de la vapeur étant de 2 3/4 atmosphères dans les chaudières et agissant à détente sur
les trois quarts de la course. — Les figures 1 et 2 de la
planche XXX en sont les projections verticale et horizontale; la figure 2ᵇⁱˢ est le prolongement de la figure 2,
leurs positions relatives sont indiquées par les lettres
de repère *MN*. Les figures 3, 4 et 5 offrent les détails
du cylindre de compression et de ses accessoires. — Cette
machine est à deux cylindres horizontaux, l'un à vapeur, *a*,
l'autre à air, *b*; ces deux organes sont réunis par un arbre
portant un volant sur lequel sont calées les manivelles que
commandent les deux bielles. Des pompes doubles, *c*, fonctionnent sous l'impulsion d'un levier articulé à l'arrière de
la tige du piston moteur; elles élèvent l'eau d'un puits et
le déversent dans un réservoir en tôle, *d*, placé au premier étage du bâtiment de la machine; de là, elle se rend
par un tuyau, *e*, muni d'un régulateur, dans le réfrigérant,
bâche en tôle, ouverte par-dessus, qui enveloppe la pompe
à air. L'eau échauffée s'échappe par un trop plein établi à
la partie supérieure du vase enveloppe et sert à l'alimentation des générateurs à vapeur.

L'air, comprimé dans le cylindre *b*, traverse le tuyau de
refoulement, *f*, qui a 0.20 m. de diamètre, arrive dans le
récipient, *g*, placé au-dessus du plancher de la machine
et se rend dans la mine par une conduite en fonte, *h*. Ce
récipient est muni d'une soupape de sûreté, d'un manomètre, d'un thermomètre et d'un robinet de purge que la
machine ouvre et ferme automatiquement, de temps à
autre; enfin, une soupape de prise d'eau établit la communication entre le récipient et la mine,

Cet appareil diffère de ceux des Anglais, qui placent les
deux cylindres l'un à la suite de l'autre et réunissent les
pistons par une même tige. Cette dernière disposition,

sans inconvénient dans les machines anglaises, où la vapeur agit à pleine pression et qui sont loin d'atteindre
la force de 118 chevaux, aurait été fort défectueuse à
Sars-Longchamps : En effet au commencement de la course,
la moindre résistance de l'air aurait coïncidé avec le maximum de puissance de la vapeur, tandis que, à la fin,
celle-ci, détendue, aurait eu à vaincre la pression de 3 1/2
atmosphères dans la pompe à air. Alors, pour régulariser
quelque peu le mouvement de la machine, il eût fallu un
volant de 5 à 6 m. de diamètre, qui par son poids, de plus
de 60 mille kilogrammes, eût augmenté la dépense, et,
par les tourillons de son arbre, occasionné une notable
perte de travail.

La disposition indiquée ci-dessus est due à M. Chenard,
ingénieur des ateliers de Haine-St-Pierre ; elle a permis de
placer les manivelles de façon que le moment de la plus
grande puissance correspond avec celui de la plus grande
résistance. Les deux plans passant par l'axe de l'arbre et
les axes des tourillons des manivelles doivent former un
angle de 72 degrés. Alors un volant de 5.50 de diamètre
suffit pour régulariser la marche de l'appareil.

M. Cornet a choisi le système de refroidissement de l'air
en usage dans le Lancashire de préférence à ceux de Govan
et du Mont-Cenis, parce que si, dans ces derniers, l'emploi
de l'eau dans le cylindre compresseur offre l'avantage
d'annihiler tout espace nuisible, d'autre part, l'air se charge
d'humidité qui se congèle dans les orifices des machines
travaillantes, les obstrue en quelques instants et fait cesser
tout fonctionnement. Toutefois, le volume des espaces
nuisibles a été réduit au minimum, ainsi qu'il est facile de
s'en convaincre à l'inspection des figures de détail. Quoiqu'il
en soit, ils existent encore et, comme ils se remplissent
d'air comprimé à 3.5 atmosphères, celui-ci se détend

lorsque le piston commence à se mouvoir en sens inverse et le moment de l'aspiration en est retardé.

Le cylindre à air étant entièrement enveloppé d'eau, la tige du piston, constamment mouillée, se dépouille de son excès de calorique ; elle n'est pas exposée à s'échauffer, comme cela arrive dans certains appareils anglais, où les fonds, entièrement nus, laissent la tige tout-à-fait sèche, ce qui expose les bourrages à se détiorer promptement.

L'air est aspiré et refoulé à travers des grilles sur lesquelles battent des clapets en caoutchouc ; les ouvertures des grilles d'aspiration sont naturellement plus nombreuses que celles des grilles de refoulement. Les nombres de ces ouvertures sont entre eux dans le rapport de 14 à 9 ; il en est de même des surfaces des clapets.

Les joints du cylindre à air sont des plaques en caoutchouc, de 0.05 à 0.10 m. d'épaisseur ; les soupapes de refoulement sont faites de même matière, au lieu du bronze ou du fer, employés par les Anglais. Enfin, la visite des bourrages et du piston s'effectue par des portes ménagées dans les parois de la bâche.

Les tuyaux de conduite de l'air, le long du puits, ont un diamètre de 0.12 m. ; entre leurs collets, réunis par des boulons, sont interposées des rondelles en caoutchouc ; neuf de ces tuyaux, pris dans la colonne, lui servent de supports : ils sont, à cet effet, munis d'oreilles qui reposent sur des couples de moises en bois, de 0.15 m. d'équarrissage. A la profondeur de 2.30 m., la conduite se ramifie ; le diamètre des tuyaux n'est plus alors que de 85 mm. et ils reposent simplement sur le sol de la galerie.

La branche actuellement construite conduit l'air à la couche Caroline, où elle alimente une machine travaillante ; les deux autres ne sont pas encore installées.

La machine qui fonctionne à la tête de la vallée est

représentée par la figure 1 de la planche XXXI. Elle est
à pleine pression, tandis que les autres travailleront à
détente pendant la moitié de la course du piston. La troisième, qui doit être établie au fond du puits, à 405 m. de
profondeur, est une ancienne machine à vapeur, ayant déjà
servi à l'extraction en vallée. Les dispositions en seront
telles que la détente puisse être instantanément supprimée.
Toutes les machines travaillantes sont à cylindres horizontaux. Nous avons dit qu'elles ressemblent aux machines
à vapeur ordinaires, elles en diffèrent toutefois par deux
points :

Les vitesses d'écoulement des gaz, par un orifice donné,
étant en raison inverse de leurs densités et la densité de
la vapeur à 2.75 atmosphères étant à celle de l'air comprimé à 3.50 atmosphères comme 2.12 est à 5.17, les
orifices des lumières d'admission et de décharge ont été
élargis dans le même rapport.

L'expansion amène un abaissement de température tel,
que la vapeur, disséminée dans l'air, se réduit en glace et
obstrue les orifices en quelques instants, d'où résulte un
obstacle au fonctionnement des appareils. M. Cornet ayant
vu en Angleterre cet effet se produire, même malgré
la suppression de la condensation, lorsque cette humidité
était en excès, a cru devoir prévenir l'inconvénient qui en
résulte, en établissant, au-devant de la machine, un réservoir et un robinet de purge, que l'air comprimé traverse
avant son admission dans le cylindre.

Si le volume d'eau que renferme la vallée devient fort
considérable, M. Cornet se propose d'employé un procédé
analogue à celui qui a été décrit dans la première partie
de cet ouvrage (1). Plusieurs bâches en tôle seraient super-

(1) Tome III, § 750.

posées le long de la vallée à des hauteurs verticales de
30 m. Celle du fond, munie d'une soupape, se remplirait.
d'eau. L'air comprimé agirait sur la surface du liquide,
qui serait ainsi élevé de bâche en bâche jusqu'à la tête
du plan incliné.

Compresseur de M. James Grafton Jones.

Au lieu de faire fonctionner la pompe à air par une
machine à vapeur placée à la surface, M. Jones emploie
comme moteur l'eau qui découle le long des parois du
puits et quand elle n'est pas assez abondante, il y supplée
par un emprunt à l'une des bâches de la machine d'épuisement. La colonne de chûte qu'il obtient par ce moyen
met en jeu un cylindre à air situé dans les travaux et près
du lieu où doit fonctionner la machine travaillante.

L'utilisation de l'eau descendante, qui, sans cela, ne produirait par d'effet utile, et même l'emprunt à la colonne
ascendante offrent un avantage économique sur l'emploi
de la vapeur. De plus, une partie des conduites, indispensables lorsque la compression se fait au jour, est
supprimée, ce qui n'est pas un mince avantage, car les
tuyaux sont fort coûteux, surtout quand ils sont attachés
aux stratifications et qu'ils sont exposés à glisser ou à se
disloquer par les éboulements.

L'eau, après avoir fonctionné, se rend dans le puisard,
d'où elle est élevée par le tuyau aspirateur et conduite au
jour.

Les figures 2, 3 et 4 (Pl. XXXI) sont respectivement une
section horizontale par un plan suivant l'axe des tuyaux
d'alimentation, une section verticale suivant l'axe des deux
cylindres et une projections horizontale de l'appareil.

Dans le cylindre, *a*, et la pompe à air, *b*, placés en

prolongement l'un de l'autre, circule, à travers des boîtes
à bourrages, une tige accompagnée de deux pistons dont
l'un, c, reçoit l'impulsion de la colonne de chûte et la
transmet à l'autre, d, de la pompe. Celle-ci plonge dans
une bâche, e, pleine d'eau et constamment alimentée par
un tuyau. Le liquide vient du réservoir et l'écoulement en
est réglé par un robinet.

L'air comprimé à son issue de la pompe à air, traverse
deux soupapes, f, f, placées à chaque extrémité du cylindre, passe dans les bifurcations g, g, puis se rend aux
machines travaillantes. Les soupapes sont métalliques,
soulevantes et guidées par des tiges. Leurs boîtes sont en
fonte. Leurs siéges, doubles, se composent de disques en
caoutchouc vulcanisé, insérés dans des échancrures pratiquées au fond des boîtes : l'élasticité de cette substance
réduit l'intensité des chocs qui se manifestent à la fin de
la course descendante des soupapes.

La colonne de chûte se termine, à sa base, par un
tuyau horizontal, h, destiné à l'alimentation du cylindre
hydraulique ; l'eau passe à travers deux tuyaux, i, k, disposés à angles droits. Le dernier est pourvu, à ses deux
extrémités, de robinets, o, à trois ouvertures, par lesquelles l'eau motrice pénètre et s'échappe, alternativement,
par les deux bouts du cylindre.

Les mouvements automatiques d'ouverture et de fermeture des robinets ont pour origine les oscillations du
piston à air, avec l'intermédiaire du mécanisme suivant :

Des cames, ou taquets de détente, l, dont les queues
pénètrent à l'intérieur de la pompe à air et à travers des
boîtes à fourrage, font mouvoir de courts leviers, m, m,
reliés par une tige, n, aux clefs des robinets o. Le piston
à air, dans ses excursions vient en contact avec les taquets,
qu'il repousse alternativement en arrière. Ces mouvements,

immédiatement communiqués aux leviers et à la tige, déterminent la coïncidence des orifices des robinets, de manière à admettre l'eau motrice sur une face du piston, pendant qu'elle s'échappe de l'autre côté. Un levier à main sert à la mise en train.

Le réservoir d'air, *p*, interposé entre le tuyau adducteur *h* et le tuyau de distribution *k*, a pour office d'amortir les coups de bélier.

Cet appareil est privé de volant : c'est une imperfection, car le piston, dans la première partie de sa course, est animé d'une grande vitesse qui se ralentit de plus en plus, à mesure que s'accroît la pression de l'air ; mais il n'était guère possible d'admettre dans les travaux un organe aussi lourd et aussi encombrant.

Application d'une turbine hydraulique au transport souterrain par vallée.
(Pl. XXXI, fig. 5 à 12.)

M. Ph. Gier, ingénieur des établissements de Concordia, à Zabrze (Haute-Silésie), a établi, sur un plan incliné, un traînage par câbles, dont le moteur est une turbine de Schwankrug, ou roue tangentielle.

Après l'épuisement presque total du champ d'exploitation, situé au-dessus de la galerie d'allongement percée à l'étage de 63 m., on porta à une profondeur de 126 m. un puits d'exhaure foncé en amont du puits d'extraction et on le munit des appareils d'épuisement nécessaires. Mais la première inspection ayant fait reconnaître que la houille qui restait encore au premier étage ne pouvait suffire à la consommation pendant le temps nécessaire à l'achèvement des travaux préparatoires, on se vit forcé d'avoir recours à l'exploitation en vallée. Dans ce but, on dirigea une galerie à travers bancs, du puits d'exhaure à la couche, afin de déterminer la position de la seconde galerie d'allongement; puis on réunit les deux étages par un plan incliné percé dans le gîte. Ce plan incliné, destiné à la remorque de la houille, a une longueur de 66 m., mesurée suivant l'inclinaison, qui est de 15 degrés; la différence de hauteur verticale est de 17 m.; enfin, l'excavation est percée dans une couche de 4.70 m. de puissance.

La figure 8 indique cette disposition : a et b sont respectivement les puits d'extraction et d'exhaure; c et d, les galeries d'allongement du premier et du second étage; e, le travers-banc pour l'écoulement des eaux et f, la vallée que doivent parcourir les produits venant de d pour se rendre au puits a. Le moteur et ses accessoires sont installés à la tête de la vallée et dans la chambre de la machine. L'eau motrice vient de la colonne des pompes, situées à 85 m. environ du point où elle doit exercer son action. La colonne de chûte, de 62.80 m. de hauteur, se compose de tuyaux de 0.13 m. de diamètre.

La turbine, ou roue tangentielle, (fig. 9 et 10) se compose d'un arbre vertical, qui repose sur une grenouille encastrée dans une pierre, et de trois couronnes ajustées aux extrémités de six rayons; ces couronnes, horizontales et parallèles, sont distantes entre elles de 32 mm. et forment, à la circonférence de la roue, deux compartiments annulaires et superposés. Chacun de ceux-ci renferme 45 aubes, ou augets, destinées à recevoir le choc de l'eau motrice. Afin que la turbine puisse recevoir à volonté un mouvement de gauche à droite ou de droite à gauche, les augets de l'un des compartiments sont disposés en sens contraire des augets de l'autre.

Le tuyau adducteur, a, (fig. 5, 6 et 7), provenant de la

colonne de chûte, débouche dans la boîte de distribution, *b*, installée au-devant de l'appareil moteur; là, se trouvent des canaux conduisant le liquide dans l'un ou l'autre compartiment de la turbine, suivant la position du tiroir. Le tiroir est manœuvré au moyen d'un levier à main, *c*, qui permet au machiniste de faire agir l'eau sur les augets des deux séries ou de lui intercepter le passage pour arrêter le mouvement.

Sur l'arbre vertical de la turbine est calé un pignon d'angle qui commande une roue de même forme, *d*; puis le mouvement est transmis au tambour par l'intermédiaire d'un pignon droit, *e*, et d'une roue dentée, *f*. La marche du tambour est modérée par un frein-enveloppe, *g*, constamment serré par un contre-poids suspendu à l'extrémité d'un levier. Une corde attachée à ce levier se replie sur une poulie et vient se relier à une pédale, sur laquelle le machiniste appuye le pied quand il veut supprimer l'action du frein. La pédale, le levier du tiroir et le robinet modérateur sont tous assez rapprochés les uns des autres et placés à la portée du machiniste.

Le tambour, *h* (fig. 11 et 12), est placé dans la chambre de manière que son axe soit parallèle à la direction du plan incliné, *f*; son diamètre est d'ailleurs égal à la distance comprise entre les axes des deux voies. A une faible hauteur au-dessus du sol, sont installées les poulies, dont les axes sont perpendiculaires à celui du tambour. De cette manière, la direction des câbles ne peut, en aucune manière devenir oblique et ils ne sont jamais sollicités à s'échapper des gorges des poulies.

Les câbles remorqueurs sont en fils de fer, ils ont pour diamètre 19 mm.

Les divers organes de l'appareils d'extraction sont placés sur un cadre en bois, dont la stabilité est assurée par de forts étais verticaux; ceux-ci ajustés sur les angles du bâti, serrent contre le plafond de la chambre; ils servent, en même temps de support aux poulies. La fondation de l'arbre de la turbine est faite de grès vert, ou glauconie sableuse.

Comme l'accrochage des voitures au bas de la vallée cause un temps d'arrêt, les voitures qui circulent sur la voie supérieure seraient arrêtées dans leur marche, si l'on n'avait pris la précaution de fixer au faîte du carrefour, point de croisement des galeries *f* et *c*, un crochet, auquel le câble est suspendu pendant l'opération de l'accrochage.

Deux voitures forment un convoi, la contenance de chacune est de 4.3 hectolitres, soit, en poids, 400 kilogr. La vitesse de leur marche est de 1.25 m. par seconde; de sorte que le parcours de la vallée s'effectue en moins d'une minute, le décrochage et l'accrochage exigent un temps égal.

M. Gier calcule comme suit le travail utile de la mine de Concordia :

4 voitures vides pèsent 1100 kilogr. $\Big\}$ 1900 kilogr.
8.6 hectolitres   »   800   »

Il estime les frottements du câble de friction à 15 kil. et ceux des voitures, à un centième de leur poids.

Les effets mécaniques obtenus en un voyage sont donc :
1° Travail nécessaire à l'élévation de la
    charge utile, 800 × 17 . . . . . = 13600 km.

2° Frottements des voitures, $\dfrac{1900}{100} \times 600 = 1254$ »

3°   »   du câble sur les rouleaux,
    15 × 66 . . . . = 990 »
                                        —————
Ensemble . . . . 15844 km.

Comme, en un voyage, la dépense d'eau s'élève, d'après

les mesures de cet ingénieur, à 0.773 m. c. ou à 773
kilogr. agissant avec une pression de 63 m., on a :

$$773 \times 63 = 48669 \text{ kilogrammètres} ;$$

d'où le travail utilisé est de 32 à 33 pour cent du travail
produit par la chûte.

Il convient d'observer qu'une notable quantité d'eau est
dépensée en pure perte pour communiquer aux voitures
et aux câbles la vitesse qu'ils doivent acquérir.

Quant aux frais de traction, M. Gier évalue le prix de
revient de la tonne métrique à 60 ou à 45 centimes,
suivant que l'on tient ou ne tient pas comptes des frais de
l'élévation de l'eau.

L'appareil a coûté fr. 2137,50 ; il fonctionne depuis 5
ans, sans avoir souffert aucun dérangement.

Organes de la transmission de mouvement.

Les chaînes ne sont employées pour le transport mécanique que dans quelques cas particuliers ; plus généralement on fait usage de câbles en fils de fer. Ce choix
est d'autant plus rationnel, que, dans les mines, la force
doit être transmise au loin et que ces organes ne fonctionnent bien qu'en vertu d'un grand développement. A
de petites distances, ils glissent s'ils ne sont pas fortement
tendus ; mais cette tension produit des mouvements durs
et saccadés, tandis que si la communication s'opère à de
grandes distances, le câble forme des poches qui amol-
lissent et régularisent le mouvement. En outre, les différences de longueur, très légères, il est vrai, qui résultent
des brusques changements de températures sont annihilés,
ou plutôt cessent d'être sensibles.

On ne conaît aucune limite assignable à la distance qui peut séparer le point de production de la force de son point d'application. Nous avons vu les Anglais transmettre la force jusqu'à trois kilomètres et plus, en faisant passer les câbles sur des rouleaux de friction ; il est probable que ce terme peut encore être dépassé.

M. Hirn (1) s'est beaucoup occupé de la transmission de forces par câbles en fils de fer, à la surface du sol. Ce mécanicien emploi du chêne ou un autre bois dur pour faire les corps des poulies principales et de la fonte pour les rouleaux de friction, qu'il rend aussi légers que possible. Dans ces deux espèces d'organes, les gorges, larges et profondes, doivent être garnies d'une lanière en gutta-percha, de 3 à 5 mm. d'épaisseur, que l'on introduit à coups de marteau dans une échancrure en forme de queue d'aronde.

La lanière est tournée de manière à offrir une légère dépression en arc de cercle, afin que le câble ne tende pas à glisser de droite à gauche ou *vice versa*. L'usure de la gutta-percha est peu sensible, ainsi que le prouvent les transmissions établies par M. Hirn, dans les environs de Mulhouse.

Quant au travail absorbé par ces transmissions, on trouve que :

1° Les pertes d'effet utile résultent principalement du frottement des axes et des tourillons dans les crapaudines.

2° Elles sont, toutes choses égales d'ailleurs, proportionnelles aux vitesses à communiquer et indépendantes de l'effort à transmettre.

(1) *Bulletin de la Société l'Industrielle de Mulhouse.* Vol. VXII, n° 142.

3° Enfin, elles ne sont pas proportionnelles aux longueurs des câbles et leur accroissement avec la distance ne dépend pas du frottement des tourillons.

Des plans automoteurs dans les mines Anglaises.

Les ingénieurs anglais ne craignent pas d'établir des plans automoteurs sur des longueurs de 6 à 800 mètres. Il en existe un de 824 m. à la mine de Harton et son inclinaison n'est que de 3° (1). A la mine de Seaton, il s'en trouve deux de 457 m., chacun, placés à la suite l'un de l'autre et dont la pente est d'environ 4 degrés.

L'angle d'inclinaison qu'ils considèrent comme limite pour ce genre de galerie est d'environ 2 1/2 degrés. Ils pensent que les cordes en chanvre sont moins sujettes à glisser que les câbles en fils de fer. Les trains qui circulent sur ces voies comprennent 24 à 26 wagons. Comme le diamètre des poulies du treuil est généralement plus grand que la distance comprise entre les axes de la double voie, les Anglais emploient soit une poulie accessoire placée en avant de la première et forçant le câble à s'infléchir suivant un 8, soit deux poulies latérales qui le ramènent à la direction voulue. Pour éviter l'emploi d'une double voie sur toute la longueur de la galerie, ils placent trois rails à la partie supérieure de la voie, une gare vers le milieu, en ne laissant qu'une simple voie à la partie inférieure.

Les ingénieurs des mines du Continent regardent la direction rectiligne des voies comme une condition indispensable aux plans automoteurs; il n'en est pas de même en Angleterre, où les voies suivent les sinuosités du perce-

(1) PREUSS. ZEITCHRIFT. *Bd.* X, *S.* 60.

ment primitif. Un plan automoteur de la mine de Hetton, près de Hougthon (Newcastle), peut être cité comme un exemple des inflexions multipliées que peuvent subir les câbles supportés par des rouleaux dans les galeries à faible pente. La rampe (à une seule voie) décrit des courbes dans tout son parcours et notamment une courbe fort prononcée dans le voisinage même de la gare d'évitement (Pl. XXXIII, fig. 2). Celle-ci est munie, à ses points d'intersection, aval et amont, d'aiguilles, ou rails mobiles, a, b, fonctionnant sur des plaques en fonte de fer ; les aiguilles déplacées à chaque trajet par les voitures ascendantes et descendantes, préparent la voie que ces voitures doivent prendre dans le trajet suivant. Ainsi, pendant que le wagon chargé, c, est entraîné vers le bas du plan automoteur et que le wagon vide, d, se dirige vers le sommet, ils écartent dans leur passage, le premier l'aiguille a et le second, l'aiguille b. Dans le trajet suivant, le wagon c, chargé, et d, vide, arrivent aux points extrêmes de la gare, où ils ramènent les aiguilles dans la position qu'elles occupaient auparavant.

Le plan automoteur de la mine de Beddlington mérite d'être signalé (fig. 1). La voie est simple dans la plus grande partie de sa longueur et double seulement à la partie inférieure. Les voitures pleines sont représentées par a, les voitures vides, par b. A l'embranchement un levier, c, maintient solidement une aiguille ou rail de conduite, d. Les wagons pleins sont ainsi toujours forcés de descendre de O en M, tandis que les vides, qui montent de N, ouvrent le rail de conduite avec le rebord de leurs roues (bourrelet) pour atteindre la voie supérieure simple. La charge du levier n'est pas grande, elle ne sert qu'à régulariser celle de l'aiguille.

Nouveaux plans automoteurs des mines domaniales de Saarbrücken.

La disposition suivante a été récemment adoptée aux mines de houille de Gerhard et de Von der Heydt. Elle a pour but d'utiliser l'excès de poids des voitures chargées, descendant sur un plan automoteur, pour en remorquer d'autres, également chargées, le long d'une descenderie servant à la préparation d'une zône inférieure d'exploitation.

Les trois zônes superposées, A, B, C (Pl. XXXIII, fig. 5), sont d'égales hauteurs. L'étage supérieur, A, fournit les produits qui circulent sur le plan automoteur et reçoit le treuil réfrénateur ; le second, ou l'étage intermédiaire, B, est la voie d'allongement sur laquelle les houilles sont expédiées à l'accrochage ; enfin, C est le nouvel étage en préparation.

Des trains composés de trois voitures, pleines ou vides, circulent entre A et B, tandis que deux autres voitures, a et b, rattachées par des cordes aux précédentes, parcourent la voie B C. La voiture pleine est élevée par l'excès de poids du train descendant ; la vide vient en aide au mouvement.

Il est évident que les produits appelés à descendre le long du plan automoteur doivent être en plus grande quantité que ceux de la descenderie, afin que l'extraction par celle-ci puisse s'effectuer sans interruption pendant tout le cours de la journée.

Pour éviter les accidents que pourrait entraîner la rupture des câbles, on a établi, en C, un barrage formé de sommiers, de 0.25 à 0.30 m. d'épaisseur.

Dans les opérations qui précèdent, les zônes d'exploitation doivent être d'égales hauteurs, circonstance assez ordinaire dans la pratique ; mais s'il en était autrement, le mineur aurait recours aux dispositions employées tout récemment à la mine de Kronprinz Friedrich Wilhelm, du même district de Saarbrücken.

Le plan automoteur construit entre les deux étages *A* et *B* (fig. 3 et 4) a une longueur de 94 m. et la descenderie qui en forme le prolongement, 133.75 m. Celle-ci est interrompue, vers le milieu de sa longueur, par un palier, *D*, de quelques mètres. Le treuil à frein, installé au sommet de l'excavation, se compose de deux paires de tambours, de diamètres inégaux, mais concordant avec les longueurs des deux voies inclinées. Les deux plus grands, dont le diamètre est de 1.25 m., servent à l'enroulement des câbles du plan automoteur ; les deux autres, de 0.89 m. de diamètre, sont appliqués au service de la galerie descendante et disposés latéralement dans la première excavation.

Un wagon chargé est remorqué de l'étage inferieur, *C*, jusqu'au niveau, *B*, de la galerie à travers bancs par l'emploi successif de deux trains descendant sur le plan automoteur. Le premier train l'élève sur le palier *D* et le second le reprend à ce point le porter à la tête de la descenderie (1).

La différence entre les diamètres du tambour vient en aide au mouvement dans le cas où, l'excès de poids des voitures descendantes ne serait pas suffisant.

Plans automoteurs à contrepoids et double voie.

La mine de Stiring est située près de Forbach, dans

(1) PREUSS. ZEITSCHRIFT. *Bd.* IX, *A. S.* 185. Idem. *Bd.* X. *S.* 208.

le département de la Moselle, dont les couches puissantes et fortement inclinées forment la continuation du bassin de la Saare (Prusse rhénane). Le puits St-Charles de cette mine renferme deux galeries d'allongement reliées par un plan automoteur qui a une inclinaison de 35 degrés environ et 56 m. de longueur mesurée suivant la pente.

Ce plan est pourvu de deux voies parallèles, servant, l'une à la circulation d'une plate-forme, l'autre à celle d'une voiture-contrepoids. La seconde de ces deux voies est moins longue que la première, bien que le contrepoids fasse son office pendant toute la durée du parcours. Pour arriver à cet effet, il a suffi de donner au tambour qui reçoit le câble du contrepoids un diamètre moindre que celui de l'autre tambour, comme le montrent les figures 10 et 11 de la planche XXXIII, qui représentent la poulie installée au sommet du plan automoteur.

Entre les deux tambours, *a* et *b*, se trouve une poulie, *c*, que viennent serrer les mâchoires, *d*, *d*, d'un frein à contrepoids. Un levier, *e*, prenant son point d'appui contre une pièce de bois verticale, *f*, se trouve à portée du manœuvre.

La plate-forme est une charpente montée sur quatre roues de diamètres égaux. Son tablier est horizontal et peut porter deux wagons.

Outre les deux galeries d'allongement, le plan automoteur recoupe et dessert trois galeries accessoires également espacées et tracées de telle façon que les deux parties d'une même galerie à droite et à gauche du plan ne se trouvent pas exactement en prolongement l'une de l'autre, ce qui permet de rouler les wagons directement sur le chariot porteur sans le déplacer, attendu que l'un de ses compartiments fait face à la partie aval, l'autre à la partie amont de la galerie.

Les manivelles g, g' et l'engrenage qu'elles commandent sont annexées à la poulie afin qu'on puisse à volonté, par le moyen d'un levier tourné sur l'arbre du pignon et ajusté latéralement sur le bâti, transformer cette poulie en un treuil, soit pour donner aux câbles les longueurs relatives aux positions des galeries à desservir, soit pour visiter la voie.

Plans automoteurs à contrepoids et à simple voie.

MM. Villain et Taza, constructeurs à Anzin, ont proposé de munir les plans automoteurs de contrepoids qui, pendant le mouvement, passent sous le chariot porteur. Le contrepoids d'équilibre a un poids égal à ceux réunis du chariot porteur, des voitures et de la moitié de la houille qu'elles contiennent. Cette disposition est exactement celle que M. Guibal a employée il y a longtemps à la mine des Produits (Couchant de Mons) pour les plans automoteurs installés dans les galeries peu élevées. Elle a été décrite dans la première partie de cet ouvrage et ne figurerait pas ici sans deux modifications de détail qui, dans certains cas, peuvent être de quelque utilité.

Lorsque le faîte de la galerie est trop surbaissé ou que la hauteur des roues du chariot porteur n'est pas suffisante pour permettre le passage du contrepoids, les auteurs proposent d'excaver le sol de la galerie sur un certaine longueur et au point où doit s'effectuer le croisement des véhicules (Pl. XXXIII, fig. 6).

En outre, le tablier du chariot porteur, mobile autour d'un axe, a, vient se rattacher, à la partie antérieure de l'appareil, à un cadre, b, dont les deux montants sont percés d'une série de trous. Au moyen d'une cheville, on fixe le tablier à une hauteur telle qu'il soit toujours dans une position rigoureusement horizontale, en sorte que le même appareil peut être appliqué à toutes les voies quelle que soit leur inclinaison.

On a ménagé dans le chariot-contrepoids (fig. 7) un creux, pour pouvoir y accumuler, en cas de besoin, une assez grande quantité de saumons en fonte.

Depuis longtemps, les Allemands ont songé à des dispositions semblables, car, en 1853 déjà, l'on voyait, dans les mines du district de Herzkamp, des plans automoteurs, dont le contrepoids circulait dans une rigole pratiquée dans le mur de la couche. L'avantage consistait à pouvoir amener sur le chariot-porteur les voitures provenant des deux côtés de la voie automotrice.

Plates-formes à cages oscillantes.
(Pl. XXXIV, fig. 9 à 13.)

La mine de Nachtigal est située près de Witten, sur la rive gauche de la Ruhr. Le puits Theresa par lequel s'effectue l'extraction des produits de cette mine n'est autre qu'une descenderie percée dans la couche. Sa longueur, mesurée suivant la pente, est de 836 m. et son inclinaison moyenne de 21°. Il est garni d'un chemin de fer à deux voies, ayant chacune 1.38 m. de largeur, sur lequel circulent des plates-formes remorquées, avec l'intermédiaire de câbles, par une machine placée à la surface.

Ces plates-formes servent à maintenir les wagons dans une position normale, sans jamais leur permettre de pencher en avant ou en arrière, soit sur le plan incliné, soit aux points de chargement et de déchargement, où, en outre, ils se placent sur un même niveau, spontanément ou par l'effet d'un mécanisme que nous décrirons plus loin.

La figure 9 représente l'appareil en projection verticale pendant la marche, la figure 10, en projection verticale au pied ou au sommet du plan incliné, la figure 11, en projection horizontale. La figure 12 est la vue latérale des cages.

La plate-forme se compose d'un avant-train a, et d'un arrière-train, b, reposant, le premier sur deux, et le second sur quatre roues.

Ces deux parties, liées perpendiculairement entre elles, peuvent obéir à un mouvement angulaire autour des boulons c. Les pièces de bois sont toutes armées latéralement de fortes ferrures qui en assurent la solidité. Entre les deux longrines de l'arrière-train, sont installées quatre cages en fer destinées à recevoir autant de voitures sur des bouts de rails. Les axes, d, qui rendent les cages mobiles n'occupent pas le milieu de celles-ci, mais sont portées de quelques centimètres en arrière, afin de faciliter la constante verticalité des voitures malgré les changements d'inclinaison.

Les fers demi-circulaires, e, qui latéralement forment les sommets des cages, sont liés avec deux tringles, g, qui se rattachent par des bielles, h, avec un arbre placé sur l'avant-train et tournant dans des crapaudines, k. Tous ces points d'attache sont articulés de telle façon que les divers organes puissent obéir à tous les mouvements d'oscillation qui leur sont transmis. La position de l'arbre et la longueur des bielles sont calculées pour que les cages soient toujours verticales, depuis le point où l'avant et l'arrière-train sont en ligne droite, jusqu'à celui où ils forment l'angle maximum que peut réclamer la disposition des pentes. Ainsi, pendant la marche sur le plan incliné, les voitures se trouvent placées en escalier (fig. 9) et, pendant le chargement et le déchargement, sur un plan horizontal parallèle à l'arrière-train (fig. 10).

Les voitures sont maintenues en place, d'un côté par une saillie, *l*, des rails sur lesquels elles reposent, de l'autre, par un étrier mobile, *m*, qui se relève pour en permettre l'entrée et la sortie. Ce dernier mouvement est facilité par le prolongement des rails hors de la cage, c'est-à-dire au moyen de bouts fixés sur les poutrelles et sur le plancher de réception.

La remorque s'effectue par des câbles en fils de fer, de 0.04 m. de diamètre, qui se rattachent à la plate-forme par des boulons et s'enroulent sur deux bobines installées chacune sur un axe des deux voies. La machine motrice est placée au jour, entre les deux chemins de fer et au sommet du plan incliné.

Vers la recette et au-dessus de chaque voie, se trouve un cadre (fig. 13) muni de rails et pouvant tourner autour d'un arbre, *n*. Ce cadre est équilibré par un contrepoids, *o* (fig, 14), au moyen de deux chaînes, *p*, et de deux poulies, *q*, dont l'axe porte un levier, *r*, à l'extrémité duquel pend une tringle terminée par une poignée.

Voici la manœuvre à effectuer lorsque la plate-forme arrive au jour: L'accrocheur tire vivement la corde du levier et fait décrire un arc de cercle aux poulies; le cadre s'élève et les voitures passent au-dessous. Alors, par un mouvement en sens inverse imprimé aux poulies, l'extrémité des rails du cadre se met en contact avec le chemin de fer du plan incliné, la plate-forme redescend, son arrière-train se place horizontalement sur le même plan que le plancher de réception et les choses se trouvent disposées comme l'indique la figure 10.

Le point de chargement souterrain n'exige ni cadre, ni

poulie : il suffit que l'extrémité de la voie ferrée s'infléchisse et prenne une position horizontale.

Une plate-forme est extraite en cinq minutes, dont trois sont appliquées au parcours et deux à l'introduction et à la sortie des voitures. Elle renferme quatre voitures contenant chacune 5.4 hectolitres. Les cent voyages que les plates-formes font en un jour fournissent ainsi une extraction moyenne de 2160 hectolitres.

Ces ingénieuses dispositions des plates-formes pourraient, en certains cas, être avantageusement utilisées sur les plans automoteurs souterrains et même sur plans inclinés, en général. Elles ont été imaginées et exécutées par M. Westmeyer, surveillant des machines de la mine de Nachtigal.

Installation des plans automoteurs dans les couches fortement inclinées.

Les mineurs d'Anzin ont combiné l'emploi des plans automoteurs avec celui des cages guidées dans leurs ascensions et leurs descentes.

Les conducteurs rigides en bois, dont les inclinaisons varient avec celles de la couche, sont fixés sur les bois du revêtement de la cheminée du côté des remblais. La cage, qui circule entre les guides, est munie de galets disposés de manière à la maintenir dans une position constamment verticale. Elle ne contient qu'une seule voiture et tout l'appareil est équilibré par un contrepoids latéral également guidé dans sa course.

Le guidonnage doit être d'un fort équarrissage, afin de résister à la charge qui en sollicite la flexion et même la rupture et pour se soustraire, autant que possible, à la pression des remblais qui tendent à rapprocher les guides jusqu'à mettre obstacle à la circulation de la cage.

Si le service de la voie automotrice exigeait une grande grande activité , on pourrait supprimer le contrepoids et employer deux cages qui s'équilibreraient mutuellement. Cette disposition a, dit-on, existé dans une mine du Couchant de Mons.

Freins à vis (mine de lignite de Seegraben, en Styrie et charbonnage du Horloz, près de Liége).

Le plan automoteur de la mine de Seegraben, près de Leoben, a 76 m. de longueur et une inclinaison de 26 degrés. Le frein modérateur des vases à la descente est représenté par la figure 15.

La poulie de ce frein est faite de bois dur et munie d'armatures en fer. Elle se compose d'un essieu, de huit rayons et d'une jante avec une double gorge en spirale. Elle est traversée par un arbre disposé normalement au plan de stratification. Les tourillons de cet arbre reposent l'un dans une crapaudine, l'autre dans une grenouille, qu'on peut élever ou abaisser par le jeu de coins introduits entre elle et sa boîte. Cette disposition permet de rectifier à chaque instant la position de l'appareil.

L'enveloppe du frein est un cercle en fer forgé de bonne qualité ; ses extrémités sont pourvues d'oreilles, *a, a*. A son intérieur se trouve un anneau frottant, composé de blocs en bois, fixés au moyen de boulons à tête noyée dans l'épaisseur du segment. Des liens, attachés au traverses, *b, b*, empêchent l'enveloppe de se déranger pendant le mouvement de la poulie. Les oreilles *a a* sont terminées par deux écrous, que traverse un arbre fileté en sens inverses sur deux de ses points. Par un léger mouvement de rotation imprimé à une manivelle calée sur l'arbre, on modère la vitesse de marche du convoi, tandis qu'un mouvement en sens contraire lui rend la liberté.

Le câble, en fil de fer, d'un diamètre de 26 mm., contient une âme en chanvre. Un rouleau de friction, c, tient écartées les deux parties de la corde à leur point de croisement et prévient ainsi leur frottement. Les deux bouts du câble, en quittant la poulie du frein, sont conduits par une roue dans les axes de la double voie, après avoir passé sur des rouleaux de friction établis à la tête de la rampe.

Les voitures provenant des galeries latérales perpendiculaires au plan automoteur sont installées sur les voies de celui-ci au moyen de plates-formes tournantes; ces plates-formes sont en bois, armées de cercles en fer, et roulent sur des galets en fonte; leur diamètre est de 0.96 m.

Un appareil du même genre a été installé, plus récemment, dans la mine du Horloz. La poulie du treuil porte, à sa circonférence, des ardillons, ou virgules saillantes, qui, dans le mouvement, saisissent les mailles de la chaîne et l'empêchent de glisser. Le frein se compose de deux joues en bois, frottant sur la circonférence de la poulie et aux extrémités d'un même diamètre, lorsqu'elles sont rapprochées l'une de l'autre au moyen d'un arbre fileté, semblable à celui de Seegraben.

Le prix minime de ces appareils, leur efficacité, la douceur de leurs mouvements d'arrêt et, surtout, le peu d'espace qu'ils occupent, rendent leur emploi très-convenable dans les mines de houille.

Accessoires des plans automoteurs, en usage dans les mines d'Allemagne.

Un plan automoteur, établi dans la couche Donnergau de la mine Gewalt, district de la Ruhr, possède un indicateur, assez semblable à ceux des machines d'extraction et destiné à faire connaître au garde-frein la position des vases dans la galerie inclinée.

L'un des tourillons de la poulie du frein se prolonge en dehors du bâti ; un cordon, enroulé sur ce prolongement, passe sur une poulie et porte un poids, à son extrémité.

L'enroulement ou le déroulement du cordon détermine l'ascension ou la descente du poids le long d'un tableau sur lequel ont été tracées des lignes correspondant aux divers étages du plan automoteur.

Cette disposition fort simple met le garde-frein en état d'arrêter le treuil au point précis, afin d'amener le chariot porteur en face de la galerie qui doit lui fournir sa charge.

Un appareil d'enrayement est employé à la mine Centrum, du district de Düren, pour fixer les chariots porteurs à la base de la voie automotrice et les maintenir en place, malgré leur tendance à s'écarter sous l'influence des chocs qu'ils éprouvent lorsque les ouvriers retirent les voitures chargées et y substituent les vides, ou d'un mouvement ascensionnel provoqué intempestivement par le treuil.

Une lame de fer (Pl. XXXIII, fig. 12 et 13) est courbée de manière à pouvoir embrasser la demi-circonférence d'une des roues du chariot porteur; cette lame est liée avec un levier, mobile autour d'un pivot, de sorte qu'on peut

la déposer dès que le chariot doit être libre de fournir
sa course ascendante.

Cheminées ou puits intérieurs servant à la descente de la houille.

Quelques mines de Borbeck, près d'Essen, possèdent
de ces cheminées, qui sont de section assez grande pour
pouvoir renfermer deux compartiments : l'un, destiné à la
descente de la houille, des étages supérieurs sur les galeries de roulage, est revêtu de planches qui facilitent le
glissement ; l'autre sert à la circulation des ouvriers,
qui, par là, peuvent facilement attaquer la masse de houille
et dégager l'excavation des obstructions qui s'y forment
fréquemment sous l'influence d'un trop fort tassement des
produits. Cette opération, ordinairement fort dangereuse,
peut dès lors s'effectuer en toute sécurité.

Quoique l'installation des plans automoteurs dans les
droits (1) se soit généralisée dans les distrits de la Ruhr,
cependant le prix assez élevé de leur construction et des
réparations fréquentes auxquels ils sont sujets, ont engagé
les exploitants de la mine Maria, district de Düren, à
revenir aux cheminées, mais modifiées d'une manière très-
notable.

Dans ces cheminées, (Pl. XXXIII, fig. 14) qui ont 20 à
21 m. de hauteur, circulent des tonnes mises en relation par
des câbles avec un treuil réfrénateur, établi à la tête de
l'excavation. Le fond de chaque tonne porte un anneau
auquel une chaîne est attachée par un bout, tandis que
l'autre bout est fixé à l'une des parois de la cheminée,
exactement au milieu de la hauteur de celle-ci. Les tonnes

(1) *Traité de l'Exploitation des mines de houille*, T. III, § 83.

reçoivent la houille, que contiennent des trémies, dont un
ouvrier, installé sur un échafaudage, ouvre et ferme le
tiroir. Lorsque ces vases sont arrivés au bas de l'excursion, ils se trouvent suspendus aux chaînes, culbutent et
versent leur contenu dans d'autres trémies, ou caisses de
dégorgement, construites au fond du puits.

Écluse sèche de la mine de Marihaye.

Les deux étages d'exploitation du puits n° 1, de
Marihaye, à Seraing, sont situés à 320 et 360 m. Chacun
d'eux fournit sa cote-part à l'extraction journalière ; mais
comme l'installation de deux chambres d'accrochage superposées entraîne nécessairement de la confusion dans
les manœuvres, on a cru devoir ici concentrer la totalité
des produits sur un point, afin de les élever au jour par
un seul accrochage. A cet effet, les produits de l'étage
de 320 m. passent à celui de 360 m. au moyen d'une
écluse sèche, ou descente verticale automotrice, de 40 m.
de hauteur. Le puits, qui renferme l'appareil, est revêtu
d'un muraillement et muni d'un guidonnage en bois ; son
diamètre est de 2.80 m. Dans ce puits (Pl. XXXIV, fig. 1 à 4)
sont installées deux bobines, a, a, en fer, d'un diamètre de
1.50 m., sur lesquelles s'enroulent des câbles plats en fil
de fer, d'une largeur de 0.08 m. et d'une épaisseur de
0.01 m., dont la verticalité est assurée par des poulies, b, b.

Entre les deux bobines se trouve un frein, c, composé
d'un disque et d'une enveloppe ; son levier réfrénateur est
commandé par une tringle, dont la poignée est mise à
portée de la main de l'ouvrier.

Aux deux extrémités des câbles sont attachées les cages
destinées à recevoir les voitures de transport ; des guides
en bois, d, d, tiennent la descente verticale.

Ces cages reposent sur un clichage, dont les taquets, *e*, se meuvent, contrairement à l'ordinaire, de haut en bas. Ainsi pour provoquer la descente du vase, il faut que les taquets de retenue de la cage disparaissent de dessous celle-ci ; à cet effet, on transporte le levier de manœuvre de *m* en *m'* ; alors les taquets s'effacent le long de la paroi et la cage descend en s'engageant dans les guides. Pour retenir la cage en place, il suffit, lorsque le levier se trouve en *m*, de le faire passer dans l'anneau d'une chaîne fixée à l'un des bois du revêtement, les taquets ne peuvent alors être entraînés par le poids de la cage.

Le service de la balance exige deux ouvriers : l'un au sommet pour retirer les voitures vides et les remplacer par des pleines ; celui-là est également chargé de la manœuvre du frein ; l'autre au pied du puits, remplace les voitures pleines par les vides.

On descend ainsi trois cents voitures de cinq hectolitres chacune, soit 1500 hectolitres en une journée de 12 heures. Ce chiffre serait facilement doublé si les circonstances l'exigeaient.

Ve SECTION.

VASES DE TRANSPORT ET VOIES VERTICALES.

De l'emploi des cages.

Un assez long usage de ces appareils a permis de faire la part de leurs avantages et de leurs désavantages :

Les cages suppriment les transbordements qui, dans l'ancien système, étaient nécessaires pour transporter les produits des chantiers d'abatage aux magasins, en sorte que les voitures peuvent être visitées, réparées et graissées au jour. Si dans le nouveau mode la charge utile est moindre relativement à la charge totale, il est néanmoins possible d'extraire des masses considérables de houille en augmentant la consommation et la puissance du moteur. Ainsi, au puits n° 12 du Grand-Hornu, on pourrait amener au jour 13000 hectolitres en 12 heures. Enfin, les cages se prêtent parfaitement à la circulation des ouvriers dans les puits.

La casse du charbon a-t-elle diminué par l'emploi des nouveaux appareils? La question est controversée :

Des ingénieurs hennuyers (1), après avoir établi les divers rendements, en gros, gaillettes et menu, des mines

(1) Mémoire de MM. Chaudron, Cornet et Hardy, inséré dans le 9e *Bulletin de la Société des anciens Élèves de l'École des mines du Hainaut.*

du Haut et du Bas-Flénu, pendant dix ans, c'est-à-dire de
1849 à 1859, ont trouvé que la suppression des transbordements n'a eu aucune influence sous ce rapport. Mais ils
n'ont tenu aucun compte d'une observation consignée dans
leur mémoire, à savoir que la quantité de grosse houille
dans les mines du Flénu décroît à mesure que la profondeur augmente. Cette circonstance a évidemment troublé
l'exactitude des résultats. Les Français et les Allemands
regardent, au contraire, l'absence des transbordements
comme très-favorable à la conservation des blocs.

L'emploi des cages a rendu les manœuvres plus rapides
et moins coûteuses.

Enfin, ces appareils ne sont pas, comme les tonnes,
exposés à heurter les parois.

Mais leur influence fâcheuse sur la durée des câbles est
considérée en France comme un fait incontestable, dont
les ingénieurs de ce pays se rendent compte de la manière
suivante: Lorsqu'une cage remplie de houille repose sur
le taquet de l'accrochage, une certaine longueur de câble
est repliée sur le toit; le machiniste, pour enlever cette
charge donne une vive impulsion au moteur, afin de vaincre
l'inertie de la masse; de là, des secousses qui fatiguent
le câble et le dégradent promptement. Cependant les
auteurs du mémoire cité ci-dessus trouvent, au contraire,
que l'emploi des cages a augmenté la durée des câbles de
117 %, en tenant compte toutefois de la meilleure fabrication actuelle de ces organes et surtout du guidonnage, qui,
mettant les vases à l'abri des chocs, préserve les câbles
d'une cause efficace de destruction.

En comparant les dépenses de premier établissement
de deux puits de 400 mètres, disposés d'après l'un et l'autre
système, M. Chaudron et ses collaborateurs trouvent que
le prix des guides, clichages, cages, câbles, etc. s'élève à

fr. 43.280, tandis que les tonnes, souliers de culbutage, etc. n'exigent que fr. 9.800. Différence en faveur de l'ancien système: fr. 33.480.

En somme, la supériorité des cages sur les tonneaux paraît aujourd'hui suffisamment démontrée et les faits sont venus justifier une opinion que nous avons émise dès 1852, dans la première partie de cet ouvrage.

Pour éviter l'excès de poids mort qui constitue en réalité le plus grave inconvénient des cages, on doit se garder de faire entrer le bois dans leur construction, car une atmosphère humide a sur celui-ci une action tellement alourdissante qu'une cage en bois pèse quelquefois autant à elle seule que les voitures et la houille qu'elle contient. On se servira de fers méplats, de fers d'angle ou de fers à T, assez minces pour avoir le plus petit poids possible sans compromettre la solidité.

Il convient de couvrir les cages d'un chapeau, ou toiture en tôle de fer, pour garantir contre la chûte des corps graves les mineurs qui circulent dans le puits. Ces appendices protègent également les mineurs contre les atteintes du câble quand il vient à se rompre et à retomber dans le puits. Enfin ils soustrayent le mécanisme du parachûte à l'action corrosive des eaux et des acides et à l'encrassement.

Les cages servant au transport des pièces de bois de grande longueur doivent avoir les deux versants de la toiture ajustés à charnière.

Diverses dispositions des voies verticales.

Les cages sont conduites dans leurs excursions ascendantes et descendantes par des guides flexibles ou rigides. Les guides flexibles sont des câbles en fils de fer fortement tendus entre le puisard et le sommet de la charpente des molettes. Les guides rigides consistent, tantôt en longuerines de chêne assemblées à trait de Jupiter ou, plus souvent, à mi-bois et reliées par des boulons à tête noyée; tantôt en rails à T ou autres, liés par des éclisses et fixés par des crampons, ou reposant dans des coussinets sur des traverses encastrées dans les parois du puits. Les guides en fer se placent dans les angles de l'excavation, suivant la diagonale, ou sur deux côtés opposés, ou sur une seule paroi. Ils sont avantageux par le peu d'espace qu'ils exigent, chose convenable dans les puits étroits; mais leur prix est fort élevé et ils ne peuvent recevoir de parachûtes; aussi les rails, fort usités, il y a quelques années, dans les districts miniers de la Ruhr et de Saarbrücken, disparaissent peu à peu pour céder la place aux longuerines en bois.

Voici quelques dispositions de voies verticales qui pourront servir d'exemples dans certains cas particuliers.

On voit, à la mine de Middle Dufferyn, près d'Aberdare, un puits pourvu d'une double voie verticale, quoique non divisé en deux compartiments. La section de ce puits est une ellipse dont les deux áxes ont pour longueurs 5.75 et 5.20 m. Les guides sont disposés comme suit: Des traverses, encastrées dans la roche, forment la paroi, sur laquelle sont fixées trois longuerines porte-guides, dont l'une, celle du milieu, est deux fois aussi large que les autres. D'autres longuerines, placées sur la paroi opposée, sont installées à la même distance que les précédentes et correspondent par leurs axes aux perpendiculaires élevées du milieu de l'intervalle compris entre les premières longuerines. Les patins de conduite attachés aux cages et destinés à glisser le long des guides ne sont pour les premières longuerines que, de simples fers d'angle (fig. 7), tandis que

10

pour les autres, ce sont des mains de fer (fig. 8) qui
empoignent chacune trois côtés d'un guide.

Le faible jeu qu'il est possible de donner à ces organes
ne permet pas aux cages d'osciller, d'où résulte une grande
douceur dans leurs mouvements d'ascension et de descente.

Différentes circonstances peuvent engager le mineur à
installer les longuerines des voies verticales sur les grands
côtés du puits, quoique leur prolongement mette obstacle
au passage des voitures quand elles doivent pénétrer dans
la cage ou en sortir. Pour se soustraire à cette difficulté,
il suffit de supprimer la partie des voies verticales située
au-dessus de l'orifice du puits et au-dessus du plancher
de la chambre d'accrochage. Là, les guides se terminent
en pointe et, dès qu'ils abandonnent leur fonction conductrice, elle est reprise par des poutrelles verticales établies,
à cet effet, aux quatre angles du compartiment de l'excavation et le long desquelles glissent des fers d'angle fixés
sur la cage.

Le puits n° 3 de Grisœil (Couchant de Mons) a une section octogonale. Le désir d'utiliser tout l'espace a engagé
les exploitants à construire des cages de même forme,
c'est-à-dire à base semi-octogonale, destinées à renfermer trois voitures juxtaposées, d'une contenance de 4
hectolitres chacune. Les deux voies verticales sont formées
de quatre guides, dont deux, sur lesquels glissent des
fers d'équerre, sont communs aux deux cages, tandis
que les deux autres reçoivent un sabot de conduite ordinaire.

Cette disposition a un inconvénient: Les points d'attache des cages sont pris sur la verticale qui passe par le
centre de gravité du système au moment où celui-ci renferme des vases vides, et lorsque les vases sont pleins de

houille, le centre se déplace et se rapproche de l'axe du puits. Si cette verticale passait par le centre quand les vases sont pleins, la même chose aurait lieu en sens inverse, en sorte que, quoiqu'on fasse, les cages exercent sur les guides une pression latérale qui tend à les ébranler. Cet inconvénient a paru si grave, que l'on crut devoir remplacer ces appareils semi-octogonaux par d'autres à base rectangulaire.

Guidonnage des cages dans les compartiments de puits ou dans les puits de retour de l'air.

Quelques ingénieurs du nord de l'Angleterre commencent à établir des poutrelles en fer malléable pour recevoir des guides de même substance. Ce procédé a été essayé à la mine de Ryhope, près de Sunderland, où les exploitants ont eu à se louer de leur initiative. Le puits, qui est représenté (Pl. XXXIV) par des coupes, l'une verticale (fig. 5), l'autre horizontale (fig. 6), a pour diamètre intérieur 4.73 m. Il est revêtu d'une maçonnerie et divisé en deux compartiments qui tous deux servent à l'extraction, mais dont l'un, le plus grand, est spécialement affecté à l'entrée, l'autre, à la sortie du courant d'air dans les travaux.

Comme le premier n'inspire aucune crainte relativement à la conservation des objets qu'il renferme, on s'est contenté de le munir, à l'ordinaire, de guides en bois. Le second, servant au retour de ce courant porté à une haute température par le foyer d'appel, ne contient que des constructions en fer. Sa section, trop étroite pour le passage simultané de deux vases, a été élargie au point de rencontre *(meeting)* et les guides ont été écartés l'un de l'autre afin que les cages puissent se livrer mutuellement passage.

Les supports, ou traverses, *a*, de la paroi de division du
puits sont formés de deux barres méplates, en fer laminé,
de 60 à 75 mm. de hauteur, sur 3 mm. d'épaisseur, disposées parallèlement et reliées par des boulons de manière
à laisser un vide entre elles ; leur écartement est maintenu
par des tasseaux en fonte, *b*, d'une épaisseur telle que la
largeur de l'ensemble, c'est-à-dire la distance comprise
entre les arêtes extérieures, soit de 0.10 m., largeur des
pierres réfractaires. Ces traverses sont encastrées dans la
maçonnerie du puits en des points régulièrement espacés
de 1.83 m. de milieu en milieu.

Les moises, *c*, qui reçoivent le guidonnage, sont construites de la même manière; elles se relient par un de
leurs bouts à la traverse *a* tandis que l'autre pénètre dans
le revêtement du puits. Ces moises, également munies de
tasseaux intermédiaires, s'assemblent avec les traverses
au moyen de fers d'angle et servent à fixer, par l'intermédiaire de coussinets, les guides en fer forgé, *d*. Les rails
servant de guides ont 3.66 m. de longueur chacun et s'en-
castrent dans trois coussinets successifs.

Cages pyramidales à fermetures automatiques.
(Pl. XXXV).

Les cages que les Allemands appellent *pyramidales*,
quoique, en réalité, leur forme soit celle d'un prisme couché
à base triangulaire, n'ont jamais qu'un seul étage et ne
reçoivent qu'une seule ou, au plus, deux voitures, ce qui
semble suffire à l'extraction par puits d'une faible profondeur.

Tels sont les appareils de la mine de Reden (district de
Saarbrücken), qui circulent dans des puits de 25 à 60 m.

avec une voiture pesant 250 kilogr. et contenant 500 kilogr. de houille.

La réception des voitures à l'orifice des puits se fait sur des tablettes en bois dont les deux faces sont doublées de forte tôle. Ces tablettes, *a* (fig. 1 à 4), tournent sur un arbre formant charnière et sont munies de tiges de fer, auxquelles sont attachés des cordons, qui passent sur des poulies et se terminent par des contrepoids ; elles peuvent prendre une position horizontale ou verticale, suivant l'exigence des manœuvres.

Le chargement et le déchargement des cages se font avec une rapidité extrême, car il ne faut qu'un instant pour baisser la tablette et retirer sur le devant du puits la voiture chargée, pendant que la vide, poussée par derrière, vient se placer dans la cage. Des lames de tôle, clouées sur toute la surface de la margelle, facilitent le roulage des voitures. Mais, comme l'usure rend fort glissant un plancher de cette espèce, pour empêcher les ouvriers de tomber dans le puits, on a établi des balustrades en bois, *b*, à l'avant et à l'arrière de l'orifice. Ces balustrades se meuvent verticalement en glissant dans des rainures. Elles sont rendues solidaires par de fortes tringles en fer, *c*, que soulèvent ou laissent retomber deux crochets, *d*, fixés à la partie supérieure de la cage. Lorsque celle-ci s'élève au-dessus de la margelle, elle entraîne les balustrades dans son mouvement d'ascension et les accès du puits devenus libres permettent aux ouvriers de se livrer aux manœuvres ; dès qu'elle redescend, les balustrades viennent reprendre leur place sur la margelle.

A ces cages sont annexées des fermetures qui, ne réclamant pas l'intervention des ouvriers, sont à l'abri de leur négligence ou de leurs distractions. Chacune de ces fermetures automatiques se compose de deux pièces de

de fer, *e*, mobiles sur leur axe; elles sont disposées en
forme de ciseaux, de telle façon que les branches inférieures
soient plus pesantes que les branches supérieures. Leur
position normale est celle de la figure 1 qui représente la
cage fermée et librement suspendue pendant son ascension
et sa descente dans le puits. Dans la figure 2, elle repose
sur la tablette; la pression opérée sur les branches inférieures des ciseaux les écarte l'une de l'autre, en sorte
que les branches supérieures s'abaissent pour laisser
passer la voiture (1). Le haut de la cage est muni d'un
parachûte offrant beaucoup d'analogie avec celui de
M. Libotte, dont il sera fait mention plus loin.

*Cages à chapelet des districts de S*ᵗ*-Étienne.*

Deux exemples de ces cages, simples de construction
et faciles à manœuvrer, se trouvent aux puits Marseille,
de la concession de Montrambert, et à la mine du Treuil.
Quatre montants, composés de barres de fer méplat,
sont assemblés deux à deux par des traverses et consolidés
par des croix de Sᵗ-André. Ils forment deux bâtis réunis à
leurs sommets par des chapeaux et des contrefiches.
Chaque montant se termine vers le haut par des anneaux,
auxquels se rattachent des chaînettes de suspension. Aux
traverses, sont fixés des appendices en fer et des crochets,
destinés à s'engager dans des boucles correspondantes,
que porte la partie inférieure des voitures ou bennes, ainsi
suspendues.
Les cages sont guidées dans leur marche par deux câbles
en fil de fer de 0.03 m. de diamètre, qui sont disposés

_____

(1) Le dessin de ces cages est dû à M. Serlo.

comme à la mine de Guley (1), c'est-à-dire attachés au fond du puits à des sommiers et maintenus en état de tension par des treuils à engrenage installés au sommet de la charpente des molettes. Ces câbles coulent dans des douilles cylindriques fixées, l'une à la partie inférieure, l'autre à la partie supérieure de l'appareil.

Le poids des cages est de 850 kilogr.

Deux ponts volants sont établis à l'orifice du puits pour recueillir les vases. Chacun d'eux se compose d'un plateau ou tablier, recouvert d'un bout de chemin de fer. Leur largeur doit être telle, qu'ils puissent passer entre les deux crochets de la cage. A la partie antérieure se trouve un châssis en fer, articulé et tournant autour d'un axe. Cet axe est fixé sur une poutre encastrée dans la paroi du puits. Le tablier s'abat et se relève au moyen de morceaux de corde attachés à des anneaux.

Les manœuvres de chargement et de déchargement à la surface sont les suivantes : Aussitôt que la cage a été enlevée au-dessus de la margelle, deux ouvriers saisissent les cordes du tablier correspondant et abattent celui-ci entre les guides pour recevoir les vases. Le machiniste, imprime à la cage trois mouvements successifs fort lents pour que les cages viennent l'une après l'autre reposer sur les rails du tablier ; on les retire immédiatement sur la margelle, leurs boucles se dégagent spontanément des crochets. Quand la derrière benne est enlevée, la cage, dont le sommet se trouve au niveau du plancher, remonte avec lenteur et ses crochets saisissent successivement les anneaux des bennes vides, que les ouvriers poussent avec précaution sur le tablier. Des arrêts les empêchent de s'avancer plus loin que le point où elles doivent rencontrer les

_____

(1) *Traité de l'Exploitation des mines de houille.* T. III. §. 563.

crochets de suspension. Le tablier est retiré et la cage descend dans l'excavation. Au fond du puits le tablier est fixe, puisqu'il n'y a qu'un seul accrochage. La manœuvre est la même, mais un peu plus difficile, le machiniste ne voyant pas la cage et n'ayant pour se diriger que les repères du câble, qui s'allonge tous les jours et ne donne que des indications approximatives.

Les bennes elliptiques, employées d'ailleurs dans la plupart des mines de Sᵗ-Étienne, sont des douves en bois, cerclées de fer, comme des cuves. Le fond repose sur deux longerons, auxquels sont fixés les essieux. Les anneaux de suspension ne doivent pas dépasser la limite du rectangle circonscrit à l'ellipse de la cuve; autrement, elles s'accrocheraient aux boisages et seraient une cause de trouble. Les voitures ne sont pas fort avantageuses au point de vue du rapport entre le poids mort et la charge utile. Ce fait provient de la faible capacité des bennes et de l'emploi exclusif du bois, qui s'alourdit dans l'humidité.

Le modèle de Montrambert ne peut convenir à de fortes extractions, les câbles en fil de fer étant insuffisants. Mais fût-il même possible de remplacer les câbles par des guides rigides, la perte de temps occasionnée par les manœuvres devrait également faire proscrire ce système. Cette perte est considérable, les cages devant recevoir quatre mouvements successifs en sens contraires, pour satisfaire aux manœuvres qui doivent s'effectuer, tant au fond du puits que sur la margelle. Ainsi, tandis que l'ascension n'exige que 45 secondes, il en faut 50 pour enlever les wagons vides de la cage du fond et les pleins de celle du jour, pour introduire les wagons vides dans la cage qui se trouve à la margelle et les pleins dans celle de l'accrochage. Cependant cet emploi peut être considéré comme rationnel à Montrambert, où le puits, non revêtu, ne peut recevoir de

raverses pour les guides rigides. L'extraction n'excède
pas 600 bennes, ou 2400 hectolitres par journée de travail.

Les cages de la mine du Treuil appartiennent au même
système que celles de Montrambert, mais elles sont plus
légères et plus simples de construction (Pl. XXXVI
fig. 14 et 15)

Deux montants en fer méplat sont réunis, vers le haut,
par un chapeau et consolidés par des jambes de force. Le
chapeau porte l'étrier auquel on attache la chaîne de suspension du câble. A ce bâti, sont fixées six douilles, que
traversent les câbles-guides, de 35 mm. de diamètre, installés comme ci-dessus, et huit crochets pour la suspension des quatre bennes. Celles-ci ne sont plus soutenues,
comme à Montrambert, par quatre anneaux fixés au bas
du vase, mais seulement par deux pitons situés à la partie
supérieure et aux extrémités du petit axe de l'ellipse; en
sorte que, pour que ces parties saillantes ne s'accrochent pas
aux montants des galeries, on doit entailler ces derniers
dès qu'un mouvement quelconque les rapproche de l'axe
de l'excavation.

Les manœuvres, à la recette et, dans la chambre d'accrochage, exactement les mêmes qu'à Montrambert, s'effectuent au moyen de ponts mobiles identiques.

Le poids de la cage est de 700 kilogr. celui des quatre
voitures, de 840 kilogr.; la charge utile est 1760 kilogr.,
soit 18 hectolitres. Ainsi, cet appareil, dont le poids réuni
à celui des quatre bennes est moindre que le poids de la
charge à élever, semble avantageux. Mais on peut lui
adresser beaucoup de reproches, entre autres ceux-ci:
Les bennes n'offrent de stabilité qu'autant que la charge
ait été uniformément répartie sur toute la surface, circonstance qui n'est pas normale. La hauteur de la cage est telle
que, si les molettes ne sont pas fort élevées, le sommet

est exposé à venir en contact avec elles. Les manœuvres
exigent beaucoup de temps, il ne faut pas moins de 2
minutes et 45 secondes pour charger et décharger les
cages à la recette et à l'accrochage.

Ces appareils peuvent encore participer à l'épuisement
des eaux de la mine. Il suffit pour cela de leur adjoindre
des tonnes en tôle, dont le fond soit muni d'un clapet à
queue. Elles sont attachées à la cage avec des chaînes et
des crochets et lorsqu'elles arrivent au jour, elles viennent
reposer sur un pont volant formant chenal et installé au-
dessous de la recette. Le pont, recevant le choc de la
queue du clapet, force celui-ci à s'ouvrir ; alors l'eau s'écoule
dans un canal de dégorgement.

Chargement et déchargement des cages à la mine de Marihaye, près de Liége (1).

Ces cages renferment trois voitures superposées ; on les
charge et les décharge en une seule pose. Dans ce but,
deux chambres d'accrochage ont été creusées en regard
l'une de l'autre (Pl. XXXVI, fig. 12 et 13). Les voitures provenant de la galerie d'allongement, qui sont destinées à
l'étage intermédiaire de la cage, arrivent dans la chambre
a, dont le sol coïncide avec le niveau moyen ; les autres,
en nombre double, parcourent les galeries de communication et viennent dans la chambre *b* ; là elles rencontrent
une balance verticale, ou écluse sèche, qui les porte aux
niveaux de leurs chargements respectifs, c'est-à-dire élève
une moitié d'entre elles sur un plancher et descend l'autre
moitié sur le sol de l'excavation, creusé en contre-bas de
la chambre opposée.

(1) Toutes les dispositions prises, à cet effet, dans les chambres
d'accrochage sont dues à M. Dubois, directeur de la mine de Marihaye

Cette balance se compose d'un bâti en charpente, d'une poulie et d'une chaîne, aux extrémités de laquelle sont attachées des cages qui peuvent être retenues par un clichage au niveau de la galerie de communication. La différence de poids entre deux voitures, l'une vide, l'autre chargée, étant constante, il arrive que, au moment où les taquets de clichage sont retirés, l'un des wagons se dirige vers le plancher correspondant à l'étage supérieur de la cage, tandis que l'autre se porte sur le sol de la chambre, au niveau du palier inférieur du même appareil. Si la différence de poids des deux vases est trop faible pour entraîner spontanément la disjonction des cages, l'ouvrier vient en aide au mouvement, en donnant, avec le pied, une légère impulsion à celle des deux cages qui doit descendre. Il importe donc que l'appareil, bien équilibré, soit susceptible de se mouvoir avec la plus grande facilité.

Retirer les voitures vides de la cage et les remplacer par des voitures chargées est une manœuvre fort simple, qui s'effectue simultanément par les ouvriers installés aux trois niveaux de chargement, a, d, c, dès que la cage d'extraction repose sur le clichage. Pour ramener à l'étage moyen les voitures vides qui se trouvent sur le sol de l'excavation et sur le plancher supérieur, il suffit de les placer dans la balance, de donner à l'une d'elles une légère impulsion, puis, lorsqu'elles sont réunies au même niveau, de faire jouer le clichage pour les maintenir en place. Deux voitures chargées, immédiatement introduites dans l'appareil, se séparent en vertu de la différence de leurs poids et vont se porter spontanément au niveau des paliers extrêmes de la cage.

Les dispositions prises à la surface pour le déchargement des cages sont les suivantes (fig. 1 à 4): les cages, arrivées au jour, rencontrent trois paliers superposés, pour recevoir les chariots des divers étages. La recette générale, ou intermédiaire, est le point où ils se réunissent tous : celui du milieu, directement et ceux des niveaux extrêmes, par l'intermédiaire d'appareils imités avec de notables perfectionnements de ceux qui fonctionnent à Bois-du-Luc (1). Ces appareils, dits *élévateurs de réception*, ont pour objet, l'un, *e*, d'élever le vase, du niveau inférieur à la recette générale, l'autre, *f*, de descendre, au contraire, le vase de l'étage supérieur sur cette même recette. Chaque élévateur comprend : une cage guidée par des glissières et susceptible de prendre un mouvement vertical de va-et-vient ; une tringle verticale, en fer carré, attachée au sommet de la cage et munie, en un certain point de sa hauteur, d'une embase, *g*, et d'une fourche, également verticale, qui embrasse la tringle et qu'on peut faire glisser sur elle ou l'y attacher en passant une clavette dans les deux trous rectangulaires, *w* et *v*. Les fourchettes portent, à leurs extrémités supérieures des anneaux auxquels sont attachés des câbles en fil de fer qui mettent ces fourchettes en communication avec le moteur. C'est à l'une des deux molettes que l'on emprunte le mouvement. Sur son arbre, prolongé au dehors, est calé un pignon engrenant une grande roue, *k*. Le bouton, excentrique, de cette roue décrit un cercle dont la projection est une ligne verticale d'une longueur égale à la hauteur comprise entre deux paliers consécutifs de la cage d'extraction. Le mouvement de la cage *f* provient d'une manivelle qui est calée à l'extrémité de la dentée *k* et dont les excursions sont les mêmes que ci-dessus.

---

(1) *Traité de l'Exploitation des mines de houille.* Tome III, §. 576 L'appareil qui se trouve à la mine de Houssu a la même origine.

Lorsque le moment est venu de monter ou de descendre les cages de réception, l'ouvrier rend solidaires la tringle et la fourche ; pour cela, il saisit l'instant où la douille w de la dernière recouvre v, et il engage la clavette l (fig. 9) dans les œillets juxtaposés ; dès que le point de déchargement est atteint, il retire la clavette, les deux organes se disjoignent spontanément et la fourche sollicitée par le moteur continue son mouvement sans entraîner la tringle avec elle.

Mais lorsque les cages sont parvenues à l'extrémité supérieure de leur course, elles doivent être maintenues en place pendant que les ouvriers en retirent les chariots pleins et y introduisent les vides. C'est dans ce but qu'ont été placées des clichettes, ou clefs d'arrêt, au-dessus des chapeaux du bâti.

Chacune de ces clichettes est composée de deux branches en fer méplat tournant à charnière autour d'un tourillon vertical ; elle a des rainures, dans lesquelles glissent des broches fixées au-dessous d'un levier transversal pourvu d'une poignée, et elle est disposée de telle sorte que la tringle de l'élévateur passe entre les deux branches.

L'inspection des deux figures 7 et 8, qui représentent cet organe ouvert et fermé, suffit pour faire comprendre sa manière de fonctionner : ouvert, la tringle de l'élévateur circule librement entre les branches, dans ses mouvements de va-et-vient ; fermé, l'embase g repose sur elles et les cages, interrompues dans leurs excursions, restent suspendues.

Ce procédé de recettes extérieures à plusieurs niveaux, abrège les manœuvres et prend moins de temps que la réception des chariots à un seul et même niveau.

Les figures 5, 6, 9, 10 et 11 sont des détails de l'appareil que nous venons de décrire.

Emploi des rampes pour le chargement des cages à plusieurs étages. (Pl. XXXVII.)

M. Sadin, ingénieur de la société des Produits (Couchant de Mons), se sert de plans inclinés pour charger les cages à plusieurs étages. Il les dispose de façons différentes, suivant que les produits de l'arrachement proviennent ou simultanément de deux galeries d'allongement situées au levant et au couchant, ou d'une seule de ces galeries. Les puits nᵒˢ 21 et 18 offrent des exemples de ce procédé appliqué au chargement des cages à quatre étages.

L'accrochage du nᵒ 21, affecté aux produits qui proviennent exclusivement du levant, est disposé comme l'indiquent les figures 3 à 7. La galerie d'allongement, *A*, dont le sol coïncide avec le niveau de l'étage supérieure de la cage, possède deux voies ferrées, *a, b*, correspondant à deux autres voies, *c, d*, parallèles, construites au milieu de l'accrochage et destinées aux voitures pleines qui doivent prendre place dans les deux étages supérieurs de la cage et aux vides qui en seront retirées. Les quatre planchers superposés, dans tous les points où n'existent pas de chemins de fer, sont formés de plaques en fonte qui facilitent la manœuvre des voitures. Trois rampes, 2, 3 et 4, conduisent les wagons aux divers étages correspondants de la cage, la première et la dernière vers le couchant et la seconde vers le levant. Les rampes 3 et 4 sont disposées à la façon des plans automoteurs. Une poulie, installée à la tête de chacune, reçoit une chaîne aux extrémités de laquelle s'attachent, d'un côté, les voitures, de l'autre, un contrepoids, calculé de manière à modérer le mouvement de descente des wagons pleins et à déterminer l'ascension des vides.

Chaque galerie est revêtue d'un boisage à porte, composé d'un montant et d'un chapeau ; il en est de même de la chambre d'accrochage, qui est en outre, consolidée par des maçonneries.

Ces dispositions donnent lieu aux manœuvres suivantes :

Les voitures pleines venant des tailles sont amenées sur l'une des voies de l'accrochage, d'où un ouvrier les pousse simplement dans le compartiment supérieur de la cage, après en avoir retiré les vases vides, qui prennent place sur la voie parallèle. Pendant ce temps, un ouvrier chargé exclusivement du service du second étage prend un des chariots de la même voie, lui fait franchir, en descendant, la rampe 2 et modère sa vitesse en le retenant par derrière. Arrivée en bas, cette voiture est aussitôt prise par un troisième manœuvre, qui l'introduit dans le second compartiment ; sur ces entrefaites, l'ouvrier précédent s'est saisi de la voiture vide et l'a poussée jusqu'à la tête du plan incliné 2, où un jeune garçon s'en empare pour la conduire sur la voie parallèle. Puis, lorsque les voitures vides provenant des deux étages supérieurs se sont accumulées en assez grand nombre sur cette voie, on en forme un convoi, qu'un cheval traîne jusqu'aux ateliers d'arrachement.

Le service des deux étages inférieurs de la cage se fait au moyen des plans automoteurs 3 et 4. Les voitures, conduites au sommet de ceux-ci, sont attachées aux chaînes, puis, poussées par l'ouvrier, descendent sur la pente en remorquant le contrepoids. Si ce dernier a été bien calculé, le chariot plein peut être abandonné à lui-même ; mais comme le poids du chariot varie quelquefois, il suffit que l'ouvrier pose le pied sur la chaîne et en augmente ainsi les frottements, pour retarder la marche. On a ajusté un frein sur l'axe de la poulie ; mais il est rare que l'ouvrier doive y avoir recours ; jusqu'à présent, l'équilibre n'a rien laissé à désirer.

Lorsque les chariots arrivent au bas des rampes, ils trouvent les planchers en fonte et sont manœuvrés par des ouvriers spéciaux.

A la base du plan incliné 3, on a placé des étançons, e, e, pour arrêter la course des voitures, dans le cas où le câble viendrait à se rompre.

L'accrochage du puits n° 18 de la même houillère a été construit dans le but de recevoir la houille provenant simultanément des galeries d'allongement de l'est et de l'ouest.

Ainsi que l'indique la figure 7, les cages, également à quatre étages, sont desservies, et directement par les deux voies de niveau, et par l'intermédiaire de plans automoteurs.

S'il arrive une époque où l'un des points, le couchant, par exemple, ne puisse plus fournir de produits, il suffira de percer une rampe analogue à celle qui est marquée 2 dans les figures 5 et 6 et de transporter au couchant la moitié des voitures venant du levant.

Ces dispositions ne laissent rien à désirer sous le rapport de la promptitude et de la régularité des manœuvres. La distribution des chariots dans les cages est d'ailleurs une opération tout-à-fait pratique.

———

Dans le puits n° 20 de la mine de Lens, les cages ont deux étages, qui reçoivent chacun deux chariots. Comme on peut le voir par les figures 1 et 2, la chambre d'accrochage se compose de deux parties, placées en face l'une de l'autre et correspondant chacune à un étage. Elles sont reliées par une galerie dite de contour ou bouette tour-

nante, *c*. Les chariots viennent de *d* ; ils arrivent directement à la chambre supérieure, *b*, et par la bouette à la
chambre inférieure, *a*.

Balance hydrostatique de la mine de Hénin-Liétard (Pas-de-Calais).

Cet appareil, établi récemment, dans la fosse Mullot,
sert à descendre au niveau inférieur de la chambre d'accrochage les chariots pleins qui doivent entrer dans le
compartiment inférieur des cages à deux compartiments.
Il est fondé sur ce principe d'Archimède, qu'un corps plongé
dans un fluide liquide ou gazeux, dans l'eau, par exemple,
perd une partie de son poids égale au poids du volume de
fluide qu'il déplace.

Les figures 8 et 9 (Pl. XXXVII) sont, en élévation et en
plan, des croquis de la chambre et de la balance.

Dans un petit puits, *P*, creusé latéralement à la chambre *C*
et en partie rempli d'eau, plonge une caisse en tôle, *a*,
hermétiquement fermée, faisant l'office de flotteur. Cette
caisse est surmontée d'une charpente, *b*, et celle-ci d'une
cage, *c*, pouvant contenir deux voitures. Quand les voitures
sont chargées, tout le système descend jusqu'à la limite
inférieure de sa course, pour remonter jusqu'à la limite
supérieure quand elles sont vides. Dans le premier mouvement, les wagons pleins sont portés du niveau de la
galerie à l'étage inférieur, *d*, de la cage d'extraction ; dans
le second, les wagons vides de ce même étage sont élevés
à un niveau d'où ils puissent être expédiés aux tailles.

Ces mouvements ascensionnels et descendants sont dirigés par des guides verticaux en bois, qu'embrassent des

11

mâchoires, m, m', en fer, fixées latéralement à la cage et à la caisse.

Un petit mécanisme de déclic sert à maintenir l'appareil en haut ou en bas de sa course : en haut, pour qu'il ne descende pas immédiatement dès que les chariots pleins sont engagés dans la cage ; en bas, pour qu'il ne remonte pas avant que la substitution des chariots pleins aux vides soit entièrement opérée. Ce mécanisme consiste en crochets de déclic, r, r' tournant autour de boulons, n, n', en nombre double, qui sont placés latéralement de chaque côté de la cage et dont l'arbre o rend les mouvements solidaires. Des leviers, l, l', servent à manœuvrer les crochets de déclic à l'un et à l'autre étage de la chambre d'accrochage, et les tringles p à réunir les crochets inférieurs et supérieurs.

Les boulons n, n' sont ajustés à des pièces de bois indépendantes de l'appareil.

Dans les parois du petit puits ont été encastrées des traverses, q, contre lesquelles la caisse vient buter en remontant et sur lesquelles la cage repose à la fin de sa course descendante. Elles limitent ainsi les excursions de la balance. La charpente qui relie la caisse à la cage est disposée de manière à n'empêcher en rien l'installation de ces traverses.

La manœuvre est simple : La cage se trouve à l'apogée de sa course, le déclic s'oppose à toute descente spontanée ; alors les voitures pleines cèdent la place aux voitures vides, le déclic se retire, le plongeur pénètre dans l'eau et tout le système descend jusqu'à ce que la base de la cage vienne en contact avec les traverses q, au niveau de l'étage inférieur de la chambre. Le crochet n' est appliqué au sabot pour s'opposer à l'ascension, pendant qu'on substitue les wagons vides aux pleins. Cette dernière opération terminée, on retire le crochet *n'*, tout le système s'élève au niveau supérieur, qu'il ne peut dépasser, parce que le flotteur vient heurter contre la traverse.

Les dimensions de l'appareil sont calculées de telle sorte que le volume d'eau déplacé fasse équilibre à une charge donnée. La moyenne des poids totaux du système à charge et à vide représente la charge à équilibrer et détermine, par conséquent, les dimensions qu'il faut donner à la caisse. Bien que le poids de la caisse elle-même ne soit pas préalablement connu, on peut néanmoins arriver par quelques tâtonnements à la solution du problême. Il suffit, pour cela, de s'imposer une section horizontale en laissant indéterminée la hauteur de la caisse.

Le plongeur joue simplement le rôle d'un contrepoids constant, si toutefois on ne tient pas compte de la faible perte de poids qu'éprouve le système par l'immersion d'une partie de la charpente pendant la descente. La vitesse est modérée par une certaine difficulté due au déplacement de l'eau dans un espace plus ou moins restreint.

Lorsque, comme au n° 8 du Grand-Hornu, une balance-contrepoids proprement dite peut être appliquée aux cages d'extraction de manière que les deux étages de la cage viennent se présenter alternativement au niveau du sol, unique, d'accrochage (1), le personnel nécessaire au chargement n'est que moitié de celui que réclament les balances hydrostatiques de Hénin Liétard. Mais ces dispositions ne sont pas toujours possibles, surtout dans le cas, très-fréquent, où les cages servent à l'extraction des eaux, puisqu'alors ces appareils doivent pouvoir plonger dans le puisard.

La balance hydrostatique est fort simple, occupe peu

---

(1) *Traité de l'Exploitation des mines de houille.* T. III, § 573.

d'espace et se trouve à l'abri de la chûte des cages ; sa marche jusqu'à présent a toujours été fort régulière.

Nouvelles dispositions employées par les Anglais pour le chargement et le déchargement des cages.

Les cages anglaises sont ordinairement accessibles à l'avant et à l'arrière, ce qui donne de la célérité à la manœuvre en permettant de retirer les wagons simultanément par deux points opposés. C'est ainsi que, à la mine de Pendlebury, près de Manchester, il suffit de 10 secondes pour retirer quatre voitures d'un seul étage de la cage et les remplacer par autant de voitures vides.

Le chargement et le déchargement s'exécutent avec beaucoup plus de promptitude lorsque les voitures d'un même étage sont placées à la file au lieu d'être juxtaposées comme sur le Continent. Les Anglais se servent alors des wagons vides pour pousser au dehors les wagons chargés et réciproquement, en sorte que l'introduction des uns et la sortie des autres ont lieu instantanément.

Les nécessités de cette manœuvre exigent que la chambre d'accrochage, d'ailleurs très-spacieuse, soit accompagnée de deux galeries latérales (fig. 13), destinées l'une à la circulation des voitures chargées, l'autre à celle des vides, en sorte que ces voitures ne se rencontrent jamais. Nous avons déjà (tome I, p. 288) décrit une disposition analogue appropriée à deux puits voisins, reliés par une traverse. Elle est représentée par la figure 12. Les voitures chargées se rendent par la galerie centrale *a* et par la traverse de communication *b* à l'un ou à l'autre des deux puits, *c* et *d*. Les voitures vides reviennent par les galeries *e* et *f*.

Si quelque obstacle s'oppose à ce que les voitures chargées soient expulsées par les vides ou *vice versa*, comme par exemple, à la mine de New-Bottle, près de Houghton-le-Spring, où la paroi de division du puits ne permet pas d'exécuter cette manœuvre, on a recours au moyen suivant : Les cages sont carrées et présentent une assez grande surface. Les bouts de rails fixés sur les planchers de chaque compartiment sont disposés en croix et échancrés à leurs points d'intersection, de manière à pouvoir admettre les voitures venant de deux directions qui forment entre elles un angle droit (Pl. XXXVII, fig. 14).

Lorsque la cage atteint la chambre d'accrochage, les voitures vides sortent par les côtés *a*, *d* et pénètrent dans l'une des galeries accessoires, pendant que les voitures chargées, venues par la principale galerie à travers bancs, se portent tantôt à droite, tantôt à gauche, dans l'une ou l'autre cage par les côtés, *c*, *b*.

Arrivées au jour, les voitures entrent et sortent par les mêmes ouvertures qui leur sont spécialement attribuées.

Clichages (1) *de diverses espèces. (Pl. XXXVIII).*

Ces appareils, depuis l'époque où ils ont été décrits dans la première partie de cet ouvrage, sont devenus d'un emploi général et ont reçu des dispositions fort variées.

---

(1) Le mot *clichage*, appliqué par M. Burat aux appareils destinés à recevoir les cages à la margelle et aux accrochages, appartient au vocabulaire des mines du Couchant de Mons, où il sert à désigner le local, prolongement de la margelle dans lequel se fait le triage de la houille. Ce double emploi pourrait occasionner de la confusion. Mais clichage a pour synonyme *cliquage*, plus usité, qui pourrait être réservé à la signification montoise en prenant, à cause de sa briéveté, le mot clichage dans sa nouvelle acception, ce que nous avons fait.

En Belgique on se sert, presque exclusivement, de récepteurs à taquets, appelés encore *taquets de réception* ou
simplement *taquets*.

De chaque côté de l'orifice du puits, se trouve un arbre
portant deux taquets qui peuvent, à volonté, faire saillie
ou se retirer contre les parois. Les deux arbres sont mis
en relation par deux leviers et par une tige de communication qui renverse le mouvement; de sorte que, en agissant sur le levier de commande, on imprime à chaque
paire de taquets deux mouvements inverses, qui les rapprochent ou les écartent simultanément de l'axe du puits.

Dans le clichage représenté par les fig. 1 et 2, un levier
intermédiaire à deux bras divise la tringle en deux parties, dont l'une agit par traction, l'autre par impulsion,
simultanément, ce qui rend la transmission plus exacte.
La disposition que l'on voit, fig. 11 et 12, donne plus de
symétrie encore au mouvement.

Quelle que soit la variante adoptée, les taquets prennent
une position horizontale dès qu'ils ont à supporter la cage;
et ils se placent verticalement dès qu'elles se mettent à
circuler; cette dernière position constitue leur état normal, car ils y sont constamment entraînés et maintenus
par un contrepoids dont l'effet n'est détruit que quand
l'ouvrier agit à l'extrémité du levier de commande. Toutefois, les taquets de quelques mines belges et françaises,
entre autres ceux du puits n° 6 de Sars-Longchamps et
Bouvy (Centre du Hainaut), sont disposés de manière à se
maintenir dans une position constamment horizontale, avec
faculté de se relever sous l'impulsion de la cage ascendante. De cette façon, le receveur ne touche au levier de
commande qu'une seule fois, c'est-à-dire au moment où
la cage commence son excursion ascendante.

Ces organes tournant fous sur leurs axes parcourent

chacun un arc un peu moindre que le quart de la circonférence, en passant de la position horizontale, qu'ils occupent lorsqu'ils reçoivent les cages — jusqu'au point où
ils doivent s'arrêter en se relevant pour les laisser passer.
Dans ce but, une forte vis pénètre dans l'arbre à travers
une rainure pratiquée dans le manchon du taquet. Cette
vis heurte les parois extrêmes de la rainure et limite les
excursions que peut faire le taquet en dehors du mouvement de l'arbre lui-même. (Vicoigne, Nœux et Sars-
Longchamp.)

Les taquets de M. Glépin sont tout à fait fous et portent
sur une de leurs faces latérales un boulon entrant dans la
rainure d'un mentonnet calé sur l'arbre à côté de chaque
taquet.

Le clichage *(Ergreiffer)* établi au puits Anna, des mines
métalliques de Przibram, en Bohême, constitue une modification assez ingénieuse des récepteurs-à-taquets ordinaires (fig. 3 et 4).

Des secteurs, ou quarts de cercle, en fer forgé, renforcés
à leurs circonférences par des nervures, sont implantés
chacun sur un anneau ou manchon spécial ; deux de ces
organes composent un taquet. Les secteurs les plus rapprochés de l'axe du puits viennent buter contre des arrêts,
qui les empêchent de céder au poids de la cage, tandis
que les autres servent de contrepoids.

La simultanéité de mouvement des deux arbres est produite par un fléau tournant sur un tourillon et terminé par
une poignée que saisit l'ouvrier. Deux crémaillères, attachées à ce fléau, commandent de petits pignons dentés, calés
sur chaque arbre. Elles sont dirigées dans leur mouvement
vertical par des chapes dans lesquelles elles glissent. La
tige de l'une de ces crémaillères est munie d'un écrou

compensateur qui permet de régler le montage avec précision.

Les appareils à virgules des puits Maria et Adalbert
appartenant aux mêmes mines sont munis chacun d'un
étrier compensateur placé au milieu de la tige de renversement de mouvement.

———

Les nouveaux mouvements d'accrochage à verroux des
mines d'Anzin sont construits conformément aux figures
5 et 6. Sur deux arbres tournant dans des paliers sont
calés, soit un levier simple, soit un levier coudé et deux
cames. Les fourchettes qui terminent ces cames embrassent les verroux et peuvent jouer dans des échancrures
pratiquées aux extrémités postérieures de ceux-ci de manière qu'ils avancent ou reculent en glissant suivant un
plan horizontal. Ces mouvements de rotation sont pro-
voqués simultanément, mais en sens contraires, par la
tige de communication, dont les deux bouts se rattachent
d'un côté à un levier simple, de l'autre, à l'un des bras
du levier coudé. L'autre bras de ce dernier reçoit un contrepoids qui tend à maintenir constamment les verroux en
arrière, de façon à livrer un libre passage aux cages ; mais
chaque fois qu'ils doivent faire saillie dans la bure pour
servir d'appui à celles-ci, il suffit qu'un ouvrier, placé à
l'étage supérieur, soulève le contrepoids au moyen de la
tringle et les verroux sortent de leurs gîtes. — Les taquets
ont un mouvement plus sûr et plus facile que les verroux.

———

Les modèles de clichage les plus généralement employés
en Écosse et dans le Nord de l'Angleterre se distinguent
par des étais, ou supports verticaux, qui remplacent les
taquets dans la fonction de recevoir les cages à la margelle
et à l'accrochage.

L'un des plus simples, en usage dans la mine de Wal-
send, près de Newcastle, est représenté par les figures 7
et 8.

Les deux arbres, installés sur les courts côtés du puits
et à environ 1 m. au-dessous de la margelle, reçoivent les
quatre étais verticaux ajustés comme les taquets des appareils précédents. Ces étais présentent à leur partie supérieure des surfaces planes, ou échancrures, dans lesquelles
viennent successivement reposer les arêtes du fond de la cage
et celles des planchers intermédiaires. Enfin, les extrémités
de la tringle de communication de mouvement sont articulées, d'une part, sur le levier de manœuvre, de l'autre,
sur un levier spécial fixé contre l'arbre opposé. Quelquefois un contrepoids agissant sur l'un des axes tend à
ramener les supports vers les parois de l'excavation.

La houillère de Coxlouch, près de Newcastle, fournit
l'exemple d'un appareil récepteur *(capp)* plus compliqué
(fig. 9). Le levier de commande tourne autour d'un axe spécial sous l'impulsion de la main de l'ouvrier qui lui donne
ce mouvement par l'intermédiaire d'un cordeau passant sur
une poulie; ce levier se rattache aux arbres par des tringles
de communication. Des ressorts, pressant sur les étais de
support, tendent constamment à les rapprocher de l'axe
du puits. La cage les écarte spontanément dans sa course
ascensionnelle; mais le levier de commande est chargé
de cet office au commencement de l'excursion descendante.

Cet appareil est installé au-dessous du sol sur lequel
s'effectue le roulage (1).

On rencontre assez souvent dans les mines d'Écosse

---

(1) PREUSS. ZEITSCHRIFT. *Bd*. III, *S*. 45.

des clichages à portes. Tel est le clichage de la mine de
Gartsherrie, près de Glascow, représenté par les figures
12 et 13.

Il se compose de deux rouleaux installés sur deux parois opposées du puits d'extraction. Chaque ventail prend
un mouvement de charnière autour d'un axe dont les extrémités sont encastrées dans les pièces de l'un des cadres
du revêtement.

Leur hauteur est de 0.45 m. Ils se placent normalement
dans des plans verticaux, mais peuvent former un angle
de 70 à 80 degrés, afin que les tranches supérieures produisent en dehors une saillie de 50 à 75 mm. lorsqu'ils
doivent recevoir les cages.

Sur un même tourillon sont calés le levier de commande et un autre levier, à deux branches, dont les extrémités se rattachent aux ventaux par les tringles qui renversent le mouvement. Enfin, l'excursion de ces pièces
est limitée par un contrepoids qui, en outre, provoque
incessamment le rétrécissement de la section du puits.

De semblables appareils fonctionnent à la houillère de
Sᵗᵉ-Marguerite, à Liége.

Paliers et ponts élastiques.

La réception des cages à la chambre d'accrochage est
ordinairement accompagnée de chocs assez violents pour
secouer l'appareil et les voitures qu'il renferme et pour
ébranler le puits lui-même. Les mineurs silésiens ont
cherché à diminuer l'intensité de ces secousses, si nuisibles, en composant les paliers de réception comme suit:

Aux quatre angles d'un châssis en bois fort solide sont
implantées des broches en fer, d'environ 0.04 m. de hau-

teur, dans lesquelles sont enfilées des rondelles en caoutchouc ou en gutta-percha. Le tout est recouvert d'un autre
châssis en bois , dans lequel pénètrent les pointes des
broches. L'appareil se compose donc de deux parties, l'une
fixe , l'autre mobile, conprenant entre elles un coussin
élastique qui amortit le choc au moment où la cage s'as-
soit sur la partie mobile. Lorsque l'extraction doit s'effectuer par plusieurs étages, les paliers élastiques sont naturellement transformés en ponts volants.

Fermeture des cages et arrêts des voitures.
(Pl. XXXIX).

Ces divers mécanismes ont pour but d'empêcher les
vases de sortir des cages. Ils agissent soit en clôturant
l'avant ou l'arrière de celles-ci, soit en enrayant les roues
de ceux-là. Nous avons eu l'occasion de décrire une fermeture automotique annexée aux cages pyramidales de
Reden.

Dans beaucoup de mines de la province de Liége , les
cages portent à leur partie antérieure une anse , formée
d'un fer rond à triple courbure et articulée par les extrémités aux montants de l'appareil. Celui-ci est fermé lorsque l'anse est rabattue ; il s'ouvre en la soulevant, position
dans laquelle elle est maintenue par un taquet (fig. 1).

Les mines de Gartsherrie possèdent des cages dont les
deux étages sont munis chacun d'un mécanisme de fermeture spécial, qui se compose d'un arbre horizontal
portant, à peu près vers le milieu de sa longueur, une boule
ellipsoïdale (dont les deux axes ont respectivement 75 et
50 mm. de longueur) et, à ses extrémités, un loquet, a, accompagné d'un talon, b. Ces deux dernières pièces forment

un angle de 70 degrés dans le compartiment inférieur
(fig. 9 et 10). Pour ouvrir ou fermer celui-ci, l'ouvrier
appuie le pied sur le loquet ou sur le talon; dans le
premier cas, le loquet se couche sur le fond de la cage et
livre passage aux voitures (fig. 10); dans le second, il se
penche légèrement à gauche et, en vertu de cette inclinaison, jointe au poids de la boule ellipsoïdale, il se maintient dans sa position (fig. 9). Des organes identiques déterminent la fermeture du compartiment supérieur ; le loquet
et le talon comprennent ici un angle de 110 degrés ; mais
l'office du talon est plus particulièrement de limiter l'étendue des excursions du loquet (fig. 11 et 12).

Le mécanisme de fermeture des cages, usité à la mine
de South Holywell (district de Newcastle) se compose de
tiges, *a*, recourbées et terminées par des anneaux, *b*, qui
permettent de les saisir à la main (fig. 8). Ces tiges portent
vers le quart de leur longueur un renflement, *c*, sur lequel
elles s'appuyent lorsque la cage est fermée. Quand on veut
ouvrir cette dernière, il suffit de soulever la tringle assez
haut pour que les voitures puissent passer en-dessous et
elle se maintient dans cette position en vertu de sa forme
arquée. La figure 8 représente le premier étage ouvert
et le second fermé.

A la mine de Coxlouch, les tiges de fermeture et les
poignées qui les font mouvoir sont calées sur un même
arbre terminé à ses deux extrémités par des crosses, ou
pièces de forme cubique, contre lesquelles pressent des
ressorts plats; en sorte que la position, horizontale ou
verticale, des tiges persiste jusqu'au moment où l'ouvrier
vient y apporter le changement réclamé par les circonstances.

Les cages de la mine Anna, près d'Essen (Prusse Rhénane) comprennent deux étages superposés qui sont simultanément fermés par-devant et par-dessus au moyen du
mécanisme suivant : Sur le plancher de l'étage supérieur
(fig. 4), tourne un arbre dont les deux extrémités reçoivent
deux branches en fer, placées en ligne droite ; chacune
d'elles est destinée à s'opposer aux mouvements des wagons
dans les cages. La branche de dessous , étant plus longue
et plus pesante que l'autre, se porte naturellement à la
partie inférieure ; là, elle est encore maintenue par une clef,
dont l'échancrure, rectangulaire, vient embrasser l'arbre,
qui, en ce point offre une section concordante.

Pour frayer le passage aux wagons, l'ouvrier fait décrire
aux branches un angle de 90 degrés, après avoir retiré la
clef qu'il rabat immédiatement sur la partie rectangulaire
de l'arbre.

Les arrêts de voitures les plus usités dans le Couchant
de Mons sont des tocs de fer, en forme de T, ou des crochets disposés de manière à tourner autour d'un petit arbre
et pouvant se rabattre sur les rails en avant des roues de
la voiture. Les receveurs agissent sur des pédales fixées
au même arbre pour déposer le toc sur les rails ou l'en
retirer.

Dans les mines de lignite de la province saxonne de la
Prusse, les voitures sont maintenues dans les cages au
moyen de tasseaux triangulaires en bois , que l'on manœuvre au moyen d'une tige, soit pour les pousser devant
les roues, soit pour les retirer (fig. 5). Ce système de fermeture présente l'avantage d'agir avec sûreté et de réclamer peu de temps.

La figure 13 est une projection horizontale du mécanisme d'arrêt en usage à la mine écossaise de Kinneil,
près d'Édimbourg. Un levier, *a*, couché sur le plancher de
la cage peut se mouvoir, en *b*, entre deux coulisses, $c^1 c_2$,
suivant un plan horizontal. Ce levier porte, à ses deux
extrémités, des talons saillants, *d, d*, qui permettent de lui
imprimer avec le pied un mouvement angulaire de va-et-
vient propre à porter sur les rails, *e, e*, les tiges d'arrêt,
f, f, ou à les enlever à volonté. La disposition indiquée
dans le dessin se rapporte au moment où les voitures, retenues par les tiges *f*, ne peuvent abandonner l'appareil.
Pour les libérer, l'ouvrier repousse latéralement le levier
a de c_1 en c_2 et les arrêts se retirent des rails (1).

————

On a établi dans la mine de la Louvière (Centre du Hainaut) des arrêts à verroux, qui fonctionnent entre les deux
rails plats fixés au fond de chaque compartiment des cages.

Un verrou, *a b*, disposé transversalement aux rails,
s'engage, d'un côté, dans une pêne, *c*, et de l'autre, dans
une ouverture pratiquée à travers une plaque en fer, *d c*.
Un levier, *f g*, mobile en *h*, porte, à l'une de ses extrémités, un appendice saillant, *f*; l'autre extrémité joue
dans une échancrure, *g*, pratiquée dans le verrou. Celui-
ci, maintenu par un ressort, marche à droite ou à gauche,
suivant l'impulsion qu'il reçoit du décrocheur, agissant
du pied sur l'appendice *f*, ce qui livre passage à la voiture
ou l'empêche de sortir de la cage.

————

M. Delsaux, ingénieur du charbonnage de l'Agrappe, a
eu l'idée d'emprunter aux ressorts plats des parachûtes
une fermeture spontanée pour les cages. Ces ressorts, qui

————

(1) PREUSS. ZEITSCHRIFT. *Bd. III, S.* 46.

se tendent ou se détendent, suivant que le fardeau est
suspendu au câble ou repose sur le sol, déterminent le
mouvement vertical d'une tige, qui elle-même communique
un mouvement vertical à un levier. Dans le premier cas,
c'est-à-dire pendant la marche, ce levier s'oppose à la
sortie des vases d'extraction. Dans le second cas, c'est-à-
dire pendant le repos sur les taquets, il laisse à ces vases
la liberté d'entrer dans la cage ou d'en sortir.

Appareils servant à la fermeture des puits.

Les mineurs des districts du Sud du pays de Galles
attachent une grande importance à rendre inaccessible
l'orifice du puits d'extraction pendant la circulation des
cages, afin de prévenir la chute des travailleurs dans
l'excavation.

L'appareil dont ils se servent le plus généralement à cet
effet se compose d'une grille ou d'une charpente offrant
une surface plus grande que la section du puits, au-dessus
duquel elle forme saillie. Ce bâti reste stationnaire pendant
que les vases fournissent leurs excursions ascendantes ou
descendantes et que l'extraction est interrompue. Mais
dès que la cage apparaît au jour, elle le soulève et le porte
à une certaine hauteur, où il reste suspendu aussi longtemps que les receveurs sont occupés à substituer des
wagons vides aux wagons pleins.

La *Grille de sûreté* de la mine de Middle Dufferyn, près
d'Abberdare, est une pyramide tronquée à base rectangulaire; elle se compose de deux cadres, de dimensions
différentes, placés l'un au-dessus de l'autre et reliés par
des moises inclinées. Le câble d'extraction traverse les
deux cadres (1).

(1) PREUSS. ZEITSCHRIFT. *Bd. VI, S.* 112.

Des appareils semblables aux précédents fonctionnent
dans les mines d'Abercarne, où ils consistent en de simples
grillages horizontaux en bois.

———

Celui de la mine de Blaina (fig. 16 et 17) est guidé dans
sa course verticale par des sabots de guidonnage embrassant trois câbles en fils de fer ; par cette disposition, la
grille vient recouvrir l'orifice du puits sans jamais subir
de déplacement latéral (1).

———

Dans les mines du Centre et du Nord de l'Angleterre,
on emploie assez généralement des garde-fous mobiles,
semblables à ceux de Reden, ci-dessus décrits. La cage
en arrivant au jour, saisit le garde-fou par dessous et le
soulève, en faisant glisser les fourches, dont il est muni,
sur des guides verticaux, en sorte que l'orifice est libre
pendant le déchargement. La cage descend dans le puits,
le garde-fou la suit et vient reposer sur la margelle (fig. 18
et 19).

Toitures des cages.

Les cages sont en Angleterre d'un usage exclusif. Aussi
dans le but de préserver les ouvriers qu'elles renferment
de la chute des corps graves, une loi du 14 août 1855
prescrit de recouvrir ces appareils d'une toiture en tôle.
Les ingénieurs du Continent prennent généralement la
même précaution, qui devrait être adoptée partout sans
aucune exception.

———————

(1) PREUSS ZEITSCHRIFT. *Bd. X*, *S.* 87.

Cages et berceaux employés dans le fonçage des puits.

Lorsqu'on doit approfondir un puits d'extraction qui a déjà servi à l'exploitation de la houille, pour rechercher les parties du gîte plus écartées de la surface ou pour faciliter le percement d'excavations accessoires, il convient d'utiliser les voies verticales existantes pour l'enlèvement des déblais. Il faut donc trouver une disposition qui permette au même vase de circuler aussi bien dans la partie de l'excavation revêtue de guides que dans celle qui ne l'est pas encore. Les Français ont imaginé pour cette circonstance les *berceaux*, ou *cadres conducteurs*, qui mènent les tonnes, le long de guidonnages, et les abandonnent à leurs oscillations dans le reste du parcours.

Ces berceaux se composent de traverses, assemblées par des boulons avec deux montants verticaux et armées, à leurs extrémités, de mains de fer qui embrassent les guides. Le câble passe à travers des ouvertures rectangulaires, ménagées au milieu de la longueur des traverses et reçoit, à sa partie inférieure, un *collier* ou *sabot*, indépendant du berceau. Lorsqu'on arrête le berceau à un point quelconque du puits (au moyen de tasseaux fixés sur les guides), la tonne seule continue sa route descendante et arrive au fond de l'excavation, où on la charge de déblais. Alors on la renvoie au berceau, que le collier saisit par dessous pour l'entraîner au jour avec lui. Des rouleaux de friction facilitent le glissement du câble, pendant que la benne reste immobile sur les tasseaux.

Les mineurs allemands se sont hâtés d'imiter l'appareil français sans y rien changer. Les Belges, à leur tour, se sont emparés de l'idée et l'ont modifiée pour l'approprier à leurs travaux.

12

Les figures 20 et 21 (Pl. XXXIX) représentent les dispositions que M. César Plumat, directeur de la Société du Nord du Bois de Boussu (Couchant de Mons), a adoptées dans le but d'approfondir de 80 mètres le puits Alliance. Ici, le berceau est remplacé par une cage, à travers laquelle passe le câble d'extraction, qui s'y rattache par un bout de chaîne. La tonne est suspendue immédiatement au-dessous de la cage par un crochet à ressort et le câble glisse entre deux rouleaux de friction. Ce système a l'avantage de permettre aux mineurs de se placer dans la cage pour monter ou pour descendre.

La cage en descendant vient reposer sur un échafaudage ou palier temporaire installé à l'extrémité inférieure du guidonnage. Un ouvrier détache la chaîne et donne la liberté à la benne, qui descend au fond du puits et reçoit sa charge de déblais. Elle remonte, atteint le palier, est de nouveau liée à la cage et parvient peu après au-dessus de la margelle, où elle est déchargée sur des ponts volants.

Feu M. Emmanuel Delsaux (1) s'est servi, à Grisœil, d'une cage dont le fond est muni de deux portes horizontales que l'on manœuvre au moyen de contrepoids. La voiture qu'elle renferme contient sept hectolitres. Le câble porte un *sabot-arrêt*, qui, venant s'appuyer contre la couverture de la cage, maintient celle-ci en état de suspension.

Lorsque l'appareil, venant du jour, arrive à l'extrémité de son excursion, on ouvre les portes du fond, le chariot sort de la cage et se rend au fond du puits. Dans l'ascension, le sabot-arrêt vient buter contre la couverture, et les deux objets, de nouveau réunis, sont emportés à la surface. Ces appareils ont fonctionné sans jamais donner lieu

(1) 5ᵉ et 6ᵉ *Bulletins de la Société des anciens élèves de l'École spéciale du Hainaut*, page 99.

à des retards ou à des accidents. L'économie qu'ils procurent est notable.

Le même procédé peut servir à extraire simultanément les produits de deux étages d'un puits. A cet effet, on suspend à chaque câble deux cages renfermant chacune deux wagons juxtaposés. Ces cages sont installées l'une au-dessus de l'autre de telle sorte que celle de dessous continue sa route et se rend à l'étage inférieur qu'elle est appelée à desservir. La juxtaposition de deux voitures entre lesquelles passe le câble est une condition essentielle pour que la cage supérieure soit suspendue par son centre de gravité.

Garde-fous mobiles des chambres d'accrochage.

Le puits Éléonore de la houillère Franciska, près de Witten, possède une chambre d'accrochage dont l'orifice se ferme automatiquement, dès que la cage s'élève dans le puits, et s'ouvre de même au moment où elle arrive pour prendre son chargement.

Deux grilles en fer sont suspendues au-devant de la chambre; des chaînes, attachées à chacune des extrémités de ces engins, s'enroulent sur des poulies placées au plafond de l'excavation et sont reliées entre elles par un arbre en fer forgé. L'une des cages descendantes arrive au faîte de la chambre, ses deux montants viennent presser contre l'une des paires de poulies, la forcent à enrouler la chaîne, et le garde-fou remonte. La cage, en s'élevant au jour, cesse d'agir contre les poulies et le garde-fou retombe, en vertu de son propre poids, au-devant de la chambre, dont il interrompt la communication avec le puits.

Temps nécessaire pour charger et décharger les cages. (Angleterre) (1).

Durham.

Hetton. — 2 étages, à 2 voitures chacun. — 16".

Seaton, —   »   4   »   »   — 30".

Sud du Pays de Galles.

Deep-Dufferyn. — 2 étages, à 2 voitures chacun. — 15".

Vitesse des cages (Angleterre) (1).

Sud du pays de Galles.

Deep-Dufferyn. — puits 256 m. — 30" — vitesse : 8.40 m.

Manchester.

Pendleton.   »   490 »   60"   »   8.13 »

Worksop.

Shire saks.   »   471 »   50"   »   9.37 »

Nord

Seaton.   »   472 »   50"   »   9.14 »

Ces exemples pris au hasard ne marquent pas des vitesses exceptionnelles ; vu les grands noyaux des bobines, les vitesses minima et maxima diffèrent peu de ces moyennes.

Ces vitesses surprenantes de 8 à 10 m. par seconde n'existent pas dans le Staffordshire, vu l'absence de voies verticales.

D'après M. Serlo, la vitesse serait au minimum de 3.40 m. et resterait au-dessous de 7 m. La moyenne résultant de 11 expériences faites dans les comtés de Durham et de Northumberland donne 5.13 m.

A la mine d'Astley, près de Manchester, la vitesse maxima est, d'après M. César Plumat, de 14 m. par seconde.

(1) Voir l'*Appendice* à la fin de ce volume.   (*Note de l'Éd.*)

VIᵉ SETION.

INTERMÉDIAIRES ENTRE LE MOTEUR ET LE POIDS
A SOULEVER.

Comparaison entre les câbles métalliques et les câbles en chanvre de Manille, ou aloès.

Depuis quelque temps les ingénieurs du Hainaut dis-
cutent sur la préférence que l'on doit accorder à l'une ou
l'autre espèce de câble, au double point de vue et de la
sûreté des ouvriers et de l'économie.

Cependant de nombreuses observations sur la manière
dont se comportent les câbles métalliques nous paraissent
avoir mis en évidence les défauts de ces engins d'extraction.

1° On sait que le meilleur fer change de texture, devient
cristallin et cassant, ou *s'aigrit*, comme disent les forgerons, lorsqu'il est soumis à des vibrations et à de fréquentes
inflexions dans deux sens opposés. Or, de telles vibrations
se font sentir énergiquement pendant tout le cours du
travail des câbles et principalement avant la réception des
cages à l'accrochage et à la recette, c'est-à-dire au moment
où le moteur se met en marche et lorsque, les vases étant
sur le point d'arriver au jour, le machiniste *met la contre-
vapeur* afin de ralentir le mouvement; enfin, pendant les
manœuvres de chargement et de déchargement. Quant
aux inflexions, elles dérivent des courbures et des redres-
sements continuels des câbles sur les bobines et sur les
molettes (1).

_____

(1) Voyez Tome III, § 587 du *Traité de l'Exploitation des mines de
houille.*

Dans ces circonstances, les fils métalliques, souples
d'abord, ne tardent pas à devenir cassants, et ce défaut
croît avec la durée du fonctionnement, jusqu'à ce que, la
transformation du fer étant complète, le câble se rompt,
alors que théoriquement, il devrait supporter une charge
bien plus considérable.

Cette transformation est facile à constater en observant
un câble de cette espèce à diverses époques de son existence : Au début, la patte, ou l'anneau que forme l'extrémité du câble, offre des fils qui ont conservé leur nerf et
sont encore souples ; puis, à mesure que l'extrémité inférieure se détériore et que des fragments en sont arrachés,
les fils deviennent de plus en plus raides et cassants jusqu'au terme de leur durée.

Ainsi les câbles métalliques ne dépérissent pas à défaut
d'une force suffisante de résistance au moment de leur
pose et, en réalité, les expériences des bancs d'épreuve
sont illusoires en présence de la propriété du fer de s'altérer par les vibrations et les inflexions. Il importerait de
connaître les coefficients de résistance des câbles, non-
seulement quand ils sont neufs, mais encore après qu'ils
ont fonctionné pendant un temps plus ou moins long. Un
câble en fils de fer ne possède, après quelques mois de
service, de résistance suffisante que s'il a des dimensions
telles que, à l'origine, il ait été capable d'élever une charge
beaucoup plus considérable. Il n'en est pas de même
de l'aloès, dont les principes consécutifs ne sont pas
exposés aux atteintes des vibrations. Son coefficient diminue, il est vrai, par un fonctionnement plus ou moins
prolongé, mais cette diminution est peu sensible, n'ayant
d'autre cause que l'usure, dont l'expérience fait connaître
la progression. Ainsi la charge à élever pour un câble ne
pouvant être qu'une fraction de la charge à la rupture,

cette fraction, toujours moindre pour le fil de fer que pour l'aloès, devra encore être réduite en raison du nombre des vibrations et de la vitesse imprimée aux vases d'extraction.

2° Il est un préjugé assez répandu parmi les mineurs concernant les poids comparatifs des câbles en aloès et et des câbles en fils de fer : ils croient que, à charge et profondeur égales, les premiers doivent être beaucoup plus pesants que les seconds. Cette opinion préconçue est démentie par les faits, car l'aloès goudronné pèse 955 kilogr. par mètre cube et supporte 600 kilogr. par mètre carré avant la rupture. Le mètre cube de fils de fer pèse 7.700 kilogr. et en supporte 5160. Le poids de l'aloès est donc 8.105 fois moindre que celui du fer et sa résistance, à volume égal, est 8.6 fois moindre. D'où il résulte que les deux substances pourraient, à poids égal, supporter à peu près la même charge avant la rupture.

3° La durée des câbles métalliques est fort variable ; parfois, elle est de deux ans et plus ; mais souvent ils se rompent subitement après avoir fonctionné quelques mois.

M. Tilemans, ancien élève de l'École des mines de Liége, a vu des câbles attachés à la même bobine et supportant des charges identiques différer de durée. Cette circonstance déplorable est de nature à surprendre le mineur au milieu de la sécurité la plus complète.

4° Ces engins ne dénotent par aucun indice extérieur le moment où l'on ne doit plus compter sur leur force de résistance. Au contraire, les cordes d'aloès ne manquent jamais d'avertir par des signes certains que le terme de durée est proche et que le temps est venu de les remplacer.

5° Les épissures, sujettes à glisser, à cause de leur manque d'élasticité et de la raideur des fils, n'offrent que

peu de solidité et sont par conséquent fort dangereuses,
surtout lorsque les câbles ont eu quelque durée de service.
Avec l'aloès, les épissures sont solides et ne glissent pas.

Les Anglais ont cherché à remédier aux défauts des
câbles métalliques en plaçant, à leurs extrémités, des ressorts ou autres appareils destinés à leur donner l'élasticité
qui leur manque. Ils s'efforcent aussi d'obvier aux effets des
inflexions par l'emploi de molettes et de bobines d'un fort
grand diamètre. Mais tous ces moyens ne sont que des
palliatifs, produisant d'une manière artificielle et incomplète
une propriété que l'aloès possède naturellement, à un
très-haut degré.

6° Enfin, l'entretien des câbles métalliques est fort coûteux. L'oxidation, si rapide, des fils de fer force le mineur
à les enduire fréquemment d'un mélange de résidus d'huile
et de graisses de diverses espèces, dont le coût, y compris
la main d'œuvre, s'élève, pour un câble de 300 m., à
fr. 520 par an ; comme ce câble peut avoir une durée
maxima de deux ans, c'est une dépense de fr. 1040,
soit le tiers du prix du câble, ou un entretien équivalent
au prix d'un quatrième câble sur trois. — L'aloès n'exige,
pour ainsi dire aucun entretien.

7° Les vieux câbles ont encore une valeur, mais différente pour les deux substances en comparaison.

Les fils de fer se vendent fr. 8 à 10 les 100 kilog., ceux
d'aloès, fr. 20 à 25. Ainsi, pour deux câbles pesant 3000
kilogr. chacun, il y a une différence de fr. 300 à 450, ou
fr. 0.10 à 0.15 au kilogr.

8° Les câbles en aloès régulièrement fabriqués avec
des matériaux de bonne qualité et chargés d'un poids mo-
déré (80 à 90 kilogr. par centimètre carré de section) ont,
à poids égaux, une durée au moins égale et souvent
supérieure à celle des câbles plats en fils de fer. M. l'ingé-

nieur Vandevoorde cite le fait suivant à l'appui de cette
assertion (1) : « Il y a quelques années, aux environs de
Charleroi, un puits, fort sec, renfermait des cages bien
guidées et marchant avec une vitesse modérée. Les câbles
en fils de fer, qui y fonctionnaient, furent remplacés par
des câbles de même poids, en aloès, à huit aussières. Les
seconds, suivant M. Vandevoorde, ont produit un travail
beaucoup plus considérable que celui qu'on obtenait précédemment avec des câbles en fer. » L'humidité des puits,
si désastreuse pour les fils de fer, donne, au contraire,
de la souplesse aux fils d'aloès.

9° Au point de vue de l'économie, les câbles en aloès
sont plus avantageux que les câbles en fils de fer. M. Vandevoorde, dans son mémoire, donne un tableau comparatif du coût des deux espèces de câbles, en tenant compte
du prix du graissage et de la valeur de ces engins
devenus vieux et mis hors de service.

Il trouve, ce qui semblera étrange à bien des gens, que
les dépenses occasionnées respectivement par les deux
engins, en fils de fer et en aloès, sont dans le rapport de
1185 à 910, c'est-à-dire que le premier coûte 63 pour cent
de plus que le second. Cependant des considérations qui,
ne pouvant être traduites en chiffres, n'ont pas été introduites dans le tableau prouvent que l'avantage de l'aloès
doit être encore plus grand. En effet, les ruptures, infiniment plus fréquentes avec les câbles en fils de fer qu'avec
les autres, entraînent la destruction du matériel dans les
puits d'extraction et, par suite, des chômages fâcheux.
Les frais qui en résultent sont évalués par l'auteur du
mémoire à 17 pour cent, au moins, du prix des câbles

(1) 12° *Bulletin de l'Association des Ingénieurs sortis de l'École
spéciale du Hainaut*, p. 62.

d'aloès, en sorte que les câbles métalliques sont de 80 pour cent plus cher.

L'engoûment d'un grand nombre d'exploitants pour les câbles métalliques a eu pour causes d'abord les illusions qu'ils se sont faites sur le prix et sur la durée de ces engins (1), ensuite et surtout, la considération de leur emploi presque général dans les mines anglaises. S'ils s'étaient quelque peu préoccupés de la différence des conditions dans lesquelles se trouve le continent, leurs conclusions eussent été tout autres.

Il est bien probable, comme plusieurs ingénieurs l'ont déjà énoncé, que les câbles plats métalliques sont d'une nécessité toute locale amenée par l'emploi de foyers fort puissants; ceux-ci engendrent à l'intérieur des puits d'aérage une température dont un câble fait de matière végétale ne pourrait supporter l'action destructive. Les câbles métalliques étant nécessaires dans les puits de retour d'air, c'est-à-dire dans la plupart des cas, leur emploi s'est généralisé par la force des choses.

Dans ces circonstances, on a soin de retirer du puits les câbles en fils de fer, régulièrement, après un temps de service déterminé à l'avance, quelle que soit d'ailleurs leur apparence de solidité. Cette période d'activité, qui est de 12 à 14 mois (2), peut être considérée comme assez minime, vu que le poids de ces câbles est de 8 à 12 kilogr.

Mais les puits du continent, presque toujours humides, généralement ventilés par des appareils mécaniques, ces

---

(1) Il faut ajouter que, dans l'origine, les câbles métalliques étaient fabriqués avec des fils de meilleure qualité et que le prix de l'aloès était plus élevé qu'aujourd'hui.

(2) Ce fait est attesté par M. Luyton dans son travail sur la situation des houillères anglaises en 1863 (*Bulletin de la Société de l'industrie minérale*, 1864), et par M. Serlo (Preuss. Zeitschrift. T. X.)

puits, dont la température diffère peu de la température
extérieure, ne nécessitent en aucune manière, l'emploi
des câbles en fils de fer, et il n'y a aucune raison pour ne
pas mettre à profit les avantages de l'aloès.

Le nombre des mines belges dans lesquelles on fait
usage des câbles en fils de fer diminue chaque jour. Dans
le Couchant de Mons, on n'en comptait que quatre, il y a
un an, un seul dans le bassin du Centre. A Charleroi, un
tiers des exploitants sont encore pourvus de ces engins,
ce qu'il faut attribuer à la profondeur des puits, qui, dans
cette localité, atteint souvent 6 et même 7 cents mètres.
La difficulté qu'il y a, en pareil cas, d'enrouler sur les
bobines les câbles d'aloès, dont l'épaisseur est fort grande,
aurait nécessité de graves modifications dans les machines
d'extraction. Mais aujourd'hui que les cordiers sont par-
venus à diminuer l'épaisseur en la compensant par une
plus grande largeur, cette difficulté a disparu et les ingénieurs commencent à renoncer aux câbles en fils de fer.

Un câble ne peut être d'un bon usage qu'à la condition
d'être bien fabriqué, avec des matériaux de premier choix :
la bonne fabrication est maintenant assurée par l'usage
des machines, qui donnent aux fils une tension uniforme
et les font tous participer à la résistance. Nous ajoutons que
des matériaux de bonne qualité sont également indispensables. On ne saurait trop stigmatiser la cupidité de
certains fabricants qui, sans nul souci des conséquences
terribles que peuvent avoir leurs manœuvres, employent
des matières premières avariées ou introduisent des fils
provenant de vieux câbles, afin de pouvoir livrer leur mar-
chandise à prix réduit et allécher les exploitants. Ceux-ci
croient, il est vrai, pouvoir se fier aux garanties de durée
qui leur sont offertes, mais ces garanties, qu'ils le sachent
bien, ne sont d'aucune valeur sérieuse. Et puis enfin,

fussent-elles même faites avec bonne foi, garantir à prix d'argent le vie d'un ouvrier est une odieuse absurdité.

Bien que la pratique se prononce décidément dans notre pays en faveur de l'aloès et que les câbles métalliques paraissent abandonnés même de leurs anciens promoteurs, nous indiquerons les perfectionnements apportés à ces derniers câbles chez nous et à l'étranger.

Toutefois, il est bon d'observer que l'on est également parvenu à perfectionner la fabrication des câbles en aloès; nous signalerons notamment la couture métallique pour réunir les torons, imaginée par M. F. Harmegnies, cordier à Dour.

Câbles plats en fils de fer.

La fabrication des câbles plats en fils de fer est analogue à celle des câbles de même espèce en chanvre. Six à huit fils de fer, tordus autour d'une âme en chanvre, forment les torons; les torons, également contournés en hélice autour d'une cordelette, ou âme de même nature que la précédente, constituent les aussières, ou cableaux; enfin six à huit aussières juxtaposées et cousues transversalement par un toron forment un câble plat. Les fabricants westphaliens réunissent rarement les aussières par couture; ils les maintiennent en faisceaux au moyen de rivets espacés de 0.20 m. environ.

Les âmes en chanvre réduisent, dans une certaine limite, les frottements de tous les fils les uns contre les autres. Ils donnent aussi la faculté d'introduire un mélange de suif et de goudron, qui, appliqué à chaud, préserve l'intérieur des torons et des aussières de l'action oxidante de l'humidité.

Pour obtenir les câbles *coniques*, ou câbles à section décroissante, il suffit de supprimer quelques fils à intervalles égaux, de telle façon que la partie supérieure de chaque tronçon puisse supporter, outre le poids commun de la charge, son propre poids et le poids réduit du câble inférieur.

D'après des expériences assez nombreuses faites en diverses localités, les câbles en fils de fer de bonne qualité ont un coefficient de résistance compris entre 50 et 64 kilogr. par millimètre carré de section.

Le tableau suivant indique les dimensions qu'il faut donner aux câbles de section constante, relativement à la charge pratique à laquelle ils doivent être soumis.

Chaque millimètre de la section des fils est considéré théoriquement comme pouvant supporter, avant la rupture, un effort de 50 kilogr., en sorte que les fils des numéros 13, 14 et 15, correspondant aux diamètres 2.4, 2.1 et 1.8 mm., résisteront aux charges respectives de 226, 173 et 125 kilogr. Une réduction de 5 % a été opérée sur l'ensemble des fils contenus dans le câble, comme compensation de ceux qui pourraient ne pas agir efficacement. Enfin, la charge totale ou le poids de la houille et des vases qui la contiennent et du câble lui-même, est pris comme le sixième de la charge à la rupture.

NUMÉROS DES FILS.	LARGEUR.	ÉPAIS- SEUR.	POIDS au mètre en kil.	RÉDUC- TION de 5%.	CHARGES	
					THÉORIQUE	PRATIQUE
13	0.160	0.027	11.00	243	54918	9153
13	0.145	0.023	9.75	213	48138	8023
13	0.135	0.020	8.75	182	41132	6855
13	0.120	0.027	8.25	182	41132	6855
14	0.110	0.025	6.50	182	31486	5247
13	0.100	0.020	6.00	137	30962	5160
15	0.900	0.017	4.50	160	28320	3386
15	0.800	0.015	3.75	137	17399	2900

La durée des câbles anglais en fils de fer au bois est
de 12 à 18 mois ; mais un grand nombre de ces câbles
travaillent dans les puits d'appel, où ils sont exposés aux
produits de la combustion des foyers. Sur le continent, la
durée est parfois de six à dix mois, souvent de dix-huit
mois ou de deux ans ; dans certains cas fort rares, elle a
été de trois ans. Des résultats si dissemblables ne peuvent
être attribués qu'à des différences fort sensibles dans la
qualité des fers étirés en fils, qualité quelquefois assez
mauvaise pour causer la rupture subite des câbles ; car
ces accidents ne peuvent venir de la fabrication, les procédés mécaniques actuellement en usage se distinguant
par la régularité des produits, toujours comparables entre
eux. Les ingénieurs qui ont à se servir de câbles en fils
de fer devront donc se préoccuper sérieusement de cette
circonstance, soit en vérifiant la matière première avant
sa mise en œuvre, soit en imitant les exploitants du Nord
de l'Angleterre, qui accordent aux fabricants des primes
dont la valeur s'accroît avec la durée des câbles.

Tentatives et propositions ayant pour objet les
perfectionnements des câbles en fils de fer.

Les Anglais ont fabriqué des câbles avec des fils de fer
galvanisé, ou zingué, afin de les préserver de l'oxidation.
L'excédant de prix est, au plus, de 12.50 francs au quintal
métrique. D'après M. Serlo (1), un câble galvanisé de la
mine de Dalkeit, près d'Édimbourg, a fonctionné pendant
plus de deux ans sans qu'on ait pu y constater la moindre
détérioration. Ce procédé a été essayé en Belgique, mais
on y a renoncé parce qu'on a cru s'apercevoir qu'il rendait
les câbles plus cassants.

(1) PREUSS. ZEITSCHRIFT. *Bd.* X. *S.* 83.

Un industriel anglais, M. Towter propose d'introduire dans l'axe de chaque toron un fil d'acier d'une assez forte section. Les fils de fer seraient seuls exposés à l'usure, aux chocs extérieurs et aux détériorations causées par les objets extérieurs, tandis que le fil d'acier soustrait à toute torsion offrirait un maximum de résistance.

M. de Mot, cordier au Grand-Hornu, recommande (1) de recouvrir les fils, avant de les mettre en œuvre, d'une couche de minium, de glu marine ou de tout autre couleur. Ce fabricant recouvre, avant le commettage des aussières, les torons formés de ces fils ainsi préparés, d'une enveloppe en fils de chanvre goudronné. Il fait disparaître de cette manière les frottements, si pernicieux, du métal contre le métal, qui se produisent par les contacts des torons et des aussières entre eux, du câble et de la molette et du câble avec lui-même lorsqu'il s'enroule sur la bobine.

M. Harmegnies (2), ayant observé la difficulté et même l'impossibilité pour les matières graissantes de pénétrer dans les âmes des cables, reconnut dans l'humidité du puits la cause principale de l'oxidation des fils et, par suite, de leur destruction. Pour obvier à cet inconvénient, M. Harmegnies propose de remplacer la cordelette de chanvre par un gros fil de zinc, de plomb ou d'un alliage de ces deux métaux qui, jouissant de la flexibilité du chanvre, soit inoxidable et impropre à retenir l'humidité.

Courroies et câbles en tissus à chaîne métallique.

MM. Godin et Heiliger ont établi à Aix-la-Chapelle une

(1) Brevets d'inventions belges, 7e année, 1851.
(2) Idem.

fabrique de courroies pour les transmissions de mouvement. Ces courroies fonctionnent d'une manière très-satis-
faisante dans un grand nombre de mines belges. Aussi
quelques ingénieurs pensent-ils qu'elles pourraient être
substituées avec avantage aux câbles plats d'extraction.

Des fils de fer ou d'acier disposés parallèlement sur un
même plan forment la chaîne d'un tissu dont la trame est composée de fils de laine, de coton ou de chanvre. La surface
extérieure de cet ensemble est protégée par une enveloppe
formée de fils de lin retors. La partie métallique est préservée des funestes effets de l'oxidation par le zingage ou
par l'immersion dans une solution assez faible de potasse,
ainsi que le recommande M. Payen. Dans le même but, le
tissu extérieur est enduit d'une composition particulière
destinée à empêcher l'air et l'eau de l'atteindre.

Par ce procédé, les fils métalliques, devenus inoxidables,
sont recouverts de manière à n'avoir entre eux aucun
contact, ce qui les soustrait aux frottements réciproques.
Ils ne peuvent éprouver aucune torsion, cette cause de
prompte détérioration chez les câbles ordinaires. La trame
en laine les préserve de l'usure. En vertu de leur souplesse
et de leur grande flexibilité, ils souffrent peu des inflexions
et de l'enroulement sur les bobines. Enfin, le faible diamètre (4 mm.) des fils est favorable à la force de résistance du câble, puisque, pour une section donnée, cette
force s'accroit avec le nombre des fils.

M. Lang, maître-mineur à Aix-la-Chapelle, a vu une
courroie en fils de fer zingués, tramés de laine qui avait
0.13 m. de largeur et 13 mm. d'épaisseur et dont la force
de résistance correspondait à celle de 39 chevaux [1]. Une
autre, en fils d'acier de mêmes dimensions offrait une résis-

(1) BERGGEIST, 1868, n° 26.

tance de 45 chevaux. Le poids de ces courroies ne dépasse guère le poids de câbles en fils de fer capables du
même effort.

Câbles ronds en fils de fer.

Malgré l'existence des câbles plats, les Anglais et les Allemands se servent encore souvent de câbles ronds en fils
de fer. Ainsi que beaucoup d'ingénieurs du continent, ils
pensent que les câbles ronds cassent plus rarement
que les autres, ce qui doit être attribué à la faculté que
possèdent les premiers de tourner sur eux-mêmes, en
cédant à la torsion de manière que la tension des fils est
mieux répartie.

A la mine de Clifton Hall, l'extraction s'effectue à une
profondeur de 432 m. au moyen de câbles de 0.035 m. de
diamètre. L'un d'eux fonctionnait depuis plus de 15 mois,
sans qu'on pût y remarquer la moindre trace de détérioration.

Nouveaux câbles de M. Wright de Londres.

Chaque fil de fer est recouvert d'une enveloppe de
chanvre qui supprime les frottements de métal à métal.
Jusqu'à présent, on ne s'est servi de ces câbles que pour
l'amarrage des vaisseaux dans les écluses des docks et
pour les manœuvres courantes et dormantes à bord des
navires. L'observation a prouvé qu'ils réunissent la force
de résistance du fer à la flexibilité du chanvre et que leur
poids, comparativement à ceux des câbles ordinaires, est
fort minime. Aussi plusieurs ingénieurs anglais sont-ils

13

convaincus qu'ils seraient éminemment propres à l'extraction.

Voici les résultats d'expériences comparatives faites sur
les nouveaux câbles, sur les câbles ordinaires en fils de
fer et sur les câbles en chanvre :

NOUVEAUX CABLES (FILS DE FER ET CHANVRE).			CABLES	
			FIL DE FER.	CHANVRE.
DIAMÈTRE.	POIDS PAR M.	Se rompent sous un poids de :		
0.125 m.	2.60 kil.	21033 kil.	15574 kil.	9143 kil.
0.113 "	2.00 "	19812 "	13715 "	8127 "
0.100 "	1.75 "	15748 "	10921 "	7204 "
0.087 "	1.35 "	12700 "	7366 "	5334 "
0.081 "	1.10 "	10159 "	7112 "	4572 "
0.065 "	0.70 "	5079 "	3302 "	3340 "
0.050 "	0.40 "	4664 "	2032 "	1524 "

POUR DES CHARGES DE	POIDS DU MÈTRE COURANT DU		
	NOUVEAU CABLE.	FIL DE FER.	CHANVRE.
21334	2.61	3.86	5.23
19812	2.11	3.37	4.73
15748	1.74	2.55	3.48
12700	1.31	2.43	3.11
10159	1.12	1.74	2.61
8128	0.68	1.36	2.00
4064	0.43	0.75	1.00

Ainsi, pour résister au poids d'une tonne métrique, il
faut que les trois câbles pèsent respectivement 0.10, 0.17
et 0.24 kilogr. par mètre courant; d'où les poids sont
entre eux, pour une même résistance, comme 1 : 1.7 : 2.4
pour le nouveau câble, le câble en fils de fer et le câble de
chanvre.

Câbles de mines de M. Schmidt, à St-Mandé, près de Paris.

Ce nouveau système de câbles plats et de courroies de transmission de mouvement a pour but principal d'empêcher que la torsion ne diminue la force de résistance du fil de fer.

Ces câbles sont formés de fils de fer également tendus et juxtaposés parallèlement, puis réunis entr'eux par une enveloppe de fils très-fins. Ce tissu, enduit de guttapercha et recouvert de cuir sur ses deux faces, est ensuite pressé entre deux cylindres chauffés. La crainte d'une tension trop inégale des fils ne s'est pas réalisée; car l'observation a prouvé que la charge de ces câbles au moment de la rupture n'a qu'un dixième de moins que la charge capable de rompre l'un des fils multiplié par leur nombre.

Les câbles plats obtenus par ce mode de fabrication sont légers, résistants et inaccessibles aux influences de l'humidité, de la sécheresse et de la température. Leur épaisseur n'est que de 2.5 mm. ce qui leur donne une extrême flexibilité. Enfin, leur résistance à la rupture varie entre 1200 et 1300 kilogr. par centimètre de largeur.

Quelques ingénieurs réunis en commission ont successivement expérimenté sur trois câbles de 0.08, 0.10 et 0.15 m. de largeur, dont la rupture s'est produite sous les poids respectifs de 9.960, 18.240 et 19.017 kilogr. — Un rapport sur des essais faits au Conservatoire des arts et métiers de Paris rend un compte favorable de ces câbles métalliques.

Câbles ronds en acier fondu (Allemagne).

Le premier câble en acier fondu a été exécuté par
M. Vennemann, fabricant de cordes à Bochum, qui, en
1852, en avait envoyé un échantillon de 0.45 m. de longueur à l'exposition industrielle provinciale de Düsseldorf.
Ce câble, destiné à une mine des environs de Bochum,
district de la Ruhr, pesait 0.9 kilogr. par mètre courant.
On comptait déjà, à cette époque, sur la faiblesse de leur
poids (qui n'est que les deux tiers et même la moitié
seulement du poids des autres) pour compenser la différence du prix.

Cet espoir n'a pas été déçu : aussi depuis lors les
câbles ronds en fils d'acier ont-ils remplacé dans beaucoup de mines de la Prusse les câbles en chanvre et en
fils de fer ; mais les expériences comparatives sont loin
d'avoir été partout concordantes, ce qui semble devoir
être attribué aux qualités si diverses de l'acier et aux
différences de son étirage dans les tréfileries.

Deux câbles ayant été suspendus dans le même compartiment d'un puits, à la mine de Laurweg, district de
Düren, de manière à se trouver dans des conditions identiques, l'un en fils de fer, ayant un diamètre de 26 mm.
l'autre en fils d'acier, 21 mm. seulement, le premier a duré
huit mois et le second, seize. De sorte que, malgré la
différence de prix, le résultat, dans ces essais, s'est trouvé
en faveur de l'acier. Il en a été de même pour les câbles
employés dans la mine de Günnersdorf, même district.

M. Vennemann, tire la matière première de ces câbles
de la fabrique de MM. Mayer et Kühn à Bochum. Le plus
ordinairement ces câbles comprennent 95 fils, disposés
en torons, possédant chacun une âme en chanvre.

Leur diamètre est de 19 à 20 mm, et leur poids, de

1.31 kilogr. par mètre courant. Plusieurs des câbles livrés par ce fabricant, l'un des plus connus, ont eu une durée de deux ans, après avoir extrait 1500 hectolitres par jour.

Jusqu'à présent les câbles de cette nature employés par les mineurs prussiens ont été de section circulaire.

Câbles ronds en acier fondu (Angleterre et Belgique).

Les anglais, qui probablement avaient eu connaissance des travaux des allemands, se sont aussi livrés à cette fabrication, pour laquelle ils se sont servis successivement d'acier fondu ordinaire, puis d'acier pudlé traité au manganèse.

Les premières expériences comparatives qu'ils ont faites ont porté sur des câbles ronds en fils de fer provenant de la meilleure fonte au bois et sur des câbles en fils d'acier, fabriqués par MM. Newall et Cⁱᵉ. Elles ont eu lieu au banc d'épreuve *(chain-testing machine)* de Greenock, le 14 mars 1859, en présence de personnages officiels et d'ingénieurs connus (1).

Dans les tableaux suivants, les mesures et poids anglais ont été convertis en mesures et poids métriques.

Câbles en fer.

DIAMÈTRES (en mm.)	SECTIONS.	POIDS PAR MÈTRE (en kilogr.)	CHARGE A LA RUPTURE (en kil.)
15.1	1.80	0.748	6.096
23.2	4.23	1.735	16.255
27.2	5.78	2.230	20.319
27.2	5.78	2.230	21.632
28.3	6.29	2.478	22.858

(1) THE ENGINEER, 1ᵉʳ février 1861. — Expériences rapportées par M. John Daglish.

Câbles en fils d'acier.

OBJETS des EXPÉRIENCES.	CHARGES (en kilogr.)		ALLONGEMENT (en millimètres).		CHARGES A LA RUPTURE (en kilogr.)
			momen- tané.	perma- nent.	
Trois câbles ayant 25.6 mm. de diamètre et 1.92 cent. de sec- tion, et pesant 0.766 kilogr. par m. courant.	1ᵉʳ	10159 12191 15239	8.7 9.5 19.4	1.7 8.6	15239
	2ᵉ	. . . .	. . . .	. . . .	
	3ᵉ	. . . .	. . . .	. . . .	
Trois câbles ayant 16.7 mm. de diamètre et 2.22 cent. de sec- tion, et pesant 0.893 kilogr. par m. courant.	1ᵉʳ	8127 12191 15239	5.9 7.8 13.0	1.7 10.4	16507 16762 17015
	2ᵉ	. . . .	. . . .	. . . .	
	3ᵉ	. . . .	. . . .	. . . .	16761 en moyenne.
Trois câbles ayant 19,2 mm. de diamètre et 2.90 cent. de sec- tion, et pesant 1.102 kil. gr.	1ᵉʳ	5080 8127 10159 14223 17779	3.4 3.4 6.9 8.6	1.7 3.4	25399
	2ᵉ	. . . .	. . . .	. . . .	
	3ᵉ	. . . .	. . . .	. . . .	
Trois câbles. Diamètre 21.2 mm. Section 3.52 centimètres. Poids 1.422 k. par mètre.	1ᵉʳ	5081 9143 12191 15239 17779 20318	5.2 6.1 8.7 9.5 10.3	1.7 3.4 3.4 6.9	29005
	2ᵉ	. . . .	. . . .	. . . .	28952
	3ᵉ	. . . .	. . . .	. . . .	27941
					28632 en moyenne.
Trois câbles. Diamètre 24.3 mm. Section 4.61 centimètres. Poids 1.870 k. par mètre.	1ᵉʳ	6096 10159 14223 18286 25399	1.7 3.4 5.0 6.9 10.3	0.8 0.8 4.0	34542
	2ᵉ	. . . .	. . . .	. . . .	34795
	3ᵉ	. . . .	. . . .	. . . .	35048
					34795 en moyenne.

Il résulte de ces expériences que les poids des câbles sont, par centimètre carré et mètre linéaire, de 0.397 kilogr. pour le fer et l'acier.

La moyenne des charges à la rupture est, pour les deux substances, de 3630 et 7992 kil. par centimètre carré. Mais il faut observer que la résistance attribuée au fer, dans ces expériences, est trop faible, puisque les appréciations les plus modérées la placent entre 5000 et 6400 kilogr. et que certains ingénieurs l'évaluent même à 7000 kilogr.

Enfin des câbles de section uniforme rompraient sous leur propre poids si leurs longueurs étaient respectivement de 9142 et 20000 m. Mais si le câble peut supporter pratiquement 1/6 de sa charge de rupture, ces longueurs se réduisent à 1523 et 3333 m. pour les fils de fer et les fils d'acier.

On a fabriqué et mis en œuvre des câbles ronds et des câbles plats en acier fondu ordinaire, mais comme il leur est arrivé de se rompre spontanément sans qu'aucune circonstance pût faire prévoir un pareil accident, on a cru devoir les abandonner.

Plus tard, MM. Richard Johnson et Brother, de Manchester, imaginèrent de traiter l'acier au manganèse en se fondant sur la qualité supérieure des produits que fournit le puddlage des fontes manganifères ou des minerais, tels que ceux de la Syrie, très-riche en manganèse. L'expérience réussit et ils obtinrent des fils tenaces, résistants, souples et élastiques. Celui qui écrit ces lignes a pu constater par lui-même que la rupture d'un fil d'acier de cette provenance exige un nombre de torsions à peu près double de celui qui fait casser un fil de fer anglais.

M. de Mot, à Hornu, près de Mons, a appliqué les produits de la tréfilerie de MM. Johnson et Brother pour fabriquer dans ses ateliers de corderie des câbles ronds et des câbles plats. Ceux-ci ont été employés, concurremment avec d'autres en fils de fer, dans le courant du mois de juillet 1860, au banc d'épreuve de Gosselies, près de Charleroi, en présence d'ingénieurs et de directeurs d'établissement, dont les connaissanses spéciales sont un sûr garant de l'exactitude des opérations.

Les tableaux suivants renferment les résultats obtenus dans la série des épreuves.

Il convient d'observer que les câbles plats soumis aux essais sont composés de fils de fer et d'acier de provenance anglaise n° 15 et 13 ; les premiers ont des diamètres respectifs de 1.8 et 2.40 mm. et des sections de 2.54 et 4.52 mm.

FILS.		LARGEURS et ÉPAISSEURS.	POIDS par mètre.	POIDS par centimètre.	CHARGE D'ÉPREUVE	
N^{os}	Nomb.				Total.	Par centimètre.
Câbles plats en fils d'acier.						
15	144	7.4 sur 1.9 centim.	4.10 k.	0.289 k.	39.000 k.	9.842 k.
13	144	10.2 — 1.9 »	6.00 »	0.309 »	60.000 »	9.220 »
15	168	10.9 — 2.3 »	7.25 »	0.291 »	72.000 »	9.482 »
Câbles plats en fils de fer.						
15	144	17.4 — 1.9 centim.	4.10 k.	0.291 k.	23.000 k.	6.288 k.
13	144	10.2 — 1.9 »	6.00 »	0.309 »	46.000 »	7,067 »

La moyenne des poids du mètre linéaire, par centimètre carré de section est, pour le fer, de 0.300 et, pour l'acier, de 0.296 kilog., c'est-à-dire moindre que les résultats des expériences de Greenoch ; cela devait être, puisque l'on avait affaire dans le premier cas à des câbles ronds et dans le second à des câbles plats, qui laissent beaucoup plus de vide.

La moyenne des charges à la rupture, par centimètre carré de surface, est respectivement de 9515 et de 6677 kilogr. Ici, la force de résistance assignée au fer est presque double de celle que donnent les épreuves de Greenoch et se trouve dans les limites des anciennes expériences, si nombreuses.

Dans les expériences de Gosselies, les câbles n'ont pas cédé à la charge, pas un seul fil ne s'est cassé ou même dérangé ; mais toujours les pattes se sont arrachées ou les boulons d'attache rompus.

La condition de durée des câbles d'acier se trouve bien moins dans la bonne fabrication que dans la qualité des fils. Ces organes sont plus élastiques que les câbles en fils de fer ; ainsi tandis qu'il faut une certaine force pour replacer les derniers dans leur position rectiligne, les autres la reprennent spontanément, sans l'intervention d'une force accessoire. Comme on l'a vu plus haut, les ploîments fréquents auxquels ils sont soumis, l'humidité etc. tendent à abréger la durée des câbles métalliques en général ; mais leur influence fâcheuse est moins grande sur l'acier que sur le fer ; le fer, surtout quand il n'est pas de qualité supérieure, est facilement attaqué par la rouille, qui le ronge et le rend cassant.

Les câbles d'acier, doués d'une si grande force de résistance sous un poids minime, semblaient donner au mineur belge l'espoir de pouvoir pénétrer plus avant dans le sein de la terre. Mais s'ils se comportent bien en Allemagne et en Angleterre, il n'en a pas été de même dans notre pays, où des essais pratiques ont complètement échoué. Les câbles plats en fils d'acier établis dans

l'un des puits des Charbonnages-Réunis de Charleroi et à
Bayemont, société de Montceau-sur-Sambre, ont été
retirés hors de service peu après leur installation ; et ici,
comme dans quelques autres circonstances, ils ont
succombé à des charges très-faibles comparativement
aux charges énormes qu'ils avaient précédemment supportées.

Pattes d'amarrage et épissures des câbles
métalliques

A la partie inférieure des câbles doit être annexée une
chaîne dont le but est de les empêcher de se ployer et de
s'accumuler sur les cages. Les bouts des câbles ronds
ou plats étant fabriqués avec peu de soin et ordinairement détordus ou décousus, il convient d'en faire le sacri-
fice, afin de placer la patte d'amarre dans une partie
non détériorée.

Voici deux procédés usités en Allemagne pour réunir
l'extrémité inférieure d'un câble rond avec le bout de
chaîne qui en forme le prolongement.

Le premier est mis en pratique dans la mine Centrum.
La patte d'amarre consiste en deux boîtes coniques, en
fer forgé, de mêmes hauteurs, mais de diamètres tels
que l'une puisse pénétrer dans l'autre. Au bas de la boîte
extérieure est soudé l'étrier qui reçoit l'anneau de la
chaîne.

Le câble est introduit dans la petite boîte de manière à
ce que le bout sorte par l'évasement.

Ce bout est détordu et les fils, juxtaposés suivant une
ligne circulaire, sont repliés sur la surface extérieure de
la boîte, et leur prolongement, appliqué le long du câble.

Alors, la boîte extérieure, préalablement coulée sur celui-ci, vient coiffer la boîte intérieure, dont elle recouvre, en les serrant, les fils repliés. Enfin, on procède à la ligature des fils appliqués sur le câble.

L'étrier doit être assez grand pour livrer passage à la boîte intérieure et à son enveloppe.

Le second procédé a été mis en usage à la mine Meinerzhagener Bleiberg, près de Kommern.

La patte d'amarrage est formée d'une seule boîte conique, terminée par un étrier. On introduit le câble par l'orifice le plus étroit, on le détord, on replie les fils sur eux-mêmes de manière à former une pelotte ; puis on retire le câble en arrière pour le comprimer sur lui-même et laisser un espace vide, dans lequel on verse du zinc fondu.

Lorsqu'il devient nécessaire de dégager le câble, on le coupe au-dessus de la boîte et ce qu'elle contient est facilement expulsé.

En Belgique l'attache des anneaux et des câbles en fils de fer se fait au moyen de clames comme pour les câbles d'aloès ou de chanvre.

Les pattes d'amarrage des câbles plats en fils de fer de la mine de Blanzy (Saône et Loire) sont construites de la manière suivante :

Les aussières de l'extrémité du câble ayant été décousus et séparés les uns des autres sur une longueur d'environ 0.50 m. sont recuits et recourbés sur un boulon à double tête. Cette partie ainsi préparée est introduite dans une armature de même largeur que le câble et dont les rebords sont rabattus afin de mieux maintenir celui-ci. Alors on lie l'ensemble au moyen de cinq rivets, puis on fait pénétrer l'étrier dans l'échancrure de la patte, que traverse un boulon ou verrou maintenu par des goupilles.

Les épissures se font de la même manière et au moyen de deux pattes dont les verroux sont reliés par une maille double.

Chevalets des molettes (belles-fleurs).

L'emploi de cages à étages superposés et l'utilité d'élever le niveau de versage au-dessus du sol ont engagé les exploitants à installer les molettes à des hauteurs fort grandes. Autrefois dix mètres suffisaient ; mais aujourd'hui on les porte à 14 et même 16 m., sans compter un soubassement en maçonnerie sur lequel repose d'ordinaire la charpente et qui en augmente la hauteur de 3 à 4 m.

L'action prompte et destructive de l'humidité sur la partie inférieure des piliers verticaux et inclinés des chevalets a fait naître l'idée d'encastrer leur base dans des sabots en fonte, qui fixés au moyen de boulons de fondation, les préservent de tout contact avec le sol. L'écartement des piliers est maintenu par des tirants en fer.

Dans les mines du Bassin de la Ruhr la charpente des molettes forme ensemble avec le bâtiment ; les extrémités des poutres sont encastrées dans les murs, d'enceinte, qui, dès lors, doivent être solidement construits, afin de résister aux chocs destructifs dérivant des efforts du moteur et aux oscillations provoquées par les molettes. Cette disposition n'est pas heureuse ; elle nécessite l'emploi d'un grand nombre de pièces, longues et fortes, ce qui rend ces constructions très-coûteuses.

Belles-fleurs en fer laminé.

Jusqu'à nos jours on s'est servi exclusivement du bois — dont la détérioration est si rapide — pour construire les belles-fleurs. Les sabots en fonte, dont on a l'habitude depuis quelque temps de munir les pieds des pièces verticales ou inclinées, retardent, il est vrai, le moment où celles-ci sont attaquées par la pourriture ; mais ils n'ont aucune influence sur les dislocations des assemblages. Des projets ayant pour base l'emploi de la tôle ou de la fonte ont été proposés, mais non suivis d'exécution.

Il n'en a pas été de même pour le fer laminé ; en effet, on trouve sur le puits d'une mine d'oligiste de Coignelée (province de Namur) une belle-fleur entièrement faite de fers à double T. Les semelles, composées de deux poutrelles mises à plat sur la maçonnerie, reçoivent quatre montant de même espèce, fixés au moyen de boulons. Les sommiers, les poussarts et autres pièces de la charpente sont également en fer à double T, simples ou moisés, ou bien moisés avec une poutrelle perpendiculaire à d'autres pièces, auxquelles ils servent de lien. Cet ensemble, exécuté par la société de la Providence, à Marchienne-au-Pont, près de Charleroi, présente une rigidité suffisante et donne une économie assez notable sur les charpentes en bois, le bois devenant de jour en jour plus rare (1).

Une belle-fleur en fer zorès est établie sur le puits Caroline appartenant à la Société des établissements John Cockeril, à Seraing.

Les anglais construisent aussi des chevalets en tôles.

(1) On a également installé dans le puits, de dix en dix mètres, pour supporter les paliers des échelles, des fers à double T, de 0.10 à 0.12 m. de largeur et de 7 à 8 mm. d'épaisseur. Ils remplacent avantageusement les poutrelles en bois, que détériorent promptement les influences atmosphériques, les alternatives d'humidité et de sécheresse.

La mine de Seaton Delaval (Northumberland) possède
un appareil de ce genre, formé de tubes à section rectangulaire. Les molettes qu'il supporte sont également
en tôles ; elles ont 6.65 m. de diamètre.

Molettes anglaises (à rais en fer malléable).

La tendance à augmenter le diamètre des molettes est
générale ; car la force de résistance des câbles, qui
doit croître avec la profondeur des puits, les rend d'autant
moins susceptibles de céder à des inflexions prononcées,
qu'ils deviennent par le fait plus raides et plus pesants.
En outre, l'importance qu'il y a de pouvoir rapprocher
les axes des bobines de ceux des molettes en formant un
angle de flexion plus aigu justifie cet accroissement du
diamètre, qui sur le Continent est de 3 à 3-50 m., en
Angleterre, de 5.60 et même 6-65 m. Le poids énorme de
pareilles poulies, coulées en fonte d'une seule pièce, tend
à disloquer la charpente des molettes, dont elles pro-
voquent les oscillations, et quelquefois la rupture lorsque
le machiniste doit arrêter subitement leur marche rotative,
au moment où elles ont acquis une force vive considérable, résultant de leur masse et d'une vitesse de 8 à 14
m. par seconde.

Ces motifs ont engagé les ingénieurs anglais à modifier
le mode de construction des molettes, dont ils ont augmenté les dimensions, tout en diminuant le poids et sans
nuire à la solidité, afin d'éviter les chances de rupture.
De là le nom de *molettes anglaises* donné à ces appareils
par les mineurs belges, les premiers sur le Continent qui
les aient adoptées pour les exploitations profondes et importantes.

Il existe deux types de molettes anglaises :

Dans l'un, les rais ou bras, en nombre variable, sont fort multipliés, afin de maintenir la jante d'une manière uniforme sur tout son développement.

Leurs extrémités sont ou refoulées ou, mieux, bifurquées, afin de rester fixées invariablement dans la fonte. La jante et le moyeu ne peuvent sortir d'une même coulée, car le retrait inégal de ces deux pièces de masses fort différentes amènerait la torsion des rais ; on doit fondre d'abord le jante et la laisser refroidir, avant de s'occuper du moyeu, qui, par son retrait, redresse les bras qui ont pu se courber ou se fausser dans la première opération. Les bords extérieurs du moyeu sont consolidés par des frettes, serrées jusqu'à la limite de leur résistance. Si à ces précautions on joint celle d'opérer la coulée à une température aussi basse que possible, on diminuera encore les effets nuisibles du retrait.

Dans l'autre type, les rais, en fer laminé de 35 à 40 mm. de diamètre, sont croisés symétriquement deux à deux ; leurs extrémités, légèrement refoulées, sont encastrées dans le moule de coulée et, par conséquent, noyées dans la fonte de la jante et du moyeu en fonte de fer. Une molette de ce type a 3-50 m. de diamètre utile et pèse un peu plus de 2100 kil. La gorge, renfermée entre des joues de 0. 10 m. de hauteur, a une largeur de 0.32 m., ce qui permet à un câble de 0.24 à 0.25 m. de s'y infléchir sans frottement latéraux et d'éviter ainsi la destruction des coutures. Enfin, la partie de l'axe sur laquelle est calée la poulie, a une section octogonale ; les tourillons sont tournés et le poids de l'ensemble est de 60 kilogr.

Les molettes anglaises sont aussi solides et plus légères que les mêmes organes entièrement coulés en

fonte. Leur poids n'est que de 15 à 16 cents kilogr.,
tandis que les autres pèsent 2200 à 2300 kil.

M. Cabany, dans le but de donner aux rayons des
molettes un aspect moins grêle et une plus grande résistance sous un même poids, a subtitué aux fers en barre
des fers creux d'une section assez considérable et dont
l'intérieur est rempli de sable. Leur poids est de 1490
kilogr., savoir: 1233 pour la jante et le moyeu, 182
pour vingt deux rayons et fer creux et 44 kilogr. pour
l'axe en fer forgé.

Pour protéger les câbles en fils métalliques contre les
frottements destructifs de la gorge, les ingénieurs au-
trichiens ont imaginé de recouvrir celle-ci d'une lanière
en gutta-percha. Cette lanière a 0. 10 m. de largeur,
0.33 m. d'épaisseur et une longueur telle que, après
avoir enveloppé entièrement la molette, les deux extrémités, coupées en biseau, puissent se recouvrir d'environ
0.08 m.

L'opération doit, autant que possible, s'effectuer pendant l'été. Une bassine en tôle, remplie de charbons in-
candescents, est placée sous la molette, qui tourne avec
lenteur jusqu'à ce que sa circonférence ait acquis une
haute température. Pendant ce temps, la lanière, déposée
dans un vase et arrosée d'eau bouillante, a acquis un
certain degré de mollesse et d'élasticité dont on profite
pour l'appliquer sur la gorge. Alors on superpose les
deux extrémités taillées en biseau et on les soude ensemble à l'aide d'un fer chaud.

L'exécution de ce travail est facilitée par l'emploi d'un
petit appareil composé de deux vis de pression qui,
agissant simultanément sur deux points opposés de la

gorge, serrent la lanière et la maintiennent d'une manière invariable. On évite ainsi l'intervention d'un grand nombre d'ouvriers qui se gêneraient mutuellement.

Les molettes que l'on a soumises à cette manipulation sont très-favorables à la durée des câbles, auxquels elles servent de coussin, et l'on n'entend plus l'espèce de cliquetis que produisait jadis le froissement réciproque de deux corps métalliques (1).

Altération prématurée des câbles en fils métalliques.

L'air et l'eau exercent sur les câbles une influence nuisible. Les actions électro-chimiques, qui se manifestent, même à une température modérée, déterminent l'oxidation du métal. En outre, l'humidité tendant à se porter à la partie inférieure des câbles, celle-ci est mise hors de service avant le reste de l'engin.

Le remède, plus ou moins efficace, consiste à renouveler le graissage dès que l'observation en a fait reconnaître la nécessité. Il convient aussi de retrancher les parties les plus fatiguées de l'extrémité du câble et, par conséquent, d'avoir la précaution en le plaçant sur la bobine de lui donner un excédant de longueur, de 80 à 100 m., qui subvienne aux besoins des coupures.

Une autre cause, plus secondaire, de détérioration des câbles en fils métalliques, est due aux oscillations et aux vibrations qu'ils éprouvent dans leur parcours des bobines aux molettes et *vice versa*. Peu flexibles et sans élasticité, ils vibrent avec d'autant plus d'intensité que la vitesse de leur marche est plus grande.

(1) ŒSTERR. ZEITSCHRIFT, 1857 n° 19.

Pour prévenir cette action nuisible, les mineurs d'Anzin établissent, sur deux points du trajet, de petits appareils semblables à ceux qui sont appliqués aux baritels à chevaux pour diriger l'enroulement des câbles (1).

Une disposition plus simple existe à la houillère de l'Agrappe et Grisœil (couchant de Mons) : un levier pivotant sur des tourillons porte, à l'une de ses extrémités, une poulie à gorge, destinée à recevoir le câble et à le suivre dans toutes ses oscillations ; là poulie est équilibrée et guidée par un contrepoids placé à l'autre extrémité du levier.

L'observation a fait reconnaître combien la double inflexion en sens contraire est nuisible à la durée des câbles. Celui qui s'enroule par dessous, — dont les éléments sont obligés de se replier dans un sens au passage sur la molette, et en sens contraire au passage sur la bobine — éprouve un excès de fatigue, qui le met bien plus promptement hors de service que le câble de dessus.

Les anglais font grand cas des dispositions propres à produire l'enroulement et le déroulement des câbles plats dans le même sens, dispositions qui n'ont pas une importance aussi minime que le pensent quelques ingénieurs. Le lecteur trouvera plus loin des exemples de machines construites en vue d'obtenir cet effet.

Communiquer aux câbles métalliques l'élasticité qui leur manque.

La détérioration des câbles provient, non seulement des accidents qui surviennent dans les puits, ou d'une accélération brusque de la vitesse du moteur, ou des

(1) *Traité de l'Exploitation des mines de houille.* Tome III, § 595.

secousses que celui-ci leur imprime pendant l'ascension, mais encore de la brusque tension à laquelle ils sont soumis au moment où le fardeau est sur le point d'abandonner la chambre d'accrochage et où le poids à soulever est à son maximum. Ces effets deviennent encore plus destructifs quand la force du moteur n'excède pas celle qui est strictement nécessaire pour soulever la charge ; car alors le machiniste est forcé de reculer d'un demi-tour, afin de lancer l'appareil et de vaincre ainsi la résistance à l'enlèvement. Il en est de même quand le câble n'est pas complétement tendu au moment du départ. Dans ces deux circonstances, le choc est si violent que le câble peut rompre, quelle que soit, d'ailleurs, sa nature.

Ces causes ont une influence plus énergique sur les câbles métalliques que sur les câbles végétaux. En effet, l'allongement de ces derniers est quelquefois de plus d'un dixième de leur dimension primitive, tandis que les premiers ne possèdent pas, ou ne possèdent qu'à un faible degré, cette faculté d'extension, même quand ils sont tout neufs.

Les ingénieurs anglais, dans le but de communiquer à ces organes une élasticité artificielle, ont imaginé d'interposer un ressort à boudins entre le câble et la charge à soulever. Nous avons déjà fait mention de ce procédé dans la première partie de cet ouvrage (1).

Voici encore quelques appareils du même genre qu'il importe de connaître :

MM. Falten et Guillaume, de Cologne, ont établi, à la mine Maria, district de la Wurm, une cage renfermant des ressorts à boudins, arrangés comme l'indique la figure 24 (Pl. XXXIX).

_____

(1) Tome III, § 597.

La disposition suivante, encore à l'état de projet,
semble fort rationnelle et mérite d'être essayée :

Une boîte à ressort et un piston placé dans cette boîte
sont divisés en trois compartiments annulaires et concentriques, disposés de telle façon que les saillies de l'une
correspondent aux chambres de l'autre et réciproquement.
Les compartiments reçoivent des ressorts en hélice dont
les longueurs respectives sont échelonnées de manière que
le piston agisse d'abord sur l'un d'eux seulement puis,
simultanément, sur le second et enfin, sur le troisième. De
cette manière les chocs ne se transmettent au câble qu'a-
près avoir été graduellement amortis.

M. Vermeire, fabricant de cordes à Hamme, a imaginé
un appareil élastique (fig. 31 et 32) qu'il propose d'attacher au sommet de la cage d'extraction. C'est un ressort
en acier, à lames plates superposées, assez semblable à
ceux des voitures ; il repose sur un étrier mobile, attaché à
l'anneau du câble et auquel sont adjoints latéralement
deux autres étriers fixes, destinés à maintenir les lames
dans une position verticale. Quatre chaînes de sûreté
lient le câble et la cage et sont appelées à fonctionner dans
le cas où l'étrier mobile ferait défaut.

Les mines du district de Sarbrücken possèdent divers
appareils dans lesquels le caoutchouc et la gutta-percha
ont été substitués à l'acier :

A la mine de König, près de Neuenkirchen, c'est un
cylindre en tôle forte, de 0.31 m. de diamètre, dont les
deux extrémités sont fermées par des couvercles que
maintiennent quatre boulons (fig. 27 et 28). Dans cette
enveloppe se meuvent deux pistons ; les tiges se relient,

l'une avec la cage, l'autre avec la chaîne du câble. Douze rondelles en caoutchouc, séparées par des disques en fer, de 7 mm. d'épaisseur, forment deux piles qui ont été disposées dans l'espace compris entre les couvercles et les pistons.

A l'état de repos, ceux-ci viennent en contact, pressés en sens contraires par les rondelles ; mais dès que le câble soulève la charge, ils s'écartent l'un de l'autre, en comprimant contre les couvercles les rondelles, chargées de diminuer l'intensité des chocs subits auxquels le câble est exposé.

———

Les ressorts en caoutchouc de la mine de Von der Heydt offrent avec les précédents quelques différences justifiées par l'usage. La boîte est supprimée ; les rondelles de caoutchouc, également empilées, mais sans interposition de disques en fer, forment une colonne cylindrique, traversée par une tige centrale. Les rondelles, au nombre de huit, ont 94 mm. d'épaisseur ; elles ne peuvent, sous l'influence de la compression, s'aplatir en se livrant à leur faculté d'expansion que dans certaines limites déterminées par un cercle mi-annulaire en fer, qui enveloppe chacune d'elles. La figure 29 représente une de ces rondelles.

On sait d'ailleurs, par expérience, que la colonne élastique peut être soumise à une pression de 14.400 kilogr. par centimètre carré et revenir spontanément à sa hauteur primitive, dès qu'elle est soustraite à la charge. Toutefois, lorsqu'il s'agit de brusques tensions, de secousses ou de chocs passagers, elle ne peut affronter qu'un centième de ce poids. Dans la mine de Von der Heydt, le poids des cages au départ n'est que de 5180 kilogr.

Paliers-à-ressorts des molettes d'extraction.

Les appareils ci-dessus décrits sont loin d'avoir toute l'efficacité désirable, parce que, ne détruisant pas l'inertie du câble, ils laissent encore aux chocs la faculté de se produire, et l'on a vu se rompre des câbles métalliques munis de boîtes à ressorts.

M. Guibal change le point d'application du ressort et l'éloigne de la charge pour le rapprocher de la puissance en le fesant agir à la partie supérieure du câble.

Des ressorts de locomotive sont placés au-dessous des coussinets qui reçoivent les tourillons de l'axe de la molette, et leurs coussinets sont logés dans des supports en fonte qui leur permettent de glisser verticalement. Le degré de flexibilité de chaque ressort est réglé par des vis de rappel, afin que les deux organes se trouvent dans le même état de tension et que la molette ne tende pas à s'incliner du côté de la moindre résistance.

Lorsque le moteur fonctionne, la résistance qu'il rencontre aux molettes, où son action se porte immédiatement, n'est pas absolue; elle cède progressivement pendant que la force se transmet à la charge. Les chocs, quelle que soit leur origine, qui pourraient affecter les câbles, sont amortis par la flexion des ressorts, qui, à chaque secousse, emmagasinent une partie de la puissance pour la restituer peu après. C'est ainsi que, à l'élevage, les ressorts prennent une flexion de 0.08 à 0.10 m., correspondant à l'excessive tension du câble en ce moment.

Cette disposition est fort heureuse en ce qu'elle n'exclut aucun des autres moyens de suppléer au défaut d'élasticité du câble, mais, au contraire, se combine fort bien avec chacun d'eux.

Quelques appareils de ce genre ont été établis en France et en Belgique. L'un d'eux fonctionne depuis 1861 au puits du Chaufour, à Anzin, où l'extraction s'effectue à une profondeur de 630 m., au moyen de câbles en fils de fer, dont le poids est de 6 kilogr. au mètre courant, la charge en houille étant de 2000 et celle à élever au départ, de 5180 kilogr. Il se compose de 16 lames superposées formant une épaisseur totale de 0.18 m. La longueur de chaque ressort est de 1. 30 m. et la largeur, de 0.09 m. Le moteur (dont la force n'est que de 20 chevaux) doit à cet appareil une marche facile et régulière, tandis que, autrefois, il laissait beaucoup à désirer sous ce rapport.

M. Guibal a eu l'idée de se servir des ressorts pour avertir le machiniste des frottements extraordinaires et des obstacles qui peuvent se produire dans le puits pendant la marche du moteur. Il propose d'ajuster, au dessous des brides, un levier accompagné d'une sonnette qui serait mise en jeu chaque fois que la flexion des ressorts dépasserait le point correspondant au maximum de la charge. Ainsi, supposant que la tension du câble à l'élevage doive déterminer une flèche de 0.08 m., le levier, placé à quelques millimètres au-dessous de la course normale, sera heurté et le machiniste averti, avant que le résultat d'un accident ou d'une négligence ne devienne irréparable.

Le levier peut aussi agir automatiquement, si, au moment où il est heurté par les brides, il détache un cliquet qui, par une transmission de mouvement, ferme la prise de vapeur et fait fonctionner le frein.

Cet appareil peut aussi servir d'*évite-molettes*. Il suffit pour cela que les guides, renflés à leur sortie du puits, offrent en ce point une forte résistance à la marche des

sabots conducteurs; l'excès de flexion qui en résulte
agissant sur le levier suspend immédiatement la marche
de la machine et empêche les cages de se rapprocher des
molettes.

Bobines élastiques, de M. Guibal (1).

L'expérience a prouvé l'impossibilité de construire constamment deux ressorts de même force ; aussi fléchissent-
ils inégalement, malgré l'usage des vis de rappel, et cette
différence de tension aux deux extrémités de l'axe fait
sortir la molette du plan vertical, et son rebord vient
continuellement en contact avec l'une ou l'autre des
tranches du câble. En outre, une étude plus approfondie
a montré à l'auteur de la disposition que nous allons
décrire que l'action de ces ressorts est incomplète, en ce
qu'ils ne garantissent pas des chocs la partie du câble
comprise entre les molettes et les bobines.

Pour obvier à ces inconvénients, M. Guibal a recours
à un moyen beaucoup plus radical ; il porte les ressorts à
l'origine de l'enroulement des câbles, c'est-à-dire aux
bobines elles-mêmes, dont la construction est naturellement modifiée. Le nouvel appareil est représenté par les
figures 33 et 34 (Pl. XXXIX).

Sur l'arbre, *a*, des bobines, est calé un noyau cylindrique en fonte, *b*, enveloppé d'un manchon, ou *noyau
extérieur*, *d*, de même métal, auquel sont attachés les
bras, *g*, de la bobine. Ce manchon, fou sur l'arbre, se
compose de deux plateaux symétriques, réunis suivant un

(1) L'auteur fait une interversion en plaçant ici un paragraphe
relatif aux bobines, afin de réunir en un seul groupe tout ce qui concerne les appareils élastiques.

plan, *A B*, qui passe par le milieu de la gorge de la
bobine. La cavité annulaire du manchon est divisée en
huit compartiments égaux par autant de cloisons, ou
diaphragmes, *c*, venus à la fonte avec le *noyau intérieur*,
b, et dérigés suivant le prolongement des génératrices
du cylindre. Enfin, le manchon porte, à sa circonférence,
des disques, ou palettes circulaires, *e*, armés de ressorts
à boudins qui viennent se placer chacun entre deux
cloisons successives. Voici comment ces organes fonctionnent :

Au moment où la machine imprime à l'arbre le mouvement de rotation destiné à élever la charge du fond du
puits, les diaphragmes du noyau intérieur, *b*, pèsent sur
les ressorts des disques ; ceux-ci fléchissent, jusqu'au moment où leur résistance à la compression est
assez grande pour communiquer le mouvement au noyau
extérieur, *d*, sur lequel s'enroule le câble. Mais comme
l'énergie des ressorts est calculée de telle sorte qu'ils
jouissent encore, après leur compression par la charge,
d'une certaine force élastique, celle-ci suffit pour amortir
les chocs qui pourraient se produire pendant la course des
vases, non plus seulement des molettes au bas du puits,
mais sur toute la longueur du câble. Pendant la descente
des vases vides, les diaphragmes, *c*, appuyent sur les
appendices, *f*, ménagés à l'extrémité des disques.

Les exploitants du Hainaut ne semblent pas avoir bien
compris l'importance de la nouvelle disposition de
M. Guibal. Les constructeurs, au contraire, préconisent ce
moyen simple et radical de préserver les moteurs des
dégradations auxquelles les exposent si souvent les chocs
imprévus. Toutefois, des bobines élastiques, construites
par M. Dorsée, ont fonctionné quelque temps à la mine
des Chevalières, à Dour. On en était fort satisfait ; elles

préservaient évidemment les câbles contre les brusques
tensions et imprimaient au moteur une marche plus régulière ; mais la rupture de quelques ressorts de mauvaise
qualité ayant subitement interrompu l'extraction dans un
moment de presse, on relia les deux parties des bobines
et les exploitants remirent à une époque plus propice la
restauration de l'appareil. Ce provisoire est resté...

Autres dispositions relatives aux molettes élas- tiques.

Les projets suivants attendent encore la sanction de
l'expérience.

Les bobines à ressorts fonctionnaient déjà, lorsque
M. Guibal, revenant à sa première idée, conçut une nouvelle disposition propre à soustraire les ressorts aux inconvénients des flexions inégales.

Au lieu d'appliquer les ressorts au-dessous des garnitures
dans lesquelles jouent les tourillons de la molette, il croit
plus convenable d'envelopper ces garnitures de chapes en
fer suspendues par des tiges à une traverse et de faire
reposer cette dernière sur un ressort unique, placé sur la
charpente et dans le plan de la molette.

Il pense encore qu'il serait possible de retourner la
chape et de la faire porter, par l'intermédiaire de tringles
rigides, sur un seul ressort placé au-dessous de la molette.

On a aussi proposé de rendre élastiques les molettes en
augmentant la longueur des sommiers sur lesquels elles
reposent. Ce moyen, évidemment le plus simple, ne conviendrait pas à toutes les localités ; de plus, comme les
chapeaux des charpentes à molettes doivent résister à de

grandes charges et, par conséquent, avoir un fort équar-
risage, leur longueur devrait être considérable pour
qu'ils acquissent une élasticité suffisante.

Molettes armées de ressorts en caoutchouc.

M. Dufrane, ingénieur à Mons, propose de remplacer les
ressorts en acier par des ressorts en caoutchouc. L'appareil se compose alors (fig. 30) d'un palier glissant dans une
large rainure, dirigée suivant la résultante des deux forces
qui agissent sur la molette. Un piston, placé à la base
du palier, pénètre dans une boîte cylindrique contenant
une pile de rondelles en caoutchouc. Une vis sert à régler
la compressibilité de la substance élastique.

Ces ressorts, quelle que soit la nature des chocs qu'ils
aient à supporter, ne sont pas aussi sujets à se rompre que
ceux en acier ; en outre, ils sont moins coûteux ; mais il est
douteux qu'ils conservent longtemps leur propriété
élastique.

Vᵉ SECTION.

MOTEURS D'EXTRACTION.

Type actuel des machines d'extraction.

Ce sont des machines à vapeur à deux cylindres conjugués, fixes ou oscillants, horizontaux ou verticaux,
ordinairement à haute pression, parce qu'alors elles sont
plus simples d'installation et d'entretien. Les dispositions
de ces moteurs et les principes sur lesquels elles sont
fondées ont été évidemment empruntés aux locomotives
avec lesquelles ils offrent la plus grande ressemblance.
Leur puissance est de 80 à 200 chevaux. C'est ordinairement au moyen de la coulisse de Stephenson que l'on
renverse le mouvement; quelquefois, en cas de grande
puissance, elle est mise en jeu par une petite machine à
vapeur spéciale; il en est de même des freins, qui agissent
sur une roue calée sur l'arbre des bobines.

Dans tous les cas, les organes de la transmission du
mouvement sont réduits à leur plus simple expression;
les engrenages et le volant, supprimés et les bobines,
directement attaquées par les manivelles.

En 1851, M. Melchior Colson, ingénieur mécanicien,
chargé de construire une machine d'extraction pour la
houillère de Masse-St-François, près de Charleroi, était
en conférence à ce sujet avec deux des intéressés.
M. Fabry, qui assistait accidentellement à leur entretien,

conseilla d'appliquer à l'appareil les dispositions usitées pour les locomotives. Cette idée, enfin admise, ne le fut toutefois que partiellement, car M. Colson ne put se résoudre à la suppression des engrenages. Telle est, à ce qu'on rapporte, l'origine de la première machine à deux cylindres accouplés horizontaux destinée à l'extraction.

L'année suivante, M. Colson, reconnaissant que le fait de l'emploi de deux cylindres suffit, indépendamment de tout engrenage, pour rendre constante la force appliquée à l'arbre des bobines et pour obtenir la sûreté et l'aisance des mouvements, construisit la machine de 110 chevaux qui fonctionne actuellement à la houillère du Trieu-Kaisin, près de Charleroi.

Enfin, en 1853, il produisit le moteur d'extraction à deux cylindres verticaux de la houillère du Grand-Hornu, dont il a été fait mention dans plusieurs publications périodiques.

A dater de cette époque, les appareils de ce système se sont promptement répandus sur le Continent; mais les anglais ne les accueillirent pas immédiatement, parce que, regardant les soupapes de distribution comme indispensables à la marche régulière du moteur, ils ne pensaient pas que la manœuvre des huit organes de cette espèce que comportent les deux cylindres pût s'effectuer avec assez d'exactitude et de précision. Leur préjugé n'a pu tenir longtemps contre les nombreux exemples que leur ont bientôt fournis la Belgique et la France.

Avantages et inconvénients des moteurs à deux cylindres.

Ces machines sont à action directe; car les bielles des deux cylindres accouplés attaquent directement les manivelles motrices calées sur l'arbre des bobines.

La suppression des engrenages simplifie le moteur et
diminue les chances d'accidents. L'accouplement des
cylindres, combiné avec la perpendicularité des manivelles,
détruit les points morts et donne de la facilité pour régler
le renversement de mouvement. Il permet aussi de supprimer le volant et, par conséquent, d'arrêter presqu'instantanément la marche de l'appareil, malgré la grande
vitesse imprimée au fardeau.

Cette vitesse est, en moyenne, de 7 m. par seconde ou
plutôt varie de 4 à 10 m., tandis que, dans les machines
à un seul cylindre, elle ne dépasse guère deux mètres
dans le même temps. Cette augmentation de vitesse
constitue un avantage, parce qu'elle permet, tout en maintenant la même quantité d'extraction, de réduire le poids
de la charge à élever et ainsi de ménager les câbles, ce
qui exerce une heureuse influence sur leur durée. Toutefois, il convient de n'user de cette faculté que dans de
certaines limites et de se rappeler que l'extraction de
fortes charges avec une moindre vitesse est plus favorable
à l'effet utile et quelquefois à la conservation même des
câbles que l'élévation rapide de vases de petites dimensions.

La suppression du volant offre encore l'avantage d'annihiler les ruptures ayant pour cause une brusque
variation dans la vitesse imprimée au système, ce qui se
produit quelquefois au moment où le vase d'extraction
arrive au jour, si le machiniste n'a pas eu le soin de
diminuer progressivement la vitesse d'ascension, afin de
détruire la force d'inertie de certains organes.

On n'a plus à craindre un accident dont les mineurs
connaissent les conséquences désastreuses, à savoir le
bris des engrenages, partie la plus fragile de la communication de mouvement dans les anciennes machines.

L'arbre des bobines est aussi moins exposé aux ruptures, parce qu'ici la résistance agit au milieu de l'arbre
et la puissance aux deux extrémités, tandis que dans les
appareils à un seul cylindre la puissance et la résistance
sont appliquées chacune à une extrémité.

Si certains organes, tels qu'une tige de piston ou un
bouton de manivelle, viennent à se casser, les mêmes organes, symétriquement placés et dépendant de l'autre
cylindre, offriront une résistance assez prolongée pour
donner au machiniste le temps d'arrêter la machine. Dans
certains cas, il y aura même possibilité de retirer du
puits la cage chargée, en fesant marcher le moteur à
faible vitesse, malgré la rupture d'équilibre qui s'est produite entre les deux câbles et leurs vases respectifs.

Malheureusement, ce système à action directe, privé,
pour ainsi dire, de communication de mouvement, est
fort exposé aux chocs ; aussi pour diminuer les chances
d'accident, a-t-on l'habitude de donner une grande force
de résistance à l'arbre des bobines, aux bobines elles
mêmes et aux parties qui peuvent inspirer quelque crainte.

La diminution du nombre des coups de piston, conséquence de l'attaque directe de l'arbre des bobines par les
bielles, force le constructeur à augmenter les dimensions
des cylindres et de quelques organes. La machine est
ainsi plus volumineuse et donne lieu à une plus grande
condensation de la vapeur. De plus les grandes surfaces
des tiroirs de distribution rendent leur manœuvre plus
difficile ; car des tiroirs de grande surface, soumis à une
pression de vapeur de 4 atmosphères, rencontrent une
grande résistance lorsqu'ils doivent se mouvoir sur la
table des cylindres.

Diverses dispositions spéciales ont été imaginées pour
porter remède à ce grave inconvénient.

Les constructeurs se sont d'abord évertués à réduire
au minimum les surfaces sur lesquelles se fait sentir la
pression de la vapeur ; puis, ils ont formé diverses combinaisons de leviers qui, multipliant la force de l'homme,
fussent capables de vaincre la résistance due au frottement sur la table. M. Colson, dans la machine du puits
n° 12 du Grand-Hornu, a cherché la solution du problème dans l'emploi d'un cylindre accessoire exclusivement destiné à opérer la distribution. Plus tard, il a eu
recours à un agencement assez compliqué des glissières
et de la boîte de distribution. Un autre procédé, plus
spécialement usité en Angleterre et dans quelques
mines du centre de la France, consiste à employer des
soupapes à double siége de Hornblower; mais il augmente considérablement le prix de la machine. Enfin,
une tentative faite en Belgique et dont le lecteur verra
tout à l'heure un exemple n'a pas tardé à se répandre.
Le tiroir d'admission est séparé de celui d'émission lequel
est soustrait à la pression de la vapeur. La compression
n'agit que sur le premier, dont la surface est considérablement réduite et qui partant manœuvre aisément.

Machine à deux cylindres conjugués horizontaux.

Cette machine est due à M. Halbrecq, ingénieur mécanicien des ateliers des Produits, près de Mons.

Elle a été construite pour le puits n° 15 de la mine du
Levant du Flénu. Une vingtaine de machines, appartenant au même type, fonctionnent en Belgique et à l'é-
tranger.

La planche XL est une projection horizontale de l'appareil complet et la planche XLI projection verticale sur

un plan parallèle à l'axe longitudinal de la machine représente l'ensemble complet de l'un des systèmes symétriques. Les mêmes lettres représentent les mêmes objets dans les deux figures.

La machine est supportée par un bâti, formé de longerons parallèles, en fonte, qui, vu leur grande longueur, sont composés chacun de deux pièces réunies par des oreilles et des boulons. Ce bâti repose sur des pierres de tailles, qui recouvrent un massif en briques, et se rattache à celui-ci au moyen de forts boulons pénétrant jusqu'à une profondeur de 4.40 m. Vers l'une des extrémités du bâti, les longerons s'élargissent pour recevoir les cylindres moteurs; à l'extrémité opposée, les longerons intérieurs seuls acquièrent aussi une plus grande surface, qui est limitée par des oreilles et offre une large échancrure dans laquelle viennent s'encastrer les paliers de l'arbre des bobines.

Sur cet arbre, qui est en fonte, sont solidement calés les noyaux des bobines, composés chacun de deux plateaux en fonte, de 2 m. de diamètre, munis, sur leurs faces extérieures, de joues saillantes; ces joues forment huit encastrements dans lesquels sont insérés autant de rayons en bois de chêne, solidement fixés par des boulons dont la tête est fraisée et noyée à l'intérieur de la bobine, afin de ne pas faire obstacle à l'enroulement des câbles sur le noyau. De forts boulons traversent les deux plateaux, dont ils empêchent l'écartement. Enfin, les bouts extérieurs des rayons, réunis deux à deux par des traverses en bois de même essence, forment une couronne octogonale, qui assure la solidité des bras et contribue à guider le câble dans son enroulement.

Aux deux extrémités de l'arbre des bobines sont calées des manivelles en fer forgé, réciproquement perpendi-

culaires. Les bielles, dont la longueur est cinq fois celle
des manivelles, s'engagent par un bout dans la fourche
qui termine la tige du piston. Le tout est lié par une
traverse portant à chacune de ses extrémités un coulisseau
en fonte; celui-ci glisse entre les guides, constamment
lubréfiés par l'huile que fournit un graisseur et qui
séjourne dans une rainure pratiquée à l'intérieur de la
coulisse.

Les cylindres ont un diamètre de 0.75 m. et les pistons,
une course de 2 m., ce qui, avec une pression de 2
atmosphères effectives, constitue pour la machine une
force de 200 chevaux-vapeur. Les pistons sont métalliques,

Chaque cylindre est venu à la fonte avec quatre oreilles
ménagées à sa partie inférieure et la table destinée à
recevoir la boîte de distribution. Les oreilles servent
à le fixer sur la partie élargie du bâti et sont encastrées chacune dans une des cavités que forment deux
rebords consécutifs. Les tiges des pistons traversent les
deux couvercles des cylindres, pourvus, à cet effet, de
boîtes à bourrage. Leurs extrémités postérieures s'engagent, lorsqu'elles sortent des cylindres, dans un tuyau
horizontal, qui met les passants à l'abri des atteintes
inopinées de ces organes.

Dans le but de réduire au minimum les résistances
dues aux frottement des tiroirs sur les tables des cylindres
et de préserver ceux-ci de l'ovalisation, les lumières
d'échappement ont été rendues indépendantes de celles
d'admission; les unes sont placées au-dessus, les autres,
au-dessous et toutes les quatres aux extrémités du
cylindre. Les deux lumières de dessous dispensent, en
outre, de l'emploi d'un robinet purgeur. — Les glissières
destinées à ouvrir et à fermer les lumières sont garnies
de cuivre afin de diminuer, autant que possible, les frot-

tements de ces grandes surfaces que la vapeur comprime
sur les tables.

Les glissières sont mises en mouvement par deux
couples d'excentriques calés sur l'arbre des bobines et
dont les bielles sont articulées à des coulisses de
Stephenson, qui, comme dans les locomotives, déterminent
les changements de marche. Ces coulisses se composent
de coulisseaux qui se meuvent entre des guides ; ceux-ci
peuvent prendre un mouvement d'oscillation autour de
leurs points de suspension, qui ne sont autre que les tourillons d'une chape à fourche fixée au milieu de leur hauteur. Une bielle, deux leviers coudés et une tringle
communiquent le mouvement de la coulisse aux tiroirs
de distribution et à ceux d'échappement de la vapeur. En
outre, le levier de changement de marche peut actionner
la même bielle à l'aide de deux tringles, que sépare un
levier à trois branches. Comme, d'ailleurs, les leviers
coudés des deux systèmes sont liés par un arbre horizontal, le changement de marche s'effectue simultanément dans les deux cylindres conjugués. L'arbre horizontal est muni de deux contrepoids destinés à équilibrer
le poids d'une partie des bielles et les leviers verticaux
calés sur cet arbre.

Cette combinaison de leviers et de tringles symétriques
dans les deux systèmes est telle que, en imprimant au
levier de changement de marche une impulsion en avant
ou en arrière, on abaisse ou l'on élève les coulisseaux , qui
transmettent, par l'intermédiaire de bielles et de leviers
coudés, le mouvement aux tiroirs de distribution et à
ceux d'échappement.

Lorsque le levier de changement de marche, a, est disposé verticalement, comme l'indique la figure, le coulisseau se trouve au milieu de la coulisse ; alors, la bielle

étant inerte et les tiroirs fermés, la machine est au repos.

La vapeur afflue du générateur par le tuyau principal, traverse le modérateur, puis se bifurque pour se rendre dans les boîtes de distribution des deux cylindres. Le modérateur n'est autre qu'une vanne mobile suivant un plan vertical; sa tige est surmontée d'un levier horizontal dont le centre d'oscillation se trouve en arrière dans un enfourchement porté par une petite colonne. Le levier fonctionne sous l'impulsion du levier de mise en train, *b*, par l'intermédiaire d'une combinaison de tringles et de leviers. Un contrepoids, ajusté à l'extrémité du levier horizontal, sert à équilibrer le poids de la tringle verticale. Le machiniste, en avançant ou en reculant le levier, ouvre ou ferme la vanne, d'où résulte la mise en train de l'appareil ou son arrêt. Ce même contrepoids sert aussi à régler la quantité de vapeur introduite.

Le frein à vapeur (manœuvré par une poignée, *c*, fixée à l'extrémité d'une tringle horizontale) sera décrit plus loin, ainsi que la sonnerie mécanique.

Enfin, le lecteur observera que la poignée du frein, le levier de mise en train et celui de changement de marche sont réunis dans un petit espace et tous à la portée du machiniste.

Les générateurs sont alimentés par une machine spéciale, afin que cette alimentation soit indépendante de la machine d'extraction, soumise par sa destination propre à des repos forcés. — Cet appareil fait également fonctionner une pompe à eau froide, dont elle déverse les produits dans une bâche.

La conduite de la machine d'extraction est simple.

S'agit-il de la mettre en mouvement pour enlever la cage chargée qui se trouve au fond du puits ? Le machiniste, saisissant les deux leviers, ouvre le modérateur et les glissières, pour faire entrer dans les cylindres la quantité de vapeur nécessaire. Une des deux cages s'élève, l'autre descend, le câble de la première se raccourcit, celui de la seconde s'allonge, de sorte que la résistance diminue, ce qui engage le machiniste à rétrécir insensiblement l'orifice d'admission de la vapeur, en agissant sur le levier de mise en train. La première cage arrive au jour, il faut arrêter le mouvement, ce que l'on obtient instantanément en fermant la vanne d'introduction de vapeur et quelque fois en ajoutant l'action du frein. Les autres mouvements, qui ont pour objet de de changer le sens de la rotation, s'effectuent en déplaçant le coulisseau de la coulisse de Stephenson et en poussant le levier b, comme on l'a vu ci-dessus.

Machine d'extraction à cylindres verticaux et accouplés.

L'appareil représenté dans les planches XLII et XLIII a été également construit par M. Halbrecq (pour la mine de Sars-Longchamps) et fait partie d'une série fort nombreuse sortie des ateliers des Produits.

La planche XLII renferme une vue de face et la planche XLIII, une vue latérale. Les mêmes lettres sont affectées aux mêmes organes.

Deux jumelles en fonte, supportées par des colonnes de même métal, forment un bâti sur lequel sont installés les bobines et leur arbre. Les fondations consistent en un massif de briques et de pierres de taille; sur ces dernières reposent les bases des colonnes et des cylindres moteurs, reliés au massif par des forts boulons de 2.60 m. de longueur.

Les cylindres ont un diamètre de 0.80 m. et les pistons, une course de 1.60 m. La pression de la vapeur peut s'élever à 3 ou 4 atmosphères, ainsi que l'indiquent les timbres des chaudières.

Les tiges des pistons et les bielles sont articulées au moyen d'un enfourchement muni latéralement de coulisseaux qui se meuvent entre des guides. Les manivelles— en fer forgé — sont disposées à angle droit et calées aux deux extrémités d'un arbre en fonte, sur lequel sont installées les bobines ; la construction de ces dernières est la même que dans la machine à cylindres horizontaux, avec cette exception, d'ailleurs sans importance, que la couronne octogonale est ici remplacée par une couronne circulaire. La table sur laquelle repose la boîte de distribution est venue à la fonte avec les cylindres. Les fonds de ceux-ci sont pourvus d'oreilles destinées à les fixer au moyen de boulons, qui traversent les pierres de taille et une partie du massif en maçonnerie. La distribution de la vapeur se fait comme dans la machine précédente. Le modérateur consiste en une vanne verticale glissant entre deux coulisses. Elle se rattache au levier de mise en train, *a*, par l'intermédiaire d'un levier coudé et de deux tringles, l'une horizontale, l'autre verticale.

Les glissières, dont la destination est d'ouvrir les lumières, sont mises en jeu par deux couples d'excentriques installés aux deux extrémités de l'arbre des bobines et articulés à des bielles verticales ; celles-ci se rattachent par leur partie inférieure à des coulisses de Stephenson, qui déterminent les arrêts et les changements de marche. Un levier, *b*, est mis à la disposition du machiniste pour qu'il puisse faire fonctionner à la main les tiroirs de distribution.

Un frein-enveloppe à vapeur sert à interrompre le

mouvement de la machine en cas d'accident. Il est installé sur l'arbre des bobines, auprès de l'une de celles-ci, et commandé par un piston à vapeur dont le cylindre repose immédiatement sur l'un des sommiers en fonte du bâti. La vapeur provenant de la conduite générale se rend dans le tiroir de distribution par un tuyau vertical.

La glissière du tiroir est mise en jeu par une tige aboutissant à une roue de manœuvre, e.

Le machiniste, établi sur le plancher en fer, a à sa portée tous les leviers et roues de manœuvre.

Accessoires des deux machines d'extraction précédentes.

Freins. — Un volant, poulie à gorge peu profonde, est calé sur l'arbre moteur, soit à l'une de ses extrémités (Pl. XLII et XLIII) soit entre les deux bobines (Pl. XL et XLI). Ce volant est fondu en deux pièces, que l'on réunit par des boulons au moment du montage. Un sabot, formé d'une série de blocs juxtaposés circulairement et réunis sur un bandage en fer méplat, embrasse un peu plus des deux tiers de la circonférence de la gorge ménagée sur la jante; les deux extrémités du bandage circulaire se prolongent en ligne droite et viennent s'articuler à un levier coudé à trois branches, dont la dernière est actionnée par la tige d'un piston à vapeur qui sert de moteur spécial à l'appareil.

Pour que le bandage, dont le poids joint à celui de la garniture est assez considérable, n'agisse pas sur le disque en dehors des instants où la marche de la machine doit être interrompue, on l'a suspendu par un point correspondant à son centre de gravité, au moyen d'une tringle qui le rattache à l'un des sommiers de la toiture.

La vapeur agit à simple effet dans le cylindre ; elle arrive dans la boîte de distribution, traverse l'un des orifices d'une glissière tournante, ou robinet à trois ouvertures, et pénètre au-dessous du piston ; celui-ci monte et, par l'intermédiaire de la tige et du levier à triple branche, rapproche les tringles rectilignes du bandage ; après qu'il a opéré une pression continue pendant tout le temps jugé nécessaire, on fait tourner la glissière ; la vapeur s'échappe par un autre orifice et se répand dans l'atmosphère dès que le piston descend.

Pour injecter la vapeur qui fait agir le frein, le machiniste saisit la poignée placée près de lui ; cette poignée, attachée à l'extrémité de la tringle, agit sur un levier horizontal qui commande le tiroir tournant.

La *sonnerie* annexée à la machine de M. Halbrecq est visible dans les planches XLII et XLIII. Une roue en fonte, calée directement sur l'arbre des bobines, engrène une seconde roue dentée, dont l'axe repose sur un petit bâti ; le même axe porte un pignon qui commande, au moyen d'engrenages intermédiaires, une dernière roue, percée, en divers points de sa circonférence, de trous propres à recevoir une cheville, ou heurtoir. Cette cheville, placée en correspondance avec le point d'arrivée de la cage, vient heurter un bras de levier ; celui-ci agite une sonnette suspendue à un ressort et dont les vibrations multipliées indiquent au machiniste le moment où la cage se trouve à quelques mètres au-dessous de la margelle ou au niveau de celle-ci.

Machine d'extraction à bobines indépendantes.

Cette machine, inventée par M. Deprez, sous-directeur

du matériel des mines d'Anzin, se trouve à la fosse de La Réussite, appartenant à ces établissements.

Le principe sur lequel elle est fondée étant aussi neuf qu'ingénieux , il convient de l'exposer avant d'entreprendre la description de l'appareil.

L'action d'une bielle sur une manivelle produit un mouvement circulaire dont le sens dépend exclusivement de la position des deux organes à un moment donné. S'ils sont poussés de bas en haut, par exemple, par la tige d'un piston, l'axe tournera de gauche à droite ou de droite à gauche, suivant que le sommet de l'angle formé par la bielle et la manivelle sera à gauche ou à droite de la verticale passant par l'axe de rotation.

Que les deux dispositions existent simultanément et les deux effets se produiront en même temps.

Si donc deux arbres, placés en prolongement l'un de l'autre, sont munis chacun d'une manivelle indépendante de sa voisine, comme dans l'hypothèse ci-dessus, il est évident qu'une tige unique, agissant sur les deux bielles, produira deux mouvements de rotation en sens inverses, Si, de plus, une bobine est installée sur chacun des arbres, l'une fournira l'enroulement et l'autre le déroulement des câbles.

Mais le mouvement des manivelles restera indéterminé au point mort. S'il est possible de faire disparaître ce point ou, plutôt, d'imprimer à chaque manivelle le mouvement qui lui convient au moment critique, la difficulté s'évanouit et le système devient applicable. Il suffit, pour cela, de caler sur chaque arbre, outre la manivelle motrice, une autre manivelle, dite de couplement, disposées de manière que les motrices forment entre elles un angle droit et avec celles de couplement, des angles de 45 et de trois fois 45 degrés. Alors, toutes les fois

que les manivelles motrices arriveront au point mort,
elles seront sollicitées, par celles de couplement qui
leur correspondent, à continuer leur mouvement dans le
même sens ; il en sera de même pour les secondes relativement aux premières.

Ainsi soient (Pl. XLIV, fig. 1), n, n' les manivelles motrices et m, m' celles de couplement, dont les marches
sont indiquées par des flèches ; les deux dernières sont
au point mort de dessus et les autres respectivement à
des distances angulaires de 45 et de trois fois 45 degrés.
Les tiges motrices, t, t', tirent sur les bielles g, g' et
tendent à faire descendre les manivelles n, n'. Après un
huitième de tour celles-ci se trouvent l'une en n_1 et
l'autre en n'_1, qui est son point mort ; là la manivelle n'
pourrait revenir en arrière, mais les manivelles de couplement la forceront à poursuivre sa marche dans le même
sens. La figure 2, qui donne cette nouvelle position, ne
laisse aucun doute à cet égard. Le lecteur qui suivra ce
mouvement pendant une révolution se convaincra que, au
moment ou m et m' arrivent aux points morts, n et n' sont
diamétralement opposés et réciproquement, en sorte que
la marche ne peut jamais être interrompue.

L'addition des manivelles de couplement, qui supprime
la difficulté signalée et complète le système, est due à
M. Guibal, que l'auteur a consulté lorsque son appareil
était encore à l'état de projet.

Le principe étant énoncé, il sera facile de comprendre
la disposition et la marche de cette machine, représentée
dans la planche XLIV par une vue de face (fig. 3) et une
coupe latérale (fig. 4).

Deux grands arceaux paraboliques en fonte s'appuient
par leurs bases sur des massifs en maçonnerie entièrement indépendants des constructions voisines. Ils sont

légèrement inclinés l'un vers l'autre afin que la distance qui les sépare soit plus grande à la base qu'au sommet. Ils portent, à leur contour extérieur et à peu près vers le milieu de leur hauteur, deux poutres transversales en bois, sur lesquelles reposent deux autres arcs verticaux, également de forme parabolique, destinés à supporter l'extrémité intérieure des axes sur lesquels sont calées les bobines.

Ce bâti, qui joint beaucoup d'élégance à une grande solidité, est placé par rapport au puits de manière que les câbles y tombent directement en s'échappant des bobines.

Deux manivelles motrices, m, m', calées, à angle droit, à l'extrémité de chaque arbre et au dehors du bâti, tournent sous l'impulsion des tiges de piston de deux cylindres indépendants. La tête de chacune de ces tiges est conduite, dans son mouvement de va et vient vertical, par un guide, auquel est articulée l'extrémité inférieure de la bielle qui relie la manivelle et la tige du piston. Le piston a 0.70 m. de diamètre et 2 m. de course. Il est appelé à fonctionner sous une pression de 5 atmosphères.

L'autre extrémité de chaque arbre, à l'intérieur du bâti, porte une poulie, d, d', à gorge profonde, sur laquelle s'enroulent et se déroulent les câbles (en fils de fer) de contrepoids; ceux-ci passent sur des poulies de renvoi et descendent dans un compartiment du puits qui leur est spécialement destiné. Ces poulies, armées chacune d'un bouton excentrique, e, e', tiennent lieu de manivelles de couplement. L'extrémité supérieure de chaque bielle, f, f', se rattache à un bouton, tandis que l'autre extrémité est articulée à un coulisseau astreint à glisser verticalement entre deux guides. Par cette disposition, les bobines, solidaires dans leur renversement de mouvement, tournent en sens contraires, c'est-à-dire que l'une enroule son câble pendant que l'autre déroule le sien.

Au-dessous du coulisseau est attachée la tige de la pompe alimentaire, à laquelle il communique un mouvement direct.

Chacune des bobines d'extraction est accompagnée d'un frein spécial ; il se compose d'un disque circulaire en bois, enveloppé d'une barre de fer qui est pliée en cercle et dont les extrémités sont articulées à un levier coudé. Une tringle verticale met cet appareil en relation avec le machiniste. Les disques de friction, fixés latéralement aux bobines, ont 7.30 m. de diamètre ; une surface aussi considérable n'exige qu'un faible effort pour développer une résistance vive et efficace, d'autant plus convenable au moteur que le mécanicien n'est pas tenu de diminuer la vitesse des vases longtemps avant leur apparition au jour.

Un plancher, construit au niveau des couvercles des cylindres moteurs, permet au machiniste d'atteindre les leviers nécessaires aux diverses manœuvres de l'appareil.

Le changement de marche s'effectue au moyen d'une coulisse de Coudroie, ajustée près de l'axe de la bobine, dont elle reçoit le mouvement. Elle est accompagnée de deux tringles verticales ; l'une est située sur le prolongement de la tige du tiroir et l'autre se rattache à un arbre horizontal placé au-dessous du plancher et sur lequel est calé le levier de changement de marche ; la seconde tringle est équilibrée par un contrepoids. M. Deprez a cru devoir employer la coulisse de Coudroie, à cause de la position oblique des tiroirs des cylindres moteurs relativement à l'axe des bobines, afin de mieux dégager l'espace compris entre les cylindres et les guides du coulisseau.

Un levier purgeur, agissant sur une tringle, ouvre et ferme un robinet placé à la base des cylindres à vapeur.

Enfin, il suffit au machiniste d'appuyer le pied sur une pédale pour serrer immédiatement les freins.

La hauteur comprise entre le niveau du sol de la machine et l'axe des arbres des bobines est de 10 m.

Le diamètre primitif de l'enroulement des câbles est de 7 m., le diamètre extérieur des bobines, de 8.30 m. et la longueur des bielles, de 5.50 m. Enfin, le diamètre des cylindres à vapeur est de 0.70 m., la course des pistons, de 2 m. et la pression de la vapeur dans les cylindres, de 5 atmosphères.

L'importance de ces dispositions radicales se fera sentir lorsque l'expérience aura permis de constater le côté pratique de la machine. On verra l'influence de grandes bobines, animées de mouvements inverses, et de la flexion des câbles dans un seul sens sur la conservation des câbles. L'axe de traction ne se maintient pas au milieu des compartiments; il subit à droite et à gauche des déplacements proportionnés à la longueur des câbles; mais le diamètre des enroulements est trop grand et l'épaisseur des câbles en fils de fer, trop faible, pour qu'il en résulte des frottements contre les parois de l'excavation.

Les contrepoids d'équilibre sont évidemment indispensables aux machines d'extraction faites en vue d'une grande profondeur. Ils contribuent à rendre indépendants les mouvements des bobines; car il suffit d'enlever les bielles de couplement pour qu'une bobine, en cas d'accident fonctionne sous l'action d'un cylindre unique.

Enfin l'installation de cet appareil offre une économie de seize à dix-sept mille francs sur les autres systèmes, à cause de l'exiguïté des constructions.

Nouvelle machine d'extraction de M. Colson.

La transmission de mouvement imaginée par M. Colson est applicable chaque fois qu'un même piston doit commander deux arbres parallèles marchant à la même vitesse. Le lecteur en a déjà vu un exemple à l'occasion du ventilateur de M. Fabry ; en voici un autre relatif aux machines d'extraction, qui, sous ce rapport, se trouvent dans des conditions identiques.

Les planches XLIV et XLV renferment les projections horizontale et verticale d'un moteur d'une force nominale de 200 chevaux, construit pour la société des Charbonnages-Réunis de la vallée du Piéton, à Roux, près de Charleroi, en remplacement d'une ancienne machine à balancier.

Sur un massif en briques, recouvert de pierres de taille, sont disposées symétriquement deux plaques de fondation, en fonte, destinées à recevoir les cylindres et les paliers des arbres moteurs. Les bobines remplacent ici les roues pneumatiques du ventilateur ; chacune d'elles est calée sur l'un des arbres, dont la solidarité de mouvement est garantie par deux roues dentées qui s'engrènent mutuellement. L'avantage capital de cette disposition est de permettre à l'un des câbles de s'enrouler pendant que l'autre se déroule bien que tous deux passent sur les bobines; ainsi le sens de la flexion est le même sur les bobines et sur les molettes.

Les cylindres à vapeur sont verticaux ; ils sont placés entre les deux roues et dans le prolongement de leur plan de contact. Pour transformer le mouvement rectiligne du piston en mouvement circulaire continu, l'extrémité supérieure de sa tige porte une traverse à laquelle s'articulent deux bielles de même longueur ; ces bielles se rattachent aux boutons des deux manivelles de même rayons fixées à l'extrémité des arbres de couche.

La tige du piston est toujours perpendiculaire à la ligne qui joint les boutons des deux manivelles, en sorte que celles-ci forment, avec le plan horizontal et pendant toute la révolution, des angles incessamment variables, mais toujours égaux entre eux et dirigés en sens opposés. Comme, d'ailleurs, les roues d'engrenage s'opposent à toute variation de position, les tiges, quel que soit l'effort qu'elles aient à transmettre, ne peuvent être sollicitées à s'incliner d'un côté plus que de l'autre et, par conséquent, n'exigent ni guides, ni glissières.

La vapeur provenant des chaudières débouche d'un tuyau adducteur qui se bifurque pour conduire le fluide dans les deux cylindres. Au point de bifurcation, se trouve le régulateur, ou glissière, *l*, que commande une bielle, un arbre vertical et une roue à main, *a*. Chacun des cylindres est pourvu de deux boîtes de distribution diamétralement opposées et de dimensions différentes ; la plus grande, qui n'est pas visible dans le dessin en élévation et dont la glissière est commandée par le balancier à contrepoids *p*, sert à la marche ordinaire de la machine, tandis que la petite, *m*, n'est employée que dans les manœuvres et commandée à la main, par le machiniste, au moyen d'un levier et d'un arbre installé sous le niveau du plancher. Cette disposition a pour but de faciliter les manœuvres en permettant au machiniste de n'agir que sur des tiroirs de dimensions réduites. Les deux mouvements de distribution sont donc complètement indépendants et, par conséquent, la glissière de la petite boîte ne participe nullement au mouvement du balancier *p*. Ce balancier porte le coulisseau d'une cou-

lisse de Stephenson, *q*, qui se rattache par un couple de
bielles à deux excentriques fonctionnant sur l'arbre des
bobines le plus rapproché du machiniste. Un mécanisme
de cette espèce accompagne chaque cylindre ; ils sont
reliés, au moyen de tringles et de leviers, avec un arbre
horizontal installé au niveau du plancher ; cet arbre est
commandé par un levier de changement de marche, *b*,
incessamment rappelé dans sa position normale par un
contrepoids.

Accessoires de la machine de M. Colson.

Le frein à vapeur annexé à cette machine est fort
original.

Quatre blocs de bois, disposés par couples, peuvent
être appliqués sur des points diamétralement opposés de
deux poulies en fonte. Ils sont fixés, par des boulons,
sur des poutrelles verticales, susceptibles de prendre un
léger mouvement latéral entre les traverses qui les maintiennent par la base. Deux poutrelles de chaque couple
sont rendues solidaires par une traverse en bois, pendant
que les autres, moins hautes, sont embrassées par une
double tringle en fer. Le cylindre moteur, horizontal,
est fixé par sa base à la face latérale extérieure de l'une
des longues poutrelles, et le piston se rattache à la double
tringle au moyen de deux tiges et d'un plateau. Le mouvement des sabots étant peu considérable, la course du
piston est elle-même assez minime, en sorte que le
diamètre du cylindre dépasse sa longueur.

Lorsqu'il s'agit de serrer le frein, on introduit la
vapeur dans l'espace compris entre le piston et le fond du
cylindre ; ces deux organes s'écartent l'un de l'autre et
marchent en sens opposés, jusqu'à ce qu'ils viennent par

leurs tenants toucher les deux poulies qu'ils pressent avec une égale force. Pour desserrer le frein on fait passer la vapeur au-dessus du piston et chaque couple de sabots est sollicité à reprendre sa position primitive.

La distribution de la vapeur résulte du jeu d'une glissière, mue horizontalement par une came ; celle-ci est calée sur un arbre qui lui est commun avec le levier de mise en train placé sous la main du machiniste. La boîte de distribution reçoit la vapeur d'un tuyau, x, et la décharge par un autre, y.

Mais le frein de la Vallée-du-Piéton devant servir aussi d'évite-molettes, c'est-à-dire se serrer automatiquement chaque fois que la cage menace de s'élever à une trop grande hauteur au-dessus de la margelle, est accompagné de quelques organes qui déterminent son action spontanée. Deux leviers, l'un simple et l'autre double, sont mis en relation par une petite bielle ; le premier de ces leviers est fixé sur l'arbre de la came ; le second tourne sur un arbre spécial qui reçoit en outre une manette, ou levier à manche ; l'un de ses bras porte un contrepoids ; l'autre se termine en biseau, pour servir de virgule d'accroche et pénétrer dans une échancrure pratiquée dans une seconde manette. La bielle en s'écartant et en se rapprochant de ses points d'action produit les variations de la course du tiroir à vapeur du cylindre ; c'est pour cette cause que les bras de levier ont été percés d'une série d'œillets.

Mais avant de faire connaître le jeu de ces diverses pièces, il est nécessaire de décrire un autre appareil spécial : la sonnerie indicatrice de l'arrivée des cages à l'orifice des puits.

Deux longues vis parallèles, reposant sur quatre paliers, reçoivent, par l'intermédiaire d'un pignon et de

16

deux roues d'angle, deux mouvements, égaux et en sens
contraires, de l'un des arbres des bobines. Toutes deux
passent à travers des écrous curseurs dont l'un avance
pendant que l'autre recule et qui aux deux extrémités de
leur course viennent heurter des sonnettes. Le rapport
du nombre des dents que possèdent les deux roues
d'angle doit être tel que les écrous parcourent la distance
qui sépare deux sonnettes d'une même vis dans le même
temps que met la charge pour s'élever de l'accrochage à la
margelle. Les deux écrous partent ainsi des deux extrémités de l'appareil et se rencontrent à peu près vers le
milieu de leur course; l'un d'eux, arrivé le premier,
heurte une sonnette qui avertit le machiniste de la présence
du vase d'extraction à une petite distance au-dessous de
la margelle; c'est le moment de modérer la vitesse de la
machine. Le mouvement continue, l'autre sonnette, dont
le timbre est différent de celui de la première, annonce
que le vase est arrivé au jour. Si, par défaut d'attention
ou pour toute autre cause, l'homme ne remplit pas son
devoir, le vase continue sa course vers les molettes et
menace de les atteindre; mais l'écrou-taquet vient heurter
la manette et la repousser en arrière, ce qui permet à la
virgule de se dégager de l'encoche sous l'influence du
contrepoids. Le levier, rendu libre et entrainé par son
contrepoids, tire la bielle du haut en bas, fait tourner
l'arbre de la came; la glissière donne la vapeur et le frein
mis en jeu arrête subitement la marche du moteur.

Chaque fois que l'appareil a été appelé à fonctionner
de cette manière, le machiniste doit remettre les leviers
dans leur position normale. A cet effet, il saisit simultanément les deux manettes, soulève les deux contrepoids
et remet la virgule d'accroche dans son échancrure;
alors le frein est prêt à fonctionner de nouveau.

Ainsi cet évite-molettes comprend deux appareils spéciaux, qui peuvent fonctionner isolément, savoir : un
frein à vapeur et une sonnerie d'avertissement, liés par
quelques organes intermédiaires.

Les freins de M. Colson l'emportent par la simplicité
et l'exiguïté sur les autres freins à vapeur ; mais ils
n'offrent pas une résistance graduée au mouvement de la
machine, et l'exercice simultané de toute leur force de
résistance tend à produire des chocs forts nuisibles.

Autre machine à cylindres verticaux, de M. Colson.

Cette nouvelle disposition, d'une élégante simplicité, a
été inaugurée à la houillère de Houssu (Centre du Hainaut)
et n'a pas tardé de se répandre en Belgique.

La figure 1 de la Planche XLVII représente l'appareil
vu de face, partie en élévation et partie en coupe ; la
figure 2, vu latéralement. Le dessin de la Planche XLVIII
est une projection horizontale.

L'arbre des bobines est établi au niveau du sol, sur
un massif en maçonnerie qui lui donne toute la stabilité
désirable ; il en est de même des deux bâtis en fonte sur
lesquels reposent les cylindres moteurs placés au-dessus
des bobines. Les tiges des pistons traversent des boîtes à
bourrage disposées sur les fonds des cylindres et se rattachent à des bielles, articulées avec les manivelles qui
commandent l'arbre des bobines.

Le mouvement des tiroirs que renferment les boîtes de
distribution a pour origine la rotation de petits arbres,
prolongement de celui des bobines ; la transmission se

fait par une tige susceptible de s'allonger ou de se raccourcir au moyen d'un étrier à vis.

a, roue-manivelle de l'admission.

b, levier de changement de marche.

c, levier du frein.

d, bielle d'excentrique, commandant le tiroir de distribution.

e, cylindre du frein-à-vapeur.

f, frein.

De la valeur relative des machines à cylindres verticaux et horizontaux.

Longtemps les machines horizontales ont été dépréciées
soit par les hommes exclusivement théoriques, soit par la
gent moutonnière de ceux qui, ne se donnant pas la peine
de voir les choses par eux-mêmes, ont l'habitude de s'incliner lorsque les premiers ont parlé. Des études de
cabinet, précédées d'observations peu pratiques ou
exécutées à la légère, fesaient attribuer à ces appareils
des défauts que certains soins peuvent aisément annihiler
et l'on allait même jusqu'à leur dénier toute supériorité
sur les machines à cylindres verticaux.

Les reproches les plus graves avaient pour objet l'usure
trop prompte de la partie inférieure du cylindre et son
ovalisation, ou l'altération de sa forme cylindrique, qui
mettait promptement cette pièce hors de service ; la détérioration, plus rapide encore, des garnitures du piston
(dont la durée moyenne était, disait-on, de trois ans au
plus) et enfin, celle des boîtes à étoupes, qui devaient
être renouvelées à chaque instant.

C'est à tort que l'on attribue l'usure des deux premières pièces à la pression du piston sur le cylindre, puisque les ressorts agisssent en comprimant la garniture également dans tout les sens et que, d'ailleurs, cet effet ne se produit qu'après un temps fort long. Mais les chaudières renferment des dépôts calcaires, résidus de matières dissoutes dans les eaux d'alimentation, des résines et d'autres substances solides de diverses natures (1), que la vapeur entraine dans les cylindres horizontaux, à la partie inférieure desquels ils viennent se déposer ; leur interposition entre les parois des cylindres et la garniture des pistons, où par leurs frottements réitérés ils creusent des cannelures dans la fonte, est la seule cause de la déformation des cylindres. Or, il est facile d'anéantir ce défaut en plaçant, comme l'a fait M. Halbrecq, les lumières d'évacuation de la vapeur à la partie inférieure des cylindres ; car alors, les excursions du piston et la vapeur qui s'échappe déterminent l'expulsion de ces matières avant qu'elles produisent leur effet corrodant.

Quant aux presse-étoupe il suffit, pour prolonger leur durée, de relever le piston en augmentant l'épaisseur du chanvre à la partie inférieure de la boîte à bourrage.

Il est facile de réfuter le reproche adressé aux mêmes machines au sujet de l'emplacement plus considérable qu'elles occupent. Le fait est vrai ; mais cette faculté des machines verticales de se ramasser ainsi représente-t-elle un avantage réel ? Convient-il d'accumuler des organes mécaniques sur une petite surface, lorsque la place fait si rarement défaut sur les carrés des mines ? Cela diminue-t-il en rien les frais d'installation ? N'y a-t-il pas, au contraire, un désavantage notable, sous le rapport pécu-

---

(1) On ne saurait se faire une idée de la quantité et de la variété des matières hétérogènes que la vapeur charrie dans les cylindres.

niaire comme au point de vue de la statique, à installer
au-dessus du sol des pièces pour lesquels celui-ci présente
un appui aussi solide que peu coûteux.

Cette concentration est, sous un autre point de vue, un
défaut, en ce qu'elle détermine, par unité de surface, une
plus grande pression, en sorte que les fondations sont
soumises à des charges plus fortes. Ici donc l'avantage
reste aux machines horizontales.

On ajoute que tous les machinistes qui ont eu l'occasion
de faire fonctionner les deux espèces d'appareils sont
d'accord pour reconnaître que les machines à cylindres
horizontaux sont moins dociles, c'est-à-dire qu'elles cèdent
moins facilement aux impulsions des leviers d'encliquetage.
— Un reproche qui tend à rendre solidaire de la disposition des cylindres un fait qui dépend de l'agencement des
leviers et des glissières et d'un ajustage plus ou moins
parfait ne peut provenir que d'une erreur d'observation.

Le reproche suivant est mieux fondé, quoique fort
loin d'avoir l'importance qu'on lui accorde.

Les machines verticales, en tant qu'elles ne soient pas
accompagnées de balanciers (1), ont naturellement leurs
bobines élevées au dessus du sol et, par conséquent,
leurs câbles ont de faibles inclinaisons, très-favorables à
leur durée, car les angles d'inflexion sur les molettes ne
sont pas trop considérables.

Pour diminuer l'amplitude de l'angle d'inflexion, on a
proposé, de placer le moteur à une grande distance des
puits ; mais comme la longueur des appareils horizontaux
éloigne déjà le machiniste de la recette, il est à craindre

(1) Les machines à balancier, employées autrefois, ne portent pas
les bobines à une hauteur plus grande au-dessus du sol que les
machines horizontales.

qu'il ne voie pas distinctement les vases d'extraction à leur arrivée au jour.

On a essayé à diverses reprises de placer le cylindre en avant des bobines, mais alors le machiniste n'a plus l'œil sur ces dernières ; de plus, il ne peut pas surveiller le frein lorsqu'il le fait fonctionner. Cette disposition, sujette à entraîner des accidents, a été abandonnée.

Mais on peut élever le niveau de l'appareil relativement à la recette et porter les cylindres horizontaux à la hauteur des entablements sur lesquels reposent les paliers des bobines des machines verticales. La grande longueur des appareils exige la construction de forts massifs en maçonnerie ; mais il est assez probable que les dépenses seront moindres que celles occasionnées par les bâtis en fonte nécessaires dans le système vertical.

Dans ces derniers temps, les ingénieurs, dépouillant enfin les préjugés que l'on avait conçus contre les machines à cylindres horizontaux et constatant le peu de gravité du seul grief que l'on puisse arguer contre elles, se sont mis à les examiner de plus près afin de savoir si, au lieu d'être inférieures à leurs rivales, elles n'offrent pas plutôt certains avantages sur elles et ils ont trouvé que :

Le machiniste a l'appareil tout entier sous les yeux et rien ne peut se déranger qu'il ne le voie immédiatement ; dans les machines verticales cette surveillance est difficile puisqu'elle exige qu'il se porte successivement à diverses étages.

La machine, attachée de près aux fondations, a une stabilité plus grande, quoique, en réalité, elle repose sur des massifs moins volumineux et, par conséquent, moins coûteux.

Quant au montage, il est plus facile de disposer une tige de piston suivant une ligne horizontale que verticale.

D'ailleurs, une variation de quelques centimètres n'empêche pas une bielle horizontale de travailler, tandis qu'une bielle verticale s'use ou use les parties contre lesquelles elle frotte et souvent même elle se trouve dans l'impossibilité de fonctionner.

Ces machines sont plus simples et moins coûteuses, les réparations en sont plus faciles, les pièces étant isolées et entièrement sous la main du constructeur ; tandis que toute pièce placée beaucoup au-dessus du sol ne peut être déplacée qu'au moyen d'engins spéciaux.

Enfin les organes mobiles étant tous de plein pied, leur lubréfaction est une opération prompte et commode : dans l'autre système, le machiniste doit, sans cesse, monter et descendre pour remplir cette tâche.

L'avantage des machines verticales réside donc dans l'exiguïté de l'espace qu'elles peuvent occuper lorsque le défaut de place s'oppose à l'installation d'un moteur horizontal.

Elles ont encore pour elles la faible inclinaison des câbles sur l'horizon ; mais on peut aussi l'obtenir dans l'autre système.

Ainsi cette question de préférence, si souvent et si longtemps débattue a enfin reçu sa solution : Toutes les fois qu'il aura à construire une machine d'extraction, l'exploitant prendra d'abord connaissance de la surface dont il peut disposer ; si elle est suffisante, si, en outre, les conditions locales permettent d'élever les bobines au-dessus de la recette, on adoptera les machines horizontales. Tel sera le cas le plus fréquent. Depuis quelques années, dans la plupart des mines belges et françaises, les machines verticales ont cédé la place aux machines horizontales.

Bobines folles pour régulariser la longueur des câbles d'extraction.

Depuis longtemps, les mineurs ont reconnu l'importance de pouvoir ajouter ou enlever aux bobines une certaine longueur du câble, afin de soustraire celui-ci aux effets destructifs de la multitude des flexions qu'il subit lorsque, par un excès de longueur, il vient s'accumuler sur les vases d'extraction.

Le lecteur a déjà vu, dans la première partie de cet ouvrage (1), une disposition très-convenable pour rendre, à volonté, l'une des bobines folle sur l'arbre et en état de tourner indépendamment de l'autre. Cette disposition déjà usitée en 1857, à la fosse Élisa, de la mine de Guley, district de la Wurm, est plus commode qu'aucune de celles qui ont été trouvées depuis. Et M. Revollier, constructeur de machines à St-Etienne, l'ayant jugée digne de reproduction, l'a appliquée à quelques une de ses machines d'extraction (2).

M. l'ingénieur Colson, constructeur de machines, à Baume, auquel les mines sont redevables de tant d'appareils a encore ici apporté pour tribut une invention fort ingénieuse (Pl. XLIX. fig. 3, 4 et 5).

Sur la surface de l'arbre de la bobine, parallèlement à son axe, sont creusées six mortaises longitudinales, dans chacune desquelles peut pénétrer une cale rectangulaire en fonte, de 0.35 à 0.40 m. de longueur et de 0.05 à 0.06 m. de largeur.

Cette cale peut recevoir un mouvement rectiligne dirigé

(1) *Traité.* Tome III § 604.
(2) Burat. *Matériel des houillères*, page 102. — Traité d'exploitation du même auteur, édition de 1856.

de la circonférence au centre et *vice versa*, mouvement
que lui donne une tige terminée par un filet de vis; la
partie filetée traverse un écrou que fixe invariablement
un plateau boulonné entre deux des bras de l'appareil.
L'écrou, tourné de gauche à droite, soulève la tige, la
cale sort de la rainure où elle a été insérée et se loge
dans le noyau, la bobine est folle. Est-il au contraire
tourné de droite à gauche, la cale pénètre dans la rainure
et rend les deux organes solidaires.

La régularisation de la longueur des câbles n'est ici,
comme à Guley, qu'approximative puisqu'elle ne porte
que sur des fractions égales à un sixième de la circonférence du dernier enroulement. Mais si le machiniste
cherche à amener la cage — qui correspond à la bobine
folle — sur le clichage de la chambre d'accrochage, en
maintenant l'autre cage sur celui de la margelle, les
sixièmes de circonférence, se rapportant au rayon initial
d'enroulement, seront des fractions trop petites pour
troubler l'exactitude du résultat. Ce raisonnement est
confirmé par l'expérience acquise à Guley, où cette
approximation a toujours été jugée suffisante. Cependant
si un ingénieur désirait une exactitude plus grande encore,
il lui suffirait d'augmenter le nombre des trous de boulons du premier appareil, celui des rainures du second.
C'est ce que l'on a fait à Bascoup (Centre du Hainaut) en
imitant la bobine de Guley.

M. Colson a apporté aux bobines quelques modifications
avantageuses : Les extrémités des bras sont réunis par
une couronne en fonte (Pl. XLIX fig. 1, 2 et 3), dont la
section en arc de cercle diminue les frottements du
câble et facilite son introduction à l'intérieur de l'appareil.
Les bras et les plateaux du noyau sont reliés par des
boulons que traversent des manchons ou moises d'écar-

tement. Enfin, des plaques transversales en fer forgé sont destinées à serrer l'extrémité de chaque câble et à la fixer à des distances de l'arbre qui varient suivant le rayon à donner au noyau primitif d'enroulement.

Tambours destinés à l'allongement et au raccourcissement des câbles.

Les ingénieurs de quelques districts houillers employent alternativement des câbles de diverses longueurs lorsque les produits de la mine doivent être extraits de divers étages. Pour éviter ces changements, aussi lents que pénibles, les mineurs de Polnisch Ostrau ont imaginé une disposition propre à rendre fou l'un des cylindres d'extraction, disposition qui serait peut-être applicable aux bobines.

Un manchon, *a*, en fonte (Pl. XLIX, fig. 7, 8 et 9) est en contact, par ses deux extrémités seulement, avec l'arbre de couche, sur lequel il est fixé au moyen de quatre cales introduites dans des échancrures parallèles à l'axe. Les plateaux circulaires du tambour mobile, munis d'appendices venus à la fonte avec eux, sont reliés par des douves en bois; ils tournent librement sur la surface convexe de l'arbre ou bien ils sont serrés contre le manchon au moyen de trois boulons, en sorte que, le simple frottement des surfaces en contact déterminant la solidarité des deux organes, le tambour devient fixe.

Il suffit donc de serrer ou de desserrer de quelques pas les écrous pour fixer le tambour ou pour le rendre à la liberté. Dans ce dernier cas, une chaîne le maintient immobile en un point déterminé, pendant que la rotation de l'arbre entraîne l'autre tambour et amène son vase d'extraction à l'étage voulu. Il est facile de comprendre que cette manœuvre ne peut donner lieu à la moindre différence de niveau, puisque l'arrêt peut s'effectuer en tous les points de la circonférence.

Cette disposition offre encore l'avantage de prévenir la rupture des câbles, au moins de celui qui s'enroule sur le tambour mobile; car il est possible de régler le serrage des boulons de telle façon que le frottement des plateaux sur le manchon soit suffisant pour vaincre les résistances normales dérivant de l'élévation des charges, mais non des obstacles accidentels, qui alors feront glisser les plateaux sur l'arbre, en sorte que les plateaux ne seront pas soumis à une tension excessive.

Considérations générales sur les freins des machines à vapeur.

L'importance des freins, destinés à détruire, à un moment donné, la force vive accumulée dans les organes soumis à l'impulsion des machines d'extraction, est généralement reconnue; aussi une ordonnance de police les rend-elle obligatoires pour toutes les mines belges.

Dans ces appareils, le travail de l'homme ou celui de la vapeur détermine la pression d'un bloc ou d'un bandage de friction contre un disque circulaire fixé sur l'arbre des bobines; de là un frottement qui, dans un temps très-court, peut engendrer une résistance considérable.

Le machiniste qui a sous la main un appareil semblable est en mesure d'arrêter subitement la marche du moteur et de prévenir les désastres qui pourraient résulter de la rupture de certains organes, tels qu'un arbre, un pignon, un bouton de manivelle, etc; de ramener à l'accrochage le vase qui en est sorti, lorsque le câble de l'autre vase a éprouvé une rupture inattendue. Il l'applique également à diverses manœuvres usuelles : il le fait fonctionner quand il voit le vase arrivant au jour menacer de continuer sa course ascentionnelle vers les molettes ; ou quand il prévoit que la contre-pression de la vapeur ne peut agir avec assez d'efficacité pour descendre dans les puits les diverses organes des pompes et autres fardeaux très-pesants, opération qui réclame un mouvement uniforme et exempt de tout choc ; il s'en sert, enfin, pour faire stationner, suspendus au câble et à tous les points de la bure, les ouvriers chargés de visiter et de réparer les parois.

Les freins se composent de deux organes distincts : l'un fixe, composé des bandages et des sabots de friction ; l'autre, mobile, qui est le volant-poulie, ou disque circulaire. La poulie est ordinairement calée isolément sur la partie de l'arbre comprise entre les deux bobines. Dans le but de lui donner plus de stabilité, M. Lambert, ingénieur des mines à Charleroi, propose (1) de la juxtaposer à l'une des bobines, disposition évidemment utile, quand toutefois cet organe est sujet à se décaler.

Quant à la partie fixe de l'appareil, les ingénieurs sont généralement d'avis qu'elle doit être en bois ou revêtue d'une garniture en bois, parce que le frottement de cette substance sur la fonte offre plus d'efficacité que celui du fer, le coefficient dans le premier cas étant plus élevé que dans le second.

Ils pensent aussi que les freins dont le bandage n'embrasse que la demi-circonférence de la poulie étant sollicités par la résistance à se déplacer de bas en haut

(1) *Bulletin de l'Association des ingénieurs.* Avril 1860.

tendent à arracher le blocs de fondation et qu'ils doivent
être remplacés par des appareils dans lesquels la circonférence de la poulie est presque totalement enveloppée
par le bandage.

Après un chômage trop prolongé des freins à vapeur,
l'eau de condensation s'accumule dans le cylindre et dans
la conduite de vapeur ; si, dans de telles circonstances,
les engins ne refusent pas toujours leur service au moment même où il devient indispensable, du moins la
promptitude et la sûreté de leur action est considérablement diminuée. Aussi les machinistes auront-ils soin de
les essayer à plusieurs reprises dans la journée, de façon
que le cylindre et les conduites conservent leur chaleur
et que les soupapes soient toujours en état de fonctionner.

Les freins à vapeur sont incontestablement les plus
énergiques ; mais on ne peut se dissimuler certains
défauts inhérents à leur nature même : ainsi le fluide se
condense dans les premiers instants de son admission,
puis agit en produisant des chocs dangereux ; en outre,
l'action, subite, de ces freins est égale à l'intégrité du
travail développé ou entièrement nulle, de sorte que les
effets, ne peuvent être gradués ; car quelque lentement
qu'on introduise la vapeur dans le cylindre, en réalité il
se remplit instantanément. Ces graves inconvénients ont
donné à réfléchir à grand nombre d'ingénieurs, qui,
revenant aux freins ordinaires, mûs uniquement par la
main des hommes, se sont mis en quête des moyens
de les perfectionner et de les mettre au niveau des
autres sous le rapport de la puissance. Les paragraphes
suivants renferment deux exemples assez remarquables
des nouveaux appareils.

Frein à vis de la mine de Marihaye.

Cet appareil, représenté par les figures 16 et 17 (Pl. XLIX) a été appliqué à la machine du puits n° 1 par M. G. Dubois.

Une poulie, en deux pièces réunies par des boulons, embrasse l'une des extrémités de l'arbre des bobines. De chaque côté sont installés de forts leviers verticaux, en fonte, formant joues, dont les bases munies de tourillons reposent sur des paliers, et qui peuvent prendre un léger mouvement d'oscillation suivant le plan de la figure.

Chacun des leviers, évidé pour avoir moins de poids, reçoit, entre deux saillies venues à la fonte avec lui, un sabot en bois, fixé au moyen de boulons à tête noyée, dont la partie en contact avec le volant poulie a été creusée suivant un arc de cercle. Les têtes des leviers sont percées de trous taraudés, de manière à former des écrous que traversent des vis placées aux deux bouts d'une longue tringle à section circulaire. Les filets de vis à l'écrou de l'une des têtes étant tournés en sens contraire de ceux de l'autre tête, lorsque la tige, actionnée par une roue mise entre les mains du machiniste, tourne de droite à gauche, les sabots se rapprochent de la poulie, sur laquelle ils pressent fortement ; tandis que la rotation de gauche à droite les écarte, pour rendre à la poulie une entière liberté.

L'action graduelle de ce frein est, d'ailleurs, fort énergique.

Freins de M. Marin, ingénieur civil à Paris.

Voici la théorie de cet appareil, dont un spécimen fonctionne à la mine de houille de Marles (Pas-de-Calais).

Deux droites rigides *a c* et *b c*, articulées en *c*, forment
un angle. L'une est fixée en *a*, tandis que l'autre peut
s'avancer au delà de *b* ou se mouvoir en arrière de ce
point, sans pouvoir sortir de la droite *a x*. Si deux forces
P et *Q*, agissent, l'une sur le point *c* et dans la direction
de *c P*, perpendiculaire *a x*, l'autre sur le point *b* et dans
la direction *b Q*, il est évident que *Q* pourra s'accroître à
mesure que l'angle se rapproche de 180 degrés.

Mais, en pratique, il n'en peut être exactement ainsi,
puisque le frottement des articulations, qui croît en raison de la force *Q*, est directement opposé à l'action de la
force *P*. C'est ce frottement que l'inventeur s'est efforcé
de réduire au minimum par la subtitution du roulement au
glissement, basée sur la propriété suivante.

Si les circonférences des deux cercles, *o* et *c* (Pl. XLIX,
fig. 11), entre lesquels est interposé un autre cercle, *g*,
se déplacent et viennent occuper la position *o'* et *c'*, de
manière que les rayons *c a* et *b o* se placent en *c' a'* et *b' o'*,
parallèles à *c o*, le cercle *g* roulera sur les circonférences *c'*
et *o'* : d'une quantité *d a'* sur *c'* et d'une quantité *b' e* sur *o'*,
et les deux arcs *d a'* et *b' e* étant égaux, il n'y a pas de
glissement.

Avant de passer à la description du double frein de
Marles, il convient que le lecteur jette un coup d'œil sur
la figure 15, qui, représentant le mécanisme dans toute
sa simplicité, contribuera à la clarté des autres figures.
Ce mécanisme se compose principalement de rouleaux
appliqués les uns contre les autres ; mais, comme les excursions du frein sont fort restreintes, il est inutile d'employer pour ces organes autre chose que des portions de
cylindres, telle que *a b c d e*. — *a* est fixe, c'est le rouleau
d'appui ; *c* et *e* sont qualifiés, l'un de *moteur* et l'autre
d'*outil*. Entre ces trois rouleaux sont intercalés deux

autres rouleaux, *b*, *d*, dits intermédiaires, dont les diamètres sont quelconques, les mêmes, à Marles, que ceux des premiers.

Les rouleaux d'appui et le rouleau moteur sont surmontés de supports, *f*, *f*, reliés entre eux par un levier, *g*. La distance du point d'appui, *h*, de ce levier, au point d'application, *i*, de la résistance est égale à la distance qui sépare les centres des rouleaux *a* et *c*. Dès lors, quel que soit le mouvement du levier, ces quatre points forment toujours les sommets d'un parallélogramme ; de sorte que le rouleau moteur ne peut se mouvoir qu'en restant parallèle à lui-même, tandis que l'outil, également soumis à cette condition, ne peut qu'avancer ou reculer.

L'impulsion vient d'un levier coudé, *k*, articulé sur le levier de jonction *g*. Les axes des rouleaux sont reliés entre eux et maintenus en ligne droite au moyen de brides, *l*, *l*. Celles-ci ont encore pour fonction de ramener l'outil vers le rouleau fixe, dont il ne s'éloigne que par suite de la presssion que les rouleaux exercent les uns sur les autres.

Le frein de Marles est représenté par les figures 12 et 13.

Sur les deux côtés d'une poulie d'un mètre de diamètre se trouvent deux appareils symétriques, en tout semblables à celui de la figure que nous venons de décrire ; ils agissent aux extrémités d'un même diamètre et, par l'intermédiaire de sabots, exercent de fortes pressions.

Dans la figure 12, l'appareil de gauche, exprimé en coupe, est en pleine pression ; celui de droite représenté en élévation latérale, est hors de contact. La figure 13 est la projection horizontale du premier.

Chacun d'eux situé à droite et à gauche de la poulie, se compose de cinq rouleaux, dont les tourillons reposent sur des coussinets, *m*, *m*, ceux-ci pénètrent dans les échancrures des brides latérales, reliées deux à deux par des traverses, *n* ; d'où résultent deux systèmes, assemblés à charnière en un point où la force de l'homme doit s'exercer de haut en bas.

Derrière chaque rouleau d'appui est intercalé un coin, *o*, commandé par une vis, *p* ; il sert à régler la position de ces rouleaux et, par suite, le degré de pression du sabot sur la poulie.

Le sabot, fixé à l'extrémité du rouleau outil, se compose d'une boîte, *q*, pouvant avancer et reculer dans une glissière *r* ; dans cette boîte a été inséré un bloc en bois, *s*, dont le fil est dirigé normalement à la surface de la poulie.

Chaque appareil spécial est contenu dans un bâti rectangulaire, formé de fortes barres de fer, *t*, reliées par des traverses. Quelques-unes de ces dernières sont munies de vis de pression, destinées à ramener les rouleaux dans leur pression normale. Enfin les deux systèmes sont solidement liés par de fortes barres de fer.

Les leviers de manœuvre sont représentés dans le dessin, l'un à l'état de pression, l'autre à l'état de repos, contrairement à la réalité. Le lecteur doit redresser cette erreur volontaire, en supposant les deux organes toujours inclinés dans le même sens ; dès lors il lui sera possible de les concevoir de même longueur et réunis par une bielle. Tous les mouvements imprimés à cette dernière sont immédiatement transmis aux sabots par des leviers et des rouleaux.

Sans l'élasticité des corps, la pression maxima dans les freins de cette espèce serait infinie et se dénoterait dès que le sabot vient en contact avec la poulie ; alors le chemin que parcourt le rouleau moteur, depuis l'instant du contact jusqu'à celui où la pression est au maximum serait infiniment petit. Mais la matière se comprimant, le mouvement du rouleau moteur ne peut être nul, le chemin dépend du degré de compressibilité. Plus le chemin est petit, plus la force du frein est grande, et prompte son action ; il importe donc non-seulement d'employer les substances les moins compressibles ou extensibles, mais encore d'attribuer aux organes des dimensions telles que leur compression soit peu sensible.

Les barres du bâti en fer, soumises à une puissance qui en sollicite fortement l'extension, doivent être d'une solidité telle que leur allongement soit assez faible. Les rouleaux, dont le frottement de roulement doit être fort minime, auront un diamètre aussi grand que possible et la matière qui les compose sera peu compressible et fort élastique. M. Marin a reconnu que l'acier trempé paraît être la substance qui satisfait le mieux à ces conditions.

Les défauts d'ajustage jouent dans ces circonstances un rôle tel, que, dans les premiers temps, le frein de Marles ne fonctionna pas comme aujourd'hui ; il a fallu que les pièces, qui n'étaient pas en contact parfait se fussent moulées les unes sur les autres, c'est-à-dire qu'elles eussent fonctionné pendant quelques semaines avant que le frein acquît toute sa puissance.

Le frein de M. Marin joint à une grande énergie une action graduée suivant les besoins, double propriété dont nous avons démontré l'avantage ; avec son aide, le mécanicien modère sans effort la marche de la machine et peut l'arrêter, subitement ou graduellement, avec plus de promptitude et de sûreté qu'avec un appareil à vapeur. Il est donc à souhaiter que cet engin se propage.

Freins automoteurs, ou application du pendule conique aux freins des machines d'extraction.

Le machiniste est le moteur ordinaire des freins (1) sur lesquels il agit directement ou par l'intermédiaire d'un cylindre à vapeur; aussi l'organe qui lui sert à l'impulsion est-il placé à portée de sa main. Mais comme les freins ne sont appelés à fonctionner qu'au moment du danger, il arrive souvent que le mécanicien, empêché par une cause quelconque ou perdant sa présence d'esprit, ne fait pas les manœuvres nécessaires. C'est ce que l'on a vu se produire aux mines de Hornu, de l'Escouffiaux, du Levant du Flénu, et, plus récemment, au puits Collard de la houillère de Seraing.

Feu M. Delsaux s'est occupé de cette question. Il proposait (2), pour la résoudre, de rendre l'action du frein indépendante du plus ou moins de vigilance du conducteur de la machine et de remplacer celui-ci par un organe dont le mouvement eût pour origine la cause même de l'accident à éviter, c'est-à-dire l'accélération de vitesse de l'arbre des bobines produite par la rupture d'une pièce de communication de mouvement. La disposition qu'il a inventée est applicable aux freins à vapeur comme aux autres freins.

Une roue d'angle (Pl. XLIX, fig. 18), attachée à l'arbre des bobines, engrène une autre roue de même espèce dont l'axe, vertical, porte un pendule conique. La douille de ce pendule s'élève lorsque les sphères s'écartent sous l'in-

---

(1) Les freins à vis (tel que le frein de la machine de M. Colson) qui font jouer spontanément les glissières des cylindres forment exception

(2) *Brevets d'inventions belges.* 24 juin 1857. — 5ᵉ *Bulletin de la Société des anciens élèves de l'École spéciale du Hainaut,* page 42.

fluence d'une trop grande vitesse de marche et entraîne avec elle l'extrémité d'un levier horizontal du premier genre ; le levier, sollicité par un contrepoids, tend à ouvrir la soupape qui règle l'introduction de la vapeur dans le cylindre.

Cette disposition s'applique aux freins ordinaires ; il suffit pour cela d'ajouter une corde et des moufles qui mettent en communication le levier du frein et celui du déclic, ainsi que l'indiquent les lignes ponctuées de la figure.

Il est évident qu'elle ne répond qu'à un seul genre d'accident, du reste assez fréquent, celui où la machine s'emporte, c'est-à-dire où les bobines sont entraînées par la charge dans un mouvement accéléré de rotation par la rupture d'un organe de la communication de mouvement. Les autres accidents nécessitent des appareils spéciaux.

Une objection se présente naturellement à l'esprit : la douille du pendule ne pouvant soulever le levier de la soupape que quand la vitesse acquise est considérable, il sera fort difficile et quelquefois même impossible de vaincre cette force vive, tandis que le bras de l'homme, pouvant agir dès l'origine de l'accroissement de vitesse, sera toujours efficace. A cela l'auteur répond par un exemple destiné à prouver numériquement que le temps nécessaire à l'obtention de cette vitesse est si court que la pensée du machiniste ne peut guère être plus prompte. En effet, il trouve que pour une vitesse des cages limitée à 5 m., chiffre le plus ordinaire, le frein doit fonctionner au bout de deux secondes ; cette action est aussi rapide que celle d'un machiniste fort alerte, car en supposant qu'il donne une seconde à la réflexion, il ne lui en restera qu'une pour agir, ce qui n'est pas trop. Les conditions restent donc les mêmes dans les deux cas.

L'appareil de M. Delsaux occupe peu de place et n'exige qu'une dépense minime; mais nous ne sachions qu'il ait été mis en pratique.

De l'extraction par chemins de fer atmosphériques verticaux.

L'extraction par câbles ou par tiges oscillantes cesse d'être possible au delà d'une certaine profondeur. Cette circonstance a engagé les ingénieurs à rechercher de nouveaux moyens. On a proposé à plusieurs reprises d'utiliser le poids de l'atmosphère, en fesant le vide au-dessous d'un piston, pour transmettre la force à distance et sans employer d'autre intermédiaire que le fluide lui-même. L'analyse de l'un des nombreux projets que l'on a présentés, celui de M. Trautmann (1), mettra le lecteur en état d'apprécier la valeur de cette idée.

Sur les parois opposées d'un puits, du fond jusqu'au jour, règnent deux tubes en fonte ou, mieux, en tôle, laissant entre eux un espace libre réservé à la circulation des vases. Dans chaque tube est pratiquée une rainure longitudinale, analogue à celle des chemins de fer atmosphériques et, comme elle, recouverte d'un clapet qui se ferme sous l'impulsion d'une lame de cuir assez épaisse pour former ressort et ajustée sur la partie extérieure de la soupape.

Des pistons en caoutchouc vulcanisé circulent dans les tubes, qu'ils ferment hermétiquement de manière à ne laisser aucune communication entre les parties supérieure et inférieure de l'appareil. Les tiges de ces pistons, dirigées

(1) Brevet belge en date du 14 septembre 1857.

vers le bas, sont reliées par une traverse passant à travers
les fentes longitudinales et offrant un point de suspension
pour une cage à un ou à plusieurs étages. Les pistons
portent les rouleaux qui ouvrent la soupape, la cage ceux
qui la ferment.

Au jour est installée la machine qui doit produire le
vide dans les tubes au-dessus des pistons. La surface
inférieure des pistons étant soumise à la pression atmosphérique, ils sont sollicités à s'élever en entraînant la
traverse, la cage et sa charge. La descente est déterminée
par l'ouverture de robinets placés au-dessus des tubes et
dont la fonction est de laisser rentrer peu à peu l'air
atmosphérique.

Les tubes en tôle se composent de tronçons construits
et ajustés comme ceux des chemins de fer atmosphériques;
chaque tronçon est fixé contre les parois de l'excavation
par des oreilles reposant sur des moises encastrées dans
la roche et par un étrier en fer qui les saisit vers le milieu
de sa hauteur.

La cage est guidée comme d'ordinaire. Les manœuvres
au jour et à l'accrochage s'effectueraient de la même manière que dans le système actuel d'extraction. Pour que
la cage ne vienne pas, dépassant la limite de sa course
normale, heurter le chapeau du tube, celui-ci est muni
d'une soupape avec tige; que le piston s'élève au delà du
but, il frappe contre la tige, ouvre la soupape, et l'air
atmosphérique force, par sa rentrée, la cage à retomber
sur les taquets.

La cage contient une caisse à eau destinée à l'épuisement. Des échelles placées dans l'excavation permettent
de surveiller et de réparer tout le système. Enfin, les
tubes, prolongés jusqu'au delà d'une porte placée en
arrière de l'accrochage, conduit dans les travaux, pour

venir en aide à la ventilation, l'air expulsé à la descente
par les pistons.

L'auteur du projet, se fondant sur les expériences qui
ont eu pour objet les divers chemins de fer atmosphériques construits jusqu'à présent, pense que, si pour
des longueurs de 6 à 10 kilomètres on est arrivé à un
vide mesuré par 125 mm. de mercure, il serait facile
d'atteindre le but proposé, puisque le développement des
tubes serait bien moins considérable, que l'action appliquée à la production du vide s'accroîtrait par la suspension périodique du mouvement des fardeaux à élever et
qu'enfin, si ce vide n'était pas aussi parfait, on n'aurait
qu'à augmenter le diamètre des tubes pour obtenir les
mêmes résultats.

On a proposé aussi divers projets basés sur l'emploi de
l'air comprimé à plusieurs atmosphères; cet air, conduit
au-dessous du piston le soulèverait et l'emporterait au
jour avec son fardeau, puis le laisserait descendre et se
répandrait dans les travaux, à la ventilation desquels il
contribuerait puissamment.

On pourrait emprunter les autres dispositions à l'appareil précédent ou à celui que proposent MM. Cavé et
Dutertre pour la circulation des ouvriers dans les puits et
qui sera décrit plus tard.

Inconvénients des appareils précédents.

Les projets basés sur la raréfaction ou la condensation
de l'air ont été l'objet des critiques fondées, mais dont
les conséquences sont peut être trop absolues, en ce
qu'elles renferment implicitement le conseil de renoncer
définitivement au système, sans même s'assurer par l'expérience, si sa réalisation n'est pas possible.

On objecte la difficulté de produire le vide dans les tubes et l'impossibilité d'empêcher les rentrées d'air, défauts constatés dans les chemins de fer atmosphériques. Mais qu'importent ces difficultés, qui peuvent être vaincues ? Qu'importent les rentrées d'air, si le vide relatif obtenu est suffisant pour faire parvenir la charge de l'accrochage à la margelle du puits. Les chemins de fer atmosphériques ont fonctionné, quoique leurs tubes se trouvassent, ainsi que le lecteur vient de le voir, dans des conditions bien plus défavorables que ceux du mode d'extraction proposé.

La critique n'est pas aussi sévère à l'égard des appareils à air comprimé, car on reconnaît que les pertes peuvent être compensées par le refoulement d'un volume d'air considérable.

Mais — comme le démontre M. Devillez — le vice radical des deux espèces d'appareils, gît dans ce que le travail à dépenser est double de l'effet utile obtenu.

Le vide au-dessus d'un piston ou la compression de l'air au-dessous ne peuvent donner lieu à aucune action de traction ou de refoulement que quand le fluide a atteint un degré de raréfaction ou de tension qui lui permette de fonctionner à la façon d'un câble appliqué à l'élévation de la charge. Amener à ce degré de raréfaction ou de tension l'air pris à la pression atmosphérique exige une dilatation ou une compression mécaniques considérables, ce qui est un travail entièrement perdu, puisque l'air ainsi raréfié ou comprimé est abandonné dans cet état après avoir fonctionné, sans restituer aucune partie du travail par lequel on a diminué ou augmenté sa tension; en d'autres termes, parce qu'il ne rend aucune fraction du travail que l'on doit dépenser uniquement pour lui faire jouer le rôle d'un câble.

Cette imperfection, inhérente à toutes les machines à

air comprimé ou raréfié, ne leur permet guère de rendre un effet utile supérieur à 50 pour cent du travail dépensé. Cependant, malgré ce vice radical, les appareils à air comprimé sont considérés aujourd'hui par un grand nombre d'ingénieurs comme éminemment propres aux travaux intérieurs des houillères; pourquoi ne les appliquerait-on pas à l'extraction, si les avantages qu'ils peuvent procurer l'emportent sur les inconvénients ? Quel ingénieur d'une mine de houille reculerait devant une consommation double de combustible, — combustible qu'il choisit d'ailleurs de qualité fort inférieure, — s'il obtient un moyen simple d'exploiter à n'importe quelle profondeur? Cet excès de dépense ne peut-il être compensé par la suppression des câbles de grande longueur, dont le prix d'acquisition est si élevé, le renouvellement si fréquemment nécessaire et le poids mort si considérable, par la ventilation spontanée des travaux, etc., etc.? Il serait donc fâcheux, selon nous, d'abandonner ces innovations, surtout celle qui a pour base la compression de l'air, sans avoir au moins fait auparavant quelques essais, soit pour mettre en évidence l'utilité de ces appareils, soit pour les reléguer définitivement dans la catégorie des chimères.

Extraction mixte ou combinaison des câbles et des tiges oscillantes.

M. Taskin, ingénieur civil à Jemeppe, près de Liége, considérant les machines à molettes comme les appareils les plus commodes, les plus sûrs et les plus efficaces pour des profondeurs moyennes, pense qu'il suffirait de leur adjoindre une échelle mobile pour leur permettre de prendre la houille à des profondeurs encore inabordées.

Supposant que l'extraction doive s'effectuer à 1000 mètres selon le programme du concours ouvert, il y a quelques années par le Gouvernement belge : Une machine à molette, déjà existante, porte, par exemple, à 200 mètres les extrémités des câbles, auxquels sont suspendues deux tiges oscillantes. Ces tiges, de 800 mètres de longueur, portent chacune cinq paliers en forme de cage, distants de 200 mètres les uns des autres. L'enroulement et le déroulement successifs des câbles sur les bobines donneront les mouvements alternatifs à cette échelle, dont la course est de 200 mètres.

Deux loges percées en regard l'une de l'autre, dans les parois de l'excavation, à chaque point de rencontre des cages, reçoivent des bouts de rail au niveau et sur le prolongement des paliers. Là sont installés des ouvriers, préposés à la surveillance de l'appareil et à l'exécution des manœuvres. Un seul suffit à chaque paire de loges.

La tige M (Pl. LII, fig. 1, A et B) ayant fourni sa course ascentionnelle est sur le point de descendre, tandis que N va s'élever. Précédemment les divers paliers se sont rencontrés deux à deux, vis-à-vis des divers couples de loges ; les voitures pleines de la série ont été élevées à une hauteur de 200 m. et l'une d'elles est arrivée au jour. Pendant que les receveurs sont occupés à retirer cette dernière pour la remplacer par une vide, les ouvriers installés aux divers étages exécutent simultanément la manœuvre suivante (fig. 1, A) :

Chacun d'eux pousse la voiture vide, a, garée dans la loge L, contre la voiture chargée, b ; la première se substitue à la seconde et la seconde à c qui du même coup est reléguée dans la niche L', où elle attend le mouvement ascentionnel de N.

Dans la seconde phase du mouvement (fig. 1, B), N

s'élève et *M* descend, emportant, l'une une voiture pleine de l'accrochage et l'autre, une vide de la margelle. Alors la manœuvre est inverse de la précédente : l'ouvrier pousse, avec le wagon vide que contient la loge *L'*, le wagon plein *b'*, de la tige *M*; ce dernier chasse le wagon vide *a'* dans la loge. Quand tout le système est ainsi déplacé de gauche à droite, la tige *M* descend et *N* remonte. Le machiniste ne fait fonctionner le moteur, après chaque temps d'arrêt, que quand il en a reçu le signal de tous les étages.

Les tiges oscillantes, — soigneusement guidées sur toute leur hauteur, — se composent chacune d'une série de tringles en fer ou de câbles en fils de fer ou d'acier. Les cages sont interposées entre deux tiges successives ; elles se rattachent par le sommet à la tige supérieure, au moyen de supports fixés sur la couverture, et d'une traverse autour de laquelle sont repliés les bouts inférieurs des tringles ou des câbles métalliques, — par la base, à la tige inférieure, au moyen de fortes vis de rappel, assujetties au fond de la cage et passant à travers un chapeau que des écrous maintiennent en un point déterminé. Cette dernière disposition a pour but de pouvoir établir à chaque instant la concordance des paliers avec les loges correspondantes.

De cette manière, le temps nécessaire pour aller chercher la houille à de grandes profondeurs est réduit à celui qu'exigerait une extraction à 200 mètres, en supposant les vitesses égales dans les deux cas, puisqu'une voiture arrive au jour après chaque excursion de 200 m. La machine devra avoir une force quintuple, puisqu'elle élève cinq charges simultanément, ce qui est normal. Enfin, les câbles qui s'enroulent sur les bobines, ayant également à supporter un poids quintuple, devront offrir

par leur section, une résistance simplement proportionnelle à l'augmentation d'effort qu'on réclame d'eux ;
mais ils n'auront pas de changement à subir du chef de
leur longueur, qui reste la même. Si cependant on ne
jugeait pas qu'il fût permis de se fier à un seul câble,
chargé d'un poids trop considérable, tel que celui des
tiges, des cages et de leur contenu, rien n'empêche, ainsi
que l'exprime le dessin, de juxtaposer des câbles jumeaux
courant sur deux molettes, pour s'enrouler sur une
bobine double.

L'appareil de M. Taskin serait également propre à la
circulation du personnel dans les puits.

Les tringles rigides ou des câbles en fils métalliques,
guidonnés dans toute leur étendue, ne seraient pas sujets
à usure.

Les machines de 80 à 120 chevaux, généralement
usitées aujourd'hui, seraient suffisantes.

Enfin, comme les circonstances n'exigent nulle part que
l'extraction soit portée tout-à-coup à de grandes profondeurs, il serait presque toujours possible d'utiliser le
matériel existant au moment où l'on adopterait le nouveau
système.

L'idée de M. Taskin donne le moyen de se soustraire
à la fâcheuse nécessité, qui se rencontre dans le procédé
ordinaire, de devoir diminuer le nombre des traits en
proportion de la profondeur et, par conséquent, de devoir
augmenter outre mesure le nombre ou la capacité des
vases d'extraction ; elle mérite certainement d'être mise
en pratique à titre d'essai.

Machines d'extraction destinées au fonçage des puits.

Les retards qu'entraînent la construction et la pose des

machines fixes de grande force destinées à élever dans
l'origine les déblais d'une avaleresse sont ordinairement
très-fâcheux. La force de ces appareils, naturellement
calculés d'après les éventualités de l'extraction future, est
toujours beaucoup plus grande que ne le comportent les
besoins de l'avaleresse. Leur marche trop rapide est une
cause d'accidents. Enfin, s'il est reconnu que la position
du fonçage a été malheureusement choisie, les frais de
déplacement sont énormes, soit pour les fondations, soit
pour la machine elle-même.

Les mineurs rhéno-westphaliens et les silésiens se
soustraient à ces nombreux inconvénients par l'emploi de
treuils à vapeur ; les anglais par celui de locomobiles, ou
machines à vapeur portatives, qui se sont aussi répandues
dans les districts silésiens et qui semblent devoir devenir
d'une application générale dans les mines de houille.

Les treuils à vapeur *(Dampfhaspeln)* se composent d'un
cylindre — ou, mieux, de deux cylindres conjugués —
horizontaux ou oscillants, dont les pistons attaquent
directement, par leurs tiges, des manivelles calées sur
un arbre, également horizontal, qui porte, outre le
volant, un tambour d'enroulement, exactement semblable
à celui des grands treuils à bras. Ils servent, non-seulement au fonçage des puits, mais aussi, dans les mines
peu développées, à l'extraction de la houille dont on
atteint le gîte, assez rapproché de la surface, par des
puits étroits et de faible profondeur.

On applique quelquefois les locomobiles à l'assèchement de l'excavation. Sur un cadre, formé de deux longuerines réunies par des entretoises, est boulonné un
générateur, en tout semblable à ceux des locomotives;
sur ce générateur sont fixés des supports en fonte auxquels sont attachés deux cylindres horizontaux avec

leurs appareils de distribution, les guides des tiges de pistons et autres accessoires. Les têtes des pistons circulent entre les guides et sont articulées avec des bielles, qui, par l'intermédiaire de manivelles, commandent un petit volant dont l'axe est commun aux deux systèmes.

Cet ensemble, monté sur quatre roues à larges jantes dont les essieux sont fixés au-dessous du cadre, a ainsi la faculté de se déplacer à peu de frais et sans perte de temps. L'installation des locomobiles au point où elles doivent fonctionner s'effectue au moyen de boulons qui les rattachent à une fondation composée de poutres dont elles peuvent se détacher facilement.

La transmission de mouvement, pour l'extraction, se fait comme suit : Sur l'arbre du volant est calée une poulie qui, par l'intermédiaire d'une courroie sans fin, communique le mouvement de rotation à une seconde poulie, placée au-dessus de l'orifice du puits, et dont l'arbre reçoit un petit pignon; celui-ci commande une roue dentée calée sur le même arbre que le tambour d'enroulement des câbles. Les glissements inévitables de la courroie rend assez désavantageuse cette disposition, qui est celle d'une locomobile de 6 à 8 chevaux, en usage à la mine de Gottessegen, district de Tarnowitz.

Dans l'application de cet appareil à l'épuisement, le volant porte un bouton auquel se rattache une tiraille, ou bielle horizontale, qui transmet le mouvement au bras vertical d'un varlet installé sur le puits; l'autre bras prend un mouvement de va-et-vient, suivant un plan vertical, et le communique à la tige des pompes.

Ces appareils marchent à haute pression; ils offrent une grande supériorité sur les treuils ordinaires, quant aux dépenses journalières et pour la possibilité d'extraire les déblais en quantité indéterminée, quelle que soit d'ail-

leurs la profondeur et la section des puits en creusement.
Ils permettent de retarder l'installation d'un moteur dé-
finitif jusqu'au moment où la force intégrale de ce dernier peut être utilisée. Ils lui sont préférables en ce que,
la vitesse des vases dans le puits étant faible, les chances
de danger auxquels les mineurs occupés dans le puits sont
exposés diminuent d'autant. Enfin, lorsque l'avaleresse
est terminée, le treuil à vapeur ou la locomotive peuvent
être transportés sur un autre point pour servir à l'exécution d'un travail analogue, ou rester en place pour descendre ou remonter les divers organes des pompes et,
en cas de rupture d'un câble, pour retirer de l'excavation
les cages des voitures, les bouts de corde, etc., et remettre
le tout en ordre.

Il existe en Angleterre des établissements contenant un
grand nombre de locomobiles, ayant 30 à 40 chevaux de
force, dont on loue le service à forfait, ce qui fait disparaître quelques-uns des embarras inséparables d'un premier établissement.

SECTION IX.

OPÉRATIONS ET APPAREILS ACCESSOIRES RELATIFS A L'EXTRACTION.

Sonneries mécaniques (Pl. L).

Le lecteur a déjà vu, dans la première partie de cet ouvrage, divers moyens propres à indiquer aux machinistes le moment où les vases ascendants sont sur le point de venir déboucher au jour. Voici quelques exemples choisis parmi les nombreuses dispositions de ce genre qui se sont produites depuis.

La sonnerie mécanique ordinairement annexée aux machines d'extraction de M. Halbrecq est figurée dans les planches XL et XLI que nous avons déjà eues en main.

Une roue en fonte, calée directement sur l'arbre des bobines, engrène une seconde roue dont l'axe repose sur un petit bâti ; le même axe porte un pignon qui commande, au moyen d'engrenages intermédiaires, une dernière roue, percée, en divers points d'un cercle concentrique à sa circonférence, de trous propres à recevoir une cheville. La cheville, placée en correspondance avec l'arrivée de la cage, vient heurter un bras de levier ; celui-ci agite une sonnette suspendue à un ressort et dont les vibrations multipliées indiquent au machiniste le moment où la cage se trouve un peu au-dessous de la margelle ou au niveau de celle-ci.

Les sonneries à vis, d'un usage si général dans le district de Charleroi, sont probablement originaires de l'Allemagne. En effet, dès l'année 1833, il en existait une à la mine de Schœllerpath, près d'Essen, dont l'invention était attribuée à M. le Bergmeister Erhard.

Une autre a été placée, en 1841, par M. Kindermann, à la houillère de Carolus Magnus, où elle fonctionne encore aujourd'hui.

Elle se compose d'une longue vis mise en mouvement, tantôt dans un sens, tantôt en sens contraire, par une roue d'angle et par un pignon monté sur l'arbre des bobines. La rotation de cette vis fait cheminer, alternativement en avant et en arrière, un écrou curseur qui atteint l'une ou l'autre des extrémités de sa course au moment où les vases arrivent en des points déterminés, au-dessous de la recette; là, il heurte la tige de suspension de l'une des deux sonnettes, dont le tintement avertit le machiniste de se mettre en garde et de ralentir le mouvement.

Ces appareils ont été l'objet de nombreuses modifications de détail; en outre, on a trouvé moyen de raccourcir les vis, on en a doublé le nombre, etc; mais le principe est toujours resté le même.

Les sonneries à double vis sont assez généralement employées dans les mines belges. Elles sont disposées comme celles que M. Colson construit pour ses machines d'extraction et qui seront décrites dans l'un des paragraphes consacrés aux *évite-molettes*.

Sonnerie de la houillère de La Haye, à Liége.

Cette sonnerie est assez compliquée, parce qu'elle doit faire connaître au machiniste le moment où les cages se rencontrent et ceux où elles atteignent, soit le tunnel par

lequel les produits parviennent au pied de la colline, soit
la margelle du puits, au sommet de cette colline.

Cet appareil (fig. 1 à 4) emprunte son mouvement à
la manivelle de la machine d'extraction, par l'intermédiaire d'une autre manivelle plus déliée que la première,
et le transmet à un pignon ; celui-ci commande une roue
d'angle calée sur le prolongement d'une vis sans fin. Deux
écrous sont traversés par cette vis ; chacun est affecté au
service spécial d'une cage et tous deux sont armés d'un
certains nombre de butoirs tels que a, a, a, appelés à
venir presser les taquets b, b, b, calés sur les arbres c, c, c.
Sur les arbres soutenus par des supports horizontaux,
d, d, sont installés deux leviers, e, e, propres à communiquer le mouvement aux sonneries, par l'intermédiaire des
tringles f. Une tige horizontale, g, sert à guider les
écrous dans leurs courses en avant ou en arrière. Les colonnettes, h, h, supportent l'arbre auxquels sont attachés
les ressorts des sonnettes ; celles-ci sont au nombre de
deux ; elles ont des timbres différents. Les butoirs, a, a,
situés d'un même côté, ne font tinter que la sonnette i :
c'est le signal de la rencontre des cages. Les butoirs
a' a', et a'' a'' correspondent à l'autre sonnette i' ; les plus
avancés, a' a', indiquent le moment où la cage arrive à
la galerie et les autres, a'' a'', celui où elle se trouve à
quelques mètres au-dessous de la margelle du puits.

Enfin, pour faire avancer ou retarder les sonneries, c'est-
à-dire l'instant où les butoirs heurtent les taquets (fig. 2),
les douilles de ces butoirs ont été échancrées, en sorte qu'il
est possible de les incliner plus ou moins.

Sonnerie de Ronchamps (fig. 5 et 6).

Cet appareil, remarquable par l'espace assez restreint

qu'il occupe, a été établi par M. Longuère, ingénieur mécanicien (1).

L'arbre de couche du moteur est enveloppé, en dehors de l'un des deux paliers, de coquilles cylindriques en bronze, réunies par des clavettes et portant en saillie une vis sans fin. Les chapeaux des paliers sont surmontés d'un bâti destiné à recevoir un arbre et une roue engrenée par la vis. De chaque côté de la roue sont installées des équerres à mentonnets, munies de tiges, auxquelles sont attachées de fortes sonnettes; les tiges verticales de chaque équerre sont réunies par des bielles. La roue est percée de quatre échancrures concentriques à sa circonférence; elles servent à loger deux heurtoirs et permettent d'en faire varier les positions.

L'appareil fonctionne comme suit : un enroulement du câble sur les bobines correspondant à un tour de la vis et à l'avancement d'une dent de la roue, le nombre de ces dents doit être au moins égal à celui des tours des bobines, nombre dépendant de la profondeur du gîte exploité. Lorsque le vase est encore à une distance déterminée au-dessous de la margelle, l'un des heurtoirs presse sur le mentonnet; il attire la bielle et incline le ressort de la sonnette, qui finit par s'échapper en produisant un tintement, que doit suivre immédiatement le ralentissement et, peu après, l'arrêt de la machine. Lorsque la cage est déchargée, la marche s'effectue en sens inverse, le heurtoir soulève le mentonnet, qui, n'étant plus arrêté par le bouton, tourne autour de son articulation, retombe par son propre poids et reprend sa position primitive.

(1) *Annuaire de la société des anciens Élèves des écoles impériales d'arts et métiers.* — *Publication industrielle*, T. XIII, p. 30.

Compteurs adjoints aux machines d'extraction.

Ces appareils fournissent aux directeurs de houillère le moyen de connaître le nombre de vases extraits dans la journée et de déterminer avec exactitude la somme à payer aux ouvriers, lorsque la rétribution est basée sur la quantité de produits extraits.

Le compteur de M. Blavier (1) est représenté par les figures 9 et 10. Les divers organes du mécanisme sont attachés à un petit bâti en fonte. Sur deux paliers, tourne une vis dont le pas est déterminé par le nombre de tours que doit faire l'arbre des bobines ; elle fait cheminer un écrou curseur muni d'un appendice qui reçoit dans un trou circulaire une tringle cylindrique destinée à guider cet écrou dans ces excursions en avant et en arrière.

Cet appendice se termine, à sa partie inférieure, par une virgule, mobile autour d'une articulation qui lui permet de céder aux pressions exercées de gauche à droite et de résister à celles qui viennent de droite à gauche. En outre, il est pourvu latéralement de deux poinçons symétriquement placés, b, b' que l'on peut allonger ou raccourcir, suivant les circonstances et que l'on fixe par des vis de serrage. Une roue à rochet, c, portant dix dents est disposée au-dessous de la virgule, de manière à pouvoir être engrenée par elle ; une seconde roue, d, commandée par une dent convenablement placée, parcourt le chemin correspondant à l'une de ses dents après que la première a effectué une révolution complète ; sur l'arbre de la roue c et de chaque côté, sont calés des tambours, e, e, autour desquels s'enroulent des bandes

---

(1) *Annale des mines*, 5e série, T. VIII, p. 369

de papier fort ou, mieux, de toile goudronnée, *m*, qui,
guidées par des rouleaux conducteurs, *f*, *g*, viennent se
réunir sur des tambours récepteurs *h*, *h*. Des freins.
i, *i*, agissant sur ces derniers, maintiennent les bandes
dans un état de tension constante. Enfin, des aiguilles
fixées aux extrémités des arbres qui portent les roues à
rochet donnent, sur des cadrans placés en dehors de la
boîte, toutes les indications relatives à la marche du
mécanisme.

Lorsque l'écrou curseur est entraîné de gauche à droite
par la vis, la virgule appuie sur l'une des dents de la
roue à rochet et la fait marcher d'une quantité égale à
celle qui sépare deux dents consécutives; la bande de
toile chemine, puis est piquée par le poinçon de droite,
b, au moment où il arrive à l'extrémité de sa course.
Dans le mouvement inverse, la virgule est relevée par la
dent suivante de la roue à rochet, alors retenue par un
encliquetage; la course s'achève et le poinçon de gauche,
b', laisse, à son tour, une empreinte sur la bande de
papier située du même côté. La première aiguille avance
d'une division pour chaque double trait et indique des
unités doubles; comme la roue qui lui correspond porte
dix dents, la seconde aiguille indique des dizaines.

Pour installer le petit mécanisme, il suffit de percer, à
l'extrémité de l'arbre des bobines, un trou carré, de 5 à
6 centimètres de côté, d'y insérer l'un des prolongements
de la vis et de fixer la boîte sur l'une des parois de la
machine ou sur une tablette disposée à cet effet. Cette
boîte, fermée d'un cadran, n'est accessible qu'au maître-
ouvrier, qui en conserve la clef.

L'instrument est toujours convenablement réglé lorsque
les poinçons percent les bandes de papier au moment où
les cages se présentent à l'orifice du puits ; il suffit donc

de leur donner une saillie telle qu'ils atteignent la toile
avant que le trait passe la margelle. Mais si plusieurs
étages fournissent simultanément à l'extraction, il devient
indispensable que les poinçons soient portés en avant, à
une distance telle que la toile soit atteinte un peu avant
l'instant où le plus petit nombre de tours des bobines est
accompli ; sans cette précaution, il faudrait régler la longueur des poinçons à chaque changement d'étage. Les
bandes de toile gommée sont assez longues pour n'exiger
leur remplacement qu'après chaque quinzaine ou même
chaque mois. Pendant cet intervalle, les quadrans indiquent les résultats de l'extraction journalière. Une personne est chargée d'en remettre les aiguilles sur les zéros
à la fin de chaque jour de travail.

Ce compteur a été expérimenté avec succès sur une
carrière d'ardoises des environs d'Angers.

Un autre compteur se trouvait, en 1855, à l'exposition
universelle de Paris. Cet instrument, composé par
M. Gaïewski, de Corbeil (Seine-et-Oise), indique en un
tracé, non-seulement le nombre des vases extraits, mais
encore les divers étages de la mine d'où ils proviennent.

Sur la surface d'un cylindre en bois (fig. 7 et 8), d'assez
grande longueur relativement à son diamètre, est appliquée une feuille de papier propre à recevoir un tracé
dérivant d'une petite roue à pointes divergentes. Ce
dernier organe, analogue à la molette d'un éperon, est
pressé contre le cylindre par un ressort rivé à l'une des
branches d'une fourche annexée à l'écrou curseur, a, qui
voyage le long de la vis sans fin, b. De cette manière, les
pointes de la molette laissent leur empreinte sur le papier
du cylindre lorsque celui-ci tourne lentement autour de

son axe. La vis, recevant son mouvement du cylindre par l'intermédiaire de deux roues, *c* et *d*, marche ou reste en repos, suivant le sens du mouvement de l'organe qui le commande. Dans ce but, la roue *d*, qui tourne folle sur son arbre, est munie d'un cliquet à ressort, disposé de manière à engrener les dents d'une roue à rochet, *e*, fixée sur l'arbre *b* et tout près de *d*. Cet encliquetage détermine la liaison de la roue folle et de l'axe, lorsque le mouvement se fait dans un sens, et la rompt, lorsqu'il a lieu en sens contraire ; d'où résultent des alternatives de marche et d'arrêt du mécanisme. Dans le premier cas, l'écrou curseur chemine quelque peu dans une direction parallèle à l'axe et la molette trace sur le cylindre une portion de spirale ; dans le second cas, l'écrou reste en place et la molette décrit un cercle.

Ainsi, le mouvement circulaire du cylindre dérive des bobines, se produit alternativement en avant et en arrière et engendre sur le papier une série de lignes isolées et disposées en zigzag. Le nombre des traits perpendiculaires ou inclinés est égal au nombre des vases extraits, tandis que leur longueur indique l'étage qui en a fourni le contenu.

Il est facile de retirer l'écrou de la vis, le premier étant muni, en *e*, d'une charnière, en sorte qu'il suffit de comprimer les branches supérieures de la fourche pour déterminer l'écartement de branches inférieures.

Ce mécanisme, plus simple et moins volumineux que le précédent, est aussi plus complet, parce qu'il renseigne le niveau d'où viennent les vases ; mais il a le désavantage qu'on doit souvent renouveler le papier qui recouvre les cylindres quelle que soit leur longueur.

Télégraphes hydrauliques.

Généralement on transmet au jour les signaux partant
de l'accrochage au moyen de sonnettes que mettent en
mouvement des cordes en fils de fer régnant le long des
puits et équilibrées par des contrepoids. Ce procédé a
cela de vicieux que l'organe de transmission est sujet à
se rompre et que l'emploi d'une seule et même sonnette
pour donner tous les signaux en usage entraîne parfois
de la confusion, ce qui peut causer des accidents plus ou
moins graves (1).

M. Émile Harzé, ingénieur au corps des mines belges,
ayant un jour constaté un accident qui avait cette origine,
s'est efforcé de trouver un moyen simple de transmission
qui n'exige pas l'emploi d'un instrument trop délicat,
mais qui soit capable d'établir des différences bien tran-
chées entre les divers signaux. Ses recherches l'ont conduit à la découverte suivante qui mérite de fixer l'attention des exploitants.

Un tube métallique de faible section et rempli d'eau
règne sur toute la hauteur du puits. Il est recourbé à sa
partie inférieure. Ses deux extrémités, aboutissant, l'une
à la margelle du puits, l'autre à la chambre d'accrochage, sont munies de pistons plongeurs fermant hermétiquement les deux orifices. Le piston de l'accrochage,

(1) Toutefois les cordeaux de sonnettes de la mine de Boussu et Ste-
Croix (couchant de Mons) ont été modifiés de manière à présenter une
plus grande résistance à la traction. Ces cordeaux, destinés à agir sur
des hauteurs de 450 m., se composent de trois torons ; chaque toron
s'obtient en *commettant*, autour d'une âme en chanvre, six fils de fer,
de 2 mm. de diamètre, disposés en cercles, et en les recouvrant ensuite
d'un certain nombre de fils de chanvre ; en sorte que les trois séries de
fils métalliques, noyés dans le câble, n'ont aucun contact entre elles.

que le poids de la colonne liquide tend à rejeter au dehors,
est maintenu par un contrepoids ou par un ressort convenable. Dès lors, tout mouvement imprimé à l'un des
pistons, appelé *manipulateur*, se transmet immédiatement
à l'autre, ou *récepteur*. Le récepteur, installé sur la margelle, est surmonté d'une crémaillère, qui engrène un
pignon; une aiguille, fixée sur l'axe de cet organe, indique
dans son parcours, sur un cadran qui lui est annexé, les
divers points correspondant aux divers signaux; en outre,
de petits curseurs placés sur la crémaillère font sonner
des timbres. Le manipulateur est disposé de la même manière; mais son aiguille peut être armée d'une poignée,
qui permet de la faire fonctionner en guise de manivelle;
cependant l'inventeur préfère l'emploi d'un piston en cuir
embouti, qu'il fait avancer et reculer au moyen d'une vis
à filets allongés fonctionnant dans un écrou et dont l'axe
coïncide avec celui du tube. Les diverses positions du
piston correspondront aux indications que fournira sur
le cadran l'aiguille-manivelle, calée sur le prolongement
ou reliée avec celle-ci par des engrenages.

M. Harzé a recherché les signes qui doivent correspondre aux diverses positions de l'aiguille pour engendrer
le moins de confusion possible. Il divise les cadrans de
l'une des deux manières indiquées par les figures 11 et
12. Il choisit la position *a* comme point initial auquel
l'aiguille doit toujours revenir se placer avant de donner
un nouveau signal. Ce retour, ayant pour but de séparer
deux signaux consécutifs, ne donne lieu à aucun coup de
timbre; *b* signifie « *plus haut !* »; cette indication est
accompagnée d'un coup; — *c*, « *plus bas !* », d'un second
coup, dans le cas de l'adoption du cadran figure 11, le
premier ayant déjà résonné lors du passage de l'aiguille
par le point *b*; mais avec l'autre cadran (fig. 12) il y

aura deux coups successifs d'un même timbre ou bien un seul coup d'un second timbre de son différent; — *d* « *holà, arrêtez !* », troisième ou second coup; — enfin en *e* se donne un quatrième ou un troisième coup pour faire connaître le moment où *les ouvriers entrent dans le vase d'extraction.* — Les autres signaux qui seraient reconnus utiles, comme des demandes de bois, d'outils, etc., trouveraient encore place dans les secteurs *e m a, e n b.*

Dans l'établissement des signaux, il faut avoir soin de choisir les plus prompts pour ceux qui se présentent le plus fréquemment et d'épargner au machiniste la fatigue résultant de longs signaux auditifs fréquemment répétés.

Les difficultés qui pourraient se présenter dans la pratique ont toutes été prévues. Ainsi, pour éviter la congélation de l'eau dans le tube en hiver, l'inventeur propose d'alcooliser celle-ci ou d'y faire dissoudre un corps salin.

La dépense résultant de cette opération serait fort minime, puisque dix litres de liquide suffisent pour remplir un tube de 100 mètres de hauteur sur un centimètre carré de section.

Les contractions et les pertes de liquide ont pour effet de déplacer les positions relatives des plongeurs. Pour obvier à cet inconvénient, il suffit d'installer, au-dessus de la colonne et latéralement, un taquet qui limite la course descendante du piston récepteur, et, un peu audessous de ce taquet, un petit réservoir mis en communication avec le grand tube par un petit tuyau muni d'une soupape. Le volume du liquide de transmission vient-il à diminuer, le piston est arrêté dans sa course par l'obstacle; la colonne, en continuant son mouvement de descente, produit un espace vide dans lequel vient se projeter l'eau du réservoir. La dilatation produit le même effet que la contraction, mais en sens contraire. On empêche ce déplacement en ajustant au sommet de la colonne un tuyau de trop plein, qui déverse le liquide en excès dans le même réservoir.

Enfin, si la profondeur du puits et, par conséquent, la longueur du tuyau étaient telles, qu'il devint difficile d'obvier aux pertes d'un liquide soumis à une trop forte pression, la colonne devrait être fractionnée par des cylindres; des leviers et des contrepoids feraient équilibre à chaque tronçon; ces petits cylindres joueraient ici le rôle des relais dans la télégraphie électrique.

Télégraphe pneumatique, ou sonnette atmosphérique.

Cet appareil, en usage dans quelques grands établissements de l'Angleterre, semble applicable aux mines même de profondeur assez considérable. Ils se composent d'un *manipulateur* et d'un *récepteur*, capsules en tôle, mises en communication par des tubes en fer battu, d'une longueur comprise entre le point de départ et le point d'arrivée du signal. Ces capsules, imperméables à l'air, renferment chacune une espèce de soufflet, cylindre en caoutchouc ou en cuir, maintenu à l'état de tension par un ressort en spirale et dont l'intérieur est rendu accessible à l'air par des ouvertures ménagées aux extrémités antérieures des deux organes. Le manipulateur est pourvu d'un bouton et le récepteur, d'une sonnette.

Les choses étant ainsi disposées, dès que le bouton est tiré au dehors, le soufflet se replie sur lui-même et produit dans la capsule une action raréfiante; celle-ci se propage, à travers les tuyaux, jusque dans le récepteur, dont le soufflet et le ressort fonctionnent en sens contraire des premiers et agissent par une tringle sur une sonnette;

d'où résultent qu'à chaque traction du bouton répond un déplacement horizontal de la tringle et le tintement de la sonnette.

Les diamètres des boîtes et de leur tuyau de transmission sont en raison de la longueur de celui-ci. Les boîtes doivent s'ouvrir facilement, afin de permettre de visiter les organes intérieurs et de les réparer en cas de besoin. L'action de ces appareils a été vérifiée pour une distance de 200 mètres; il est probable qu'elle peut s'étendre bien au-delà de cette limite. Le bouton et la sonnette sont reliés par des tuyaux à gaz fort minces et peu coûteux, qui peuvent être soumis impunément à des inflexions et installés dans les angles des excavations sans réclamer trop de soins. Enfin, cette transmission offre une grande supériorité sur celle par cordeaux, moins solide et sujette à des réparations fréquentes.

Télégraphes à sifflets.

Les ingénieurs des mines de Stassfurth, près de Halle, transmettent les signaux au moyen de sifflets mis en jeu par la compression de l'air dans des tubes (fig. 14 à 17).

Le manipulateur (fig. 17) est fait d'un vieux tuyau de cuivre, dans lequel fonctionne un piston compresseur avec une garniture en chanvre. Le cylindre a 0.37 m. de hauteur, 0.16 de diamètre; il est muni d'une soupape d'aspiration. La course du piston, provoquée par un levier à bras, est d'environ 0.10 m.; il refoule l'air dans une colonne de tuyaux de plomb, de 17 mm. de diamètre intérieur, dont les parois ont une épaisseur de 4 mm. Ces tuyaux, assemblés par juxtaposition, à l'aide de manchons soudés (fig. 14), forment une colonne qui arrive à la surface, où elle se termine par un sifflet-

récepteur à travers lequel débouche l'air comprimé, qui
donne le signal.

Des télégraphes de ce genre ont été adjoints à deux
machines d'extraction mesurant l'une 90, l'autre 120 chevaux de force. Le premier de ces appareils refoule l'air
d'une profondeur de 364 m. dans le sifflet représenté par
la figure 15 ; le second, dont les tuyaux ont une longueur
de 392.50 m., fait retentir un sifflet construit comme l'indique la figure 16.

Les coudes et les inflexions des tubes ne paraissent
pas avoir une influence appréciable sur les mouvements
de l'air ; au moins, les résistances des parois n'apportent
pas, à la propagation du fluide, un obstacle tel que le but
désiré ne puisse être atteint. Mais l'expérience démontre
que tout écrasement de ces tubes en plomb est nuisible.
Ainsi, dans la pose du télégraphe annexé à la machine de
120 chevaux, les ouvriers chargés de fixer la colonne
de tuyaux aux blocs de bois encastrés dans la roche,
ayant, par inattention, trop enfoncé les crampons de
retenue, avaient produit des écrasements qui ne permettaient plus à la colonne d'air de suivre avec
assez de vivacité les mouvements du piston compresseur,
en sorte que le signal exécuté par le sifflet (fig. 15),
non-seulement manquait de précision, mais encore se
prolongeait au-delà de l'instant déterminé.

Il convient d'observer que le sifflet fig. 15 ne peut
émettre de sons que pendant le mouvement de descente
du piston, c'est-à-dire pendant la compression de l'air,
mais non lorsque l'air suit une marche rétrograde.

On peut conclure des expériences faites jusqu'à ce
jour que des cylindres et des tuyaux de dimensions con-
formes à celles qui ont été indiquées ci-dessus peuvent
être considérées comme suffisants dans toutes les circons-

tances de la pratique actuelle, puisqu'ils donnent le moyen de transmettre facilement des signaux à des profondeurs de 900 à 1000 m., que les pistons peuvent être rendus complètement étanches, qu'enfin une soupape d'aspiration n'est pas indispensable.

On a établi des télégraphes à sifflets dans la mine de Gerhardt et Prinz-Wilhelm, près de Saarbrücken, pour donner les signaux à travers un puits incliné, creusé dans la couche Beust. La conduite est formée de tuyaux en plomb, de 6 à 7 mm. de diamètre, qui, soumis à une double flexion dans leur parcours, n'en laissent pas moins fonctionner les sifflets d'une manière satisfesante.

Il en est de même au puits Skalley, n° 11, de la mine de Duttweiler Jägersfreunde, où la conduite a 27 m. de longueur et se compose de tuyaux en fer, de 26 mm. de diamètre.

Emploi des porte-voix dans les mines.

Les appareils précédents, quoique bien supérieurs aux sonnettes à cordeaux, sont encore défectueux, n'offrent qu'une nomenclature fort restreinte, dont les signes ne sont applicables qu'à des manœuvres désignées d'avance, objets de conventions spéciales; il est, dès lors, impossible de transmettre un ordre, un avertissement qui soit en dehors du nombre des signes prévus et le mineur doit avoir recours à l'envoi de billets, dont les moindres inconvénients, sont leur lenteur et l'incertitude où ils laissent l'expéditeur relativement à l'arrivée de son message.

Il en est autrement des porte-voix et des télégraphes électriques, que l'on a depuis longtemps proposés et expérimentés, mais dont la nature est telle qu'ils n'ont

pu recevoir d'application que dans quelques circonstances
particulières.

Les mineurs prussiens employent souvent les porte-
voix pour transmettre les ordres, mais seulement à de
courtes distances. Voici quelques exemples de cette pratique :

La grande galerie d'extraction de la mine de Von der
Heydt, près de Saarbrücken, dans laquelle se fait le transport par machines décrit ci-dessus, forme l'étage moyen
du puits Krug ; elle est mise en communication avec le
jour et avec l'accrochage du fond, sur des hauteurs respectives de .75-25 et de 133-75 m., par des tuyaux en
zinc de 6.5 m. de diamètre. L'épaisseur des parois est de
1 mm. de diamètre et le recouvrement, aux assemblages,
de 50 mm. L'expérience acquise dans cette localité a fait
connaître que les paroles sont distinctes pourvu que les
tubes insérés les uns dans les autres par leurs extrémités
ne donnent lieu à aucune déperdition des vibrations com-
muniquées à la colonne de tubes et à l'air qu'elle
renferme.

Les porte-voix de la mine de Reden (district de
Saarbrücken) sont destinés à mettre en relation la galerie
d'écoulement avec les orifices des puits. Les longueurs
de ces appareils sont de 34 à 58.50 m.; les tubes en zinc
qui les composent ont un diamètre de 0.08 m. et une
épaisseur de parois de 0.001 m. Ils servent à annoncer
aux receveurs occupés à la surface les noms des compa-
gnies de mineurs auxquelles appartiennent les vases qui
leur arrivent. Cette indication est transmise, par un autre
porte-voix, de 16 à 18 m. de longueur, de la recette à la
machine, où un employé recueille et transcrit les données
au fur et à mesure.

Les sons transmis sont fort distincts et jamais aucune
erreur n'a été relevée.

Le porte-voix de la mine de Dickebank (district d'Essen) est en zinc; il a 130 m. de longueur et sert à mettre en communication les chapelles de deux jeux de pompe, d'une part avec l'accrochage, d'autre part avec la margelle. Les embouchures peuvent être ouvertes ou fermées, suivant les besoins.

A la mine Charlotte de Tarnowitz, en Silésie, se trouve un porte-voix en fer blanc, ayant 32 mm. de diamètre intérieur et une longueur de 96.50 m.; il transmet les signaux que nécessitent l'extraction. Un autre sert dans la même mine, à la réparation des pompes et, dans ce but, il est pourvu, au niveau de chaque chapelle, d'une embouchure qui permet à l'ouvrier de communiquer avec le jour pour réclamer les objets nécessaires au garnissage des pistons, au changement des clapets, etc.

Les observations auxquelles on s'est livré sur les deux derniers appareils ont prouvé que, pour que les mots soient clairs et compréhensibles, on doit les prononcer lentement, à mi-voix, sans jamais crier.

M. Durant, ingénieur des charbonnages de Haine-St-Pierre et La Hestre (Centre du Hainaut), a fait, dans le cours de l'année 1852, quelques expériences tendant à rechercher s'il ne serait pas possible de porter la voix à des distances plus grandes qu'on ne le fait actuellement (1).

Un porte-voix, formé de tronçons de 4 m. de longueur, placé dans un puits et fixé aux moises du guidonnage avec de légers liens en fer espacés de 4 m., ne rendit aucun son; avec des liens en cuivre espacés de 8 m. environ, les mots devinrent difficiles à comprendre à une profondeur de 275 m. La même colonne retirée du puits

_____

(1) 4e *Bulletin de la Société des anciens élèves de l'École spéciale du Hainaut*, page 46.

fut placée sur le sol ; dans ce cas, la voix ordinaire de l'homme s'entendait à 200 m. de distance, le son s'affaiblissait à 250 m. et devenait tout-à-fait indistinct à 300. La colonne ayant été suspendue entre des piquets, au moyen de ficelles en chanvre, les mots prononcés à voix basse étaient intelligibles à 300 m. A 350 on entendait mais sans comprendre.

On suspendit par des lanières en caoutchouc les tronçons de la colonne, préalablement réunis par des soudures ; alors on entendit et comprit la voix ordinaire à 300 m., il fallut parler plus haut pour 350 ; à 400 on s'entendait, mais la compréhension était difficile.

Enfin, on donna aux extrémités de la colonne une forme conique, en ajoutant deux tubes dont la grande base avait 0.12 m. de diamètre et la petite se raccordait avec le tuyau de transmission ; les mots prononcés à haute voix furent intelligibles à 400 m. de distance et même il fut possible de reconnaître la voix de la personne qui parlait, ce qui semble devoir être attribué à la concentration des ondes sonores au point d'arrivée et à leur rapprochement de l'axe.

Ces expériences, restées incomplètes par suite de circonstances indépendantes de la volonté de leur auteur, ne peuvent donner lieu à aucune conclusion, ainsi qu'il le reconnaît lui-même. Il aurait fallu les répéter à l'intérieur ; car les nombreuses applications que l'on a faites de cet appareil, tant en Allemagne que dans les mines d'Anzin, n'ont jamais été suivies de succès à des profondeurs excédant 230 m. Quoiqu'il en soit, il est douteux que la voix puisse être entendue d'une manière claire et distincte aux distances que comporte la profondeur des gîtes exploités aujourd'hui.

Application de la télégraphie électrique aux mines.

En 1856 déjà, fonctionnait au puits St-Florent, du midi du Flénu, un appareil électrique, à sonnerie et cadran, transmettant des signaux, d'une profondeur de 560 m. jusqu'au jour. — Cet appareil, dont les fils conducteurs sont recouverts de gutta-percha, a coûté 800 fr.; les employés de la mine en sont très-satisfaits.

Un télégraphe à sonnerie, sans cadran, fonctionne au puits de Grand-Condé, à Lens (Pas-de-Calais).

Enfin, on a établi, dans le même district, aux puits n°ˢ 1 et 2 de Bully-Grenay, un appareil destiné à transmettre les signaux de l'accrochage au jour au moyen d'un courant voltaïque (fig. 18).

Le manipulateur est placé à l'accrochage dans une petite boîte, où les extrémités des deux fils conducteurs se rattachent à des plaques métalliques, qui, dans leur état normal, sont complètement isolées l'une de l'autre, mais que l'on peut mettre en contact en appuyant sur un bouton, *o*. Les récepteurs, connus sous le nom de *trembleuses*, sont installés au jour en deux points du bâtiment de la machine : l'un auprès du machiniste, l'autre entre les deux planches de réception des voitures. Ils se composent chacun d'un électro-aimant, enveloppé d'un fil de cuivre qui en fait deux bobines. L'aimantation de cet organe, sous l'influence d'un courant qui se rompt de lui-même par l'effet du mouvement produit, attire une armature en fer doux fesant partie d'un levier ; le marteau que ce levier porte à son extrémité est entraîné vers un timbre qu'il frappe, tandis qu'un ressort à boudin tend sans cesse à le ramener en arrière, parce que dans le premier mouvement le circuit s'est interrompu de lui-même par la séparation des deux organes en contact. Il résulte de là une succession rapide de coups de timbre, un carillon qui dure jusqu'à ce qu'il y ait interruption définitive au manipulateur.

La pile motrice intercalée dans le circuit se compose de quinze éléments de Bunsen ; elle est renfermée dans une caisse en bois placée elle-même dans un angle du bâtiment de la machine. De chacun de ses pôles part un fil conducteur isolé par une couche de gutta-percha. Les deux fils se rendent dans la boîte, *a*, de l'accrochage ; le fil *b* arrive directement à destination ; le fil *c* met en relation les extrémités des fils de l'électro-aimant du récepteur, *r*, avant d'atteindre le même point ; enfin un troisième fil, *e*, établit un circuit spécial pour le second récepteur, *s*.

Quand les chargeurs au puits ou accrocheurs veulent donner un signal, il leur suffit de presser le bouton *o*; le circuit se ferme au manipulateur et le carillon joue jusqu'au moment où la pression cessant, le courant est définitivement interrompu.

Les fils, revêtus d'une couche de gutta-percha, sont fixés dans les angles du bâtiment et des excavations par des clous enveloppés de petits cylindres isolants en ivoire. La rapidité de la communication des signaux est le caractère distinctif des télégraphes électriques.

Les frais d'entretien de la pile et des fils conducteurs n'est pas considérable, quoiqu'il soit nécessaire de renouveler fréquemment ces organes, vu leur délicatesse et le manque de soin des mineurs. Il faut donc espérer que l'emploi de ce moyen de communication avec l'intérieur des mines se généralisera. Il serait possible aussi, sans doute,

de lui donner plus d'extension et de mettre le jour en relation avec les points principaux des travaux souterrains.
Alors, en cas d'accident, les fils étant bien abrités et dans
l'impossibilité de se rompre, les ouvriers sequestrés dans
quelque coin de la mine pourront fournir des indications
précieuses sur leur position et sur les moyens propres
à faciliter et abréger les travaux de sauvetage.

Signaux électriques de la galerie de Von der Heydt, près de Saarbrücken.

Les signaux nécessaires au transport par câbles sont
plus difficiles à exécuter que ceux des puits ordinaires
d'extraction, parce qu'un convoi, doit pouvoir, même en
marche et quel que soit le point qu'il occupe dans la galerie,
être mis instantanément en relation avec les deux machines motrices.

Dans l'origine, un fil de fer, de 4 à 5 mm. de diamètre,
passait sur une série de rouleaux installés au faîte de la
galerie; ce fil, tiré en un quelconque de ses points,
mettait en jeu des leviers placés aux extrémités et armés
de marteaux qui frappaient un nombre variable de coups
sur une cloche. Mais la longueur considérable de l'excavation (1883 m.) et ses inflexions nombreuses ne permettant
pas d'agir directement jusqu'à chaque bout, sans risquer
de rompre les fils, le parcours avait été divisé en trois
parties, aux extrémités desquelles étaient installés des
ouvriers spéciaux chargés de transmettre les signaux de
station en station. De plus, chacune des deux directions
opposées avait sa série spéciale de signaux. Cependant on
avait à regretter et le temps qu'il fallait pour tirer les fils,
surtout par la négligence de l'un ou l'autre des ouvriers

intermédiaires — et qui souvent constituait une cause de
désordre, surtout lorsque survenaient un déraillement, la
rupture d'une chaîne d'accouplement et autres accidents
qui commandaient l'arrêt immédiat du train. On pouvait
craindre encore une méprise du conducteur dans le
choix de l'un des fils pour donner le signal à l'une ou à
l'autre machine. Enfin l'augmentation du personnel entraî-
nait une aggravation correspondante des frais.

M. Nœggerath, inspecteur de la houillère, a trouvé dans
l'emploi de l'électro-magnétisme le moyen de supprimer
les stations intermédiaires et de se soustraire à tous les
inconvénients que nous venons d'énumérer. Les appareils
établis dans ce but fonctionnent, sans interruption, ni
faute, depuis le commencement de l'année 1863; ils constituent une innovation des plus importantes.

Le transport par câbles exigeant que le conducteur des
trains soit à même de donner les signaux aux deux extrémités et de tous les points de la galerie, il est indispensable que l'appareil soit à courant constant, — c'est-à-dire
que ce courant circule continuellement, — afin d'être toujours prêt à transmettre les signaux, et que son interruption en un point quelconque fasse immédiatement
fonctionner les sonneries placées aux deux extrémités.
A cet effet, un fil de fer de traction, placé au faîte de la
galerie, est divisé en dix parties ayant chacune environ
188 m. 50 m. de longueur; à chaque solution de continuité, formant autant de relais, est installé un commutateur semblable à ceux qu'on emploie habituelle-
ment dans la télégraphie pour mettre les sonneries en
mouvement d'une station à la suivante. Sur les touches de
ces commutateurs agissent des leviers communiquant avec
avec les fils des diverses stations; en sorte que ces fils,
quand on les tire en un point quelconque de la galerie,

déterminent l'interruption du courant et mettent en jeu les
sonneries placées dans les chambres des machines. La
source d'électricité est une batterie, zinc et cuivre, de
Meidinger, formée de treize éléments de 130 mm. de
hauteur et 78 mm. de largeur. Cette batterie, que l'on
rencontre généralement dans les télégraphes de chemin
de fer, produit un courant constant, exige peu de surveillance, n'a pas besoin qu'on change souvent ses éléments, est économique de construction et d'entretien.
Elle est placée au jour, dans une petite hutte que l'on
entretient à un degré de chaleur suffisant. Le conducteur
électrique, suspendu au faîte de l'excavation par des
crampons en fer, se compose de quatre fils de cuivre
revêtus de gutta-percha et enveloppés de douze fils de
fer galvanisé. Il se termine par deux plaques métalliques;
l'une, au jour, est fichée en terre ; l'autre plonge dans un
puisard pratiqué auprès de la machine souterraine. La
terre complète le circuit.

Le commutateur établi à chaque relai est représenté par
les figures 23 et 24. Sur une planchette en bois, a, est
attaché un ressort en laiton, b ; ce dernier porte à son
extrémité, une touche en bois, c, qui s'appuie contre un
étrier en laiton, d, également attaché à la planchette.
Des boutons à vis mettent en communication le ressort et
l'étrier avec les extrémités dénudées du fil télégraphique.
A l'état de repos, le circuit est fermé; mais si l'on appuie
sur la touche, le ressort quitte l'étrier, ce qui suffit pour
interrompre le courant et donner le signal. Les points de
contact du ressort et de l'étrier sont recouverts de petites
lames de platine qui les préservent de l'oxydation. On a
choisi, pour y placer les relais, les points les plus secs de
la galerie, afin d'éviter que l'humidité des planchettes ne
vienne fermer inopportunément le circuit. Il convient

aussi, afin que l'on puisse changer les commutateurs avec facilité et remédier promptement à l'interruption accidentelle des fils conducteurs, que ceux-ci soient, non pas soudés avec le levier et le resssort, mais liés avec eux par des boutons à vis.

Les manipulateurs, auxquels sont attachés les commutateurs et les extrémités des fils de traction, e, e, sont représentés dans les figures 19, 20 et 21. Ils reposent sur des planchettes, f, fixées, au moyen de quatre boulons d'ancrage, aux parois de la galerie.

L'appareil n'est autre qu'un levier à deux branches, h, mobile autour d'un axe, g ; dans ses déviations à droite et à gauche de la position verticale, il appuie sur la touche du commutateur, soit directement, au moyen d'un talon, soit indirectement, par l'intermédiaire de l'extrémité, i, du levier coudé k.

Les fils de traction, qui se dirigent dans les deux directions opposées de la galerie, se rattachent au manipulateur par des vis de rappel, l. Ainsi le levier h, sollicité en sens contraires par des fils de poids à peu près égaux, tend à résister aux oscillations, qu'une bande de caoutchouc, m, appliqué à sa partie inférieure, contribue encore à annihiler; en sorte qu'une traction du fil ne peut correspondre qu'à une seule pression de la touche et par suite à une interruption du courant et à un tintement de la sonnerie.

Les vis de rappel, l, l et n, n, appartenant respectivement aux fils de fer et à la lanière de caoutchouc, permettent de ramener les surfaces de contact, i, à égale distance de la touche c. En outre, des vis de pression, o, disposées latéralement sur le bras inférieur du levier h, entravent les mouvements de ce dernier et l'empêchent de s'appuyer sur la touche pendant les réparations des fils conducteurs.

Les manipulateurs sont renfermés dans des caisses munies de portes. Dix appareils semblables sont dispersés sur tout le parcours, en sorte qu'on peut interrompre le courant dans toute son étendue en tirant le fil de 0.15 à 0.20 m. de haut en bas. La force que réclame cette action est si minime que la main de l'homme y est plus que suffisante, même pendant la marche du convoi, ce qui était impossible avec les appareils primitivement employés.

Dans la chambre de chaque machine est établie une grosse sonnerie de Kramer (fig. 21), à un seul coup, dont le son est assez intense pour qu'on puisse le percevoir malgré le bruit de la machine. Quoique la chambre souterraine soit assez sèche, on a placé la sonnerie dans une caisse en bois, asséchée intérieurement par de la chaux vive. Des galvanomètres avertissent le machiniste des interruptions accidentelles du courant.

En vertu d'une convention relative aux signaux, un seul fil suffit pour les deux machines. Quoique les signaux adressés à l'une d'elles parviennent également à l'autre, le nombre des coups offre un moyen de donner les signaux à chaque moteur en particulier. Ainsi un seul coup, signifie « halte ! » dans les deux, mais les autres signaux sont répartis comme suit :

Halte !	1 coup	1 coup.
En arrière !	2 »	4 »
En avant !	3 »	5 »
En avant lentement !	4 »	6 »

Sonnerie de Douchy.

Les simples cordeaux de sonnette gardent ce grand avantage de permettre aux ouvriers qui circulent dans le puits d'agir sur la sonnerie quand ils le veulent pour se faire arrêter en un point quelconque, par exemple là où ils ont des travaux de réparation à exécuter. Afin d'étendre cet avantage aux signaux électriques, M. A. Mathieu, directeur des mines de Douchy, à Lourches (Nord), a imaginé de garnir un des guides de deux lignes en fer galvanisé, servant de conducteurs à la sonnerie établie au jour. La cage contiendrait un petit manipulateur qui se composerait d'une fourche métallique à bascule, munie d'une poignée et dont les dents viendraient, à la volonté des mineurs en marche, s'appuyer contre les deux lignes ferrées, ce qui déterminerait la fermeture du courant et, par suite, le jeu de la sonnerie. — Cette fourche pourrait encore, ainsi que l'indique l'inventeur, être remplacée par un galet de friction, qui entamant l'épiderme isolante de rouille et de crasse accumulées sur les conducteurs serait, suivant nous, plus efficace.

Ce petit appareil peut également servir à indiquer automatiquement un serrage de guides ou un arrêt intempestif de la cage. A cet effet, il est mis en rapport avec le ressort du parachute. On conçoit aisément que, celui-ci se détachant, la sonnerie indique à l'instant qu'un fait anormal se passe dans le puits.

Enfin, rien n'empêcherait d'utiliser les conducteurs pour mettre à feu les mines au moyen de l'électricité dans le creusement des avaleresses (1).

Généralités sur les parachutes des mines.

Le parachute agit instantanément ou progresssivement

(1) Bien que cette invention n'ait pas encore été appliquée en grand, nous avons cru devoir lui consacrer ce paragraphe et appeler sur elle l'attention des exploitants, parce qu'elle serait de nature à restreindre le trop grand nombre d'accidents dûs à l'emploi des cages.

Note de l'Éditeur.

c'est-à-dire avec toute l'intensité de sa force, immédiatement après la rupture du câble, — ou en offrant une résistance graduelle qui s'accroît rapidement jusqu'à devenir égale ou supérieure à la force vive qu'il s'agit d'amortir. Le second mode est évidemment le plus convenable puisqu'il enlève tout danger soit à la rupture de l'appareil on du guidonnage, soit à ces ébranlements quelquefois assez intenses pour blesser et même tuer les ouvriers accroupis dans les cages.

M. Dubar, ingénieur à St-Vaast (Hainaut) a proposé d'anéantir la force vive du poids descendant, au moyen de matelas élastiques en gutta-percha ou d'autres appareils, qu'il appelle *amortisseurs*.

Les moteurs des parachutes sont des ressorts en acier, — soit à boudins, soit à lames courbes superposées, — capables d'emmagasiner une quantité d'action suffisante pour imprimer le mouvement à l'organe d'arrêt. Quant à l'action de corps pesants, placés à l'extrémité de leviers dont ils doivent provoquer la rotation, c'est un moyen qui offre peu de garantie, parce que le point d'appui fait défaut si ce point, à l'origine de la chute, acquiert une vitesse égale à celle du moteur. On a essayé au Nord du Bois de Boussu (couchant de Mons) des ressorts cylindriques en caoutchouc, mais on a reconnu leur insuffisance.

Les ressorts des parachutes ne sont pas seulement des moteurs d'arrêt; ils ont encore pour fonction de briser les chocs résultant de la tension trop brusque des câbles au moment où l'on enlève la charge qui repose sur les clichages.

Les parachutes sont plus sûrs pendant l'ascension que pendant la descente; car, en cas de rupture, les vases animés d'un mouvement de bas en haut résistent, en vertu

de leur force d'inertie à l'action de la pesanteur. Il en résulte un temps de repos, qui, bien que fort court, permet
aux ressorts de se détendre et aux organes d'arrêt de se
fixer. Il n'en est pas de même à la descente, où le mouvement acquis de la cage vient s'ajouter à l'action de la
pesanteur. Cette circonstance est fort heureuse si, comme
on l'assure, la plupart des ruptures de câbles ont lieu
pendant l'ascension des cages.

L'expérience prouve que les parachutes ne fonctionnent
pas toujours au moment du danger. Quelque concluantes
que puissent paraître les expériences destinées à en constater l'efficacité, on peut objecter qu'elles sont toujours
l'objet de préparatifs capables d'assurer momentanément
des résultats satisfaisants. Mais que le câble vienne à se
rompre fortuitement pendant le cours de l'extraction et
sans qu'on y ait été préparé, les choses se passent tout
autrement. Les voies verticales, plus ou moins usées,
cèdent sous la pression de l'organe d'arrêt, ou bien celui-
ci ne les embrasse plus avec assez d'énergie: le ressort
moteur perd de son élasticité et, si l'effort de pénétration
ou de pression de l'arrêt ne devient pas inefficace, tout
au moins il ne se fait sentir qu'après l'instant où la cage,
déjà descendue d'une certaine hauteur, est animée d'une
force vive considérable.

Les appareils ne sont donc que des palliatifs dont
l'effet peut être annulé par des circonstances imprévues.
Que penser, dès lors, de l'opinion de certains exploitants
qui les considèrent comme devant contribuer non seulement à la sûreté des ouvriers, mais encore à la prolon-
gation de la durée des câbles et n'envisagent ainsi la
question qu'au point de vue de l'économie! Il s'en suit
simplement que le mineur est, dans ce cas, plus exposé
qu'auparavant, les probabilités de rupture s'accroissant

avec la durée de service des câbles, que l'on cherche à user jusqu'à la dernière limite de résistance.

Il ne faut pourtant pas proscrire les parachutes, car s'ils n'empêchent pas tous les accidents, ils peuvent au moins en diminuer le nombre. Seulement il convient d'agir comme s'ils n'existaient pas, c'est à dire de ne se relâcher d'aucune des précautions dont on usait avant leur emploi; on ne doit se dispenser en aucune manière de surveiller les câbles avec le plus grand soin, ni de les changer dès que leur état de dégradation le réclame.

L'ingénieur qui se complairait dans une fausse sécurité trouverait dans les parachutes, non une cause de garantie, mais un danger permanent.

Une dernière observation: Ces appareils étant appelés à fonctionner dans des puits humides et remplis de poussière de houille, ils doivent être d'une construction fort simple, afin de ne pas se détériorer et manquer au moment critique.

Parachute de M. Libotte. (Pl. LI, fig. 1 à 4.)

Aucun appareil de mines n'a excité au même degré que les parachutes la verve des inventeurs. En 1859, on en comptait déjà vingt-huit et l'on peut juger du nombre des inventions par cette circonstance que depuis cette époque il ne s'est guère passé de mois sans que le *Mining Journal* n'en fît connaître un nouveau. Aujourd'hui cette fougue semble s'être un peu apaisée. La plupart de ces projets sont de simples modifications d'appareils plus anciens et ne se recommandent par aucun principe nouveau. Nous nous bornerons donc à en faire connaître quatre, qui offrent quelques perfectionnements intéressants et, peut-être aussi, quelques garanties de plus que les autres.

Le premier par ordre de date est dû à M. Libotte, mécanicien à Gilly. — Une tige verticale est terminée à son
sommet par un œillet qui sert à la relier à l'anneau d'attache du câble; elle est commandée par des ressorts
formés de lames d'acier superposées et destinées à opérer
une pression sur un épaulement auxquels sont fixés des
bras de levier; ceux-ci sont articulés avec des manivelles
calées sur deux arbres, qu'elle font tourner en sens inverses. Les arbres règnent sur toute la largeur de la
cage, font saillie en dehors et reçoivent, à leurs extrémités,
des griffes fortement calées et disposées de chaque côté
des guides.

Le jeu de l'appareil est simple et facile :

Tant que la chaîne d'attache reste tendue, elle soulève
la tige et la maintient à son point le plus élevé; le ressort
est comprimé par l'épaulement et les arbres occupent leur
position normale, c'est-à-dire qu'ils tiennent les griffes
ouvertes de manière qu'elles glissent le long des guides
sans les toucher.

Mais dès que le câble, cessant de tirer sur la chaînette,
ne retient plus la tige, le ressort se détend, presse sur
l'épaulement, et la tige, par l'intermédiaire des bras de
levier et des manivelles, fait tourner les arbres en sens
inverses l'un de l'autre; les griffes, suivant le mouvement,
viennent s'implanter dans les faces latérales des guides,
d'autant plus profondément que le poids ou la vitesse
acquise sont plus considérables.

Les griffes, allongées en forme de mains, n'ont pas de
tendance à entailler les guides à une trop grande profondeur ; en outre, les points de contact étant multipliés et
les dents successivement engagées, la résistance augmente progressivement.

L'appareil tel que nous venons de le décrire ne convient

qu'aux puits dont les guidonnages sont assez rapprochés ; lorsqu'ils sont plus écartés, on doit, pour diminuer le poids de l'appareil, remplacer les arbres, devenus trop longs, par une, une tringle unique, sur laquelle agit le ressort et qui transmet le mouvement à de petits arbres ajustés aux deux extrémités de la cage et munis de griffes.

Le parachute de M. Libotte est préférable à celui de M. Fontaine en ce qu'il ne tend pas comme lui à écarter violemment les guides, mais fait pénétrer les griffes sur leurs faces latérales et opposées de manière à les comprimer. Il n'occupe qu'un espace minime, est fort léger, quoique solidement construit, ce qui diminue le poids mort. Enfin cet appareil ne réclame aucun soin, si ce n'est de remplacer les ressorts affaiblis par l'usage et d'aiguiser les griffes émoussées qui pourraient glisser sans mordre.

Dans tous les cas, il est toujours facile de s'assurer de l'état où se trouvent ces organes, puisque le parachute est appelé à fonctionner chaque fois que les cages reposent sur le clichage, c'est-à-dire chaque fois que le câble cesse d'être tendu.

Celui qui écrit ces lignes a vu marcher de semblables appareils, non-seulement en Belgique, mais encore dans les districts de la Westphalie et de la Prusse rhénane.

Le parachute adjoint aux cages de la mine de Reden (district de Saarbrüken) offre la plus grande analogie avec celui de M. Libotte. A l'exception du ressort moteur, qui est installé au-dessous de la traverse supérieure de la cage, on y retrouve toutes les dispositions que nous venons de décrire. Les deux arbres, pourvus de griffes, sont mis en jeu par des manivelles et des leviers articulés à une tige centrale. Quatre tringles verticales établissent la solidarité entre cette dernière et le ressort. Mais ce qui n'existe pas dans l'appareil primitif et qui le complète, c'est que la tige traverse un amortisseur des chocs, c'est-à-dire une boîte renfermant des manchons de caoutchouc séparés par des disques en tôle de fer. C'est pour pouvoir loger cet organe que l'on a dû déplacer les ressorts.

Parachute à excentriques (fig. 5 et 6).

Ce système, perfectionné par M. Léonard Micha, ingénieur, fonctionne dans l'un des puits de la compagnie de Marles (Pas de Calais).

Les organes d'arrêt, proprement dit, sont deux paires de cames, A, qui présentent la forme d'un cylindre horizontal ayant pour base la ligne mixte $mnopq$, dont la partie essentielle est la courbe excentrique po, que l'on peut supposer tracée par un rayon vecteur croissant de p en o. Ces cames sont calées aux extrémités des arbres en fer, B, qui peuvent à un moment donné, comme on va le voir, tourner dans leurs supports, C. Elles sont disposées de manière que, dans l'état normal, la partie plane, pq, circule parallèlement aux guides en bois, D, sans les toucher (fig. 5). Les arbres B portent, outre les cames, deux leviers, E, articulés chacun à une bielle arquée, F. Les deux bielles ont leurs axes de rotation sur une courte traverse, G, à laquelle est calée une tige, H, suspendue au câble d'extraction. Sur cette traverse repose un manchon, I, solidement relié par deux bras à la cage et traversé par la tige, qui peut fournir une certaine course verticale. Un ressort à boudin, K, ou tout autre, est comprimé entre le toit de la cage et la partie inférieure de la tige.

Si le câble vient à se rompre, le ressort se détend, appelle la tige vers le bas et, avec elle, la traverse *G*; les bielles *F*, par l'intermédiaire des leviers *E*, font pivoter les cames et leurs parties excentriques, *p o*, dont les dents viennent mordre et serrer les guides, contre lesquels les faces planes *nm* ne tardent pas à s'appliquer ; et l'appareil présente la position fig. 6.

Parachutes à coins.

Dans ce système, les organes d'arrêt sont des coins qui viennent s'intercaler entre les guides et les machoires conductrices des cages, sous l'action d'un ressort qui se détend lorsque le câble vient à se rompre. Selon la disposition adoptée, ces coins presseront les guides intérieurement ou latéralement. Le parachute représenté fig. 7 et 8 appartient à la première catégorie ; il est dû à M. E. Delsaux et fonctionne au charbonnage de l'Escouffiaux, à Hornu (Couchant de Mons).

Au cadre supérieur de la cage est fixée une traverse en bois, *a*, sur laquelle pivotent deux paires de leviers, *b*, de communication de mouvement. Chaque paire de leviers est articulée, par une extrémité, à un coin, *c*, garni de griffes de fer et, par l'autre, à la tige, *d*, qui sert à suspendre la cage par l'intermédiaire des ressorts, *e*.

Notre dessin montre l'appareil à l'état de repos. Que la corde vienne à casser, le ressort attire à lui la tige et fait basculer les leviers, qui, par cela même, soulèvent les coins en les fesant glisser dans une rainure disposée à cet effet sur le plan incliné que leur présente le bout de la traverse *a*. Les coins, serrés par les guides, y incrustent leurs griffes et tiennent la cage suspendue.

20

Parachute à friction de M. Nyst. (Fig. 9 et 10).

Les poutrelles à friction, P, de la voie verticale, le long desquelles glissent les patins, doivent avoir une section trapézoïdale. La cage est munie, à sa partie supérieure, de deux traverses, *a*, que relient des guides verticaux, *b* ; entre ces guides fonctionne un ressort à lames plates, *c*, et une chape ; celle-ci est fixée à une tige cylindrique, *d*, qui traverse le ressort et se rattache au câble. Les traverses portent les centres d'oscillation, *e*, de deux leviers, *f*, dont les bras les plus courts se terminent par des espèces de fourches, *g*, de même section que les poutrelles, qu'elles enveloppent ; leur longs bras sont légèrement recourbés, afin de pouvoir se croiser en se juxtaposant dans la chape.

Les deux leviers étant ainsi rendus solidaires, les fourches saisissent simultanément les deux guides de la voie verticale ; et le ressort, qui tend constamment à abaisser la chape, ramène également les leviers dans le plan horizontal.

Tant que la chaîne d'attache soulève la tige, le poids de la cage comprime le ressort, et les leviers gardent une position inclinée. Comme les centres d'oscillation ne correspondent pas aux centres de figure, il en résulte une légère excentricité, qui, jointe à l'inclinaison, rapproche les fourches cunéiformes et produit un écart moindre que celui des poutrelles, le long desquelles l'appareil circule sans frottement.

Mais aussitôt que le câble cesse de tirer sur la tige et rend la chape à la liberté, la chape tombe et entraîne avec elle les têtes des deux leviers ; alors les fourches embrassent les poutrelles et produisent un serrage de plus en plus énergique, pendant lequel la chute est amortie; puis, lorsque les leviers sont devenus perpendiculaires aux guides, moment de l'écart maximum, la chape maintient les premiers dans leur position. Dans ce moment, ou les chocs sont complétement amortis, ou la chute du câble sur le toit de la cage produit un nouveau choc qui n'a d'autre effet que de faire glisser les fourches le long de la voie verticale, jusqu'au moment où le frottement vient s'opposer à tout mouvement ultérieur.

Le parachute de M. l'ingénieur Nyst est des plus simples; il est fort léger et, par conséquent, peu coûteux et ses frais d'entretien sont nuls. Mais il est difficile d'admettre, avec l'inventeur, qu'un frottement suffisant pour arrêter une charge animée d'une grande vitesse puisse résulter d'une faible pression sur les poutrelles de la voie verticale en vertu de la section cunéiforme de ces dernières; évidemment cette pression n'est pas aussi intense que dans les appareils où des griffes agissent du dedans au dehors; elle l'est toujours assez toutefois pour inspirer des craintes sur la tendance des leviers à produire l'écartement des guides.

Cet appareil est probablement le seul qui puisse fonctionner sur les rails en fer, usités dans beaucoup de localités, notamment dans la province de Liége.

Il n'a pas encore été mis en pratique dans les mines. Cependant on en a fait fonctionner un à titre d'essai aux monte-charge des hauts fourneaux de Sclessin, près de Liége. La cage, pesant 1156 kilogr., était guidée sur des rails *en fer* (circonstance désavantageuse), dont la section frottante était de 46 sur 36 mm.; le poids, du parachute était de 150 kilogr. « La cage, munie du parachute a été élevée à une couple de mètres, puis lâchée brusquement. Aussitôt les griffes ont serré les guides et, après un par-

cours de 15 centimètres la cage est restée suspendue sans
choc important. — Le poids total arrêté était de 5000
kilogr. Après inspection des griffes, guides, etc., on n'a
constaté aucune dégradation dans ces organes(1) ».

Crochets de sûreté et évite-molettes.

Il arrive parfois que les vases d'extraction, dépassant
la limite de leur course ascentionnelle, viennent en contact avec les molettes, ce qui peut occasionner les plus
grands désastres ; le câble, arraché de la cage et cédant
à l'extension, se replie violemment vers les bobines, en
brisant les tuyaux de conduite de la vapeur et d'autres
organes de la machine, en blessant ou tuant le machiniste s'il le rencontre sur son passage ; la cage, si elle
n'est pas retenue par des taquets spéciaux placés au-dessous des molettes, tombe dans le puits, où elle se brise
après avoir endommagé le revêtement et les guidonnages ;
quelquefois elle détruit l'autre cage. Et l'on peut encore
s'estimer heureux quand l'accident ne se produit pas pendant la circulation des ouvriers, comme cela s'est vu au
Couchant de Mons, il n'y a pas bien longtemps. Trois
mineurs remontaient au jour ; à leur arrivée à la margelle,
le machiniste oublia de modérer la marche du moteur ;
la cage lancée vers les molettes se détacha du câble et fut
précipitée dans le puits, où elle rencontra la seconde
cage, qu'elle entraîna avec elle dans le puisard. Les
diverses phases de cet événement ont été constatées et
rapportées par M. Harzé, alors ingénieur au 1er district
des mines.

Cet accident, qui jadis avait pour cause la hauteur in-

(1) Extrait du procès-verbal des expériences.

suffisante des poulies au-dessus de la margelle ou la négligence du machiniste, est devenu assez fréquent depuis
l'emploi des machines à cylindres conjugés et action
directe, dans lesquelles les manivelles commandent, sans
intermédiaire, l'arbre des bobines et impriment aux câbles
une très-grande vitesse ; si à cette circonstance on ajoute
la hauteur considérable attribuée aux cages actuelles,
on voit qu'il importe d'élever la charpente à molettes et
de ralentir la marche de la cage bien au-dessous de la
margelle du puits.

C'est cet état de choses qui a fait inventer les *crochets
de sûreté* et les *évite-molettes*.

Les premiers sont des organes qui relient les câbles
et les vases d'extraction et qui, au moment où la cage
arrive à une certaine distance des molettes, heurtent
une partie fixe et s'ouvrent spontanément en opérant la
disjonction de la charge et du câble.

Les évite-molettes consistent en une combinaison de
leviers propre à serrer le frein ou à fermer le modérateur
de la vapeur, avant l'instant où les vases vont atteindre
les molettes.

Les crochets de sûreté, assez répandus en France et
surtout en Angleterre, ne jouissent pas d'une grande
faveur en Belgique et en Allemagne, où des doutes ont été
émis, dès l'origine, sur leur efficacité. Cette prévention,
fondée sur ce que l'organe d'arrêt pourrait être heurté
accidentellement et s'ouvrir dans un moment inopportun,
a été ultérieurement justifiée par des faits.

En 1862, il est arrivé dans les mines de sel de St-
Nicolas Varangeville (département de la Meurthe) un accident qui a été aggravé par l'emploi d'un crochet de
sûreté. La cause première fut la négligence d'un ouvrier
qui oublia de fermer la cage descendante. Une des voi-

tures sortit de son gîte, s'accrocha au revêtement et tomba
dans l'excavation. L'un des débris de cette voiture ou de
sa charge rencontra dans sa chute l'arrêt du crochet de
sûreté et l'ouvrit; et comme le parachute ne fonctionna
pas, les cages, les vases, les minerais furent précipités
pêle-mêle dans le puisard en produisant un bouleverse-
ment indescriptible.

Malgré les imperfections des crochets de sûreté,
comme nos lecteurs pourraient être désireux de savoir
ce que l'on a fait sous ce rapport, nous consacrerons
un paragraphe à décrire les plus récents de ces appareils.

Description de quelques crochets de sûreté
(Pl. LI).

On voyait, en 1855, à l'exposition universelle de Paris,
un crochet de sûreté envoyé par M. Chagot de Blanzy
(fig. 13, 14 et 15).

L'anneau, a, d'attache du câble et un étrier, b, auquel est
suspendue la cage, ou son parachute, comprennent, entre
leurs parois, les deux branches d'une pince, c c ; celles-ci
oscillent en sens inverse l'une de l'autre, autour d'un
axe horizontal, d, et viennent se réunir, en embrassant le
boulon d'attache dans des échancrures pratiquées à leur
partie supérieure. L'étrier est percé d'une rainure longitudinale, x y, dans laquelle glisse une barre en fer, e ;
cette barre s'oppose à l'ouverture de la pince, aussi longtemps que des ressorts, ff, formés de lanières en caoutchouc vulcanisé, la maintiennent à la partie supérieure
de la fente ; mais, dès que la cage atteint une certaine
position, la barre rencontre des heurtoirs, gg, — symétri-

quement disposés de chaque côté du câble et fixés à la charpente des molettes, — et, allongeant les ressorts, cesse de maintenir écartées les queues des branches de la pince, qui s'ouvre aussitôt et rend indépendant du câble le vase, que le parachute maintient suspendu au-dessus de la margelle.

Cet appareil, simple et peu coûteux, n'ajoute qu'une faible quantité au poids mort de la charge.

————

Un autre crochet de sûreté est dû à M. Samuel Bailey, ingénieur anglais (1).

Entre deux plaques de garde, en tôle, (dont l'une a été supprimée dans le dessin, afin de laisser voir le mécanisme intérieur) sont comprises les pièces suivantes (fig. 20) : Deux barres carrées, a, entaillées à redans et pouvant tourner autour de leurs pivots, b, renferment un boulon plat, c, rattaché au câble par une articulation et entaillé de la même manière que les barres a, mais en sens contraires ; des chaînons articulés, d, servent à lier les barres à redans avec des leviers, e, que des ressorts, f, contraignent à faire saillie au-dehors des flasques. Deux crochets, g, ont leurs centres d'oscillation en h. Enfin une couronne, i, représentée en coupe et en pointillé dans la figure, est solidement établie sur des traverses à la hauteur où doit s'effectuer la disjonction du vase et du câble. Lorsque l'extraction marche régulièrement, le câble est attaché en j, et la cage en k. Tout se passe comme si le crochet de sûreté n'était pas interposé entre ces deux objets. Mais si un machiniste inattentif laisse la cage monter vers les molettes, les leviers e viennent en contact avec la couronne, pivotent autour de leurs axes et

(1) MINING JOURNAL. 1860. *Supplément.*

séparent les barres à redans ; le boulon plat *c*, mis en
liberté, est emporté par le câble ; les crochets *g*, oscillant
autour de leurs pivots *h* décrivent un quart de cercle et
sont rejetés sur l'anneau d'arrêt, où ils maintiennent le
vase suspendu.

Cet appareil n'est pas à l'abri de tout reproche. Un
affaiblissement des ressorts ou les heurts auxquels les
leviers.sont exposés pourraient l'amener à fonctionner intempestivement. D'autre part, une trop grande rigidité de
ces mêmes ressorts produirait, au contact des leviers sur
la couronne, un choc suffisant pour déterminer la rupture
du câble ou la destruction de l'appareil. Enfin, il est à
craindre qu'un organe imparfait ou disloqué ou l'introduction, dans le mécanisme, d'un corps étranger n'empêche les crochets de fonctionner et qu'alors la cage
n'étant plus suspendue soit précipitée dans le puisard.

———

Les crochets de sûreté de la mine de Peasley (Lancashire) (1) sont représentés par les figures 16 et 17.

Ils se composent de deux lames, *a*, *b*, disposées
comme des ciseaux, dont les branches supérieures sont
traversées par un boulon que maintient une clavette.
Un levier à triple bras se rattache, d'un côté à la clavette,
de l'autre à la cage, qui y est suspendue ; le troisième
bras offre une légère saillie au dehors de l'une des
branches de la pièce en ciseaux. Lorsque la cage arrive
aux molettes, le levier cède sous la pression d'une couronne, *d*, et retire la clavette du boulon ; immédiatement
après, la pression de la couronne passe sur les branches
inférieures de la pièce en ciseaux ; l'écartement des
branches supérieures libère le boulon, qui tombe en per-

(1) *Bulletin de la Société de l'Industrie minérale*, T. VII, p. 13.

mettant au câble d'abandonner la charge ; celle-ci retom-
berait dans le puits si elle ne rencontrait, dès le premier
instant de sa chute, deux taquets fesant saillie sous l'influence de contre-poids. La disposition de ces taquets
doit être telle qu'ils fassent spontanément place à la cage
ascendante. En outre, il convient de les visiter fréquemment, parce que, ne fonctionnant qu'à de rares intervalles,
ils sont sujets à s'encrasser, adhèrent à leurs tourillons
et résistent à l'action de leur contrepoids.

L'appareil représenté figure 19 se compose d'une chaîne
anglaise dont l'extrémité inférieure supporte la cage au
moyen d'une clavette, *a*, fixée à l'un des bouts d'une tige
rigide, *b*, qui pivote, par l'autre bout, sur un des maillons de la chaîne.

Il est facile de comprendre, sans autre explication,
comment s'opérera ici la disjonction.

Evite-molettes, ou arrête-cages.

Le lecteur a déjà vu, dans la première partie de cet
ouvrage, la manière de disposer au-dessous des molettes
un levier qui vient heurter le sommet de la cage lorsque
celle-ci dépasse sa limite d'ascension ; ce levier, qu'une
tringle met en relation avec le modérateur ou le frein,
ferme l'un ou serre l'autre ou produit simultanément ces
deux effets.

M. Gouttéaux, constructeur-mécanicien à Gilly, près
de Charleroi, est le premier qui ait eu l'idée de se servir
de la sonnerie à vis des allemands pour empêcher le
conflit des cages et des molettes. Si le machiniste n'arrête
pas le mouvement de la machine dès que les cloches

d'avertissement se sont mises en branle, l'écrou-curseur continue sa marche et vient heurter un taquet, que des leviers mettent en relation avec le modérateur et l'encliquetage du frein à vapeur; en sorte que, quand la cage va trop haut, la soupape du modérateur se ferme et la lumière d'admission du cylindre qui commande le frein s'ouvre. — Ces appareils sont fort répandus en Belgique, notamment dans le district de Charleroi.

Un évite-molettes de ce genre fonctionne sur le puits n° 2 de la mine du Grand-Hornu, mais il offre plus de garantie, parce qu'il produit un effet de plus que les précédents; en effet, il provoque simultanément l'ouverture des robinets de décharge des cylindres moteurs, afin de permettre à la vapeur qui agit sur les pistons de s'échapper dans l'atmosphère (1).

Enfin, à toutes ses machines d'extraction M. Colson a annexé des évite-molettes mis en jeu par la sonnerie à vis; la machine de la vallée du Piéton, décrite plus haut, nous en a fourni un spécimen.

Évite-molettes récemment proposés.

Les appareils que nous venons de décrire n'ont pas d'efficacité si la vitesse de la cage aux abords des molettes n'est pas assez modérée pour que le frein puisse l'éteindre en quelques instants. Or il serait dangereux pour

(1) L'auteur ne croit pas devoir entrer dans de plus amples détails : M. Glépin, directeur du Grand-Hornu, a écrit sur ce sujet un mémoire qui a été inséré dans un grand nombre de publications périodiques et qui a du tomber sous les yeux de tous nos lecteurs. Voir entre autres, le *Bulletin de l'industrie minérale*, T. 2, les *Annales des travaux publics de Belgique*, T. 15, le *Bulletin de la Société des anciens élèves de l'école spéciale du Hainaut*.

la machine de faire usage d'un frein qui l'arrête subitement en pleine vitesse. Dans l'emploi des simples crochets de sûreté, il y a également à tenir compte de la force vive de la cage ascendante, afin d'éviter un choc violent contre les molettes ou contre d'autres pièces susceptibles de bris.

M. Émile Harzé, ayant remarqué ces inconvénients, a imaginé un appareil propre à empêcher l'arrivée rapide de ces cages au jour.

Cet appareil agit sur le modérateur et sur le frein dans le cas d'un trop faible ralentissement de la machine, — non lorsque la cage ascendante est déjà au jour (il est alors souvent trop tard), mais au moment où elle arrive à un point situé au-dessous de l'orifice du puits, — de manière à pouvoir amortir progressivement la force vive qui anime les masses en mouvement. Dès que la cage atteindra ce point, que l'on pourra fixer à une trentaine de mètres au-dessous de la margelle, un pendule conique ayant été mis en relation avec l'arbre des bobines, ses boules s'écarteront d'une quantité correspondant à la vitesse du moteur, et feront fonctionner le modérateur et le frein si la vitesse n'a pas été suffisamment ralentie.

M. Harzé a cherché à combiner son évite-molettes avec l'appareil proposé par M. Delsaux (1) pour empêcher d'une manière automatique le *ballage* (2) des machines d'extraction. Voici la disposition à laquelle l'inventeur donne la préférence.

De même que dans l'appareil de M. Delsaux, l'arbre des bobines commande un pendule conique au moyen de deux

---

(1) Voir plus haut, page 260 de ce volume.
(2) Les mineurs du Couchant de Mons appelle vitesse de *ballage* celle qui résulte de la descente accélérée des vases par suite de la rupture d'un organe du moteur.

roues d'angle (Pl. LI, fig. 21). Le levier *a* agit, par l'un de
ses bras, sur les soupapes du modérateur et du frein à
vapeur; ce levier, à l'extrémité duquel presse un levier-
contrepoids, s'appuye sur la douille du pendule, qu'il tend
à entraîner vers le bas et il offre à l'écartement des boules
une résistance telle que la fermeture du modérateur ou le
serrage du frein ne peuvent avoir lieu que pour une certaine vitesse, comme celle de ballage.

Une roue appartenant à la sonnerie mécanique et accompagnée de boutons, *b, b*, soulève des virgules, *c, c*,
rendues solidaires par des engrenages.

Par suite de ce soulèvement, le pendule avant le moment d'arrivée des cages au jour est suffisamment allégé
pour que les boules puissent s'écarter et permettre au
levier *a* de prendre un mouvement de bascule et, par
conséquent, de mettre en jeu le modérateur et le frein,
dans la circonstance indiquée ci-dessus.

Un appareil du même genre, mais dérivant d'une idée
différente, a été imaginé par M. César Plumat, directeur
des charbonnages du Nord du bois de Boussu (Couchant
de Mons). Il a pour but de fermer la soupape du modérateur par l'enroulement des câbles d'extraction. Deux poulies jumelles de grand diamètre, installées chacune sur un
chassis à coulisseaux, sont alternativement pressées par
les dernières spires de l'enroulement et repoussées en
arrière avec leurs chassis. Une tige est articulée à la partie
postérieure de chacun de ceux-ci, et, dans une échancrure
que cette tige porte à son extrémité, se place un bouton
appartenant à la tringle du modérateur.

La poulie qui correspond à la cage ascendante vient en
contact avec le câble lorsque la charge est encore à une
certaine distance de la margelle, à 50 m., par exemple;

l'enroulement continue, le câble chasse la poulie en arrière, de sorte que le modérateur se ferme insensiblement et à mesure que la tige rétrograde. Pour que le câble puisse se dérouler ensuite, le machiniste dégage la tige de son bouton et la poulie est ramenée à son origine par un contrepoids,

———

L'appareil suivant, encore à l'état de projet, est dû à l'un des mécaniciens de la houillère du Grand-Bac, près de Liége.

Sur un arbre, installé parallèlement à celui des molettes, sont calés un couteau à lame épaisse et tranchante et deux leviers coudés. Deux lames de fer embrassent le câble immédiatement au-dessus de la cage et se réunissent pour faire saillie sur ses deux tranches. Enfin deux taquets à charnière, placés au-dessus des molettes, sont bornés dans leur course ascendante par des boulons à têtes saillantes.

Lorsque la cage se rapproche trop des molettes, les taquets soulevés lui livrent passage, puis retombent sur leur siége, immédiatement après. Les lames ajustées sur le câble soulèvent les leviers coudés, qui entraînent le couteau dans leur mouvement. Le couteau, dont la largeur est un peu moindre que la gorge de la poulie, s'applique sur le câble et le coupe. Le câble, devenu libre, continue sa route vers la bobine, tandis que la cage vient reposer sur les taquets.

La perte éprouvée est fort minime, puisqu'elle se réduit à celle d'un bout de câble fort court.

———

Enfin, parmi les moyens propres à empêcher l'ascension des cages aux molettes, on ne peut se dispenser de mentionner une disposition fort simple, due à M. Gravez, directeur-gérant de la mine de Sars-Longchamps (Centre du Hainaut), et qui a été appliquée notamment au puits n° 6 de cet établissement.

Dans ce procédé, les guides de la voie verticale convergent l'un vers l'autre, à partir d'un certain point au-dessus de la margelle. Le rétrécissement qui en résulte donne un effet semblable à celui des freins sur les patins et maîtrise peu à peu la machine. Si le câble est assez solide, la cage reste ancrée entre les guides, d'où il ne s'agit que de la retirer en desserrant les patins ; si le câble vient à se rompre, elle est arrêtée dans sa chute par le clichage ou, mieux, par des taquets de retenue placés un peu au-dessous des molettes.

Cette disposition, usitée dans presque toutes les mines de houille du département du Nord, a un défaut ; elle peut causer elle-même la rupture du câble ou, tout au moins, sa détérioration.

Échelles mobiles. (1) — *Diverses combinaisons des tiges oscillantes.*

Les échelles mobiles sont à simple ou à double effet, suivant qu'elles se composent d'une seule ou de deux tiges.

Une tige unique mobile est pourvue de paliers équidis-

---

(1) *Échelle mobile,* FAHRKUNST, *appareil d'ascension, tiges oscillantes, palière,* etc., etc., les noms que l'on a donnés à cet appareil sont aussi nombreux que souvent mal choisis. Le mot *Fahrkunst* a le tort, à nos yeux, d'abord d'être étranger, *barbare,* malsonnant à des oreilles wallonnes ou françaises, ensuite de manquer d'exactitude ; en effet, *Fahrkunst,* qui vient de *Kunst,* machine, et de *fahren,* transporter, signifie *machine de translation,* en général, et peut s'appliquer aussi bien à la locomotive ou au pyroscaphe qu'à l'appareil en question, à moins toutefois qu'on le fasse dériver de *Fahrt,* échelle, et alors on doit

tants correspondant à une série de paliers fixes (Pl. LII, fig. 2), les ouvriers, en mouvement pendant la moitié du temps employé à l'ascencion ou à la descente stationnent sur les paliers fixes pendant l'autre moitié.

Lorsque les paliers ne donnent place qu'à un seul homme, aucun ouvrier ne peut monter pendant que les autres descendent et réciproquement. Mais s'ils sont assez larges pour en recevoir simultanément deux ou si les paliers mobiles prolongés par derrière correspondent à une seconde série de paliers fixes (fig. 3), l'appareil peut donner lieu à deux courants dirigés dans le même sens ou en sens contraires, c'est-à-dire que l'on peut procéder soit à l'ascension ou à la descente d'un poste divisé en deux parties, soit à l'ascension ou à la descente simultanées de deux postes, l'un qui a fini son travail, l'autre qui va commencer le sien. Dans ce dernier cas, si les départs, du jour et du fond ont lieu au même instant, ou à peu près, la charge sera équilibrée.

encore préférer, parce qu'elle est française, la désignation que nous avons proposée : *échelle mobile.*

De même que l'échelle ordinaire, c'est un appareil d'ascension et de descente, avec cette différence que l'un est fixe, l'autre *mobile.* Il y a plus : que l'on suppose une échelle ordinaire, divisée en deux parties symétriques, pour avoir été coupée par les milieux des échelons ; que ces parties soient animées de mouvements de va-et-vient en sens contraires : on aura ainsi une véritable échelle mobile, dont les tiges seront représentées par les deux montants, et les paliers par les échelons. L'appareil primitif était fixe, le nouveau est mobile ; peu importe l'écartement des paliers ou échelons ; les enjambées des hommes sont maintenues, pour les échelles fixes, dans d'étroites limites ; elles peuvent devenir énormes (de 3 à 12 mètres), lorsque le mouvement est donné par des machines afin d'augmenter la vitesse de translation tout en diminuant la fatigue des hommes.

On a encore appelé l'échelle mobile *appareil d'ascension,* bien qu'elle serve aussi à la descente ; *tiges oscillantes,* en prenant la partie pour le tout. Les houilleurs de Seraing l'ont baptisée du nom pittoresque de *Polka,* qui en vaut bien un autre.

Si l'espace fait défaut, la nouvelle série de paliers peut être intercalée entre ceux qui existent déjà (fig. 4); ces derniers sont alors distants de la longueur, non plus de deux courses, mais d'une seule. Cette double série pouvant induire les ouvriers en erreur et occasionner des accidents n'offre aucun avantage sur les dispositions précédentes, si ce n'est de réduire l'espace occupé par l'appareil.

M. Guibal a proposé une nouvelle disposition (fig. 5): deux tiges simples, accompagnées de leurs paliers fixes, se sont mutuellement équilibrées, sans toutefois cesser d'être entièrement indépendantes sous le rapport de la translation, chacune devant remplir isolément sa fonction et transporter la moitié du poste ascendant ou descendant. Le moteur proposé par M. Guibal, et décrit plus loin, permettant d'équilibrer les deux tiges, quel que soit leur écartement, a suggéré à cet ingénieur l'idée d'installer les deux appareils sur les côtés opposés d'un puits circulaire et d'utiliser ainsi des parties de la section assez souvent sans emploi.

Les échelles à double effet comprennent deux tiges (fig. 6) munies de paliers distants entre eux d'une double course dans les cas ordinaires et d'une course simple lorsqu'il s'agit d'établir un double courant d'ouvriers. Dans les deux cas l'homme placé en *a* passe en *b* après la première oscillation, puis en *c* après la seconde et ainsi de suite. Comme il ne stationne jamais, sa translation dans le puits s'effectue avec une vitesse double de celle que procure une tige unique.

Ici la largeur des paliers peut également être doublée pour recevoir simultanément deux hommes. On pourrait aussi produire des doubles courants au moyen de paliers intermédiaires ; mais ces dispositions dangereuses sont généralement proscrites.

Dans les appareils à double tige, l'arrivée des ouvriers sur la margelle ou au fond du puits a lieu par la tige de départ ou par celle qui lui est opposée, suivant que le nombre de paliers est pair ou impair.

Un simple changement (fig. 7) des deux tiges de M. Guibal constitue une modification radicale à cet appareil, qui forme alors une triple échelle mobile. En effet, les moitiés intérieures des doubles paliers mobiles constituent une machine à deux tiges, tandis que les moitiés extérieures combinées avec des paliers fixes donnent deux machines à simple effet. La descente s'effectuant par ces dernières, le débit d'ouvriers devient à peu près double de ce qu'il est dans les autres procédés. Lorsque le travail souterrain est terminé, ce qui n'a pas lieu simultanément, mais à diverses reprises, les ouvriers échauffés et trempés de sueur se présentent par petits groupes et sont rapidement élevés au jour, sans devoir attendre leur tour en restant stationnaires au fond du puits, où circule incessamment un courant d'air pernicieux.

Les mineurs belges se servent exclusivement d'appareils à deux tiges et proscrivent les doubles courants d'ouvriers. Les anglais semblent préférer les machines à simple effet. Enfin, les allemands emploient indifféremment les deux types et ne craignent pas les doubles courants sur les échelles à simple tige.

Effet utile de chaque système de tige.

La descente ou l'ascension d'un poste d'ouvriers comprend deux parties : 1° la durée du parcours du premier homme jusqu'au dernier palier, un dernier espace restant à franchir; 2° le temps qui s'écoule entre deux arrivées

21

successives multiplié par le nombre total d'ouvriers à
descendre ou à monter.

Désignons par

l la profondeur du puits ;

c la course des tiges ou l'amplitude de leur mouvement ;

v la vitesse moyenne des tiges exprimée en secondes,
   en y comprenant le repos s'il en existe un ;

n le nombre des ouvriers du poste à faire circuler dans
   le puits ;

t la durée de la translation d'un poste de n ouvriers ;

p le nombre des intervalles entre les paliers mobiles ;

il est égal à $\dfrac{l}{c} - 1$. La durée d'une course est $\dfrac{c}{v}$.

Premier cas : tige unique avec paliers fixes (Pl. LII, fig. 2 .)

A chaque oscillation complète de la tige et en un temps
exprimé par $\dfrac{c}{v}$, un homme passant d'un palier sur le
suivant atteindra le dernier palier fixe en $p \times 2 \dfrac{c}{v}$ secondes. Quand il sera arrivé à ce point, il faudra pour
l'amener à destination, ainsi que tous ceux qui le suivent,
un temps égal à $2 \dfrac{cn}{v}$. Ainsi la durée de la translation
d'un poste est exprimée par

$$t = p \times 2 \; \frac{c}{v} + 2 \, c\frac{n}{v} = 2 \, c\frac{p+n}{v}$$

Si l'appareil était construit pour déterminer deux courants dirigés dans le même sens, les ouvriers se forme-
raient en deux brigades dont la translation s'opérerait
simultanément. Alors le temps nécessaire à l'opération
serait exprimé par

$$2 \, c \; \frac{p + \dfrac{n}{2}}{v} = c\,\frac{2\,p + n}{v},$$

résultat qui n'excède la moitié du précédent que d'une valeur $\frac{p\,c}{v}$, égale au temps que met un ouvrier à parcourir la moitié des paliers.

Second cas : tiges doubles ordinaires (fig. 6)

L'homme ne stationnant plus sur les paliers fixes, la durée de sa translation n'est plus que moitié de celle ci-dessus, c'est-à-dire $\frac{p\,c}{v}$. Mais comme il faut encore autant d'oscillations doubles qu'il y a d'ouvriers à déposer au fond du puits ou sur la margelle, un nombre d'hommes n exige un temps exprimé par $2\,\frac{c\,n}{v}$; d'où, la durée de la circulation du poste est

$$t = \frac{p\,c}{v} + 2\,\frac{c\,n}{v} = c\,\frac{p + 2\,n}{v}.$$

Les ouvriers pris individuellement circuleront avec une vitesse double; mais le débit sera à peu près le même, puisqu'il ne diffère, d'un cas à l'autre, que de $\frac{p\,c}{v}$, valeur fort petite par elle-même, qui diminue avec le nombre des paliers, p, l'amplitude de la course, c, et l'accroissement de la vitesse v.

Il résulte de ce qui précède qu'une tige simple débitera presqu'autant d'ouvriers que deux tiges, circonstance, comme on le verra, fort importante pour l'exploitant. La première est moins compliquée que les secondes; la place qu'elle occupe et les frais d'installation qu'elle réclame sont également moindres. Il est possible, à l'aide d'un volant régulateur fort puissant, d'obtenir une augmentation du travail utile. Mais une tige unique exige l'emploi de contrepoids d'équilibre, tandis que deux tiges s'équilibrent d'elles-mêmes.

Applications numériques.

Les données les plus usitées dans les conditions actuelles des mines de houille sont :

$$l = 500 \text{ m.}; \ c = 5 \text{ m.}; \text{ d'où } p = \frac{l}{c} - 1 = 99 \text{ m.};$$

$v = 1$ m. et $n = 120$ ouvriers, poste du matin ou de
l'après midi, le nombre total étant de 240.

Tige unique:

$$t = 2 \ \frac{p+n}{v} \ - = 10 \ \frac{99+120}{1} = 2190'' = 36', 3''.$$

Tige double :

$$t' = c \ \frac{p + 2 \, n}{v} = 5. \ \frac{99 + 240}{1} = 1695'' = 27', 25''.$$

Il suffirait d'imprimer à la tige unique une vitesse exprimée par le rapport des deux valeurs de t et de t', c'est-
à-dire de porter cette vitesse de 1 m. par seconde à

$$2 \frac{p+n}{p+2\,n} = 2 \ \frac{99+120}{99+240} = 1.292 \text{ m.,} \text{ pour placer cet ap-}$$

pareil dans des conditions de translation identiques à
celles de la machine à deux tiges. En effet cet accroissement de vitesse donnerait

$$2 \, c \ \frac{p+n}{v} = 10 \ \frac{99+120}{1} = 1695'' = 27', 25''.$$

L'emploi d'un double courant, soit par une plus grande
surface des paliers, soit par l'intercalation d'une nouvelle
série de paliers, permettrait de faire circuler les ouvriers
d'un poste en un temps,

$$c \times \frac{2\,p+n}{v} = 5 \ \frac{198+120}{1} = 1590'' = 26', 30'',$$

moindre que par l'emploi d'une tige double. Il en serait
de même des deux tiges simples et isolées proposées par
M. Guibal.

Les tiges doubles à paliers latéraux fixes offriraient la combinaison la plus avantageuse, en vertu des deux courants à simple vitesse que prendraient les ouvriers descendants pendant que les ouvriers qui sortent des travaux se serviraient de la voie à double vitesse.

Repos des tiges oscillantes.

Jusqu'à présent il n'a été tenu compte ni des repos, ou temps d'arrêt, ni des ralentissements de vitesse qui ont lieu à la fin de chaque excursion afin de permettre le passage des ouvriers d'un palier sur le palier opposé. Pour faire entrer en ligne cet élément essentiel, qui, à l'occasion des moteurs, sera l'objet d'un plus ample développement, il suffit de déduire la valeur de la vitesse v de chaque cas particulier.

S'il n'y a pas de temps d'arrêt ou s'il y a un simple ralentissement du mouvement de la tige aux extrémités de ses excursions, la vitesse v est égale à $\dfrac{c}{t}$, c'est-à-dire au quotient de la course exprimée en mètres, divisée par la durée de l'oscillation en secondes, valeur qui a toujours été sous-entendue jusqu'à présent.

Mais si chaque course est suivie d'un repos, r, la vitesse v sera remplacée par une autre, fictive, v', dont la valeur, $\dfrac{c}{t+r}$, doit entrer dans les formules précédentes. Les conséquences de ces temps d'arrêt, relativement aux effets produits, n'ont d'autre portée qu'un amoindrissement de la vitesse v; mais il convient d'observer que, pour des temps d'arrêt égaux, cet amoindrissement est en raison inverse de la longueur de la course.

Longueur des courses.

L'amplitude des oscillations des premières tiges du Hartz était de 1.15 m.; elle s'est élevée, dans les mines de houille de la Prusse, jusqu'à 4.18 m. En Belgique, les courses sont aujourd'hui de 3 à 5 m.; on se propose de les porter à 6 et même à 10 m.

Les grandes longueurs sont ou ne sont pas avantageuses, suivant le point de vue où l'on se place.

D'un côté, comme elles diminuent le nombre des changements de paliers et que les accidents ne se peuvent produire que pendant ces changements, elles contribuent ainsi à la sûreté des ouvriers.

En outre, de deux tiges animées de la même vitesse absolue, celle dont les excursions ont le plus d'amplitude sera aussi douée de la vitesse moyenne la plus grande, le nombre des arrêts ou des ralentissements de mouvement étant en sens inverse de la longueur des excursions.

D'un autre côté, le nombre d'hommes débités en un temps donné est, au point de vue de l'exploitation, bien plus important que la vitesse de translation. Aussi la rapidité de la circulation est à peu près indifférente à l'ingénieur; tandis qu'il lui importe grandement qu'aucun des ouvriers appelés à former des groupes pour l'exécution de certaines catégories d'ouvrages ne se fassent pas attendre par leurs compagnons. Sous ce rapport, les grandes courses perdent leur supériorité. En effet, si l'on résout, par rapport à n, les équations

$$t = 2c\,\frac{p+n}{v} \text{ et } t' = c\,\frac{p+2\,n'}{v},$$

on obtient $n = \dfrac{t\,v}{2\,c} - p$ et $n' = \dfrac{t\,v}{2\,c} - \dfrac{1}{2}\,p.$

Si dans ces formules on augmente la valeur de c en multipliant par r, il viendra :

$$n = \frac{1}{r}\,\frac{t\,v}{2\,c} - p \text{ et } n' = \frac{1}{r}\,\frac{t\,v}{2\,c} - \frac{1}{2}\,p.$$

Si l'on considère, d'ailleurs, que $p = \frac{1}{r}\,\frac{l}{c} - 1$), on voit que le nombre d'ouvriers débité dans un temps donné décroît d'une manière très rapide à mesure que les oscillations prennent une amplitude plus grande.

Ainsi fesant $t = 1134''$ et $t' = 747''$ respectivement pour une tige simple et pour une tige double, les autres données restant les mêmes, savoir: $l = 390$ m., $c = 3$, si l'on donne au facteur r des valeurs croissantes 1.25, 1.50, 1.75 et 2.00, les deux machines, qui, pour une valeur de $v = 1$, déposaient 60 ouvriers, seront réduites à n'en plus débiter que 48, 40, 34 et 30.

Ces chiffres doivent être majorés d'une fraction du nombre des repos, qui se trouve supprimée; mais ces éléments ne peuvent modifier les résultats que de quantités comparativement faibles. Cependant il est possible d'augmenter considérablement le débit des machines à longue course en intercalant un certain nombre de paliers intermédiaires entre deux paliers consécutifs et correspondant aux extrémités de chaque course. Pour une course de 10 m., par exemple, rien ne s'oppose à ce que chaque fraction de la tige répondant à cette longueur soit munie de paliers distants les uns des autres de 2.50 m. et, par conséquent, propres à faire circuler un nombre d'hommes triple de ce qu'il eût été sans cet artifice. Si, en outre, les paliers sont doubles, chacun d'eux donnera place à deux ouvriers, l'un descendant et l'autre ascendant.

Il suffira, dans tous les cas, qu'aux points de départ et

d'arrivée, à l'orifice et au fond du puits, se trouvent trois paliers fixes et superposés pour recevoir simultanément les quatre ouvriers que renferme une longueur de course. Les trois derniers, qui n'arrivent pas directement au niveau de la margelle ou de l'accrochage, y parviendront à l'aide d'escaliers ou d'échelles fixes ordinaires.

Tiges oscillantes en bois et en fer (1).

Les tiges en bois, à cause des armatures destinées à consolider les assemblages de leurs pièces élémentaires et de l'humidité qui les pénètre promptement, sont fort lourdes. Leur grande section les rend encombrantes. Leur durée est minime, puisque ces organes, même construits avec les meilleures qualités de sapins du Nord, ne résistent que 20 à 30 ans, et que les qualités médiocres, promptement attaquées aux assemblages, sont mises hors de service en moins de 10 ans. Mais elles possèdent un degré d'élasticité très-favorable à leurs mouvements, qui sont doux et sans saccades, et au jeu de leurs paliers, exempts de ballotements.

Les tiges en fer, dont le poids relativement à la résistance est moindre que celui du bois, occupent moins de place, ce qui rend leurs paliers plus spacieux à égalité de section. Leur durée est presque illimitée; rien n'est plus facile d'ailleurs que d'y substituer un tronçon à un autre. Le fer en repos s'oxide promptement; mais, s'il est permis de s'en référer à l'analogie, il paraît, d'après certaines observations faites sur les voies ferrées, qu'il se recouvre,

(1) On se sert de tiges en bois dans les charbonnages du Monceau, de Mariemont et de Bascoup; de tiges en fer dans ceux de Seraing, du Monceau, du Gouffre, du Boubier, de l'Aumônier et en Allemagne.

à l'état de mouvement, d'une pellicule d'oxide de fer qui, arrivée à une certaine épaisseur, n'augmente plus. On peut leur reprocher les ballottements et les trépidations auxquels les exposent leurs frottements et leurs chocs contre les guides ; mais un emploi judicieux de ces derniers peut diminuer cet inconvénient. Dans tous les cas, le bois devenant de jour en jour plus rare, force est bien au constructeur de le remplacer par le fer. Le lecteur trouvera ci-après la description de quelques tiges nouvelles.

Moteurs des tiges oscillantes.

Les moteurs se divisent en trois catégories principales.

1° Les machines à traction directe, déjà décrites dans la première partie de cet ouvrage. Jusqu'à ce jour, elles n'ont été employées qu'en Belgique, à l'exception d'une seule, qui a été construite à Seraing pour les mines d'argent de Przibram, en Bohême.

2° Les machines rotatives à mouvement alternatif, dans lesquelles les doubles excursions des tiges sont engendrées par des pulsations multiples du moteur. Ce système, autrefois appliqué par M. Méhu à l'extraction de la houille, a été, il y a quelques années, l'objet d'une proposition de M. Fabry, renouvelée dans ces derniers temps par M. Colson.

3° Les machines rotatives à mouvement continu, qui diffèrent des précédentes en ce que chaque double excursion correspond à une seule révolution du moteur. La manivelle transmet un mouvement uniforme aux tiges, en s'y rattachant, soit directement, soit par l'intermédiaire de bielles et de balanciers, de varlets, etc. Chaque oscil-

lation ascendante et descendante des tiges est égale au
diamètre du cercle parcouru par le bouton de la manivelle. La vitesse, nulle d'abord, s'accroît et atteint son
maximum au moment où cet organe fait un angle droit
avec le rayon passant par l'un des points morts; puis
diminue graduellement jusqu'à ce qu'il arrive au point
mort opposé au premier.

Les allemands et les anglais ne se servent que de moteurs à rotation continue. Aujourd'hui, sauf quelques rares
exceptions, les ingénieurs belges se rallient à l'opinion
exclusivement reçue en Allemagne et dans le Cornwall.

Les machines de la première catégorie, de même que
les appareils à mouvements alternatifs, offrent un temps
d'arrêt entre deux oscillations consécutives. Ce repos est
remplacé dans les autres par le ralentissement du mouvement aux approches des points morts, qui nécessairement doivent coïncider avec la fin des excursions des
tiges. — Le changement de palier s'effectue au moment
où deux paliers correspondants se rapprochent ou s'é-
loignent l'un de l'autre avec lenteur.

Variations du travail des machines oscillantes.

Ces variations sont dues à l'augmentation et à la diminution du poids des ouvriers en circulation dans le puits.
Pour les appareils à double effet, lorsqu'un poste est
appelé à descendre sur des tiges susceptibles d'un seul
courant ascendant ou descendant, les ouvriers se placent
successivement sur le premier palier, en sorte que la
charge s'accroît, à chaque oscillation, du poids d'un
homme, jusqu'à ce que tout le personnel soit installé sur
les tiges. A partir du moment où le dernier ouvrier vient

d'occuper le premier palier, la charge commence à décroître. Ainsi, à l'exception de la période pendant laquelle tous les paliers sont occupés (1), la charge varie à chaque course, mais d'un poids relativement trop faible pour être sensible avant qu'un certain nombre d'excursions aient été effectuées.

Dans l'emploi des doubles courants, s'il était possible de faire partir simultanément du jour et de l'intérieur les postes descendant et ascendant, l'équilibre serait parfait sous le rapport de la charge. Mais ces conditions sont trop rares dans la pratique pour qu'on y ait égard dans la construction des appareils.

Dans les machines à simple effet, les contrepoids d'équilibre dont se servent les allemands ont un poids qui excède celui de la tige de la moitié de la charge maxima qu'elle doit supporter. L'ascension et la descente présentent les mêmes phases et renferment chacune deux périodes.

Dans la première période de l'ascension d'un poste, l'action du contrepoids, d'abord tout en faveur du moteur, diminue à mesure qu'un ouvrier passe sur les paliers, jusqu'à ce que la moitié de ceux que doit supporter la tige soient arrivés sur celle-ci.

En cet instant, l'appareil est à l'état d'équilibre ; mais bientôt la résistance s'accroît avec le nombre d'ouvriers admis sur la tige ; puis, au moment où les paliers mobiles sont tous occupés, cette résistance est mesurée par le poids de la moitié des hommes accumulés sur la tige. Immédiatement après que le dernier d'entre-eux a mis le

---

(1) L'existence de cette période est naturellement subordonnée à cette circonstance que le nombre d'ouvriers soit plus grand que celui des paliers d'une tige.

pied sur le palier initial du fond, le poids diminue, une nouvelle phase d'équilibre se produit, immédiatement suivie de la prédominance du contrepoids, qui finit par devenir égale à ce qu'elle était au commencement de la première période.

Pendant la descente des ouvriers, les excursions ascendantes de la tige non chargée sont favorisées par l'intégrité de la partie du contrepoids destiné à cet effet, qui vient en aide au moteur. Le défaut de ces appareils à une tige est de ne pouvoir acquérir le degré d'uniformité de travail désirable. En effet, il suffit de voir marcher les appareils de Zollverein et d'Oberhausen pour observer des irrégularités de mouvement très-fréquentes, des accélérations, des ralentissements de vitesse et des saccades, qui en sont la conséquence, malgré l'emploi d'un volant régulateur très-puissant.

Ces variations dans les efforts à produire sont causes de mouvements intempestifs des pistons dans les machines à traction directe ; elles troublent le jeu des cataractes et forcent le mécanicien à conduire à la main ces appareils ; elles sont incompatibles avec l'uniformité si essentielle aux machines oscillantes, dont elle compromettent ainsi l'effet utile, et avec leur conservation et leur stabilité.

Ces différences incessantes dans les charges des tiges exercent une autre action funeste sur les machines à traction directe. Dans l'ascension, les excès de poids ont peu d'influence, parce que, au moment du passage des ouvriers d'une tige sur l'autre, le piston correspondant à la dernière, ayant atteint l'extrémité de sa course descendante, ne peut-être sollicité à faire un retour en arrière. Mais il n'en est pas de même à la descente. En effet, dès que les ouvriers se portent sur la tige qui va descendre, le piston, entraîné par l'excès de poids de la charge, devance l'action de la vapeur et descend spontanément jusqu'à ce que la dépression qui se produit par derrière fasse équilibre à l'excès de charge. Ce mouvement de recul est d'autant plus grand que cette charge est plus forte.

Le machiniste, dans le but de mettre obstacle aux descentes spontanées, introduit dans les cylindres un volume de vapeur capable de faire équilibre à l'excès de poids des tiges et, par conséquent, d'empêcher le piston de céder à la charge pendant que les ouvriers changent de paliers; puis, au moment où doit se produire une nouvelle excursion, il livre la tige et son piston à l'action de la gravité, en laissant échapper dans l'atmosphère la vapeur, dont il modère la sortie en rétrécissant plus ou moins l'orifice de décharge.

De là, un excès de vapeur dépensée en pure perte, qu'il faut ajouter à celle que l'appareil consomme régulièrement et que les variations d'effort du moteur rendent si considérable.

Repos absolus et relatifs des tiges oscillantes.

Le lecteur a vu, dans la première partie de cet ouvrage, que dans l'application des machines à traction directe aux échelles mobiles, les repos absolus s'obtiennent au moyen de cataractes destinées à commander la distribution de la vapeur; ces organes, en tout semblables à ceux des machines d'épuisement, agissent de la même manière. Mais l'expérience a fait reconnaître que, par suite de la variation de la charge, les temps d'arrêt ainsi obtenus automatiquement sont loin de présenter l'uniformité de durée désirable. Aussi les a-t-on supprimés à

Seraing et dans diverses mines de Charleroi ; les exploitants, se conformant aux prescriptions de l'administration des mines, ont confié le jeu des tiges à l'appréciation mentale du machiniste, qui règle à la main l'instant de l'introduction de la vapeur. L'imperfection de ce procédé, au point de vue de la régularité des intervalles, et l'impossibilité pratique de faire coïncider exactement les paliers, sautent aux yeux.— Enfin, le mouvement alternatif produit par les machines à traction directe commence et finit brusquement; à une marche rapide succède un repos absolu; d'où résultent des saccades fort pénibles au mineur, qui, au moment de la descente, croit sentir le palier s'effondrer sous ses pieds.

Les machines à mouvement rotatif continu ne donnent pas des repos suivant la rigoureuse acception du mot, mais des ralentissements de vitesse qui suffisent pour permettre aux ouvriers de changer de paliers. Les tiges qui fonctionnent sous l'impulsion de ces moteurs sont animées de vitesses proportionnelles aux cosinus des quantités angulaires parcourues dans l'unité de temps par le bouton de la manivelle. Ces vitesses, quoique variables, sont identiquement les mêmes pour toutes les phases que renferment les périodes comprises entre deux points morts ; le retour à ces points et la durée des oscillations sont toujours les mêmes, de sorte que les mineurs ne peuvent être surpris pendant les changements de paliers.

Vitesses respectives des tiges dans les machines à traction directe et dans les machines à rotation.

Dans les échelles mobiles à traction directe, la vitesse des tiges doit être modérée, car elle succède brusquement à un repos absolu, pour se terminer de la même manière au repos suivant. En effet, les ouvriers ne pourraient résister aux saccades réitérées qui résulteraient d'une vitesse quelque peu rapide. Dans les échelles mobiles mues par des machines rotatives, la vitesse peut être grande parce que, nulle d'abord, elle s'accroît uniformément jusqu'au milieu de la course, pour diminuer ensuite progressivement.

Cependant les machines à traction directe devraient précisément trouver dans une plus grande vitesse une compensation aux pertes de temps occasionnées par les repos absolus. En effet, considérons deux machines, l'une à traction directe, l'autre à mouvement rotatif, appelées à engendrer chacune six doubles courses de 5 m. par minute, en admettant des arrêts de 2 secondes. Les tiges du premier système devront parcourir $\dfrac{2.\ 6.\ 5}{60 - 2.\ 6.\ 2}$ = 1.66 m. par seconde, tandis qu'il suffira que celles du second soient animées d'une vitesse de $\dfrac{2.\ 6.\ 5}{60}$ = 1 m. dans le même temps.

Ainsi la comparaison des deux types, appelés à produire un effet égal, prouve que la supériorité est toute en faveur du second, dont la vitesse de translation et, par conséquent, la force motrice doivent être beaucoup moindres que celles du premier.

Diverses dispositions d'échelles mobiles.

Les mécaniciens ont exécuté ou projeté un assez bon nombre de dispositions nouvelles pour transmettre le mouvement du moteur aux tiges oscillantes.

Le lecteur doit se rappeler que, dans la première machine de ce genre établie à Mariemont (1), les pistons de chaque tige, rendus solidaires par une balance hydraulique, étaient sujets à se laisser traverser par l'eau, qui passait de dessus au dessous et réciproquement. Comme il était fort difficile de remplacer le liquide en temps utile, il en résultait, non-seulement de grandes difficultés dans la marche, mais encore des différences de niveau lorsque les paliers auraient du coïncider, ce qui constituait un danger permanent.

C'est pour porter remède à ces graves inconvénients, que M. Harzé a proposé d'alimenter automatiquement le balancier hydraulique. De leur côté, plusieurs conctructeurs ont subtitué des pistons plongeurs aux pistons ordinaires, primitivement employés.

Alimentation automatique des balanciers hydrauliques.

M. Harzé fait usage d'une pompe foulante mue par le moteur de l'échelle mobile ou par tout autre machine qui se trouverait dans le voisinage. Un robinet à air, établi sur le corps de cette pompe, est mis en rapport avec le balancier hydraulique et détermine par sa fermeture ou son ouverture le fonctionnement ou la marche-à-vide de l'appareil d'injection.

Voici par quel mécanisme se fait le jeu de ce robinet.

Une chaînette se rattache par ses deux extrémités aux tiges des pistons du balancier hydraulique ; elle se replie sur la gorge d'une poulie installée au-dessus des cylindres et dont les essieux jouant dans des rainures verticales lui permettent de prendre des mouvements de bas en haut

---

(1) *Traité de l'exploitation des mines de houille*, tome III, § 637.

et de haut en bas. Enfin, un contrepoids ou des ressorts sollicitent continuellement cette poulie à se porter vers le haut et maintiennent les chaînettes dans un état de tension sensiblement constant.

Toute perte d'eau dans le balancier hydraulique déterminant la descente des pistons se traduit par l'abaissement de la poulie. Or celle-ci se rattache, par son essieu et par un levier, au robinet de la pompe d'alimentation. Celui-ci se ferme et l'injection se produit ; après quoi, la poulie se relève et l'alimentation cesse d'elle-même par suite de la réouverture du robinet.

Une autre disposition a été proposée par le même ingénieur.

La tige de l'un des pistons du syphon est munie de *deux taquets*, distants l'un de l'autre d'une longueur à peu près égale à la course des tiges et disposés de manière à pouvoir, dans certains cas, heurter un levier horizontal mis en relation, par une tringle, avec le robinet de la pompe. Lorsque l'eau s'échappe du balancier hydraulique, les limites d'excursion des taquets s'abaissent ; celui de dessus, arrivé au terme de sa course descendante, heurte le levier d'alimentation, et l'eau nécessaire afflue dans le syphon jusqu'au moment où le levier est à peu près relevé à sa position primitive par le second taquet.

Échelle mobile du puits St-Arthur, de Mariemont.

Dans cet appareil, représenté fig. 8, Pl. LII, la balance hydraulique se compose de deux corps de pompe non alésés, réunis à leur base par un tube horizontal de fort diamètre et surmontés d'une boîte à étoupe, que traversent des pistons plongeurs soigneusement tournés. Le

22

cylindre moteur est disposé au-dessous de la balance et
sur le prolongement de l'axe d'un des deux corps de
pompe. Chacun de ceux-ci est embrassé par un couple
de tiges en fer, assemblées, d'un côté, avec la tête des
tiges oscillantes, de l'autre, avec une traverse en fonte,
fixée à l'extrémité supérieure de chaque piston hydraulique. L'appareil d'encliquetage, en tout conforme à celui
de l'ancienne machine de Mariemont, a été décrit dans la
première partie de cet ouvrage.

Au milieu de la longueur du cylindre horizontal est un
modérateur à papillon — ou valve mobile autour de son
diamètre horizontal — destiné à rétrécir plus ou moins le
passage de l'eau et à créer ainsi une résistance à la
marche de l'un ou de l'autre piston plongeur. L'axe de la
valve est prolongé hors du cylindre et commandé par un
levier. Une douille filetée, que porte l'une des extrémités
du levier, reçoit une vis, prolongement d'une tige que le
machiniste manœuvre à l'aide d'une roue à main. C'est
ainsi que ce dernier, ayant en sa possession le moyen
d'augmenter les résistances passives, est en état d'empêcher tout surcroît de vitesse dangereux et, en cas d'accident, d'arrêter ou, au moins, de ralentir la marche du
moteur. — La course est de 3.20 m. et la vitesse normale
de 30 m. par minute.

Cette machine a dénoté dans la pratique de graves inconvénients. Les frottements des pistons plongeurs sont
énormes. A Bascoup, où fonctionne la même machine
pour une profondeur de 200 mètres, on les a trouvés
correspondant à une pression de 2500 kilog., c'est-à-dire
absorbant une quantité de travail représentée par 16.7
chevaux-vapeur. D'un autre côté les bourrages doivent
être incessamment renouvelés; leurs boîtes se brisent et
leur remplacement cause des interruptions dans le ser-

vice. Enfin, les frais d'entretien en chanvre, savon, suif, etc., sont considérables.

Échelles mobiles de Bayemont (Montceau-sur-Sambre).

M. Colson n'avait encore pu se rendre compte de l'énormité des frottements des pistons plongeurs et de la force qu'ils absorbent lorsqu'il a cru devoir appliquer ces organes à l'appareil de translation qu'il a construit pour le charbonnage de Montceau-sur-Sambre, près de Charleroi.

Les tiges des pistons des deux cylindres à vapeur, *a* (Pl. LII., fig. 9 à 11), sont surmontées d'une traverse, *b*, au milieu de laquelle est fixé un piston plongeur fonctionnant dans un cylindre hydraulique, *c*; celui-ci communique par sa base avec un autre cylindre, *d*, contenant le piston, *e*, auquel se rattachent les tiges oscillantes.

Les pistons à vapeur, — dont le diamètre est de 0.75 m., — tout en n'ayant qu'une course de 3 m., en produisent une plus grande pour les paliers au moyen de la disposition suivante : le premier piston hydraulique a un diamètre de 0.80 m. et le second, seulement de 0.70; ces deux sections étant entre elles à peu près comme 4 à 3, il s'ensuit que le même volume d'eau passant du premier cylindre dans le second et *vice versa*, détermine des courses qui sont entre elles comme 3 est à 4; en sorte que les paliers franchissent d'un seul trait des espaces de 4 mètres, tandis que le moteur n'en donne que de 3.

C'est encore au charbonnage de Montceau-sur-Sambre que M. Colson a installé pour la première fois ces nouvelles tiges, toujours équilibrées quel que soit l'accroissement de la profondeur à laquelle les ouvriers doivent être descendus. Cet ingénieur avait observé que les tiges oscillantes exigeaient un équarrissage tel qu'elles fussent en état de se supporter elles-mêmes sur toute leur hauteur, parce que les poulies, destinées principalement à fonctionner en cas de rupture, ne donnaient qu'un équilibre imparfait. En effet, par suite du tassement irrégulier des roches, il arrivait que la charge, au lieu de se répartir sur tous les appareils d'équilibre, s'accumulait sur quelques-uns seulement. Ces considérations le conduisirent à imaginer une disposition entièrement neuve.

L'un des trains (fig. 12 et 13) est formé de deux tiges en fer plat régnant du haut au bas du puits : c'est le train principal, ou maîtresse-tige, qui reçoit le mouvement du moteur. L'autre train se compose d'une série de doubles tiges accessoires, de 60 m. de longueur, qui se rattachent à la maîtresse-tige au moyen de chaînes passant sur des poulies latérales et participent, mais en sens inverse, à tous les mouvements ascendants et descendants du train principal.

Deux poulies à double gorge sont calées aux extrémités d'un même arbre; sur les gorges se replient des chaînes soumises à des tensions inégales; la plus tendue fonctionne à l'ordinaire ; la seconde est appelée à la remplacer en cas de rupture. Ces chaînes, placées au dehors des tiges, se rattachent avec elles au moyen de deux barres transversales en fer forgé. Les paliers circulent entre quatre guides verticaux en bois et sont conduits par des mains de fer qui s'opposent à toute déviation des mouvements verticaux.

Les tringles partielles qui composent les tiges sont assemblées comme suit: les extrémités sont refoulées à la forge, de manière à former un nœud, ou renflement cylindrique; deux de ces nœuds, juxtaposés bout à bout, sont placés dans une boîte en fonte, composée de deux pièces que relient quatre boulons. On peut supprimer ceux-ci en fesant glisser sur la boîte, à laquelle on aura donné une forme conique, un anneau de même forme en fer forgé.

M. Colson, — quelque heureuses que soient les dispositions de la balance hydraulique et des cylindres à vapeur, et bien qu'il soit parvenu à obtenir une course de six mètres, — a cru devoir abandonner ce système, à cause des inconvénients qui se présentaient dans la pratique.

Échelle mobile de M. Hanrez, mécanicien à Marchienne-au-Pont, près de Charleroi.

Les deux trains oscillants, formés de trois tiges en fer laminé, sont suspendus aux pistons de deux cylindres moteurs conjugés, à traction directe, dans lesquels la vapeur, agissant à simple effet, presse sur la face inférieure des pistons. La partie supérieure de ces tiges se termine par de longues crémaillères engrenant un seul et même pignon, d'où résulte l'équilibre des deux trains et la solidarité de leurs mouvements alternatifs. Des rouleaux de friction les forcent à fonctionner suivant une ligne rigoureusement verticale malgré la tendance incessante des crémaillères à se séparer du pignon. Mais des vibrations, produites par les frottements considérables que donne cette disposition, s'étant fait sentir jusqu'à une grande profondeur au-dessous du sol, on a supprimé les rouleaux et les a remplacés par des glissières en fer massif, dont les faces antérieures offrent une rainure qui enserre la partie postérieure des crémaillères, en laissant assez de jeu pour que les frottements, d'ailleurs adoucis par une substance grasse, soient réduits au minimum. Les trépidations ont persisté, mais beaucoup moins énergiques.

Il est facile de comprendre que les pignons des premiers appareils que l'on a construits se soient fréquemment brisés et qu'il ait fallu les construire avec le plus grand soin et leur donner la plus grande solidité possible.

Cependant les résistances passives de l'appareil de M. Hanrez absorbent une quantité fort notable de la force du moteur. Il suffit, pour apprécier cette cause de perte et la grande consommation de combustible qui en résulte, de prendre pour base l'observation suivante, souvent réitérée à la mine de l'Aumônier, à Liége. Lors de la descente des ouvriers et lorsque trente d'entre eux sont installés sur les tiges, le machiniste doit fermer le robinet d'introduction de la vapeur, le mouvement étant engendré spontanément.

Or, trente ouvriers, ou un poids de 1800 kilogrammes, animé d'une vitesse de 0.50 m. par seconde, représente une force de 900 kilogrammètres appliquée à vaincre les frottements, soit 12 chevaux, ou le tiers de l'effort total du moteur, qui est de 36 chevaux.

Les conditions peu favorables dans lesquelles fonctionne cet appareil n'ont pas empêché les exploitants de l'adopter, ce qu'il faut attribuer à son prix fort minime.

Les trains oscillants de l'appareil Hanrez sont simples, solides et élégants. Les tiges, rondes, prolongements de la partie inférieure des crémaillères traversent les douilles de croisillons à trois branches inégales. A chacune de ces branches est assujettie une barre en fer rond, terminée, à son extrémité inférieure, par une fourchette, dans laquelle est insérée la tête de la barre suivante, construite, de

même que toutes celles de la série, en fer méplat. Elles
sont simplement juxtaposées bout à bout et assemblées
au moyen de deux éclisses et de six boulons. Leur longueur est égale au double de la course, c'est-à-dire à 6
mètres, afin que les assemblages correspondent toujours
à un palier. Enfin, leur section diminue avec la profondeur.

Les paliers, en fer à cheval, sont formés d'équerres attachées aux tiges par des boulons ; sur le côté de
l'équerre qui fait saillie à l'intérieur, reposent des madriers, fixés au moyen de vis à bois. Ils sont revêtus,
jusqu'à hauteur d'appui, d'une enveloppe en tôle galvanisée,
qui empêche les ouvriers de venir en contact avec les
boisages. L'espace qui sert de jeu aux paliers des deux
séries n'étant que de 35 mm., le constructeur a jugé convenable de rendre mobile sur charnière la partie antérieure des planches, afin qu'elle puisse se relever dans le
cas où un ouvrier distrait se porterait trop avant.

Les trains oscillants sont munis de deux espèces de
guides, appliqués, l'un aux barres cylindriques du sommet
de l'attirail, les autres aux tiges méplates qui en forment
le reste.

On obtient le premier en prolongeant les deux branches
antérieures des croisillons et les perçant de trous cylindriques dans lesquels glissent des tiges d'une longueur
plus grande que celle de la course. Les derniers, destinés
à conduire les parties méplates des tiges, ne sont autres
que des coulisseaux fixés aux pièces du revêtement de
l'excavation. Ces coulisseaux embrassent chaque barre
entre les rebords, de manière à la maintenir dans une
position rigoureusement verticale. On empêche l'usure
des ces tiges en appliquant, sur la partie frottante,
une barre accessoire attachée avec des boulons à tête

noyée; cette barre est renouvelée chaque fois que son
état de dégradation le réclame. L'écartement des coulisseaux est de 12 mètres.

Les appareils compensateurs sont espacés d'environ
70 mètres. Les deux poulies qui composent chacun d'eux
sont calées aux extrémités d'un même arbre et placées au
milieu de deux trains. Dans les gorges, profondément creusées, s'infléchissent des chaînes, dont les extrémités se rattachent, l'une à une tige, l'autre à l'autre tige. Les écrous
des boulons qui terminent ces chaînes permettent d'obtenir une tension convenable.

Nouveaux projets d'échelles mobiles. — Systèmes Fabry et Goffint.

M. Fabry, bien connu par le ventilateur auquel il a
donné son nom, est l'auteur d'un projet d'échelles mobiles
dont les trains oscillants se composent de deux tiges partielles entre lesquelles sont-intercalés les paliers. Chaque
tige partielle est formée de planches ajoutées bout à bout
et juxtaposées en nombre suffisant pour obtenir une poutre
unique, de l'équarrissage voulu et d'une longueur égale
à la profondeur du puits.

Ces planches, disposées de manière que les joints de
leurs abouts soient toujours en correspondance avec les
milieux des planches en contact, sont reliées entre
elles par des boulons. Les paliers, en bois, et les
liens qui les supportent sont également fixés au moyen de
boulons. La tête de deux tiges jumelles est reliée par une
traverse et surmontée d'un étrier en fonte.

Les trains oscillants sont rendus doublement solidaires,
c'est-à-dire vers le haut et vers le bas. A cet effet, une

chaîne à la Vaucanson, qui se replie sur une poulie installée au jour, réunit les extrémités supérieures, tandis que les extrémités inférieures sont pourvues de pistons plongeurs pénétrant à travers des boîtes à bourrage, dans les branches d'un syphon renversé, ce qui constitue un balancier hydraulique.

Sur l'arbre de la poulie est calée une roue d'engrenage commandée par un pignon que fait fonctionner une petite machine à vapeur à cylindre horizontal. Un certain nombre de tours du pignon correspond à une course des trains; ce nombre de tours accompli, le mouvement rotatif se renverse et les trains exécutent une course en sens contraire. Cette disposition procure un temps d'arrêt suffisant.

L'ouvrier qui va descendre passe entre les deux tiges et arrive sur le palier, où il est retenu par une cloison de sûreté.

Le syphon est alimenté par un tube en fer qui prend l'eau à la surface ou à l'un des réservoirs du puits, mais à une hauteur telle que la colonne puisse vaincre la pression intérieure. L'étendue de la course est, pour ainsi dire, illimitée.

La simplicité, la solidité et l'économie sont les traits caractéristiques de cette machine, dont les deux trains sont d'ailleurs bien suspendus et doublement équilibrés. Cependant il est à craindre, surtout dans le cas d'une grande profondeur, que, l'eau du balancier ne cédant pas pas assez promptement à la descente, les tiges intermédiaires n'éprouvent des flexions fort nuisibles.

———

Voici maintenant une idée aussi ingénieuse qu'originale conçue par M. Goffint, ingénieur de l'atelier de M. Marcellis, à Liége.

Les deux tiges oscillantes sont suspendues à deux bouts

de câbles plats qui se replient sur des molettes établies à l'orifice du puits. Chacun de ces câbles est attaché à l'un des petits côtés d'un chassis rectangulaire susceptible d'un mouvement de va-et-vient horizontal dans le sens de la longueur et qui, pour les tiges, se transforme en un mouvement vertical. Le chassis, supporté par des roues en fonte, roule sur des rails et reçoit son impulsion d'une machine à vapeur rotative, par l'intermédiaire de bielles et de manivelles de grandes longueurs. La manivelle transmettra au chassis un mouvement rotatif fort lent dans le voisinage de ses points morts ; cette lenteur suppléera aux arrêts du commencement et de la fin de la course correspondante des tiges (1).

Appareil à simple effet et tige unique de la mine d'Oberhausen, district de la Ruhr.

Cet appareil du même genre que celui de Zollverein, fonctionne sous l'impulsion d'une machine rotative de la force nominale de 50 chevaux. Le cylindre à vapeur a 0.78 m. de diamètre ; il est enveloppé d'un étui en bois afin d'éviter les déperditions de chaleur (voir Pl. LII, fig. 14).

La tige du piston, dont la course est de 1.10 m., attaque un balancier qui, par l'intermédiaire d'une bielle et d'une manivelle, transmet le mouvement à un arbre de couche. Celui-ci reçoit un volant, dont le poids excède 8 tonnes métriques et qui sert à régulariser la marche de la ma-

---

(1) Les descriptions de ces appareils que l'on a peut-être déjà lues dans le *Journal des Mines* ou dans la *Revue Universelle* ne sont que les reproductions d'articles publiés antérieurement par l'auteur de ces lignes dans le journal *la Meuse*, de Liége.

chine conjointement avec un pendule conique. Sur le même arbre est calé un fort pignon, qui engrène une grande roue dentée. Les diamètres des deux organes sont dans le rapport de 1 à 6. L'un des rayons de la roue dentée, plus épais et plus solide que les autres, porte le bouton d'attache d'une grande bielle, qui fait mouvoir le balancier auquel est suspendue la tige oscillante. Le bras de levier du bouton est de 1.57 m.

Le balancier, composé de tôles de grande dimension, assemblées entre elles par des rivets, oscille dans des paliers installés sur un pilier de maçonnerie, à 7.53 m. au-dessus du plancher de la machine. La partie entre les attaches, qui est de 11 m., se divise en deux bras dont les longueurs sont entre elles comme 3 est à 4. La bielle, terminée par une fourche, est articulée au bras le plus court, et la tige oscillante de l'échelle mobile est suspendue au plus long par un parallélogramme. L'excursion de la première est de 3.14 m. et celle de la seconde, de 4.18 m.

Dans le but d'assurer l'équilibre de l'appareil, une caisse-contrepoids, en tôle, et d'un grand volume, est installée à l'extrémité du balancier de façon que son centre de gravité soit à une distance de 2.04 m. en dehors du point de suspension de la bielle. Cette caisse est appelée à équilibrer le poids de la tige vide, plus la moitié de celui des ouvriers qui entrent dans la mine ou qui en sortent. Il en résulte une compensation de poids aussi exacte que possible, tendant à détruire les irrégularités de la charge et, par conséquent, les différences de vitesse de la machine. Quant aux accélérations de vitesse qui se dénotent encore dans certaines périodes du mouvement, le machiniste y remédie, au moyen, soit de la contre-vapeur, soit d'un frein qui enveloppe le volant et qui peut être serré par une pédale. Un autre frein à vis, agissant à la circonférence d'un disque calé sur l'arbre de couche, existe à la mine de Zollverein; mais à Oberhausen, considéré comme inutile, il a été supprimé. — Malgré ces précautions, l'appareil éprouve des résistances variables et multipliées; sa marche irrégulière produit des saccades dont il est facile de s'apercevoir pendant la circulation des ouvriers.

La tige oscillante d'Oberhausen est renfermée dans un compartiment de la bure d'extraction déterminé par une paroi en planches. Les paliers fixes et les mobiles ont une largeur commune de 1.75 m. et des longueurs respectives de 1.26 et 0.68 m. Ils sont séparés par un espace de 10 m. Les premiers, mis en communication par des échelles ordinaires, permettent aux ouvriers de continuer leur route en cas de dérangement ou d'arrêt de l'appareil.

Le train oscillant (fig. 15, 16 et 17), se compose de quatre tiges en fer, méplates, de 0.10 m. de largeur, disposées en rectangle. Leur épaisseur, qui est de 40 mm., décroît insensiblement et n'est plus que de 16 mm. à la profondeur de 250 m. Elles se composent de barres de grande longueur reliées au moyen d'assemblages dentelés. Entre ces quatre tiges sont ajustés des cadres en fer recouverts de madriers en chêne; ce sont les paliers de translation, divisés chacun en deux loges d'égale surface par des barres en fer rond, qui, partant du milieu du plancher, se rattachent, en se recourbant, à un fer d'angle placé transversalement et à hauteur d'appui sur les deux tiges postérieures.

L'une des séries de loges est exclusivement réservée aux ouvriers qui entrent dans la mine et l'autre à ceux qui en sortent. Les employés doivent apporter la plus grande vigilance à ce que cette prescription de sûreté soit rigoureusement observée. A chaque série de loges correspondent des entrées spéciales indiquées par des écriteaux placés à-la margelle du puits et aux divers étages en exploitation. Une loge peut contenir deux ouvriers, astreints à se placer face à face, afin d'être constamment à même de se secourir mutuellement en cas d'accident.

Des guides, formés d'équerres en fer et attachés aux cadres du boisage, empêchent l'attirail de sortir de la verticale et le maintiennent, dans tout le parcours, à égale distance des parois. Ces guides sont installés à 12.50 m. les uns des autres et sur toute la hauteur du puits. Un plancher incliné de 70 degrés, est installé au-dessous de chaque palier, fixe ou mobile, afin d'empêcher les chocs dangereux auxquels seraient exposés les ouvriers assez inattentifs pour avancer certaines parties de leurs corps, telles que la tête, les épaules, les pieds, au-delà de l'espace réservé au jeu de l'appareil. Ce plancher repousserait en arrière sans lui faire de mal, celui qui se rendrait coupable de cette grossière distraction. Des crochets d'arrêt sont dispersés sur la hauteur du puits, à des distances de 50 m. Ils sont destinés à recevoir le train oscillant si, malgré la solidité des organes, il survient une rupture. Enfin, un contrepoids, propre à équilibrer la partie inférieure du train oscillant, se trouve à l'étage de 174.30 m. Il se compose d'une caisse en fer — renfermant un poids de dix tonnes métriques en saumons de fonte — et dont les chaînes de suspension se replient sur deux poulies et viennent se rattacher aux tiges de l'un des petits côtés de l'attirail.

L'appareil fait 4 à 6 excursions par minute. L'effet utile est d'environ 37 chevaux, tandis que le moteur est de 50.

Tiges oscillantes à transmission hydraulique.

Le piston d'une machine à vapeur rotative, à cylindre horizontal, dont le mouvement est réglé pour un volant de grande puissance, se rattache, par sa tige, au piston d'une pompe aspirante et foulante, à double effet. Deux tuyaux, *a* et *b* (Pl. LIII, fig. 1) (1), mettent en communication les extrémités de cette pompe, *c*, avec la base de deux cylindres verticaux, *d, d*, aux pistons, *e, e'*, desquels sont suspendues les tiges oscillantes, *f, f'*. Les trois cylindres et leurs tuyaux de communication forment une capacité fermée, constamment remplie d'eau et divisée par le piston principal en deux parties complémentaires l'une de l'autre. Le piston de la pompe *c*, dans chacune de ses excursions en avant et en arrière, expulse une cylindrée d'eau d'un côté et en admet une de même volume du côté opposé; en vertu de ces déplacements, l'un des pistons, *e* ou *e'*, monte, tandis que l'autre descend. La longueur des courses, qui est en raison inverse du carré des diamètres respectifs, se trouve à la disposition du constructeur.

Chaque tuyau de communication est accompagné d'un embranchement, *g, g'*, dans lesquels est placée une soupape, *h, h'*, pouvant s'ouvrir de bas en haut; les extrémités de ces embranchements plongent dans un réservoir.

En outre, deux tuyaux de raccordement, *i, i'*, mettent en communication les deux colonnes d'eau; l'une permet au liquide de s'écouler de *a* en *b*, l'autre de *b* en *a*. Chaque tuyau est muni d'une soupape, *k* ou *k'*, qui s'ouvre de bas en haut lorsque la pression de l'eau dans l'une des

---

(1) Cette figure est la représentation d'un modèle qui se trouve au musée de l'École des Mines de Mons.

branches est assez forte pour vaincre l'action des leviers chargés de leurs poids.

L'alimentation de l'appareil, autrement dit la réparation incessante des fuites, s'effectue automatiquement. Un arrêt fixe, formé d'une embase ménagée sur les tiges des pistons, vient reposer sur le fond des cylindres, s'oppose à ce que les tiges oscillantes descendent au-dessous d'une position donnée et détermine ainsi la limite inférieure des excursions. Or, si l'une ou l'autre des colonnes liquides renfermées de part et d'autre du piston, vient à diminuer de volume, les pistons e et e', tendent à descendre au-dessous de leur position normale ; mais comme ils en sont empêchés par l'arrêt, il se forme au-dessous d'eux, pendant la descente, un vide dans lequel l'eau, appelée à travers les soupapes h, h', arrive en quantité égale à celle qui s'est perdue. Ainsi les fuites, quelle que soit leur importance, sont compensées à la fin de la course descendante des pistons et au moment où ceux-ci reposent sur l'arrêt.

L'effet contraire peut également se produire : une partie du volume d'eau que renferme l'un des côtés de l'appareil peut traverser le piston principal, E, et passer de l'autre côté ; l'un des pistons accessoires, e ou e', descend, tandis que l'autre monte d'une quantité égale et les excursions se produisent entre des points plus élevés que ne l'exige la coïncidence. Le remède à ce déplacement de l'eau consiste à opposer aux pistons des arrêts insurmontables, qui limitent la partie supérieure de leur course ; alors l'eau, soulevée et comprimée en raison de l'effet exercé par le piston e ou e', s'échappe à travers l'un des deux tuyaux de raccordement i, i' et se trouve ainsi réintégrée dans le cylindre qui l'a perdu.

L'eau qui traverse accidentellement les pistons acces-

soires se déverse dans une bâche par dessus les bords des
cylindres et s'écoule dans les réservoirs alimentaires au
moyen de tuyaux de faible section.

Les choses ont été disposées de manière à faire varier
la course du piston moteur et, par conséquent, la durée
des repos absolus, sans modifier en rien la construction
de la machine. Il suffit pour cela d'annexer à la manivelle
un manneton excentrique : deux cylindres, *a* et *b* (fig. 2, 3
et 4), sont forgés d'une seule pièce ; le plus grand tourne
librement dans une excavation, *c*, de même forme, pratiquée
à l'extrémité du bras de la manivelle ; le plus petit, le manneton, est disposé excentriquement par rapport au plus
grand, de telle façon qu'un simple mouvement de ce dernier permet d'allonger ou de raccourcir le bras de la
manivelle d'une quantité égale au double de la distance
qui sépare les centres. Lorsque ces organes sont placés
dans la position qu'ils doivent occuper, ils sont fixés
d'une manière invariable par une clavette, *d*, insérée dans
l'une des quatre échancrures qui traversent simultanément
le corps de la manivelle et le grand cylindre.

Cet appareil a été proposé par MM. Guibal et Devaux.
Il offre les avantages suivants : le système est composé
de deux parties dont l'une produit le mouvement que l'autre
reçoit et utilise ; ces deux parties étant indépendantes l'une
de l'autre peuvent occuper des positions relatives quelconques. En outre, la longueur indéterminée des tuyaux de
communication et les inflexions dont ils sont susceptibles se
prêtent à l'installation du moteur à distance du puits, qui
dès lors n'est plus exposé à l'encombrement. Cette disjonction permet de rapprocher le cylindre moteur des chaudières, de manière à éviter le refroidissement de la vapeur
dans de longues conduites, et d'isoler ou d'écarter à volonté
les deux tiges oscillantes, sans en détruire la solidité. La

substitution de colonnes liquides aux organes fragiles employés ailleurs dans la transmission de la force motrice annule les chances de rupture. Enfin, cette disposition, qui peut produire de fort grandes courses, participe aux avantages des machines -rotatives et de celles à traction directe, car, non-seulement le mouvement est ralenti à la fin de la course, mais il est possible d'obtenir des arrêts absolus.

Projet d'échelle mobile de M. Franquoy.

M. Franquoy, ingénieur au corps des mines de Belgique, a cherché, par une combinaison de trois varlets, à former un appareil d'équilibre relativement peu encombrant, si l'on tient compte de la longueur des courses qu'il permet de donner aux tiges, et fournissant directement, sans intermédiaires de bielles, un mouvement rectiligne parfait ou très-approché. La combinaison qu'il a imaginée repose sur une propriété géométrique bien connue: on sait que, *lorsqu'un cercle roule, sans glisser, à l'intérieur d'un cercle de rayon double, un point quelconque du premier décrit, dans ce mouvement, un diamètre du second.* Voici par quel raisonnement l'inventeur est parvenu à tirer parti de ce théorème (1).

« Soit un grand cercle, *C* (Pl. LII, fig. 5), dans lequel roulent les deux petits cercles *c, c'* dont les centres sont situés sur le même diamètre, *cc'*, du grand cercle ; deux points, *a, a'*, pris respectivement sur chacun d'eux, dérivent pendant leur révolution le même diamètre *a C a'* du cercle *C*.

(1) *Annales des travaux publics de Belgique*, tome XXII, 1864.

Pour utiliser cette propriété, plaçons les centres c, c'
aux extrémités d'un balancier qui oscille autour du centre
C. Par cette disposition, les cercles c, c' se mouvront tan-
gentiellement à la circonférence C. Cependant les deux
points a, a' ne pourront décrire le même diamètre $a\,C\,a'$
que pour autant que les circonférences c, c' soient assujetties encore à ne pas glisser le long du cercle C, mais
bien à rouler sur sa circonférence. Or, si un point a
décrit le diamètre $a\,C\,a'$ lorsqu'aucun glissement n'a lieu,
la généralité du principe permet de dire qu'un point quelconque, b ou b', décrit en même temps le diamètre $b\,C$ ou
$b'\,C$. Donc, réciproquement, lorsque le diamètre $b\,C$ ou
$b'\,C$ est décrit par b ou b', les points a et a' décrivent le
diamètre $a\,C\,a'$. Il en résulte que, si b et b' se meuvent le
long de deux glissières passant par le centre C, pendant
le mouvement du balancier, le point a décrira le diamètre
$a\,C\,a'$ et le point a' décrira le même diamètre en sens inverse. Il suit de ce qui précède que, si aux deux points
a et a' on fixe deux tiges parallèles à la ligne $a\,a'$, les
oscillations du balancier produisent les mouvements alternatifs et de sens contraires de ces deux tiges.

Remarquons maintenant que, dans le cas des échelles
mobiles ou des pompes, les deux tiges parallèles sont sollicitées dans le même sens par l'action de la pesanteur,
et les circonférences c, c' étant retenues par les glissières
$b\,C$, $b'\,C$, leurs centres c, c' exercent, aux extrémités du
balancier, des pressions qui sont également dans le même
sens et qui, par suite, sollicitent le balancier à tourner en
sens inverses et l'assimilent à un balancier d'équilibre.
Cependant, cet équilibre ne pouvant avoir lieu que grâce
à une pression sur les glissières correspondant aux poids
des tiges, l'auteur a pensé qu'il conviendrait de limiter
l'effet des glissières au rôle qui leur a été assigné primi-

tivement et de supprimer leur action comme appareil d'é-
quilibre. Si l'on remarque que, lors de l'oscillation du
balancier, les circonférences c, c' décrivent des arcs
égaux et dans le même sens, on comprendra qu'une
chaîne, d, enroulée sur ces deux circonférences ou sur
des circonférences concentriques, demeurera tendue dans
toutes les positions que leur feront prendre les glissières
et subira l'effort qui était déterminé sur celles-ci par
l'action des tiges. »

Les figures 6 et 7 représentent la vue latérale et le
plan de l'appareil pour une course de 3 mètres.

Deux balanciers, a, a', réunis par un cylindre creux, b,
en fonte, reposent chacun sur deux paliers, c, fixés aux
sommiers de fondation, d. Aux extrémités de ces balanciers se trouvent deux arbres, f, f', au milieu desquels
sont calées des portions de poulies, g, g', sur lesquelles
s'enroule la chaîne d'équilibre h, à maillons plats fixée
aux extrémités de ces poulies ; en allongeant les balanciers, on pourrait la remplacer par un tirant ordinaire.
Sur la joue de droite de l'une des poulies et sur celle de
gauche de l'autre sont fixés des varlets, i, i', d'un rayon
égal à celui du balancier et portant à leurs extrémités
situées vers le centre de l'appareil les tiges, k, k', supportant les échelles. Les poulies ont, à leurs parties opposées à l'attache des tiges, des oreilles, l, l', dans lesquelles sont fixés des arbres, m, m', dont les axes sont
distants des centres des poulies d'une quantité égale aux
rayons des varlets i, i'. Les extrémités de ces deux arbres
traversent chacun un patin, n, n', compris entre deux
glissières qui permettent à ce dernier un mouvement
suivant une droite passant par le centre du balancier a. Les
glissières sont maintenues, à une extrémité, par quatre
boulons de fondation, p, p', et, vers l'autre, par deux

étriers, q, q', au-dessous desquels elles sont assujetties.
Ces étriers sont d'une hauteur suffisante pour permettre le
mouvement des poulies g, g'. Les tiges k, k', traversent des
crosses, t, t', en fonte, qui reçoivent chacune deux cours
de poutrelles, u, u', en double T, de 6 mètres de longueur,
assemblées au moyen d'éclisses et de boulons et portant,
à chaque assemblage, un palier à deux hommes reposant
sur un chassis en cornières. Chaque cours de poutrelles
est guidé par des sabots de fonte, fixés à différents en-
droits du puits. Des poulies d'équilibre et des patins de
retenue vont au devant de tous les accidents qui pourraient survenir en cas de rupture des tiges.

La figure représente l'appareil à l'extrémité de sa
course; afin de réduire encore l'emplacement qu'il doit
occuper, il est établi sous le sol jusqu'au centre du
balancier.

M. Franquoy fait remarquer que la traction directe peut
servir à produire le mouvement des échelles; mais il préfère l'emploi d'une machine rotative, installée, selon les
exigences des lieux, au-dessus ou à côté de l'appareil
d'équilibre et attaquant celui-ci, soit par la partie supérieure du balancier, soit par le milieu de l'un des arbres
de poulie.

Si un obstacle quelconque s'opposait à la disposition
qui vient d'être indiquée, on pourrait, dit l'inventeur,
amener (fig. 8) les varlets, ou balanciers extrêmes, dans
un même plan, parallèle aux balanciers principaux et les
raccourcir pour donner aux tiges k k' l'écartement nécessaire. On s'éloigne ainsi de la propriété géométrique sur
laquelle repose le principe de l'appareil, et la rectitude du
mouvement des échelles sera d'autant plus altérée que
les dimensions des balanciers seront plus restreintes et
les amplitudes de leurs oscillations, plus considérables.

Cette dernière disposition offre encore une grande
sécurité dans l'équilibre; en effet, la direction que les
glissières impriment aux mouvements des balanciers
extrêmes est compatible avec la marche d'un tirant qui
les réunit par leurs parties inférieures. Cet organe, qui
annule presqu'entièrement le frottement sur les glissières,
établit entre les tiges une telle solidarité de mouvements
que la rupture d'une glissière n'entraverait pas la marche
et que la suppression même des deux glissières ne cause-
rait aucun accident.

Tiges oscillantes à traction directe, avec mani-
velles et sans balancier.

Le projet qui suit a été présenté en 1862 par M. Regnier
Malherbe, ingénieur attaché à l'administration des mines
de Charleroi. De même que le précédent, il a pour but
d'appliquer la rotation aux échelles mobiles en conservant la simplicité de la traction directe.

Le moteur se compose de deux cylindres verticaux et
conjugués, dans lesquels la vapeur agit à simple effet.
Les tiges de leurs pistons sont munies de coulisseaux qui
se meuvent entre des guides et sont maintenues dans
une direction rigoureusement verticale. Sur les coulisseaux
et en prolongement des tiges des pistons, sont articulées
de longues bielles, qui attaquent directement deux manivelles calées aux extrémités d'un arbre horizontal muni
d'un volant et compris entre les deux trains oscillants. Les
manivelles forment entre elles un angle d'environ 165
degrés, ce qui leur permet de vaincre les points morts.

Les trains oscillants se rattachent directement aux
extrémités inférieures des tiges des pistons, en sorte que,

soumis à l'influence de la rotation des deux manivelles, le
mouvement de ces trains est ralenti à la fin des oscillations pour permettre le passage des ouvriers d'un palier à
l'autre. — La machine opère elle-même la distribution
de vapeur, au moyen de deux excentriques.

Machines à rotation alternative.

M. Colson, convaincu de l'importance d'appliquer les
machines rotatives aux échelles mobiles, a longtemps
cherché un système qui remplisse toutes les conditions
du problème. Son appareil primitif, qui se rapprochait de
la machine de Zollverein et dont on a pu voir les dessins
à l'exposition universelle de Londres de 1862, ne l'ayant
pas satisfait, il a été conduit à modifier radicalement, ses
premières idées.

Voici le projet de l'appareil qu'il se propose d'appliquer
prochainement (1) à la mine de Masse St-François près de
Charleroi.

Une machine à vapeur rotative (fig. 9, 10 et 11), composée de deux petits cylindres conjugués, à double effet,
est installée au-dessous d'un arbre horizontal, auquel des
bielles et des manivelles communiquent un mouvement
circulaire alternatif, tantôt à droite, tantôt à gauche. Cet
arbre porte une poulie de grande largeur, qui participe
au mouvement et sur laquelle se replient cinq câbles
plats, juxtaposés ; ils sont réunis entre eux de manière à
ne former qu'un seul câble fort large, aux extrémités
duquel se rattachent, d'une part, une caisse contrepoids,
de l'autre, la tige oscillante principale. Le mouvement de
va et vient vertical produit par cette disposition offre

_____

(1) Ce passage a été écrit en 1863.   _(Note de l'Éd.)_

l'énorme amplitude de 10 mètres, le moteur imprimant à la poulie un nombre de révolutions en rapport avec cette longueur de développement.

Les poulies d'équilibre sont supprimées, la compensation existant naturellement entre la tige principale et les tiges accessoires. Ces appareils, à course, pour ainsi dire, illimitée, sont combinés de manière que l'arrivée et le départ des paliers, aux extrémités de l'excursion de 10 mètres, s'effectuent avec lenteur pendant le parcours du premier et du dernier mètre, tandis que la vitesse est accélérée pour les huit autres mètres. Il est possible d'obtenir ainsi une vitesse triple de celle des autres appareils établis jusqu'à présent.

L'entrée et la sortie des ouvriers auront lieu, au jour, au niveau de la margelle.

Accumulateurs et contre-poids hydrauliques.

MM. Althaus et Vidal, l'un ingénieur prussien et l'autre français, ont proposé d'employer les accumulateurs d'Armstrong pour faire fonctionner les échelles mobiles.

Les moteurs à vapeur spéciaux seraient supprimés et remplacés, soit par un accumulateur construit dans le but d'effectuer les divers travaux de la surface, soit par un accumulateur sous le piston duquel l'eau serait refoulée par les machines installées au jour. Comme la quantité de force distraite à chaque instant de ces appareils moteurs serait assez faible, il n'en pourrait résulter aucun trouble dans la marche de l'extraction, de l'épuisement ou de la ventilation. Le travail accumulé en vue des changements de postes des ouvriers pourrait faire fonctionner une machine à colonne d'eau rotative. L'eau comprimée pourrait aussi s'appliquer directement au jeu des pistons ordinaires ou plongeurs auxquels seraient suspendues les tiges oscillantes. On leur annexerait des manivelles et des volants, afin de profiter des avantages inhérents aux machines rotatives. Dans aucun de ces deux cas, il n'y aurait rien à craindre, soit des fuites de liquide, — qui seraient incessamment réparées par le courant sortant de l'accumulateur, — soit des défauts de concordance des pistons, dont les courses, limitées par des arrêts, ne souffriraient pas du manque d'eau.

Les avantages de ce système sont les mêmes que ceux de l'appareil à transmission hydraulique. De plus, il est exempt des pertes considérables de vapeur des appareils spéciaux, dont les générateurs doivent être constamment maintenus en état de pression, quoique appelés à ne fonctionner que par intermittence et à de rares intervalles. — Il semble que l'accumulateur doive devenir l'expression perfectionnée du mouvement des échelles mobiles.

Le lecteur a vu ci-dessus la nécessité de pourvoir les appareils à simple effet de contre-poids qui équilibrent la tige unique et la moitié de la charge qu'elle supporte. Les caisses, dont les allemands se sont servis jusqu'à ce jour, produisent, à leurs points de rebroussement, des saccades fort nuisibles à la machine. Les contrepoids hydrauliques semblent, par leur action lente et continue, bien préférables et méritent d'être mis en usage dans cette circonstance. Leur installation serait d'ailleurs fort simple.

A une certaine profondeur au-dessous de l'orifice du puits, la tige oscillante, bifurquée comme la maîtresse-tige d'une pompe à traction directe, comprendrait entre ses deux joues un piston plongeur et un corps de pompe; celui-ci serait muni, à sa base, d'un tuyau de faible section, qui s'élèverait à une hauteur suffisante pour engendrer la pression ordinaire. Le plongeur, fixé à la traverse supérieure de la bifurcation, serait astreint à suivre toutes les oscillations de la tige, tandis que le cylindre reposerait sur des pièces d'assise invariables.

Les éléments de la pression, savoir: la section du piston et la hauteur de la colonne, sont des valeurs indéterminées, entièrement à la disposition du constructeur.

Appareils de séparation et de lavage des districts westphaliens.

De nouveaux appareils de séparation et de lavage ont été installés aux orifices des puits du bassin de la Ruhr et ils s'y sont tellement multipliés qu'il reste actuellement peu de mines qui n'en soient pas pourvues. Celui qui a été établi à la mine dite Prince de Prusse, par la fabrique de machines de Barop, à Dortmund, est représenté dans la Pl. LIV par les figures 1 et 2. Comme, en cette circonstance, on a profité de tous les perfectionnements que l'expérience a fait connaître dans ces derniers temps, cette machine est l'une des meilleures qui aient été construites jusqu'à présent.

Le plancher de réception des produits de la mine est situé à une hauteur de 26.70 mètres au-dessus du sol; au-dessous de ce plancher, a, est installée une grille inclinée, b, servant à retenir à l'étage supérieur les plus gros blocs de houille. La houille qui traverse les barres est entraînée par une hélice, c, l'intérieur d'un tambour, formé de deux troncs de cône, d et d', dont le second sert d'enveloppe au premier; le cône intérieur est percé, de x en y, de trous de 45 millimètres de diamètre et, de y en z, de 78 millim.; le cône extérieur d' est criblé, sur toute sa circonférence, de trous de 18 à 20 millimètres.

Lorsque la houille est introduite dans les tambours, les fragments d'un volume compris entre 45 et 78 millim. sortent du cône intérieur *d* et sont conduits par le couloir *e* sur la table tournante *f*, où ils sont séparés des schistes par un triage à la main; les fragments de 78 millim. et au-dessus tombent sur une seconde table tournante, *f'*, où ils subissent un triage semblable au précédent. La houille même, qui a traversé les trous de 45 millim. du cône *d* et ceux de 18 à 20 millim. du cône extérieur, glisse dans la trémie *g* et se rend dans les vases de transport *h* et *h*, au niveau du sol, *i*, des fours à coke. Enfin, les minimes fragments compris entre 20 et 45 millim., qui se déversent au-dehors de l'orifice du tambour extérieur, passent par *k* pour se rendre dans les trémies *l*, *l*, et de là dans les cribles-par-dépôt *(Setzmaschinen)*, *m*, *m*. Là, des pistons fonctionnent dans des corps de pompe, *n*, *n*, refoulent l'eau contre la surface inférieure des cribles *m*, *m*, de sorte que la houille pure est entraînée dans deux conduites, *o*, *o*, et arrive dans un tambour d'assèchement, *p*, pour être chargée ensuite dans des voitures, *q*. Les schistes accumulés sur les grilles sont évacués par deux autres conduites, *r*, *r*, que des soupapes ouvrent ou ferment à volonté; ces schistes tombent ensuite sur des couloirs, *s*, et se rendent dans des voitures, *t*.

Les parties mobiles de l'appareil de criblage fonctionnent sous l'impulsion d'une machine à vapeur horizontale I qui, par l'intermédiaire de deux poulies 1 et 2, transmet le mouvement à un arbre de couche II; celui-ci agit sur les tiges des pistons des cribles à dépôt, au moyen d'excentriques, 3, 3, et imprime un mouvement rapide de rotation au tambour d'assèchement.

Deux autres poulies 6 et 7 font mouvoir l'arbre de couche III du second étage, qui a pour fonction de mettre en jeu l'hélice *c*, les tambours-cribles *d* et *d'* et les deux roues d'angle qui commandent les arbres verticaux des deux tables de triage.

Cet appareil, à ce qu'assure M. le bergmeister Von der Becke, est l'un des mieux agencés qui existent dans les mines de houille du bassin de la Ruhr.

Appareil de criblage du puits Ste-Henriette de la mine des Produits, couchant de Mons.

Un vaste hangar, adossé au bâtiment du puits d'extraction, est divisé en plusieurs étages soutenus par des colonnes en fonte (Pl. LV, fig. 6 et 7). La recette, élevée de 6 mètres au-dessus du sol, se trouve au niveau du second étage; en sorte que les voitures, au sortir des cages, se rendent directement aux culbuteurs fixes, placés à la tête des grilles, situées elles-même au premier étage. Le rez-de-chaussée est occupé par les voitures, dans lesquelles se déversent spontanément les menus produits du criblage et sont déposés avec soin les blocs plus ou moins gros; les voitures sont conduites au dehors sur des voies ferrées.

Deux grilles occupent toute la hauteur du premier étage; leur longueur totale est de 6 m.; chacune d'elles est formée de trois grilles partielles, juxtaposées et soutenues à leur point de jonction par des traverses; leur longueur est de 2 m.; elles sont composées de barreaux en fonte, comprenant entre eux des espaces vides de 0.03 m. de largeur. Les grilles partielles forment avec l'horizon des degrés d'inclinaison différents, qui s'accroissent de la base au sommet et sont respectivement de 20, 27 et 45 degrés. Par suite de la disposition de ces

grilles, dont la longueur est à peu près double de celles
dont on se sert ordinairement, la marche du combustible
se ralentit à mesure qu'il se rapproche de la fin de son
parcours ; en sorte que, arrivé à son terme, il est entièrement débarrassé de tout le menu, avec lequel il ne formait
qu'une seule masse. La base de la grille est terminée par
un plancher incliné de 12 degrés. Deux autres grilles
sont installées au-dessous des précédentes et à la partie
supérieure. Leur inclinaison est, pour les plus élevées, de
47 degrés et de 37 pour celle de dessous. Les barreaux y
sont écartés de 15 millim. ou la moitié des espaces compris entre les précédentes.

La houille déversée par les voitures sur la tête des
grilles parcourt celles-ci et arrive sur le plancher après
avoir été dépouillée de son menu ; elle est alors à l'état de
gros bloc et de moyens morceaux, c'est-à-dire, de gaillettes et de gailletterie. Les gaillettes, retirées à la main,
sont immédiatement transmises aux chargeurs, qui les déposent soigneusement dans les wagons ; la gailletterie,
est entraînée, au moyen de rateaux, dans d'autres
wagons. La houille menue, après avoir traversé les deux
premières grilles partielles, tombe sur celles de dessous,
où elle traverse les espaces vides de 15 mm., en formant
du poussier. Le fin continue sa route et se réunit à celui
qui a traversé la grille inférieure. Deux trémies, placées
au-dessous des divers compartiments, conduisent les produits dans les divers wagons qui leur sont destinés.

Une extraction journalière de 4000 hectol. produit
après le criblage, 400 hectol. de gaillettes à la main,
1200 hectol. de gaillettes, 1800 de charbon fin, destiné
aux fours à coke, et 1600 de poussier.

Le prix du criblage, qui est de 0,83 centimes, montre
que la main d'œuvre est moindre que partout ailleurs ; le
travail est aussi beaucoup mieux fait.

SECTION X.

TRANSPORT ET CHARGEMENT, CRIBLAGE ET AUTRES
OPÉRATIONS DE LA SURFACE.

Transport mécanique extérieur.

Les mineurs anglais ont établi des transports par machines à la surface du sol, mais seulement pour de
courtes distances. Voici des exemples de la manière de
procéder dans ces circonstances (Pl. LV, fig. 10 à 13).

La houillère de Black-Brock est située près de St-Melens,
station de l'un des embranchements de la voie ferrée de
Liverpool à Manchester. La houille, extraite par le puits a,
est conduite, soit au dépôt du chemin de fer, soit au
canal, b, par des doubles voies, dont les longueurs sont respectivement de 155 et de 364 m. Sur chacun de ces points,
les produits sont transportés au moyen de chaînes sans
fin disposées au-dessus du sol et tendues entre deux poulies horizontales, de 1.35 m. de diamètre, largeur correspondant à la distance qui sépare les axes des deux
voies (dont l'une est affectée aux wagons pleins, l'autre
aux vides).

La poulie motrice est calée sur un arbre vertical, mis
en relation avec le moteur ; comme ce moteur tourne
constamment dans le même sens, la chaîne n'est soumise
à aucun renversement de mouvement. Le terrain est en
pente ascendante du puits au canal et le mouvement sur
la rampe est produit par une petite machine à vapeur
spéciale.

Le procédé qui sert à relier sur les deux voies les voitures aux chaînes sans fin est fort simple. Chaque voiture est pourvue, sur ses faces antérieure et postérieure, de deux broches qui dépassent les rebords supérieurs de la caisse et qui sont les prolongements de barres verticales faisant partie de l'armature. La chaîne, fléchissant entre les deux poulies extrêmes, vient en contact avec les voitures que les ouvriers poussent au-dessous et ses mailles s'engagent dans les broches. Il est inutile que les vases soient disposés à distances égales (1).

Les ingénieurs de la mine de Gartsherrie, près de Glascow, ont utilisé l'excès de force de la machine d'extraction, pour faire circuler les voitures destinées à l'expédition de la houille, de l'orifice du puits, soit aux hauts-fourneaux, soit à une station du chemin de fer peu éloignée.

La double voie qui réunit les deux points extrêmes n'a qu'une longueur de 104 m.; elle a une courbure très-prononcée et reçoit des chariots porteurs, ou voitures à plate-forme, sur lesquels sont placés les wagons pleins ou vides. Les trains de chariots sont remorqués par un double câble que conduisent des rouleaux de friction fixés sur le sol à distances égales.

La machine d'extraction (à cylindre vertical et à balancier) est le moteur de la traction; elle fait fonctionner deux tambours accessoires, mis en relation, par des engrenages, avec l'arbre de couche des bobines.

Enfin le câble s'infléchit, à l'extrémité du parcours, sur une poulie horizontale, installée sur un cadre, qui, muni des roues, peut cheminer sur un chemin de fer ; à ce cadre est attachée une chaîne qui court sur une poulie

---

(1) PREUSS. ZEITSCHRIFT. *Bd.* IX *S.* 31.

verticale de tension, constamment sollicitée par un contrepoids formé de rondelles en fonte superposées.

Ces divers organes sont disposés de telle manière que
les charriots porteurs soient toujours en circulation sur
les voies pendant que les cages sont extraites du puits, et
qu'ils arrivent à la station au moment où les vases vides
atteignent la margelle; ceux-ci prennent la place des
pleins, immédiatement expédiés à destination. Les voies
sont munies, à leurs deux extrémités, d'estacades ou de
paliers dont la hauteur concorde avec celle des tabliers
des chariots porteurs. Les voitures circulent avec une
vitesse de 1.05 m. par seconde.

Machines à pression hydraulique.

Sir William Armstrong n'est pas seulement connu par
les célèbres pièces d'artillerie qui portent son nom, mais
encore par les applications neuves et si multiples qu'il a
faites des moteurs à pression hydraulique.

Il emprunta d'abord aux tuyaux de conduite — qui fournissent l'eau nécessaire aux besoins domestiques dans la
ville de Newcastle — des colonnes de ce liquide, qu'il
appliqua à la manœuvre des grues établies sur les quais
de cette ville, en remplacement de la main des hommes
si lente et si coûteuse. Le premier de ces appareils, exécuté en 1846, fonctionne encore actuellement. Depuis
cette époque, ils se sont tellement multipliés qu'on en voit
dans tous les ports où doit s'effectuer le chargement de la
houille sur les vaisseaux.

Il a aussi utilisé, ainsi qu'on l'a vu plus haut (1), les eaux
de filtration de la partie supérieure de l'un des puits de

---

(1) Page 90 de ce volume.

South-Hetton, pour remorquer les produits le long d'un
plan incliné ; mais, dans la suite, la difficulté de se débarrasser des eaux perdues a engagé les exploitants à remplacer la machine hydraulique par une machine à vapeur.

Il a construit, aux mines de plomb d'Allenhead (Northumberland), un système fort étendu d'appareils à
pression hydraulique destinés à l'extraction des minerais,
à l'épuisement, au bocardage et au criblage par dépôt, à
la mise en mouvement d'une scierie, des machines d'un
atelier de construction et de réparations, etc. L'eau motrice,
provenant de petits filets réunis dans des étangs sur les
éminences voisines, est conduite aux divers appareils par
des tuyaux alimentaires, puis, évacuée sur une galerie d'é-
coulement. La hauteur de la colonne est d'environ 60 m.

Mais comme, dans les cas les plus ordinaires, ces dispositions exigent la construction de tours d'une hauteur
considérable, ce qui ne permettait pas au système de
prendre toute l'extension désirable, M. Armstrong s'efforça
de trouver un moyen de se servir de la pression de l'eau
dans toutes les circonstances et à peu de frais. C'est alors
qu'il trouva l'*accumulateur*, appareil servant à concentrer
la force qu'il s'agit de transmettre, en substituant, à la
pression d'une colonne d'eau, celle d'une charge agissant
sur le liquide.

L'accumulateur, ou réservoir de force (Pl. LVI, fig. 5),
se compose d'une colonne d'eau de 6.25 à 10.85 m. de
hauteur, renfermée dans un cylindre en fonte et sur laquelle
presse un piston de même métal. Ce piston, conduit dans
son mouvement de va et vient par des glissières latérales,
est surmonté d'une caisse cylindrique en tôle, remplie de
saumons en fonte, de gravier ou de scories de hauts fourneaux. L'eau, introduite dans le cylindre par un tuyau
ajusté à sa base, est refoulée à travers un autre tuyau
placé à l'opposé du premier.

Les limites de la charge qui presse le piston sont comprises entre 5 et 40 atmosphères. Dans le premier cas, l'accumulateur est dit à basse, et dans le second, à haute pression. Les premiers sont préférés aux seconds, parce qu'ils offrent proportionnellement moins de force perdue par suite dés résistances passives et de l'adhésion de l'eau dans les tuyaux de conduite; d'ailleurs, les organes étant de moindre volume sont plus simples et moins coûteux.

Le cylindre, ou réservoir de pression, est chargé d'emmagasiner et de distribuer la force aux appareils de manœuvre. Il doit contenir un volume d'eau égal à celui que peuvent lui soutirer simultanément tous les appareils qu'il alimente; aussi est-il disposé de manière à régulariser l'action du moteur: Si, par exemple, le moteur refoule une quantité d'eau plus grande que ne l'exigent les circonstances, le piston s'élève au-dessus de sa limite normale, heurte un petit levier, qui, par l'intermédiaire d'une chaîne et d'une poulie, forme la soupape régulatrice de la vapeur et ralentit ou arrête la marche de la machine; si le contraire se produit, le piston descend sous l'influence de sa charge et l'eau emmagasinée dans l'accumulateur supplée au manque d'eau refoulée.

La machine motrice des pompes foulantes appelées à remplir l'accumulateur est à cylindres horizontaux et à haute pression. Les pompes, à double effet, se rattachent directement aux tiges des pistons; en outre, elles sont munies d'une soupape de refoulement.

Actuellement les Anglais emploient ces appareils dans presque tous les docks et les grandes gares de chemins de fer. Déjà en 1859, on comptait plus de 125 machines à vapeur, soit une force de 3000 chevaux, occupées à refouler de l'eau dans des accumulateurs. Ceux-ci desservaient 1200 grues hydrauliques et autres appareils propres

24

à soulever les fardeaux, manœuvraient des portes d'écluse, des plates-formes tournantes de chemins de fer, élevaient des wagons et des locomotives, etc., etc. Enfin des grues hydrauliques ont été établies dans tous les ports où se fait le chargement de la houille dans les vaisseaux.

Voici deux exemples concernant la méthode employée en Angleterre pour charger la houille dans les vaisseaux en faisant agir la pression de l'eau sur des plates-formes destinées à recevoir les voitures de transport extérieur.

A Newport, l'eau sortant de l'accumulateur est conduite au-dessous de l'estacade dans des tuyaux qui se ramifient en autant de branches qu'il y a de plate-formes basculantes; celles-ci, mobiles autour d'un axe horizontal, s'appuient sur un piston et reçoivent le wagon à décharger; lorsque la pression hydraulique est mise en jeu, le piston soulève la partie postérieure de la plate-forme et lui donne l'inclinaison convenable pour provoquer le déversement de la houille, qui s'échappe à travers la porte de la voiture et tombe dans le bâtiment.

Les ponts des vaisseaux amarrés aux quais de chargement du port de Cardif sont à un niveau si élevé au-dessus du plan de la voie ferrée que le basculage des voitures est impossible; mais la pression hydraulique permet de vaincre cette difficulté. Les wagons, placés sur une plate-forme mobile, sont soulevés verticalement par un piston sous lequel agit l'eau de l'accumulateur; quand ils sont arrivés au haut de la course, la chaîne du cabestan à bras saisit l'extrémité postérieure de la plate-forme et l'incline assez pour que le contenu des vases se déverse dans les vaisseaux.

Exécution des travaux de la surface des houillères au moyen de la pression hydraulique.

Les accumulateurs rendraient de grands services s'ils étaient appliqués aux travaux de la surface des houillères. Installés dans un coin de la halde, ils ne gêneraient aucune manœuvre et leur force fractionnée autant que les besoins l'exigeraient, produirait ses effets, sans encombrement, partout où un tuyau pourrait parvenir.

Ils pourraient être appliqués à la manœuvre des culbuteurs et au versage des voitures de l'intérieur, au chargement des wagons de la surface, qu'ils élèveraient ou pousseraient sur les voies ferrées. Ils serviraient au lavage et au criblage de la houille, au chargement et au déchargement des fours à coke. Enfin, ils pourraient être avantageusement employés pour mettre en mouvement les soufflets et les marteaux de forge, les outils des ateliers de réparation et les divers appareils propres à scier ou à couper les bois.

Alors, au lieu d'une main-d'œuvre fort coûteuse ou de machines à vapeur dispersées en divers points de la halde, l'exploitant se bornerait à l'emploi d'une seule machine de compression, accompagnée d'un système de tuyaux destinés à conduire la force motrice partout où elle serait utile ; une machine d'épuisement d'une grande force suffirait même, dans bien des cas, pour faire fonctionner l'accumulateur.

On se demande comment il se fait que cette pression de l'eau, si commode dans son emploi et qui permet de réaliser de si grandes économies, ne soit pas encore en usage sur les haldes du continent ou ne le soit que d'une manière exceptionnelle. Il est à espérer que les exploitants

ne continueront plus longtemps à perdre de si grands
avantages et qu'ils imiteront, en partie du moins, ce qui
existe à la mine d'Allenheads.

Déjà les ingénieurs de la mine de Crone, district de
Bochum, se sont servis de ce procédé pour relever au
niveau de la margelle du puits les houilles menues qui
tombent au-dessous après avoir traversé les cribles.
L'élévateur hydraulique se compose d'un piston plongeur,
de 0,20 m. de diamètre, qui circule dans un corps de
pompe de 0,30 m. et qui est surmonté d'un plateau dont la
surface est assez grande pour recevoir deux voitures
juxtaposées et contenant chacune environ 6 hectolitres de
houille ; le piston est équilibré par des câbles passant sur
des poulies et portant des contre-poids à leurs extrémités.
L'eau de l'accumulateur, comprimée par l'action de la
maîtresse-tige de la machine d'épuisement, pénètre dans
le corps de pompe et la charge est soulevée ; puis, lorsque
le piston a atteint le haut de sa course, l'eau s'écoule et
le plateau redescend, en emportant les deux voitures vides
qui ont été substituées aux voitures pleines. L'entrée et la
sortie du liquide moteur s'effectuent facilement au moyen
d'une soupape commandée par un levier. Il est possible
d'élever ainsi, à une hauteur de 3,75 m., environ 12 hectol.
de houille en 1 1/2 minute.

Culbuteurs.

Le culbuteur représenté, en élévation et en plan, par
les figures 1 et 2 de la Planche LV est usité dans plusieurs houillères des environs de Liége.

Le chassis, a, monté sur quatre roues, circule sur
l'estacade de déchargement ; il porte une plate-forme, b,
qui peut, au moyen de la roue manivelle, d, prendre un

mouvement d'oscillation autour d'un axe coudé, sur lequel elle est attachée. Elle est revêtue d'un étrier d'arrêt, c, formant le prolongement des rails sur lesquels roule le wagon à décharger. Un petit verrou, e, maintient la plate-forme immobile sur le chassis pendant qu'on introduit ce wagon, qu'un autre verrou, f, empêche de bouger durant la marche du culbuteur vers le versage. Une clichette g, retient le culbuteur jusqu'au moment de son départ.

Dans plusieurs mines de l'Écosse et notamment dans celle de Witschill, près d'Edimbourg, on emploie, pour déverser les produits sur les haldes, un appareil simple et commode, qui, dans certaines circonstances, pourrait être utilement imité.

Deux grands cercles en fer, a, a (fig. 3 et 4), sont reliés par des tringles de même métal, b, b. A l'intérieur de ces cercles et au niveau de la voie, des rails, c, c, reposent sur des fers d'angle, d, d, qui achèvent de consolider l'ensemble. Entre ces rails et tout à côté, deux branches horizontales, e, e, prennent le wagon par-dessus les essieux, entre les roues et la caisse, et le maintiennent pendant qu'on le fait basculer à droite ou à gauche, par un mouvement de rotation donné au culbuteur. Ce culbuteur doit pouvoir se démonter aisément pour être transporté d'un point à un autre.

Emploi des estacades.

Les estacades sont des espèces de ponts construits sur le carreau des houillères, afin d'y entasser les produits de la mine, en attendant le moment de la vente, ou pour faciliter le chargement des voitures ordinaires et celles

des chemins de fer de la surface. Ces constructions doivent
laisser au-dessous d'elles une libre circulation ; leur
hauteur, qui est assez grande dans le premier cas, doit
concorder avec celle des voitures dans le second. Les
estacades ont leur origine à la margelle des puits, dont
le revêtement est prolongé au-dessus du sol au moyen
d'une tour en maçonnerie, et s'avancent sur le carreau de
la mine en s'embranchant les unes aux autres et en rayonnant dans toutes les directions voulues.

De semblables constructions s'exécutent aussi aux abords
des stations de chemins de fer, dans les ports, sur les
berges des canaux, des rivières et autres voies navigables.

Souvent les estacades établies sur le carreau des houillères, dans le but de charger les voitures, sont munies
d'appareils de criblage. La mine de Gluckhilf, district de
Waldenburg, en possède une de cette espèce, de 189 m.
de développement ; elle est recouverte d'un chemin de
fer sur lequel circulent des cribles pouvant être transportés aux divers points de déversement de la houille.
Une partie de l'estacade est, en outre, réservée à l'emmagasinage des produits de la mine aux époques de
chômage de la vente.

Lorsque, par suite de circonstances locales, la margelle
ne peut être élevée jusqu'à l'estacade et reste au niveau
du sol, les ingénieurs allemands ont recours à des élévateurs spéciaux pour faire franchir aux voitures d'intérieur
la différence de hauteur verticale. C'est dans ce but qu'on
a fait établir à la mine de Gewalt (district d'Essen) une
balance hydraulique, dont l'eau motrice est livrée par la
machine d'épuisement.

Des estacades en fer, destinées à l'emmagasinage de la
houille, ont été construites à l'usage des mines de Seraing,
près de Liége ; elles sont remarquables par leur solidité,
leur durée et la facilité de leur installation.

Les travées, de 14 m. de longueur, (Pl. LV, fig. 5) reposent sur des colonnes en fonte, proportionnées à la hauteur de la margelle au-dessus du sol, et comprennent deux longerons semblables et disposés parallèlement. Chaque longeron se compose de deux rails vignoles (fig. 8) ayant 7 m. de longueur, 0.13 m. de hauteur et 0.105 à la base, reliés par des éclisses ; ils sont préservés de la flexion par un tirant en fer rond qui s'applique contre la partie inférieure de poinçons en fonte. Ces poinçons, ou clefs pendantes, sont au nombre de sept, c'est-à-dire, écartés de deux mètres d'axe en axe ; ils sont d'autant plus courts que leur place se rapproche d'avantage des piles. Celui du milieu est représenté en détail par la figure 9. A leur base est ménagée une échancrure semi-circulaire dans laquelle se loge le tirant en fer forgé, tandis que vers le haut, un trou carré reçoit l'extrémité des traverses. Les rails sont boulonnés sur le plateau qui forme le sommet du poinçon Enfin, des planches, clouées sur les traverses, forment un plancher sur lequel circulent les rouleurs appelés à conduire les voitures du puits aux points de déchargement.

Élévateur hydraulique de l'usine à plomb de Seilles, près d'Andennes.

Cet appareil, représenté par les figures 6 à 8 (Pl. LVI), sert à élever le minerai de plomb à la hauteur des gueulards des fourneaux à manche, il peut être avantageusement imité dans les mines de houille, pour l'exécution de travaux analogues.

Un piston plongeur, *a*, surmonté d'un plateau en fonte, *b*, passe à travers une boîte à bourrage et pénètre dans un cylindre hydraulique, *c*. La machine à vapeur qui fait fonctionner les souffleries, les meules, les cylindres broyeurs, etc. met aussi en jeu une petite pompe aspirante et foulante qui chasse dans le cylindre *c* de l'eau de compression. Cette eau soulève le piston et sa charge et ne peut revenir en arrière à cause d'une soupape conique, *d*, qui s'ouvre de dehors en dedans, et se ferme en sens contraire, lorsque la pompe cesse de fonctionner.

Un tuyau de décharge, *e*, ajusté vers la base du cylindre, laisse écouler l'eau quand le piston plongeur doit descendre.

Deux mains de fer, *f*, *f*, boulonnées au-dessous du plateau, glissent le long de deux fers en double T et servent de guides dans le mouvement vertical de la partie mobile de l'appareil. Le plateau et son piston sont équilibrés par des contrepoids en plomb, qui se meuvent verticalement dans des coffres en planches. Les chaînes de suspension passent sur des poulies en fer fondu.

La figure représente l'élévateur au moment où sa partie mobile descend; mais il convient de supposer, pour que la description des mouvements ne soit pas interrompue, que, au bas de la course, l'appareil est à l'état de repos. En ce moment la petite pompe motrice ne fonctionne pas et le robinet d'évacuation est fermé.

Une voiture pleine arrive sur le plateau; l'ouvrier chargé de la manœuvre saisit la poignée *g*, tire sur la tringle qui commande l'équerre *h* et amène celle-ci dans la position indiquée par les lignes ponctuées; ce mouvement est transmis à la pompe par la tige et divers leviers. L'eau afflue dans le cylindre moteur, le plateau s'élève avec sa charge et parvient au niveau de l'étage supérieur, où il vient buter contre un talon qu'il soulève; l'équerre reprend sa position primitive et la petite pompe cesse de fonctionner.

Après avoir remplacé la voiture pleine par une vide, l'ouvrier en station à l'étage supérieur abaisse le levier *i*, qui, par l'intermédiaire de la tige *k*, fait décrire un arc de cercle au levier du robinet de décharge ; l'eau du cylindre s'écoule partiellement et le piston descend jusqu'au moment où le plateau, venant heurter un talon, ferme l'orifice du canal d'exhaustion.

La charge mise en mouvement par l'élévateur de Seilles n'est que de 1 1/2 à 2 tonnes ; mais elle pourrait s'élever à 5. Le volume de l'eau refoulée par la pompe est assez faible pour que la vitesse d'ascension soit fort minime ; aussi la durée de celle-ci est-elle de 1 1/2 minute, ce qui suffit amplement aux besoins du chargement des fourneaux à manche.

Locomotive et wagons de transport à la surface.

Dans la plupart des mines anglaises, les puits d'extraction sont reliés par des voies d'embranchement aux canaux, aux côtes de la mer et aux grandes lignes ferrées. La traction s'opère, tantôt au moyen de locomotives semblables à celles qui circulent sur les tronçons principaux, tantôt de machines dont les dimensions sont moindres et simplement proportionnées au but à atteindre. Dans tous les cas, la largeur de l'embranchement, égale à celle du chemin principal, permet l'emploi du même matériel sur les deux voies.

On se sert de locomotives ordinaires dans les mines du Sud du pays de Galles, pour transporter de la houille ou des minerais des puits d'extraction aux hauts fourneaux, aux fours à coke, etc., quelque fois même les scories dont on veut se débarrasser. Les propriétaires de l'établissement sidérurgique de Dowlais, près de Merthyr, procé-

dent au déblai d'une vaste montagne de scories, entassées
depuis nombre d'années. Pour ce service, ils emploient
constamment douze locomotives, de la construction généralement usitée en Angleterre.

En Écosse, au contraire, les locomotives servant au
transport de la houille et des minerais ont une force
moindre et ne sont pas accompagnées de tender ; leurs
cheminées peuvent être rabattues sur les chaudières dans
le passage sous les ponts peu élevés. Elles ont quatre ou
six roues.

Les voitures sont de deux espèces : wagons ordinaires
ou plates-formes. Les premiers ont souvent la forme
d'une pyramide tronquée et renversée ; le contenu se
vide par dessous ; quelquefois, ils sont rectangulaires et
ils se déchargent alors par une porte latérale. Leur contenance n'est que de 8.125 tonnes métriques (8 tonnes
anglaises), tandis que sur le continent elle est ordinairement de 10 tonnes, soit 9.84 tonnes anglaises.

Les plates-formes transportent les voitures mêmes arrivant de l'intérieur de la mine. Le chargement s'effectue
par le moyen de voies perpendiculaires à la voie principale. Les convois de la houillère de Dowlais se composent de plates-formes sur chacune desquelles sont
disposées trois voitures, d'une contenance totale de trois
tonnes de houille, ou 3045 kilogrammes.

Compteur de la houille (Pl. LVI, fig. 1 à 4).

Cet appareil, construit par M. Guillaume Dubois, pour
le service de la houillère de Marihaye, a pour but d'indiquer spontanément et avec précision le nombre des
voitures de houilles qui sortent du puits d'extraction, sans

que personne puisse altérer en rien la vérité des indications.

Sur un point du parcours de ces voitures est installée une plate-forme rectangulaire, *a*, dont les grands côtés sont disposés perpendiculairement à l'axe du chemin de fer. Cette plate-forme, supportée par des longerons et équilibrée par des contrepoids, *c*, *c*, placés aux extrémités de leviers du premier genre, *b*, *b*, tombe sous le poids d'une voiture pleine de houille et se relève dès qu'elle n'a plus pour charge qu'une voiture vide. Le premier mouvement, d'une amplitude de 15 mm., est l'origine des effets que produit l'appareil. Au tablier se rattache une tige verticale, *d*, participant à toutes ses oscillations ; elle se meut dans une colonne creuse, *e*, en fonte, et dans la caisse en tôle qui la surmonte. Cette caisse est armée, à son extrémité supérieure, d'un index, ou cliquet, *f*, qui commande une double roue-à-rochet, dont l'axe, *g*, prolongé au dehors de la caisse, porte une aiguille indicatrice. Les dents de la roue d'encliquetage *r* sont dirigées en sens contraire de celles de l'autre roue *r'*.

Les organes du mécanisme étant ainsi disposés, chaque fois qu'un wagon plein traverse la plate-forme, elle s'affaisse en entraînant la tige verticale dans son mouvement de haut en bas, le cliquet appuyant sur l'une des dents de la roue, la force de s'avancer d'une quantité déterminée est aussitôt transmise en dehors par l'aiguille, *h*, du cadran, *i*. La voiture continue sa route ; la plate-forme, sous l'action des contrepoids *c*, se relève ; le cliquet remonte et se trouve prêt à donner une nouvelle impulsion à l'aiguille, dès qu'une autre voiture effectuera son passage. Ainsi, à chaque descente du tablier correspondra un mouvement intermittent de rotation de l'aiguille, qui indiquera, sur les divisions du cadran, le nombre de pulsations et, par conséquent, celui des wagons qui aura passé sur la plate-forme. Un arrêt, *k*, pressé par un ressort contre la roue *r*, empêche celle-ci de tourner, dans l'ascension du cliquet. Lorsque chacune des cent dents de la roue-à-rochet a cheminé sous l'action du cliquet, la révolution est achevée et l'aiguille a fait le tour du cadran. En cet instant, un petit curseur, *o*, fixé sur cette roue, heurte une roue d'encliquetage, *p*, de rayon moindre, qui, mise en relation avec un cadran, *n*, placé au-dessus du premier fait connaître le nombre de centaines de voitures.

Un petit appendice, *m*, ajusté sur la tige verticale vient, à chaque interruption de mouvement, s'interposer entre les dents de la roue *r'*, dont il empêche le mouvement. La course du cliquet étant de 15 mm., tandis que les dents de la roue n'ont que 10 mm. de largeur, l'appendice, *m*, qui engrène fort peu, se décroche facilement pendant les 5 premiers millimètres du parcours de *f*, en sorte que le compteur ne peut être arrêté dans sa marche.

Deux cliquets, *s* et *u*, s'opposent à tout mouvement que l'aiguille *q* pourrait faire en sens contraire ; *u* est détaché par le curseur *v* un peu avant que la révolution ne soit achevée et que *o* ne vienne heurter *p*.

Les trois arrêts *m*, *u*, *s* ne permettent pas aux organes intérieurs de céder à l'impulsion rétrograde que des personnes malveillantes ou intéressées voudraient leur communiquer en agissant de l'extérieur sur les aiguilles.

Grilles étagées (Pl. LVI. fig. 9 et 10).

Les houilles maigres et menues du district de Saarbrücken n'ont, comme partout ailleurs, qu'une valeur commerciale fort minime. Dans le but d'utiliser ce combustible pour le chauffage des générateurs, les ingénieurs de ce district ont eu l'heureuse idée, il y a déjà quelques années, de remplacer la grille horizontale par une grille formée de barreaux en saillie les uns sur les autres et offrant une série de gradins, un escalier, à la tête duquel on verse le combustible.

Ces grilles, actuellement en usage , non-seulement à Saarbrücken, mais encore dans plusieurs mines de la Westphalie et de la Prusse rhénane et aux salines de Kœnigsborn, ont été l'objet de modifications assez radicales, introduites par M. Langen de Cologne, et dont la principale consiste à interrompre le système par des espaces de 0.08 m. de hauteur, à travers lesquels pénètrent le combustible et l'air d'alimentation.

Les grilles coudées de chacune des trois subdivisions, ou étages, comprennent deux parties, l'une horizontale et l'autre inclinée. Les barreaux, de 15 mm. d'épaisseur environ, reposent sur des sommiers en fonte, a et b. Des plaques en fonte, c, forment le prolongement de la partie horizontale de la grillle, ce qui facilite l'introduction de la houille. Les plaques et les sommiers sont supportés par des montants latéraux en fonte, d. Au pied de la grille est un cendrier, $e\ f$, à barreaux horizontaux, dans lequel se rendent les cendres et les scories ; ce cendrier est muni d'une porte à claire-voie, que le chauffeur ouvre ou ferme au moyen d'un levier, g. Enfin, deux regards, accompagnés de leurs tampons, permettent de surveiller la marche du feu.

Le chauffeur projette la houille sur les plaques horizontales ; puis, armé d'un ringard, il l'introduit dans le foyer, en ayant soin de la répartir sur toute la surface du plan incliné que forme l'ensemble des barreaux, et de fermer les espaces compris entre deux étages successifs,

afin que l'air soit forcé de passer à travers les intervalles
qui séparent les barreaux. Au fur et à mesure que la
houille se réduit en cendres et en scories , celles-ci descendent dans le réservoir ; d'où on la retire à diverses
époques, au moyen d'un croc, après avoir rabattu la
porte à claire voie.

Les grilles de Saarbrücken, inventées exclusivement
pour utiliser les houilles maigres et menues et accessoi-
rement les résidus sans valeur des houillères, ne permettent pas l'emploi de toute espèce de charbons ; mais
les modifications de M. Langen, les ayant soustraites à
ces inconvénients, les rendent applicables dans toutes les
circonstances et pour toute industrie.

L'appareil primitif n'offre pas une garantie suffisante
contre la tendance des produits de la distillation à s'é-
chapper dans l'atmosphère sans brûler préalablement. La
disposition adoptée par M. Langen est telle, au contraire,
que tous ces produits, forcés de traverser un lit de
charbon incandescent, arrivent dans le foyer, dont la
température fort élevée en provoque la combustion complète, malgré l'action refroidissante de la chaudière et
de ses accessoires.

Voici ce qui se passe dans cette circonstance :

Le combustible, projeté sur les plaques dans son état
naturel, s'échauffe dès que l'hydrogène carboné commence à se dégager par distillation ; la combustion porte
au rouge la houille, qui, à la suite d'une nouvelle charge,
pénètre plus avant dans le foyer. Ainsi, la chaleur, faible
d'abord au contact de la grille, augmente en se rapprochant de la surface du lit de houille, où elle est sur le
point de se réduire en coke ; la température est alors
assez élevée pour que l'hydrogène carboné et l'oxide de
carbone soient entièrement brûlés en produisant une
flamme fort vive.

Le combustible que les chauffeurs projettent par le haut, dans les foyers de Saarbrücken, est un obstacle à la combustion; car la houille fraîche roulant sur le plan incliné formé par la grille en renouvelle incessamment la surface et la refroidit; la température étant ainsi périodiquement abaissée, les parties bitumineuses de la houille qui ne peuvent brûler complètement se distillent et le combustible, sous l'influence de l'hydrogène protocarboné, se transforme partiellement en une fumée épaisse et noire qui se dégage par la cheminée. Il n'en est pas de même des nouvelles grilles, qui, toujours recouvertes d'un lit de houille incandescent, s'opposent au refroidissement de l'espace dans lequel les gaz doivent s'enflammer.

En outre, la vapeur d'eau qui se forme traverse la houille portée au rouge, se décompose et se transforme en hydrogène et en oxide de carbone, gaz combustibles, propres à entretenir la flamme et la température; en sorte que, si le combustible n'est pas trop humide, l'emploi des grilles étagées tend à limiter la perte de chaleur, dès lors réduite à ce qui est nécessaire à la vaporisation de l'eau.

Ces appareils sont donc fumivores dans toute l'étendue du terme, puisque la fumée est détruite alors même que la houille ne reçoit que le minimum d'air nécessaire à sa combustion complète. Aussi la fumée, à peine visible, qui sort de la cheminée est-elle blanchâtre et assez semblable à de la vapeur d'eau. La fumée ne s'obscurcit et ne devient noire qu'au moment de la mise à feu ou quand, après qu'on a vidé le cendrier, un fort volume de houille doit être poussé en avant. Enfin, les résidus de la combustion ne se composent que de parties de houille parfaitement brûlée et réduite en cendres ou en scories légères et poreuses.

Des essais faits à Cologne, vers la fin de 1859, par une commission d'ingénieurs et de manufacturiers avaient pour objet la comparaison des grilles anciennes et des nouvelles sous le rapport de la quantité d'eau vaporisée par un même poids de combustible.

Une livre de houille, brûlée sur une grille horizontale, a vaporisé 4934 livres d'eau, tandis que sur la grille de M. Langen, elle a produit 6756 livres de vapeur, soit en plus, 1822 livres. Ainsi l'effet utile est de 36.93 pour cent plus grand dans le second cas que dans le premier, l'économie atteint 27 pour cent.

Cette invention est, pour le bon emploi de la houille et de la production économique de la vapeur, une des plus belles que l'on ait faites depuis plus de quinze ans.

CHAPITRE VI.

ASSÉCHEMENT DES MINES.

———

1ʳᵉ SECTION.

RÉPULSION ET ENDIGUEMENT DES EAUX

Serrements Westphaliens en maçonnerie.

Les deux barrages en briques que nous allons décrire
ont été exécutés dans le voisinage de Steele et de Bochum,
en Westphalie. Nous les avons choisis — parmi ceux que
M. Hilgenstock a publiés dans la revue périodique des
mines prussiennes (1) — à cause de la particularité remarquable qu'ils offrent, l'un, d'être installé au milieu de
roches peu solides, l'autre, d'être accompagné d'un appendice en maçonnerie qui en augmente la stabilité.

Un puits de recherche fondé dans la concession de la
mine dite *Vereinigte Präsident*, près de Bochum, avait
traversé le terrain crétacé, dont la base est formée d'un

(1) Preuss Zeitschrift. *Bd.* IV. *Abth.* B. *Seite* 139.

banc de sables glauconiens. En outre, une galerie-à-
travers-bancs, percée un peu au-dessous de cette stratification, avait donné lieu à quelques travaux dans la
couche *Präsident*, lorsque les mineurs, concevant des
craintes sur la solidité du banc glauconien, crurent devoir
se prémunir contre les éventualités d'une rupture qui
livrerait passage aux eaux du terrain marneux. Ils résolurent donc de construire deux serrements et de renfermer ainsi dans les travaux de recherche les eaux qui
pourraient y faire irruption.

Mais les roches encaissantes étant, par leur défaut de
solidité, hors d'état de résister aux efforts latéraux du
barrage, il fut jugé indispensable de remplacer les parties
défectueuses du terrain par des massifs en maçonnerie.
On excava les parois de la galerie, ainsi que l'indiquent
les lettres *a b c d* de la projection horizontale (Pl. LVII,
fig. 3); l'entaille, prolongée vers le haut afin de dénuder
la couche glauconienne, gisant à une distance de 0.50
à 0.60 m. au-dessus du faîte, fut inclinée au mur et
au toit de manière à produire une échancrure de 0.31 m.
de profondeur du côté où le serrement est exposé à la
pression des eaux.

La première opération eut pour objet la construction de
la première moitié du contrefort de gauche *a e f g* ; après
quoi l'on s'occupa du serrement proprement dit, *e f h i*
formé de rouleaux juxtaposés, dont les briques, disposées
en voussoirs couchés, se terminent par une surface que
représente la ligne *h i*; alors les maçons, se portant dans
l'excavation *i b c k l* et prenant *i b* comme front de travail,
remplirent l'espace en fesant un quart de conversion pour
terminer le muraillement en *c k* ; puis enfin ils se trans-
portèrent de l'autre côté de la galerie où ils remplirent
'espace *g f m n d*. Les deux parements *n m* et *l k* sont dis-

posés en talus, ainsi que l'indique la coupe transversale
(fig. 4), afin de livrer un libre accès au tuyau en fonte qui
sert à l'écoulement de l'eau pendant la construction. Ce
tuyau est fermé par une plaque de même métal, fixée par
des boulons lorsque le mortier a acquis une dureté suffisante.

Les briques, choisies avec soin, avaient 0.26 m. de
longueur, 0.13 m. de largeur, 0.065 d'épaisseur. Le mortier, de trass, de chaux et de sable, avait été bien mé-
langé et battu, afin de former une masse liante et
homogène.

Le succès de ce barrage n'a pas été complet, ce qui
doit être attribué à la présence des sables glauconiens, sur
la compacité desquels on avait trop compté. Cependant
le mode de construction peut-être considéré comme satis-
fesant dans son application aux roches défectueuses,
puisque l'autre serrement, analogue, mais moins compliqué, a offert la plus complète imperméabilité.

A la mine Eintracht, près de Steele, une galerie-à-
travers-bancs, située à 50 m. environ au-dessous du sol,
ayant recoupé un grès très-fissuré et fort aquifère, des
quantités d'eau considérables affluèrent par le mur de la
couche *Dreckbank;* en outre, trois fermiers des environs
voyant leurs puits domestiques complètement asséchés
réclamaient des indemnités de ce chef. Les exploitants,
afin d'éviter des procès coûteux, décidèrent de refouler
les eaux par un barrage, dont on augmenta l'efficacité en
agrandissant la surface de contact de la maçonnerie par
l'adjonction d'un pilier en brique (fig. 5 et 6). Ce pilier
peut être considéré comme un revêtement de la galerie
sur une longueur de 1.57 m. et consiste en un radier,
deux pieds droits et une voûte; il se rattache à un serre

ment sphérique de 1.25 m. d'épaisseur, dont la flèche de courbure (qui est de 0.13 m.) est tournée du côté accessible de la galerie, tandis que le parement pressé par la colonne d'eau présente une surface plane ; ce parement, de même que le pilier qui lui est annexé, est recouvert d'un enduit de trass fort épais. Les briques, posées de plat et par assises horizontales, ont leurs joints dirigés normalement à la courbure ; elles sont fortement serrées, vers le faîte de l'entaille, par d'autres briques en forme de coins. Enfin deux tuyaux en fonte, encastrés dans la maçonnerie, servent, l'un à l'écoulement de l'eau pendant la construction du barrage et la solidification du mortier, l'autre à l'évacuation de l'air renfermé derrière le muraillement.

Peu après la fermeture des deux tuyaux, les eaux reparurent dans les puits des fermes voisines, état de choses qui a continué de subsister jusqu'à présent.

Dans l'entaillement des roches destiné à préparer la place de barrage et de son appendice, les mineurs se sont abstenus de l'emploi de la poudre et se sont bornés à celui de pics et de pointerolles. Ils ont également eu soin d'enlever toutes les parties trop fissurées de la roche.

Le mortier qui a servi à la construction du revêtement étanche de la galerie était composé de chaux, de trass et de sable ; celui du serrement ne comprenait que les deux premières substances, en proportion convenable.

Serrements volants, ou serrements provisoires en paille (Pl. LVII, fig. 1 et 2).

Vers la fin de l'année 1862, M. César Plumat, directeur des charbonnages du Nord du Bois de Boussu et de Ste-Croix, Ste-Claire, approchait d'anciens travaux sur lesquels les plans ne lui donnaient que des renseignements très-vagues. Aussi ne s'avançait-il qu'avec précaution, précédé par de nombreux trous de sonde, lorsque des venues d'eau lui firent reconnaître la présence d'une vallée, ou descenderie, percée dans la couche, au voisinage immédiat du dernier front d'entaillement.

Comme il n'avait à sa disposition qu'une petite machine d'épuisement, il pouvait en craindre l'insuffisance dans le cas où, perçant aux anciens travaux, il y rencontrerait de grands amas d'eau, car alors le déversement de celle-ci aurait lieu dans les excavations d'un autre siége d'exploitation, qu'elle submergerait et réduirait à l'état de chômage.

C'est dans cette circonstance que M. Plumat s'avisa d'un serrement provisoire en paille, qui, exécuté avec rapidité, pourrait suffire à retenir les eaux sans qu'on eût à se préoccuper des petites fuites qui se produiraient.

En arrière des travaux de percement exécutés dans la couche, se trouve une galerie-à-travers-bancs, de 2 m. de hauteur sur autant de largeur, dans laquelle fut choisi un emplacement favorable à l'obstruction projetée. L'opération se fit en commençant par la face antérieure du barrage, qui est en communication avec la partie sèche ou habitable de l'excavation.

Là, deux lignes de solides étais, renforcés encore par des traverses, furent installées à deux mètres l'une de l'autre ; en outre, les traverses de la première ligne étaient armées de contrefiches, appuyées contre les parois. Des bottes de paille de seigle furent alors entassées entre les deux rangées de bois et fortement serrées entre le sol et le faîte de l'excavation sans laisser aucun vide. Puis, au devant de ce premier massif, on en établit un autre de même longueur, dont les lits étaient croisés, c'est-à-dire dont les bottes étaient disposées diagonalement aux parois, afin que l'eau, par sa pression, tendit à serrer la paille contre celles-ci, avec une intensité proportionnelle à la hauteur de la colonne hydrostatique.

Mais cette construction de prévoyance n'a pas été utilisée, par suite de la possibilité où les mineurs se sont trouvés d'assécher la vallée, en fesant couler peu à peu les eaux de cette dernière sur les pompes d'exhaure. Toutefois le barrage ayant empêché une venue de se porter vers ces pompes, les eaux se sont accumulées contre l'obstacle et se sont élevées de toute la hauteur du travers-bancs, sans qu'il se produisît la moindre fuite sur le côté opposé. Des barrages de cette espèce peuvent donc résister à d'assez fortes pressions et être employés dans le cas où il faudrait boucher immédiatement une galerie, en attendant la construction d'un serrement plus parfait ou l'emploi de tout autre mesure.

SECTION II.

ÉPUISEMENT DES EAUX PAR CAISSES.

Caisses indépendantes.

Les tonnes d'épuisement dont les mineurs se servaient autrefois ont été remplacées par des *caisses-à-eau*, ou *caisses-à-soupapes*, dès que les vases d'extraction ont été appelés à circuler, dans les puits, le long de guides verticaux. Ces caisses (en tôle, à section rectangulaire, armées de ferrures de consolidation) élèvent au jour les eaux qui se sont accumulées dans le puisard pendant le travail d'extraction de la journée. Elles sont pourvues de soupapes, ajustées au fond ou latéralement. Leur emploi se borne aux cas où le volume des eaux affluentes ne dépasse pas certaines limites, au-delà desquelles il convient d'avoirs recours à d'autres moyens d'exhaure.

Pour procéder à l'épuisement par caisses, le receveur à la margelle les substitue aux cages et les manœuvre de la même manière, ou laisse les cages en place et y introduit les caisses à eau. Dans ce dernier cas, si la hauteur de la caisse est égale à celle de l'étage inférieur de la cage ou moindre qu'elle, il n'y a aucune mesure particulière à prendre; mais si cette hauteur est plus grande, les traverses qui forment le plancher du second étage doivent être rendues amovibles et on les enlève chaque fois qu'il s'agit d'introduire une caisse.

La mine de houille de Beaujonc, près de Liége, fournit

un exemple de la première de ces dispositions. Le prolongement des pompes jusqu'au dernier étage d'exploitation
n'ayant pu avoir lieu par des motifs sans intérêt pour le
lecteur, cet étage inférieur a dû être exhausé au moyen
d'une caisse à eau représentée par la figure 7 (Pl. LVII).
Ce vase, en tôle, est installé sur deux longerons en bois,
auxquels sont fixés les essieux de quatre roulettes. Il est
pourvu de deux soupapes : l'une, circulaire, ajustée au
fond du vase, se lève lorsqu'elle vient en contact avec la
surface de l'eau du puisard et se ferme sous la pression
du liquide dès le premier mouvement ascendant de la
caisse ; l'autre, *a*, disposée latéralement, consiste en un
morceau de cuir, carré, compris entre deux plaques de tôle ;
elle s'ouvre et se ferme en tournant autour de sa charnière
de suspension ; sa position inclinée lui donne une tendance à se fermer spontanément. Le receveur l'ouvre en
agissant sur la poignée d'un levier, *b*, qui se rattache à la
soupape par une chaîne.

La substitution de la caisse à la cage et réciproquement s'effectue comme suit :

Les guides verticaux se composent de rails encastrés
dans des coussinets (fig. 8 et 9). Les rails de la partie de
la voie située immédiatement au-dessus de l'orifice du
puits sont amovibles sur une hauteur de 1.75 à 2 m., c'est-
à-dire que, fixés dans deux coussinets au moyen de clavettes, il suffit de retirer celles-ci pour les enlever ; leur
mise en place a lieu par une manœuvre inverse. Les clavettes sont suspendues à de petites chaînes, afin de se trouver
constamment sous la main de l'ouvrier.

Lorsque le moment d'épuiser les eaux est arrivé, les
rails amovibles sont enlevés ; la cage, munie de roulettes,
est décrochée du câble, puis retirée sur la margelle et
mise de côté ; la caisse-à-eau, roulée jusqu'au fond du

puits, lui est substituée, les rails remis en place font cesser la solution de continuité de la voie verticale et l'épuisement commence. Les manœuvres de clichage sont les mêmes que pour les cages.

Un déversoir en planches empêche l'eau de retomber dans le puits pendant la vidange des vases ; ce déversoir, c, placé sur le clichage et se mouvant avec lui, est poussé vers la soupape latérale avant que celle-ci ne soit ouverte ; il reçoit les eaux, qu'il conduit dans un canal, puis se retire en arrière pour laisser à la caisse la liberté de redescendre dans le puits.

En général, les mineurs belges reprochent aux soupapes circulaires placées au fond des caisses de laisser passer les eaux à travers les joints, qu'ils trouvent fort difficile de maintenir étanches après quelques semaines de service. Ils préfèrent employer les soupapes rectangulaires ajustées latéralement, qui sont aussi commodes pour l'introduction que pour la sortie des eaux de la caisse.

Caisses introduites dans les cages.

La Société de l'Espérance, à Seraing, possède trois caisses à eau (dont une de rechange) que l'on met alternativement en œuvre dans l'un des deux puits, lorsqu'il y a surabondance d'eau ou qu'un accident quelconque est arrivé à la machine d'épuisement.

L'appareil (fig. 10 et 11) a la contenance d'un mètre cube. On le roule dans une cage d'extraction. L'entrée et la sortie de l'eau se font par une soupape latérale qui s'ouvre, puis se referme, dans le puisard par la seule pression de l'eau, et qu'on ouvre de nouveau à la margelle pour laisser écouler le liquide. Cette soupape se compose d'un morceau de cuir rivé entre une plaque en bois et une en cuir.

———

La base des terrains de recouvrement du bassin houiller du Pas-de-Calais est formé d'un banc de *dièves*, ou argiles puissantes et fort étanches, qui empêche les eaux de la surface de pénétrer dans la formation carbonifère; en sorte que les machines d'épuisement, installées pour le passage des terrains crétacés aquifères, sont démontées immédiatement après avoir traversé la stratification imperméable. Le volume des eaux qui arrivent alors dans le puisard est facile à enlever avec des caisses-à-eau placées dans des cages et qui fonctionnent pendant quelques heures, après l'extraction journalière de la houille.

Les figures 12, 13 et 15 représentent l'appareil qui est employé à cet effet dans la mine de Lens. C'est une bâche en tôle, dont le bord supérieur est formé d'un cadre en fer d'angle. La partie caractéristique du système est la tubulure, *a*, qui sert à déverser l'eau à la margelle; elle communique avec l'intérieur de la bâche au moyen d'un tube en cuir, *b*, qui lui permet de se rabattre horizontalement. Pendant la circulation dans le puits, elle est maintenue verticalement, dans la position que montre la figure, par un crochet, *c*, et par un étrier à charnière, *d*, qui l'entoure et se ferme au moyen d'une clavette; elle ne peut ainsi ni tomber, ni se soulever lorsque la cage descend dans l'eau avec trop de vitesse. Une petite plaque en tôle, *e*, sert de garde au tube en cuir.

Le fond du vase est percé d'un orifice et muni d'une soupape à charnière, *f*, dont le mouvement ascensionnel est limité par un étrier en fer. C'est par cet orifice que pénètre l'eau. Cette soupape est quelquefois placée latéralement ; elle est alors rectangulaire et tourne autour de sa charnière de suspension.

Le vase prend place dans l'étage inférieur de la cage (fig. 14) où elle est maintenue, non-seulement par les fermetures ordinaires appliquées aux wagons de houille, mais encore par des traverses mobiles.

La manœuvre de cet appareil est simple, facile et prompte.

———

Les caisses à eau de la mine de Denain ont beaucoup d'analogie avec les précédentes. Le cylindre en tôle est remplacé par un tuyau entièrement en cuir dont la base est ajustée au fond du vase et qui se relève le long de l'une des parois, où il est retenu par un verrou.

———

Sous la désignation de benne à eau à double fond, on emploie dans les mines de Ferrières, Doyet et Bézenet appartenant aux forges de Commentry, une caisse (fig. 16 et 17) dont les deux fonds, distant de 0.15 m., sont fixés sur un train. Le fond supérieur sert de siége à deux soupapes dont l'une, *a*, sert à l'admission, l'autre, *b*, à l'exhaustion de l'eau. La dernière est reliée à un levier que l'on manœuvre au moyen d'une chaîne passant sur une poulie.

Lorsque la caisse plonge dans le puisard, l'eau pénètre par un canal ménagé à travers les deux fonds sous la soupape *a*. Au jour, le machiniste arrête l'appareil à 0.20 m. au-dessus de la margelle et ouvre la soupape *b* ; l'eau passe dans le compartiment inférieur, puis jaillit au dehors par un orifice ménagé entre les deux fonds.

Les soupapes se composent de deux disques en bois superposés, doublés d'un coussin en cuir ou en caoutchouc et traversés par une tige en fer rond.

La vidange des caisses à soupapes latérales s'effectue
rarement sans perte d'eau, à moins qu'on ne prenne des
précautions suffisantes, parce que, vers la fin de l'opération, le jet diminuant d'intensité, une partie du liquide
retombe dans le puits, où il engendre de graves inconvénients, sans compter la perte d'effet utile.

Pour obvier à cet état de choses, certains exploitants
emploient des chariots surmontés de larges canaux en
bois; ces chariots, qui circulent sur des rails placés au-
dessus de l'orifice du puits, s'avancent pour recevoir les
eaux du vase parvenu au-dessus d'eux et se retirent pour
laisser passer ce dernier lorsque l'opération est achevée.

M. Jouniaux, ingénieur de la mine de Sart-les-Moulins,
près de Charleroi, a imaginé un déversoir ou tablier tournant destiné à recevoir l'eau et à la conduire à l'extérieur.

Cet appareil (Pl. LVII, fig. 18 à 20) est installé, autant
que possible, dans la recette située au-dessus de la margelle. En ce point, les guides, interrompus sur une hauteur de 1 à 1.50 m., laissent un espace dans lequel
viennent se loger deux pièces de bois de même équarrissage que ces guides, dont elles constituent le prolongement.
Sur ces pièces, est fixée une caisse en tôle et un arbre en
fer portant sur deux crapaudines, dont l'ensemble est
susceptible de prendre un mouvement de bascule par l'intermédiaire d'un levier coudé, d'une tringle et d'un second
levier droit attaché à l'arbre. Le premier de ces organes
est placé au niveau de la margelle et à portée de la main
du receveur.

Lorsque la cage et la caisse qu'elle renferme arrivent
au jour, l'ouvrier pousse le levier en avant dès qu'il s'a-
perçoit qu'elles ont dépassé la partie supérieure du tablier
mobile, qui prend alors une position légèrement inclinée.
Puis il ouvre la soupape et les eaux s'écoulent, sans la

moindre perte, au-delà de l'orifice du puits. Alors le receveur, retirant à lui le levier, remet le tablier dans sa position primitive et, la solution de continuité des guides étant comblée, la caisse et la cage regagnent le puisard.

———

Les caisses à eau, pour être efficaces, doivent être complétement remplies et circuler dans le puits avec une grande vitesse, sans que cependant l'agitation du liquide provoque son épanchement par dessus les bords du vase. On peut obtenir ce résultat en recouvrant la surface de l'eau d'un plancher suspendu à quatre chaînettes, qui s'élève ou s'abaisse chaque fois que la caisse se remplit ou se vide.

La vitesse de l'extraction est devenue telle que ces appareils peuvent élever au jour des volumes d'eau très considérables ; mais leur emploi doit se borner à quelques heures de la nuit seulement, afin qu'on ait le temps de retirer les matériaux stériles que produisent ordinairement les mines de houille et de faire au moteur d'extraction les réparations qu'il exige si fréquemment.

Les caisses sont économiques sous le rapport des frais de premier établissement, puisqu'elles dispensent de construire des appareils d'épuisement spéciaux, qui sont toujours si coûteux ; mais un chômage un peu prolongé de la machine d'extraction peut entraîner l'inondation plus ou moins complète des travaux. Toutefois, des réservoirs assez vastes peuvent parer à un tel accident.

———

SECTION III.

POMPES APPLIQUÉES A L'ASSÉCHEMENT DES MINES.

Pompes à un seul axe, avec ou sans maîtresses-tiges.

M. Rittinger, conseiller divisionnaire des mines en Autriche, a fait construire des appareils d'exhaure dans lesquels les pistons, les corps de pompe, les colonnes d'ascension, en un mot tous les organes sont superposés, de manière que leurs axes ne forment qu'une seule et même ligne droite et verticale. Ce nouveau mode rend de grands services dans le fonçage des puits, notamment lorsque les eaux à extraire tiennent en suspension des sables ou d'autres substances analogues. Les pompes sont simultanément soulevantes et foulantes : elles sont aussi à double effet, puisque leur débit continue pendant l'ascension et la descente. Les unes sont accompagnées d'une maîtresse-tige ; d'autres en sont privées, cet organe étant remplacé par la colonne ascendante, qui est alors rendue mobile. Le premier de ces systèmes est représenté en élévation et en coupe dans les figures 1 et 2 (Pl. LVIII) et par des sections prises à diverses hauteurs dans les figures 3 à 8.

Entre l'aspirateur, *a,* et le tuyau d'ascension, *b,* tous deux fixes, est interposé un tuyau mobile qui, relié à la maîtresse-tige, en reçoit un mouvement alternatif. L'aspirateur est terminé à son sommet par une chapelle, *c,* renfermant la soupape de retenue. Au-dessus est placé un tuyau, *d*, fesant corps de pompe. L'extrémité inférieure de la colonne ascendante, tournée à l'extérieur, traverse une boîte à bourrage et forme piston creux.

La partie mobile de l'appareil, ou le tube-piston, se compose de deux tuyaux, séparés par la chapelle de la soupape de refoulée. Le tuyau de dessus est un corps de pompe et celui de dessous, un piston plongeur creux. Ainsi l'appareil comprend deux pistons, avec leurs corps de pompe, et deux chapelles, dont la disposition est telle que, quand le piston inférieur est arrivé à l'extrémité de son excursion descendante, il est engagé dans le corps de pompe *d*, tandis que le corps de pompe supérieur est descendu jusqu'à l'extrémité du piston correspondant *b*. Au bout de la course ascendante, les positions de ces divers organes sont complètement renversées.

Voici le mode d'action de cet appareil :

Le tube mobile, en fournissant son excursion ascendante, fait fonctionner les pompes par aspiration : la soupape de retenue s'ouvre et l'eau du puisard ou de la bâche vient se substituer, dans le corps de pompe, au tube-piston, qui s'élève. En même temps, la colonne liquide qui repose sur la soupape *x* étant raccourcie de la hauteur de la levée est expulsée au dehors. Le volume d'eau déversé est exprimé par un cylindre ayant pour hauteur la course du piston et pour diamètre celui du tuyau ascendant mesuré à l'extérieur.

A la descente du tube piston, *x* s'ouvre et *y* se ferme et toute l'eau déplacée dans le corps de pompe *d* par le piston *e* est refoulée et s'élève au sommet de l'appareil. Mais cette eau prend la place occupée auparavant par le piston *b* et, comme cet espace est plus petit que la totalité du volume liquide qui traverse la soupape *x*, l'excédant de ce volume s'engage dans la colonne ascendante, pendant qu'une quantité égale se déverse par l'orifice supérieur *f*.

Ainsi cette pompe, qui élève l'eau pendant l'ascension et la descente, peut être construite d'après des dimensions qui la rendent capable d'élever des volumes égaux dans les deux excursions et, par conséquent, de produire un jet continu.

Un assez bon nombre d'appareils de cette espèce fonctionnent actuellement dans quelques mines des diverses provinces de l'Autriche. Deux d'entre elles ont été appliquées à des travaux ayant pour objet la recherche de la houille, à Schlan en Bohême ; deux au puits Kreuzberg, près de Nagybànya, et deux autres au puits Wenzel, à Kapnik. L'expérience a démontré leur utilité pratique.

Le second système de pompes (fig. 9), dans lequel la maîtresse-tige fait défaut, n'offre, avec le précédent, aucune différence dans le jeu des organes, excepté que la hauteur du tube-piston ou de la partie mobile de l'appareil est considérablement accrue par l'adjonction d'une colonne de tuyaux entre la chapelle *g* et le corps de pompe supérieur *h*. Ici, les organes qui relient la partie mobile de l'appareil à la maîtresse-tige occupent dans le puits une position plus élevée que dans le premier système ; ils peuvent même être placés immédiatement au-dessous du déversoir ; alors le tirant est supprimé, la colonne intercalée, qui participe au mouvement du tube-piston, lui est substituée et la pompe est sans maîtresse-tige.

Il n'est pas nécessaire que les tuyaux intercalés aient un diamètre égal à celui du corps de pompe *h* ; il peut être beaucoup moindre, sans aucun inconvénient.

Lorsqu'un seul jet peut suffire pour atteindre le fond

de l'avaleresse, la partie supérieure de la pompe est liée avec l'organe de transmission du moteur et les tiges de raccordement sont munies de charnières. Si la profondeur du fonçage exige plusieurs répétitions de pompes, le jeu inférieur seul est dépourvu de maître-tirant ; c'est-à-dire que celui-ci, appelé à faire mouvoir les pistons supérieurs, cesse immédiatement au-dessous du point où il se relie avec la partie supérieure du tube-piston.

Deux pompes sans maîtresse-tige ont été établies, l'une au puits dit Segengott, de Przibram, l'autre aux mines de soufre de Szwoczowice. Cette dernière, mue par une machine à double effet, fonctionne avec la plus parfaite régularité depuis le mois de novembre 1858.

Détails relatifs aux appareils précédents.

Le corps de pompe inférieur, d, est pourvu, à son extrémité supérieure, de deux pattes venues à la fonte avec lui ; elles reposent sur deux moises jumelles en fer forgé, fixées aux pièces d'assise. Le piston, soigneusement tourné, est guidé par une boîte à bourrage, i. Les chapelles ont des ouvertures elliptiques semblables aux trous d'hommes des générateurs ; cette forme permet d'y introduire la porte, ou tampon, que retient en place un boulon à crochet, dont l'écrou porte contre un étrier amovible, k. La pression hydrostatique exercée sur le tampon suffit à en rendre les joints étanches. Chaque chapelle est accompagnée d'un robinet d'évacuation des eaux, lorsqu'il s'agit de visiter ou de réparer les soupapes. Celles-ci sont à tiges ; le dessous de leur plateau est garni de rondelles de cuir ; car, si elles n'étaient que rodées, leur ajustement se détériorerait et

laisserait couler l'eau. Trois cloisons conductrices glissent
dans l'intérieur du tube qui forme le siége. La levée,
limitée par un arrêt horizontal, l, est, en outre, réglée
par une vis verticale, contre laquelle la soupape vient
heurter. La levée, devant être aussi petite que possible,
se détermine par cette relation que la surface cylindrique,
résultant de l'ouverture annulaire destinée au passage de
l'eau à travers la soupape, doit être égale à l'aire de la
section intérieure du siége. Si donc D exprime le diamètre
de ce dernier et h, la levée, on a l'équation :

$$h.\, \pi\, D = \frac{\pi\, D^2}{4}; \text{ d'où } h = \frac{D}{4} = \frac{R}{2};$$

ainsi la limite maxima de la valeur de h, est le demi rayon
de la section du siége.

Le corps de pompe supérieur, h, est muni, à son
sommet, d'une boîte à bourrage à travers laquelle passe le
piston supérieur, b. Quatre brides, ou oreilles, z, venues
à la fonte avec le tuyau h, servent à le relier avec la maîtresse-tige.

L'aspirateur a et le tuyau supérieur b sont pourvus
d'appendices en fonte qui leur permettent de prendre une
assiette solide en s'appuyant sur des moises transversales.

Si la pompe doit fonctionner à jet continu, c'est-à-dire
si les quantités d'eau qu'elle débite à la montée et à la
descente doivent être égales, il faut que la surface de la
section extérieure du piston fixe b, égale la moitié de la
section intérieure du corps de pompe h.

d et D exprimant respectivement ces deux diamètres, il
faut donc, pour que le déversement soit le même, que

$$\frac{\pi\, d^2}{4} = \frac{1}{2} \cdot \frac{\pi\, D^2}{4}, \text{ d'où : } d^2 = \frac{1}{2} D^2$$

$$\text{et } d = \frac{D}{\sqrt{2}} = 0.707\ D.$$

Si, par exemple, D est égal à 0.30 m., on aura $d =$ 0.707 $\times$ 0.30 $=$ 0.2121 m. pour le diamètre de la colonne ascendante.

Le diamètre intérieur d de la colonne d'ascension résulte de la vitesse v qu'il s'agit d'imprimer à l'eau ; or, le volume qui doit y passer par seconde est la moitié de celui qu'aspire le piston inférieur dans le même temps et dont la vitesse peut être exprimée par v'. On a donc :

$$\frac{\pi \, d^2}{4} \, v = \frac{1}{2} \, \frac{\pi \, D^2}{4} \, v' \quad \text{et} \quad d = D \sqrt{\frac{v'}{2 \, v}} = 0.707 \, D \sqrt{\frac{v'}{v}}$$

En fesant $v' = 0.30$ et $v = 1.80$, $\dfrac{v'}{v} = \dfrac{1}{6}$, d'où

$$\sqrt{\frac{v'}{v}} = 0.4 \quad \text{et} \quad d = 0.28 \, D.$$

Les valeurs pratiques prises ci-dessus étant considérées comme des maxima, si les valeurs minima sont $v = 0.15$ et $v' = 1.20$, on aura

$$d = 0.7 \, D \sqrt{\frac{1}{8}} = 0.25 \, D.$$

Ainsi le diamètre intérieur de la colonne ascendante doit être en moyenne de 26 1/2 pour cent de celui du piston inférieur.

Les pistons doivent être régulièrement entretenus en état de lubrifaction : toute négligence à cet égard augmenterait les frottements des boîtes à bourrage et ces frottements pourraient acquérir une intensité telle , qu'ils détermineraient des ruptures. La substance lubrifiante est un mélange de deux parties de suif et de trois d'huile de navette. Le machiniste en imbibe fortement des bourrelets, formés de chiffons de lin, dont il enveloppe les boîtes à bourrage.

Les réparations qu'exigent ces pompes, astreintes pourtant à un travail ininterrompu, se réduisent à peu de chose. Les garnitures des boîtes à bourrage sont à peine renouvelées au bout de 4 à 5 semaines de marche. Les cuirs, objet d'une si grande dépense dans les pompes ordinaires, deviennent inutiles. Le sable suspendu dans l'eau ne cause aucun préjudice, puisque sa pesanteur spécifique ne lui permet pas de se porter entre les garnitures situées au sommet des corps de pompe. Ces appareils, dont les organes sont superposés suivant un axe unique, n'occupent qu'un faible espace. Enfin, on les a employés d'un seul jet pour des profondeurs de 110 à 150 m.

La descente des pompes dans les travaux de fonçage s'effectue en 6 ou 8 heures, par le personnel appliqué au service ordinaire. A cet effet, le piston b, séparé du reste de la colonne d'ascension, glisse en descendant dans le corps de pompe h. Celui-ci est alors détaché de la maîtresse-tige et soutenu par de courts étais en bois interposés entre la boîte à bourrage, i, et la chapelle g : l'aspirateur a est enlevé ; puis le corps de pompe d, suspendu à des chaînes est soulevé à une faible hauteur à l'aide du cabestan, afin qu'on puisse, écartant les moises en fer m, le faire descendre et le poser sur d'autres moises installées au-dessous. Alors un nouveau tuyau d'ascension est interposé ; les oreilles d'attache sont boulonnées à la maîtresse-tige ; l'aspirateur est remis en place et la pompe peut immédiatement fonctionner.

Pompes à double effet.

Des pompes fondées sur un principe fort ingénieux ont été établies, il y a quelques années, au puits St-Joseph, de la mine de plomb de Hayes-Monet, commune de Seilles. Cette mine, située sur la rive gauche de la Meuse, entre Namur et Huy, s'étend à une profondeur de

142 m. et sa galerie d'écoulement se trouve à 87 m. au-
dessous du sol.

Dans l'origine, deux colonnes de pompes foulantes
élevaient d'un seul jet les eaux à 55 m. de hauteur; mais
leur action, devenue insuffisante pour le complet assèchement des travaux, il était question d'en installer deux
autres et d'imprimer un mouvement fort lent au moteur,
qui est très-puissant, lorsque M. Gustave Dumont, ingénieur des mines, proposa d'appliquer aux deux appareils
existants une combinaison capable de doubler à peu près
leur débit.

Les figures 1 et 4 (Pl. LXIII) représentent les pompes
doubles de Hayes-Monet, comprenant chacune un piston
plongeur, de 0.50 m. de diamètre et de 3 m. de course,
deux soupapes à clapet et un corps de pompe alésé, de
0.48 m., intercalé à la base de la colonne ascendante,
dans lequel fonctionne un piston creux de pompe soulevante. Ce piston et le plongeur se rattachent à la même
maîtresse-tige.

Les divers organes étant ainsi disposés, le piston plongeur et le piston creux montent et descendent simultanément. Lorsqu'ils sont au bas de leur course, le clapet *c*
est fermé, mais il s'ouvre pour livrer passage à l'eau du
puisard dès que le plongeur produit l'aspiration en fournissant sa course ascendante; en même temps, les
clapets du piston creux, *a*, se ferment et cet organe soulève la colonne d'eau, dont la partie supérieure se déverse
dans la galerie d'écoulement. A la descente la soupape *c*
se ferme et le piston plongeur refoule à travers le piston
creux *a* le volume d'eau qu'il vient d'aspirer. Ainsi la
colonne d'eau, alternativement soulevée par la pression de
deux pistons, force le liquide à se dégorger sans intermittence et fournit un courant continu, égal au débit

total, qui résulterait des deux pompes agissant séparément.

Le clapet *b*, toujours ouvert et, par conséquent,
inutile à la marche ordinaire de l'appareil, est prêt à fonctionner dans le cas où le clapet *c* viendrait à faire défaut
et le travail de la pompe soulevante n'éprouve aucune interruption pendant les préparatifs nécessaires au remplacement du clapet défectueux.

Les figures 2 et 3 indiquent les dispositions employées
pour assembler avec la maîtresse-tige en sapin, à la
même hauteur, les accroches des pistons des deux pompes
accolées. Pour donner à l'organe la largeur voulue, des
pièces de bois, telles que *a, a, b, b, b', b'*, sont appliquées
contre la maîtresse-tige et maintenues en place par
simple frottement, au moyen d'étriers et de chevilles en
bois. Les étriers, formés de boulons et de barres méplates sont de deux espèces: les uns, *B, B...* serrent les
pièces *a, a* contre la maîtresse tige, les autres *E, E...*
plus longs que ceux-là, maintiennent les pièces de garnissage *a, a* et *b, b, b', b'*, déjà réunies entre elles par des
chevilles en bois *c, c...* Des fourches en fer laminé *F, F*,
fixées contre les pièces *b', b'* par des boulons, *f, f...*,
portent sur leur prolongement les accroches des
pompes.

L'appareil est sorti des ateliers de M. Marcellis, à
Liége.

Le moteur est à traction directe ; sa force nominale est
de 300 chevaux. Le diamètre du cylindre est de 1.80 m.,
la course du piston, de 3 m. ou, en réalité 2.88 m., le
nombre de coups, de 4 à 6. Le débit en une heure est :
pour 4 coups par minute, de 455 m. c.

| — 3 1/4 | — | 370 — |
| — 6 1/4 | — | 700 — |

Le dernier jeu a été nécessité momentanément par une venue d'eau subite.

Pression de la vapeur, 4 atmosphères.

Des expériences faites avec soin ont prouvé que le débit d'une pompe foulante modifiée comme ci-dessus ne peut augmenter du simple au double, mais seulement dans le rapport de 1 à 1.80 ou, au plus, 1.85, circonstance facile à expliquer par les pertes de liquide auxquelles sont exposés les appareils soulevants.

En outre, on a observé que la double vitesse du courant à travers les clapets du piston soulevant, constitue une perte faible, presque nulle. Dans tous les cas, elle est largement compensée par la vitesse acquise de l'eau qui persiste dans son mouvement, n'est soumise à aucun arrêt et ne donne pas de perte de force vive.

Deux avantages résultent du nouveau système :

1° Quand l'une des deux pompes vient à manquer, l'autre pourra la suppléer.

2° Quand la force motrice est suffisante, il est possible, à un moment donné, de doubler presque le volume d'eau sans changer les conditions d'équilibre de l'appareil d'exhaure, ou bien, en changeant ces conditions, pour un même effet à produire, de diminuer de beaucoup le poids du maître-tirant, le diamètre des pompes et des tuyaux, etc.

Si, par exemple, les travaux d'exploitation d'une mine se trouvent à une certaine profondeur lors de la construction de la machine et qu'il soit à prévoir qu'après un certain laps de temps ils devront être portés à une profondeur double, dans la pratique habituelle la force du moteur devrait être calculée de manière à pouvoir atteindre la profondeur totale, quoique, pendant tout le temps où l'exploitation aura lieu au premier étage, la moitié seulement de la force soit utilisée. Par l'emploi des pompes doubles, le mineur se soustraira à cette perte de force ; il lui suffira de les faire fonctionner dans la première période en agissant au moyen d'un seul coup de piston dans un temps donné ; puis, lorsque les travaux auront acquis leur profondeur totale, de doubler le nombre des coups de piston, après avoir dédoublé les pompes par la suppression des jeux soulevants.

Les pompes de Hayes-Monet ne peuvent être considérées comme entièrement neuves. Déjà, à la mine du Bleiberg, on avait établi des corps de pompe à la base des colonnes ascendantes et des pistons creux préparés pour faire fonctionner les appareils à double effet.

On raconte même que, antérieurement encore, des ouvriers d'une houillère de Seraing, voyant la soupape d'ascension refuser son service, avaient imaginé d'introduire un piston creux dans la colonne montante et de le relier à la maîtresse-tige au moyen d'une tige partielle, ou tire-boute, en attendant que la soupape fût réparée.

Pompes à pistons creux et axe unique.

Les pompes de cette espèce, inventées par M. Colson, ingénieur-mécanicien, sont si intimement liées avec leur moteur, que ces deux parties sont pratiquement inséparables. Cependant, forcé par la disposition générale des matières que nous avons adoptée de placer chacune de ces deux questions dans des sections différentes, nous croyons devoir engager le lecteur à lire la description du moteur immédiatement après le présent paragraphe.

Les figures comprises dans la planche LIX se rapportent à un appareil construit récemment pour une ancienne avaleresse non achevée, de la mine de Marihaye, près de Liége. Cette avaleresse, abandonnée autrefois à la pro-

fondeur de 180 m., était innondée lorsqu'on descendit
les jeux volants de la nouvelle pompe, puis le premier des
trois jeux fixes, pour assécher l'excavation et continuer
les travaux de fonçage.

Les jeux volants, employés d'abord pour battre les eaux
accumulées dans le puits, sont élévatoires et comprennent
comme d'ordinaire, un aspirateur, une chapelle et un corps
de pompe (fig. 8 et 9). L'aspirateur se compose de deux
tubes concentriques, *a* et *b*; le tube intérieur se rattache
à la chapelle ; l'autre, muni d'une boîte à bourrage, coule
le long du premier, à la manière d'un tube de télescope,
au fur et à mesure que l'excavation progresse. L'eau est
admise dans l'aspirateur par une ouverture annulaire, *c*,
que forment la base du tube enveloppe et la plaque en fer
qui en obstrue le fond. Cette disposition rappelle l'*épée à
fourreau* des mineurs allemands. (Voir plus loin, page 425
de ce volume). La chapelle est pourvue de deux ouvertures
diamétralement opposées et fermées par une porte auto-
clave, tampon elliptique sur lequel la colonne d'eau presse
de dedans au dehors ; ce tampon est d'ailleurs maintenu en
place par un étrier accompagné d'une vis de pression et
de son écrou. La soupape à tige, *e*, est formée d'un
plateau métallique dont la partie inférieure est recouverte
de disques en cuir à ses points de contact avec le siége ;
sa face supérieure est armée d'une douille, afin de conduire l'organe pendant qu'il glisse le long d'une tige centrale, *f*, pour laisser passer l'eau ou l'intercepter. Cette
tige est couronnée d'un anneau dans lequel un crochet
peut être introduit du sommet de la colonne ascendante
pour retirer l'organe lorsque l'inondation du puisard in-
terdit l'accès de la chapelle. Cette tige se prolonge au-
dessous et facilite l'introduction de la soupape dans la
même circonstance.

Le piston creux, *g*, est disposé de la même manière. Enfin la colonne d'ascension est un ensemble de tuyaux, *h*, en tôle, dont la légèreté facilite les déplacements et les manœuvres.

Le jeu volant est suspendu par quatre tringles, *i* (fig. 3 et 4), dont les extrémités inférieures, en forme d'anneau, saisissent des appendices saillants venus à la fonte avec le corps de pompe et dont les parties supérieures, filetées, traversent des trous ménagés à travers le plateau d'un soubassement, *k*, en fonte.

L'allongement successif de ces pompes s'obtient en fesant glisser le tube-enveloppe, ou le *fourreau* de l'*épée*, qui est retenu par un système de poulies différentielles de M. Weaston, lesquelles se rattachent à des blocs saillants en fonte. Lorsque la boîte à bourrage est arrivée au bas de l'aspirateur, le mineur, tournant les écrous engagés dans les vis des tiges de suspension, provoque la descente du jeu, pendant laquelle les deux tubes concentriques rentrent l'un dans l'autre. Un tuyau est ajouté à la colonne d'ascension et une allonge, à chaque tringle ; puis, les écrous étant remis en place, l'appareil est prêt à fonctionner de nouveau.

Les jeux volants sont couronnés de déversoirs, *l*, *l*, qui dégorgent l'eau dans les bâches cylindriques, *m*, *m*, en tôle, du premier jeu fixe. Ces bâches reposent sur des moises transversales, *n*, *n*, ou pièces d'assise, par l'intermédiaire de supports en tôles rivées.

Les *jeux fixes* sont composés de deux parties : l'une fixe et l'autre mobile. Cette dernière (fig. 1, 2 et 7), comprend un tuyau de prise d'eau, *o*, surmonté d'une soupape-à-tige, *p*, semblable à celles des jeux-volants, et un piston plongeur creux, *q*. La partie fixe se compose d'un corps de pompe, *r*, accompagné d'un appendice annulaire, *s*, servant de boîte à bourrage, à travers lequel passe le piston, plus, d'une caisse-à-soupape de refoulée, *t* (fig. 5 et 6 pour les détails), donnant naissance aux branches, *u, u,* de la colonne d'ascension. Les deux tringles jumelles, *v, v,* de la maîtresse-tige passent à côté de cette boîte à soupape et impriment un mouvement alternatif à la partie mobile de l'appareil, à laquelle elles se rattachent au-dessous de la boîte à soupape *p*. A la descente, le tube de prise d'eau plongeant dans la bâche cylindrique, force le liquide qu'elle contient à pénétrer dans son intérieur, à soulever la soupape *p* et à se répandre dans l'espace situé au-dessus. A la levée, le piston plein d'eau expulse, à travers la soupape de refoulée *t*, tout le liquide dont il vient occuper la place.

Chaque jeu étant composé de pompes jumelles, les deux colonnes ascendantes se réunissent, au moyen de branches inclinées, pour n'en former qu'une seule, qui s'élève entre les deux axes de l'appareil, puis se bifurque à son sommet et déverse ses eaux, par moitié, dans chacune des deux bâches. La section de la colonne unique est égale à celle de l'un des embranchements qui y font passer alternativement leurs eaux.

Quoique toutes ces pompes n'aient pas des chapelles, les soupapes n'en sont pas moins accessibles; car il suffit, pour cela, de retirer les boulons des colliers dont les caisses sont pourvues et de soulever les organes qui les recouvrent.

Les figures 10, 11 et 12 indiquent le mode d'assemblage des tringles.

Chaque série de jeux fixes superposés est mise en mouvement par une double tige, composée de tringles en fer laminé, de 0.06 m. de diamètre; ces tringles sont assemblées entre elles par des boîtes en fonte, en deux

pièces évidées de manière à pouvoir loger les extrémités
refoulées de deux tringles successives. Lorsque celles-ci
sont placées dans le creux de l'une des demi-boîtes, on
les recouvre de l'autre et le tout est fortement lié par
quatre boulons. Une autre disposition consiste à remplacer
les boulons par un anneau conique destiné à glisser de
haut en bas sur la boîte, que l'on a préalablement tournée.
Dans le but d'empêcher le rapprochement ou un trop
grand écartement des deux lignes de tirants, deux des
boîtes placées au-dessous de la bifurcation de la colonne
d'ascension sont remplacées par un *cabas*, ou double
manchon, également en deux pièces, qui comprend simultanément les extrémités des quatre tringles.

Les tiges simples des jeux volants s'attachent de chaque
côté et à égale distance de l'axe du balancier moteur. Il
en est de même des tirants des jeux fixes ; mais comme
les points d'attache de ces tirants sont à une distance
double de l'axe, leurs courses sont aussi doubles des premières ; le constructeur a dû attribuer, aux pistons des
jeux fixes et volants, des diamètres dont les carrés soient
inversement proportionnels aux courses, savoir : respectivement 0.26 et 0.368 m., afin que, malgré cette différence de longueur, les volumes d'eau élevés par ces
deux appareils soient équivalents.

Les colonnes d'eau et les attirails des pompes étant
toujours en équilibre parfait, ceux-ci ne peuvent jamais
retomber avec choc dans le cas où l'une des soupapes,
maintenue ouverte par un copeau ou tout autre objet,
introduit entre elle et son siége, s'oppose au fonctionnement
de l'un des jeux. Cet équilibre, d'ailleurs si favorable à
l'effet utile, n'est pas une nouveauté, mais on doit savoir
gré à M. Colson d'avoir adopté un procédé si rarement
usité dans les mines de houille et généralement accompagné
dans les mines métalliques d'organes si mal emmanchés.

Ces pompes, à petites courses, agissant à coups précipités, semblent particulièrement convenir aux avaleresses,
où les eaux affluentes doivent être enlevées au fur et à
mesure de leur arrivée ; elles méritent la préférence sur
les appareils à grandes courses, toujours exposés, en vertu
de leur action énergique, mais lente, à aspirer l'air ou à
laisser monter les eaux. L'une de ces pompes, qui a servi
à l'exécution d'un fonçage à Fayt (Centre du Hainaut), a
enlevé sans difficulté des eaux fortement chargées de
sable et tellement abondantes, que le nombre des pulsations a dû quelquefois être porté à quatre vingts par
minute, sans qu'aucun organe ait été détérioré plus promptement que d'habitude.

Dispositions des jeux de pompe inférieurs dans quelques mines de la Loire (1).

Le lecteur sait déjà que les pompes destinées à extraire
directement l'eau des puisards doivent toujours être soulevantes, parce que, en cas d'inondation, on peut retirer
les soupapes ou élever l'appareil même au-dessus des eaux
chaque fois qu'elles gonflent de manière à menacer le
corps de pompe et ses accessoires.

Les mineurs du bassin de la Loire ont adopté, dans ce
but, la disposition représentée par la figure 12 de la
planche LVIII, qui leur permet de descendre et de remonter
l'appareil dans le puits en très-peu de temps. Le corps de
la pompe, *a,* s'appuye, par une forte nervure, *b,* sur des
pièces d'assise, *c,* qui laissent entre elles un intervalle
suffisant pour le passage des tuyaux d'aspiration ; ceux-ci,
au nombre de deux ou de trois, se terminent par une

(1) *Bulletin de la Société de l'Industrie minérale,* T. IV, p. 443.

pomme d'arrosoir et comprennent, entre eux et le corps
de pompe, le logement, *d*, de la soupape dormante. La
colonne ascendante, *e*, repose sur les mêmes pièces avec
l'intermédiaire d'une plaque en fonte, *f*. A la base de cette
colonne, ont été ménagés, à distances égales, de petits
tuyaux, *g*, *g*..., munis de tubulures sur chacune desquelles
peut venir s'appliquer successivement celle du corps de
pompe, et ce au fur et à mesure que le niveau des eaux,
en descendant ou en s'élevant dans le puisard, force à
relever l'aspirateur. Les tubulures qui ne sont pas en
communication avec le corps de pompe sont recouvertes
de disques en fonte.

Les tiges spéciales ou tire-boutes des pompes soulevantes, ne fonctionnent pas dans la colonne ascendante,
car les mineurs de St-Etienne proscrivent cette disposition.
Ils reconnaissent, il est vrai, que les anciens appareils
offrent l'avantage d'occuper dans le puits un espace
moindre que les pompes dont la tige est placée en dehors
des tuyaux ; ils reconnaissent que la section de cette tige
peut être restreinte en vertu du poids perdu en fonctionnant dans l'eau ; d'où résulte encore la diminution de la
partie du contre-poids qui les équilibre. Mais, à leur
yeux, les avantages sont loin de compenser les inconvénients inhérents à ces appareils. En effet, les tiges placées
à l'intérieur usent les tuyaux et s'usent elles-mêmes très-
promptement. Il peut arriver, pendant les réparations, que
des écrous ou des boulons tombent à l'intérieur, où ils
obstruent les clapets et coupent les garnitures. Les assemblages des tiges, que l'on ne peut pas réparer à cause de
leur position, prennent du jeu, se disjoignent et finissent
quelquefois par tomber au fond de la colonne, d'où l'on ne
peut les retirer sans un travail long et difficile et une assez
longue interruption de l'épuisement. Enfin, lorsque le

niveau de l'eau s'élève rapidement, le mineur n'a pas le temps d'assembler les tiges des pistons avec clames et boulons.

Accroissement du diamètre des pompes et de la hauteur des colonnes de refoulement.

La quantité d'eau à extraire des travaux souterrains augmente chaque jour, de même que la profondeur des réservoirs où les appareils d'exhaure doivent puiser le liquide. Le diamètre des tuyaux, qui d'abord n'était que de 0.25 à 0.30 m., a été successivement porté à 0.40, 0.50, 0.70 m. et au-delà ; en outre, l'épuisement qui autrefois se faisait à des profondeurs de 100 à 200 m., est actuellement de 400 à 600 et même plus.

Cet accroissement de la section des pompes a nécessairement changé les relations d'équilibre des appareils. En effet, dans l'origine, lorsque les tuyaux n'offraient qu'une faible section, l'équarrissage des maîtresses-tiges devait être tel qu'elles fussent en état, non seulement de refouler la colonne liquide, mais encore de se soutenir elles-mêmes sans être trop exposées aux ruptures. L'excédant de poids était alors équilibré par un balancier de contre-poids. Aujourd'hui que le diamètre des pompes tend à augmenter, les tirants, loin d'offrir un excès de poids, pèsent moins, au contraire, que la colonne liquide ascendante et les pistons doivent être chargés de poids. Alors le mineur se trouve placé, pour l'expansion de la vapeur, dans des conditions plus défavorables qu'auparavant, lorsque le balancier de contre-poids remplissait les fonctions d'un volant de dimensions infinies.

La hauteur des jeux concorde assez ordinairement avec la distance qui sépare deux étages d'exploitation successifs, afin que les eaux soient épuisées au niveau d'où elles dérivent, sans devoir descendre pour parvenir aux appareils d'exhaure.

Les jets d'une grande hauteur offrent l'avantage de diminuer le nombre des garnitures de soupape et de piston à entretenir ; mais alors les colonnes liquides exercent des pressions considérables, auxquelles il faut résister en augmentant l'épaisseur des parois ; en sorte que les organes des pompes, au moins ceux de la partie inférieure, acquièrent un poids qui les rend fort incommodes à placer et à déplacer. Les joints, soumis à de fortes pressions, sont difficiles à entretenir et les clapets, que l'on emploie d'ordinaire, pressés par la colonne liquide, cessent de fonctionner régulièrement.

Cependant les mineurs westphaliens et rhénans ne reculent pas devant la nécessité d'établir des jeux d'une hauteur considérable, dans certaines circonstances exceptionnelles, par exemple, lorsque les puits sont revêtus de cuvelages en maçonnerie dont les fondations gisent à une grande profondeur au-dessous du sol et dans lesquels on ne pourrait pas sans graves inconvénients encastrer les moises de support de la pompe. On place alors ces moises au-dessous de la base du revêtement et à une distance telle que les échancrures pratiquées dans la roche n'affaiblissent pas les fondations du cuvelage.

C'est ainsi qu'à la mine de Zollverein, près d'Essen, le terrain crétacé ayant une puissance de 112.86 m., la base du cuvelage a été placée à 117.04 m. et l'assise inférieure de la pompe, dans un banc de roche gissant au-dessous, à une distance de 18.81 m., ce qui donne, pour le jeu supérieur 135.85 m., hauteur qui n'a pas été dépassée jusqu'à présent avec des pompes foulantes.

A la mine de Saelzar et Neuack, fonctionne un jeu de

112.86 m. de hauteur, muni de soupapes de Hornblower. A la mine Roland, les jeux ont une hauteur de 104.50 m. et les pistons, 0.38 m. de diamètre. Enfin dans le district de Düren, les mineurs commencent à prendre des dispositions semblables.

Depuis longtemps déjà, les mineurs anglais établissent des jeux de pompe de grande hauteur. Ainsi l'un de ceux de la mine de Sherburn, près de Durham, lequel appartient à une pompe foulante, a 173.50 m. de hauteur. A la mine de North-Seaton, près de Newcastle, où le voisinage de la mer force à se prémunir contre les inondations, les pompes, d'une grande puissance, se composent de deux jeux, l'un de 105.75 m., l'autre de 137 m. de hauteur. Les tuyaux, d'un diamètre de 0.40 m. et d'une longueur de 3 m., ont une épaisseur de 0.05 m., qui diminue ensuite de 3 à 15 mm. par série de quatre tuyaux.

Colonnes d'ascension en tôles de fer et de zinc.

Les exploitants des districts de la Ruhr ont commencé, il y a quelques années, à construire les colonnes ascendantes des pompes avec des tôles rivées, comme les chaudières. Les brides de jonction des tuyaux sont en fonte ou en fer malléable ; les unes sont coulées avec les manchons auxquels elles sont annexées ; les autres, en fers à équerre ployés en cercles, offrent plus de solidité dans le serrage des joints. Les appendices des deux espèces sont fixés aux extrémités des tuyaux au moyen de rivets. Une peinture de minium appliquée en dedans et en dehors, protége ces organes contre les attaques de la rouille ou des eaux acides ; on peut renouveler la couche extérieure lorsque c'est nécessaire.

La mine de Franciska, près de Witten, possède des pompes de ce genre. Le puits, qui est incliné, mesure une longueur de 376.20 m. suivant la pente et une hauteur verticale de 144 m. Il renferme deux jeux, l'un de 250.80 m., l'autre de 125.40 m., installés bout à bout. Le diamètre des tuyaux est de 0.42 et leur longueur, de 4.70 m. L'épaisseur des tôles varie de 5 à 8 mm. suivant le point plus ou moins élevé où elles se trouvent. Les manchons en fonte ont 0.13 m. de hauteur et les brides qui y sont adjointes, 40 à 45 mm.

Une autre construction de même espèce se trouve à la mine de Nachtigal et Aufgottgewagt, à Bochum, dans un puits incliné de 20 à 25 degrés. Le jeu foulant, de 0.31 m. de diamètre, est surmonté d'une colonne d'ascension de 125 m., composée de tuyaux de 4 à 6 m. de longueur. Les tôles de la moitié inférieure ont 5 mm. d'épaisseur, celles de la partie supérieure, 3 mm. Les brides d'assemblage, formées de fers en équerre, sont rivées sur les extrémités des tuyaux. On assemble avec des boulons, après avoir intercalé, dans les joints, des disques en gutta-percha.

La colonne verticale du troisième jeu des pompes de la mine de New Coln est également en tôle de fer ; on en cite beaucoup d'autres encore.

Partout les exploitants n'ont eu qu'à se louer de ce mode de construction ; aussi s'est-il promptement répandu dans les districts rheno-westphaliens et silésiens.

La légèreté de ces tuyaux facilite leur déplacement et, par conséquent, le montage et le démontage de la colonne. Leur longueur, beaucoup plus grande que celle des tuyaux en fonte, réduit considérablement le nombre des joints. Sous le rapport économique, les poids des deux métaux sont bien en rapport inverse des coefficients pratiques de résistance, c'est-à-dire comme 800 est à 4000 ou comme 1 est à 5 ; mais, d'un autre côté, les valeurs des deux substances étant comme 28 à 30 est à 70 à 75, ou comme 6 est à 15, il est évident que le prix de la tôle ne s'élève pas à moitié de celui de la fonte.

Lors du fonçage à travers sables boulants du puits Hansa, près de Bochum, au moyen d'une tour descendante en maçonnerie, on s'est servi avec succès d'une colonne d'ascension en tôle de zinc qui, en vertu de sa légèreté, pouvait être suspendue à un échafaudage construit au jour.

Colonne d'ascension en carton bituminé ou asphaltique.

M. Jaloureau, de Paris, a imaginé, il y a quelques années, de fabriquer des tuyaux en papier bituminé, qui sont inattaquables par l'air ou l'humidité et dont la résistance à la pression est considérable. Ces tuyaux, que l'on préfère, dans beaucoup de circonstances, à ceux en fer, sont actuellement l'objet d'une fabrication assez active, tant en Angleterre qu'en France et en Allemagne. Leur longueur varie entre 2.10 et 2.70 m., pour des diamètres de 0.05 à 0.90 m. On les fabrique en enroulant, sur un mandrin cylindrique, une feuille de papier sans fin, enduite de bitume sur les deux faces. Les feuilles, ainsi soudées entre elles, offrent un rouleau cylindrique, lisse en dedans et saupoudré de sable en dehors. Chaque bout de tuyau se termine par un manchon en fonte, auquel se rattache la bride d'assemblage. On réunit les deux parties en chauffant avec un fer rouge l'intérieur du manchon, légèrement conique, et en y introduisant l'extrémité du tuyau, que l'on a préalablement plongée dans le bitume liquide. — Naturellement, les coudes, les bifurcations et

tous les organes dont les surfaces ne sont pas dévelop-
pables doivent être en fonte.

Les tuyaux asphaltiques, que nous avons vu employer
comme canaux d'aérage, sont éminemment propres à la
conduite de l'eau et à la construction des colonnes ascendantes des pompes. Ils sont inoxidables et ne peuvent
être altérés par les eaux acides ou alcalines; ils ne sont
sujets ni à la dilatation, ni à la contraction; leur durée est
grande; ils sont imperméables, tenaces, élastiques et
résistent admirablement aux chocs et aux ébranlements;
leur extrême légèreté (ils ne pèsent que le quart environ
de ceux en fer) rend leur placement facile et réduit considérablement les frais de transport; leur prix n'atteint
que 35 pour cent de celui des tuyaux en fer.

Enfin, les nombreuses expériences dont ils ont été
l'objet prouvent qu'ils peuvent résister à une pression de
15 atmosphères, c'est-à-dire supporter une colonne de
150 mètres de hauteur.

M. N. Wood, dont le nom fait autorité auprès des
mineurs anglais, en a commandé, dès l'origine (1861), un
grand nombre pour le service de la mine de Hetton et les
a trouvés préférables, sous tous les rapports, aux tuyaux
en fonte.

Joints des tuyaux et des chapelles.

Le changement des joints des colonnes ascendantes est
une opération longue et coûteuse, puisqu'elle exige le
soulèvement de tous les tuyaux. Aussi est-il de la plus grande
importance de réduire, autant que possible, le nombre
des joints, surtout d'apporter le plus grand soin à leur
confection et d'y appliquer les substances les plus
durables.

Les mineurs des divers pays ont essayé avec le plus grand succès le caoutchouc vulcanisé et la gutta-percha, substances plastiques, élastiques, imperméables et à peu près inaltérables. Dans l'origine, ils les subtituaient simplement à la filasse de chanvre et enveloppaient des cercles en fer. Plus tard ils les employèrent sous forme de couronnes, ou rondelles circulaires, ou de bourrelets cylindriques, interposés entre les deux brides.

Les joints des pompes foulantes, de 0.50 m. de diamètre, établies dans la mine Am Schwalben, de Bochum, sont des rondelles en gutta-percha, de 70 à 80 mm. de largeur et de 3 mm. d'épaisseur. La matière, d'abord ramollie dans l'eau bouillante, a été interposée dans les joints et s'est incrustée, par l'effet du poids des tuyaux superposés, dans les rainures circulaires pratiquées sur les surfaces planes des brides. Ces rondelles pèsent 1.25 kilogr. et coûtent 14 francs la pièce.

A la mine de Guley (district de la Wurm), le succès des rondelles en caoutchouc, auxquelles on avait donné une largeur de 0.05 m., a été tel que l'on a définitivement abandonné les joints ordinaires.

L'épaisseur des rondelles obturantes dépend du dressage plus ou moins exact des surfaces. Il suffit d'un millimètre lorsque celles-ci sont bien planées à la lime ou au tour; mais cette épaisseur doit aller jusqu'à 6 mm. pour des surfaces rugueuses. Les rondelles peuvent se composer de plusieurs segments disposés en cercles; il vaut mieux les couper d'une seule pièce dans une plaque de caoutchouc ou de gutta-percha.

Les mineurs Silésiens ont employé des bourrelets cylindriques de 18 mm. de diamètre, placés dans des rainures ménagées sur les surfaces des brides d'assemblage.

Les anneaux de caoutchouc vulcanisé employés dans

les mines d'Halberstadt, ont été logés dans une échancrure creusée sur l'une des brides, en correspondance
avec une saillie de même forme pratiquée sur l'autre ;
cette disposition ne permet pas à la pression d'expulser
la matière obturante.

Les essais faits par les ingénieurs prussiens pour supprimer les garnitures des joints, en les suppléant par le
dressage des surfaces destinées à venir en contact, ont eu
le plus grand succès. Les tuyaux de la colonne d'ascension du puit Henri de la mine Centrum ont été ainsi simplement superposés par leurs extrémités, soigneusement
planées au tour, suivant un plan perpendiculaire à l'axe.
La mine de Hörde (district de Dortmund) fournit aussi un
exemple de tuyaux appliqués les uns sur les autres, sans
autre interposition qu'une légère couche de mastic au
minium. L'expérience a prouvé que ces joints , d'une
durée indéfinie, sont parfaitement étanches.

Les ingénieurs Westphaliens et ceux de Waldenburg,
en Silésie, se sont avantageusement servis de lanières en
caoutchouc pour le garnissage des joints compris entre
les chapelles et leurs portes. Ils ont aussi étendu leur
emploi aux conduites à vapeur, aux chaudières, etc.

Enfin, à la mine de Saelzer et Neuack, près d'Essen,
des disques en plomb, de 3 à 4 mm. d'épaisseur, ont
donné de fort bons résultats.

*Réservoirs des répétitions de pompes et joints
compensateurs des colonnes d'ascension.*

Les mineurs des districts de St-Étienne ont adopté,
pour réservoirs des relais de pompes, une disposition qui
semble fort avantageuse. Ils suppriment les bâches ,

prolongent les tuyaux de chaque jeu au-dessus de la prise d'eau du jeu immédiatement supérieur, et cela, à une hauteur telle, que la contenance de ce prolongement soit plus grande qu'une *cylindrée* d'eau, c'est-à-dire, que le volume engendré par une excursion du piston. Cet excès est indispensable, non seulement pour empêcher l'entrée de l'air dans le corps de pompe à la fin de chaque aspiration, mais encore pour subvenir au défaut accidentel d'eau. C'est aussi à cette fin que l'on recueille et conduit dans des réservoirs les venues des parois du puits et que, à leur défaut, on emprunte un filet d'eau à la colonne d'ascension. En outre, tous les réservoirs sont mis en communication par des tuyaux de trop-plein et se déversent les uns dans les autres, afin que le déchet d'un jeu soit compensé par l'excédant du jeu suivant. Mais comme, dans cette disposition, chaque jeu de pompe est irrévocablement attaché par ses deux extrémités à des organes fixes et invariables et que, par conséquent, il n'a plus la liberté de se dilater et de se contracter suivant la température, les ingénieurs français ont imaginé d'établir, au sommet de la colonne ascendante, un tuyau compensateur (Pl. LVIII, fig. 24) qui permet à cette colonne de céder à ces mouvements irrésistibles.

Le prolongement des tubes réservoirs à une hauteur suffisante et leur couronnement par une bâche de la contenance d'une cylindrée d'eau déterminent de véritables contrepoids hydrauliques, répartis sur toute la hauteur du puits. La force absorbée par l'élévation des colonnes liquides à une hauteur plus grande que ne le réclament les besoins de l'épuisement n'est pas perdue, puisqu'elle contribue en majeure partie à soulever la maîtresse-tige pendant l'oscillation ascendante. Alors cet attirail est bien équilibré et, mieux soutenu par une colonne d'eau plus pesante, il n'éprouve plus ces mouvements rétrogrades auxquels il était sujet chaque fois qu'il arrivait au haut de sa course. L'aspiration étant supprimée, l'air ne peut s'accumuler dans le corps de pompe et le peu de ce fluide que l'eau tient en dissolution se dégage par la boîte à bourrage.

Tuyaux d'aspiration en gutta-percha.

La flexibilité et la solidité de la gutta-percha ont engagé les ingénieurs anglais à essayer cette substance pour la fabrication des aspirateurs destinés au fonçage des puits. Ces tuyaux, dont la longueur est de 6.40 m., le diamètre intérieur, de 0.125 m. et l'épaisseur, d'environ 0.03 m., ont donné les résultats les plus satisfaisants. L'ensemble des observations a permis de constater que, leur déplacement au fond du puits étant des plus faciles, on peut les disposer de manière à aspirer l'eau sur tous les points où elle vient s'accumuler. Cet avantage, joint à la faculté que l'on a de pouvoir séparer promptement ces tuyaux en cas de détérioration ou de rupture, les rend fort précieux dans les avaleresses. Une seule considération pourrait en limiter l'emploi : c'est leur prix fort élevé, qui est de 4 à 5 cents francs.

On a mis en usage des tuyaux de cette espèce dans un fonçage exécuté aux mines de sel de Stassfurt. Ils n'ont jamais été attaqués par les eaux impures et salées dans lesquelles ils plongeaient. Les manœuvres de soulèvement et de descente ont été exécutées avec facilité. Ils résistent à de fortes pressions et prennent une rigidité telle, qu'il est inutile, lorsque leur épaisseur est suffisante, de les munir d'une spirale en fer rond, comme les aspirateurs en cuir. Les fragments de rocher projetés par

les coups de mine traversent facilement les tuyaux ordinaires en cuivre rouge, mais ne laissent à la surface de
la gutta-percha que des empreintes à peine visibles.
Enfin, lorsque le tuyau est hors de service, il conserve
encore la majeure partie de sa valeur.

Épée à fourreau.

Cet organe des pompes qui, en Allemagne, joue un
si grand rôle dans le fonçage des puits à travers les terrains aquifères, n'est pas une nouveauté ; si nous avons
à le décrire ici, c'est que nous l'avons omis dans la première partie de cet ouvrage.

La dernière pompe d'une avaleresse se termine, d'ordinaire, par un aspirateur, auquel on a substitué l'appareil suivant (Pl. LVIII. fig. 10).

Un boyau en cuir, en gomme élastique ou en gutta-
percha est armé intérieurement d'anneaux ou de spirales
en fer, qui maintiennent ses parois écartées et l'empêchent
de se replier sur lui-même. Ce boyau se rattache, au
moyen de cercles en fer, d'une part à la partie inférieure
de la chapelle, de l'autre à un tuyau en cuivre rouge de
2.50 à 3.10 m. de longueur ; celui-ci, désigné sous le
nom d'épée *(Degen* ou *Sebel)*, est enveloppé d'une gaine,
quelquefois en fonte de fer, mais plus souvent en bois.
Dans ce dernier cas, elle se compose d'un tronc d'arbre
évidé et renfoncé par des cercles en fer. Ce fourreau se
termine vers le bas par une corbeille d'aspiration et vers
le haut par une boîte à étoupes, dont la garniture est comprimée contre les parois extérieures de l'épée.

Cet appareil dispense le mineur d'allonger continuellement la colonne des pompes, puisqu'il suffit de provoquer la descente du fourreau, en le fesant couler le long

de l'épée, pour qu'il suive la surface d'entaillement de
l'avaleresse. Il suffit pour un avancement de 2.50 à 3 m.,
après lequel il faut allonger la colonne. En outre, la
flexibilité du boyau en cuir ou en caoutchouc permet de
porter la corbeille sur tous les points de la surface du
puits et, par conséquent, de la placer dans la dépression
qui constitue le puisard, en quelque lieu que celui-ci ait
été creusé.

L'usure assez prompte du boyau flexible a engagé les
exploitants de la mine de fer de Stolberg, près de
Hattingen (district de Dortmund) à remplacer cet organe
par une combinaison de tuyaux en fonte représentés dans
la figure 11. Les tuyaux sont accompagnés de leurs boîtes
à bourrage : l'une, *a*, est placée immédiatement au-dessous
de la chapelle ; l'autre, *b*, perpendiculaire à la première,
se termine par un tuyau coudé, auquel est attachée l'épée
avec son fourreau. La première se prête aux mouvements
de gauche à droite et réciproquement, la seconde à ceux
d'avant en arrière ; en sorte que la combinaison de ces
deux mouvements rotatifs, dont jouissent les diverses
pièces autour de leurs axes permet à la corbeille d'aspiration qui termine le fourreau de se porter sur tous les
points d'entaillement du puits en creusement.

Piston et soupapes de M. Letestu.

Ces organes de quelques pompes élévatoires employées
au fonçage des puits fonctionnent convenablement au
milieu des boues, des sables et même des graviers dont
les eaux des puisards sont fréquemment chargées.

Le corps du piston ou de la soupape est un entonnoir,
ou cône renversé, en fonte de fer pour les grandes pompes
et en tôle pour celles de petite dimension. Ce cône, dont

le diamètre est de un à deux centimètres moindre que celui du corps de pompe, est percé d'un grand nombre d'orifices qui en forment une grille ; son sommet se termine par une espèce de douille, dans laquelle passe l'extrémité taraudée de la tige. Un cuir plié en forme de cornet repose dans une cavité de l'entonnoir, dont il dépasse le bord supérieur en formant une couronne qui s'applique exactement contre la paroi du corps de pompe. Ce cuir est d'ailleurs serré, entre la partie intérieure de la grille et l'embase de la tige, au moyen d'un écrou. Les deux bords de la garniture en cuir, qui se réunissent suivant une génératrice, sont taillés en biseau et simplement superposés. Cette disposition, qui n'augmente pas les fuites, permet au cuir de conserver sa souplesse et de s'appliquer exactement contre les parois du corps de pompe.

A la descente, l'eau passe par les trous de la grille dans l'espace annulaire compris entre la couronne et le corps de pompe, force le cornet à se contracter et s'élève au-dessus du piston, qui ne donne lieu à aucun frottement sensible. Pendant l'ascension, la garniture en cuir s'épanouit sous la pression de la colonne d'eau et reprend sa forme conique en s'appliquant contre la partie supérieure de la grille et les parois du corps de pompe. Ainsi sont rendus étanches les joints compris entre les deux organes. De plus, les particules solides entraînées par les eaux se déposent dans la garniture, ce qui n'offre aucun inconvénient, tandis qu'avec les pistons cylindriques à clapets le dépôt, formant coin, se loge entre la garniture et le corps de pompe.

Les mineurs de Styring ont employé, dans le fonçage des puits, des clapets Letestu modifiés : la hauteur de la couronne est augmentée, le moule est plus profond et le

cuir est remplacé par de la gutta-percha ; cette substance,
facile à manier après avoir été pétrie dans l'eau chaude,
permet aux ouvriers de fabriquer eux mêmes les garnitures, soit avec des rognures , soit avec d'anciennes garnitures hors de service.

La disposition que nous venons de décrire dispense
d'aléser les corps de pompe ; en outre , comme ceux-ci
peuvent-être formés de plusieurs pièces, il est possible
de leur donner une longueur beaucoup plus grande que
la course des pistons ; en sorte que les pompes de fonçages peuvent descendre d'une assez grande hauteur sans
qu'il soit nécessaire de régler à chaque instant la longueur
des tiges. Les pistons de cette espèce, quoique appliqués
aux eaux boueuses ou chargées de sable, sont peu susceptibles d'engorgement. Les substances étrangères pénètrent au-dessus du cuir pendant la course descendante
et retombent au fond de la cavité sans produire de frottements durs qui puissent dégrader la garniture.

La compagnie houillère de la Moselle a modifié le système de M. Letestu pour l'appliquer à des pompes d'avaleresse de 0.70 m. de diamètre. La grille, ou corps de
piston (fig. 13 et 14), offre une cavité hémisphérique, de
même que la garniture en gutta-percha. — On ramollit
cette substance dans l'eau bouillante, on la manipule dans
un moule en bois recouvert de plomb, puis on pratique à
la circonférence des entailles en biseau, dirigées suivant
les rayons, afin que la garniture puisse se replier sur
elle-même, sous la pression du courant ascendant.

Les pompes élévatoires qui ont servi à l'épuisement des
eaux chargées de sable, pendant le fonçage du puits de
Gelsenkirchen (district de la Ruhr), ont un diamètre de

0.80 m. Les pistons et les clapets sont du sytème Letestu, mais la garniture, qui est en cuir, est formée de deux parties : l'une conique, est placée dans la cavité du piston ; l'autre en forme de couronne, est ajustée à la circonférence de la première par de petits boulons, et est destinée à venir en contact avec le corps de pompe.

Les mineurs allemands ont apporté aux pistons Letestu une modification plus radicale encore. La concavité de la grille est supprimée et la surface supérieure de celle-ci, rendue plane. Le clapet, disque également plane, en cuir ou en gutta-percha, est armé d'une rondelle en fer au point où il est traversé par la tige. Il se soulève et se contracte sur lui-même pendant la course descendante ; mais son mouvement est limité par un arrêt ajusté sur la tige. La garniture est une couronne conique insérée entre la grille et l'anneau extérieur du piston.

Cette disposition a été employée dans la mine de lignite Christoph-Friedrich, près de Hornhausen, où elle a long-temps fonctionné sans éprouver la moindre détérioration.

Conservation du cuir des pompes (1).

On a essayé dans le Hartz d'augmenter la durée des garnitures en cuir en les fesant tremper pendant quelques jours dans du goudron de bois et les séchant ensuite dans des espaces clos. Voici la manière d'opérer :

Le goudron, placé dans une bassinoire en fer est chauffé de manière à devenir aussi liquide que de l'eau, mais pas assez pour que le manipulateur puisse se brûler. Les cuirs, trempés dans la masse, y restent jusqu'à ce

---

(1) BERG-UND HUETTENMÆNNICHE ZEITUNG VON FREIBERG, 1864.

qu'ils soient complètement imbibés, c'est-à-dire qu'ils ne dégagent plus de bulles d'air et que leurs surfaces aient pris une teinte d'un noir mat. Alors, suspendus dans une place modérément chaude, ils laissent échapper l'excès de goudron qui les a pénétrés, se dessèchent et peuvent être mis en œuvre.

Dans les nombreuses expériences que l'on a faites, deux pistons ont été essayés comparativement : l'un était muni d'une garniture en cuir goudronné, l'autre, d'une garniture ordinaire : la durée de la première a été de 1|6 à 1/4 plus grande que celle de la seconde.

Garnitures volantes des pistons.

Les garnitures des pistons des pompes soulevantes s'usent très-rapidement lorsqu'elles doivent fonctionner avec des eaux chargées de sable ; aussi les exploitants des mines de lignite de Halberstadt se sont-ils préoccupés de trouver un moyen de les renouveler d'une manière prompte et facile, sans qu'il en résulte une trop grande dépense de la matière obturante.

La surface extérieure du corps de piston est légèrement conique et sa partie supérieure est creusée de manière à laisser une espace annulaire vide, dans lequel vient se loger une couronne conique en gutta-percha, serrée en place au moyen de petits coins en bois, intercalés entre elle et le corps du piston.

Lorsque l'usure a rendu imparfait le fonctionnement de cette garniture, on la retire, de même que les coins qui la maintiennent, on la remplace par une autre, on remet les coins et l'opération se trouve exécutée sans qu'on ait eu besoin de détacher le piston de sa tige. Quant aux couronnes hors de service, coupées en petits fragments et plongées dans l'eau bouillante, elles se transforment en une masse pâteuse et facile à pétrir, d'où l'on extrait des blocs destinés à confectionner de nouvelles garnitures; on place ces blocs dans un moule en bois, sur lequel on roule un cylindre jusqu'au moment où la masse a pris la forme d'un disque. De cette manière la perte de gutta-percha est peu sensible.

Une autre garniture usitée dans les mêmes districts se fait remarquer par son imperméabilité: Le corps du piston se compose de deux pièces réunies par des boulons. La pièce de dessus présente à sa base un vide annulaire dans lequel on introduit des couronnes en cuir, disques de 26 mm. de largeur, superposés, cousus ensemble et alternant avec des anneaux métalliques de 13 mm. seulement. L'ensemble est serré par des boulons, qui réunissent les deux parties du piston et qui, pour éviter les déserrages, sont pourvus de deux écrous filetés en sens inverses.

Garnitures des pistons en gutta-percha, en toile et en bois.

Des mineurs en France et en Allemagne ont essayé depuis quelques années, de remplacer le cuir des garnitures à calottes des pistons par le caoutchouc vulcanisé ou la gutta-percha. Les expériences comparatives faites à ce sujet dans le district d'Halberstadt ont prouvé que, au moins pour les pompes d'un grand diamètre, le cuir appliqué à l'épuisement des eaux chargées de sable a une durée d'un à trois jours, tandis que le caoutchouc et la gutta-percha se maintiennent pendant trois à quatre semaines.

A la mine Agnes Ludowika, un clapet en caoutchouc,

appliqué à une pompe de 0.40 m. de diamètre, était encore parfaitement intact après avoir fonctionné pendant plus d'un an.

Les essais entrepris dans les mines de la Westphalie ont été loin de donner des résultats aussi satisfesants.

Les exploitants des districts de la Loire considèrent comme très-avantageux l'emploi de la gutta-percha, pourvu toutefois que cette substance ait été préalablement purgée des matières étrangères qu'elle peut contenir, et dont le frottement use les corps de pompe. Il est facile de s'assurer de cet état de pureté en dissolvant un fragment dans du sulfure de carbone.

———

Les garnitures en toiles à voile du système Henschel sont en usage dans plusieurs mines westphaliennes des plus importantes. Ce système s'est promptement répandu à cause de son bon marché et des services qu'il rend dans les eaux impures et boueuses.

Pour exécuter ces garnitures, on taille dans une toile grossière et serrée des bandes dont les longs bouts sont dirigés diagonalement à la direction des fils ; leur largeur est double de la hauteur de l'échancrure à garnir et leur longueur excède d'environ 25 mm. la périphérie du piston. Alors ces bandes pliées, réunies et cousues par leurs extrémités, forment des anneaux ajustés à la surface extérieure du piston, en nombre correspondant à la profondeur de l'échancrure.

Aux environs de Bochum, les pistons de la pompe élévatoire, qui ont 0.38 m. de diamètre, ont été garnis de cette manière. Chacun d'eux a exigé 1.65 m. de toile, dont la valeur est de 3.47 fr.; auparavant la dépense s'élevait à fr. 11.34 pour 1.40 kilogs de cuir. Cependant la première de ces substances a duré 3 semaines dans les eaux boueuse et 7 à 8 semaines dans les eaux pures ; la seconde respectivement 8 jours et 3 à 4 semaines.

————

Les exploitants de la mine de houille de Friedrich, en présence de la dépense considérable occasionnée par la consommation de cuir pour garnissage des pistons, ont eu l'idée ingénieuse de se servir de garnitures en bois. Les résultats pécuniaires obtenus ont été si satisfesants, que ce procédé s'est promptement propagé dans beaucoup de houillères du district silésien de Tarnowitz.

Les garnitures en bois (fig. 15 et 16) se composent de six à huit segments en frêne exempt de nœuds et bien sec. Ces segments, coupés dans le sens des fibres, comme les douves d'un tonneau, sont entaillés latéralement en biseaux, juxtaposés, puis fixés au moyen de vis à bois qui pénètrent dans le corps du piston. A cet effet, ce dernier est percé, vers sa base, d'une série de trous, dans lesquels sont introduites des broches de bois qui reçoivent les vis. L'ensemble est consolidé par une frette en fer disposée de la même manière que les garnitures en cuir. La longueur des segments est de 2 à 3 centimètres moindre que la hauteur du piston ; leur épaisseur est de 12 à 14 mm. et diminue insensiblement vers le bas.

L'ajustement des diverses surfaces de contact doit être aussi parfait que possible. Celle qui est appelée à frotter contre le corps de pompe s'adapte à ce dernier après quelques heures de service.

Le bois ne coûte qu'un sixième du prix du cuir. Il dure 13 jours dans des circonstances où le cuir était détruit en 5 jours. Mais il doit lui être inférieur sous le rapport de l'imperméabilité et il est probable qu'une partie des eaux retombent dans le réservoir.

Pistons de pompe avec garnitures métalliques.

Dans la houillère dite « Réunion des Mines de Colonaise », près d'Essen, des garnitures de piston sont des anneaux en acier fondu. On insère ces anneaux, qui sont au nombre de trois, dans autant d'échancrures circulaires pratiquées sur la surface du piston. Lorsqu'ils sont libres ils s'entrouvent et laissent entre leurs extrémités un espace vide de 8 à 10 centimètres; mais, mis en place et tendus, ils prennent la forme d'un cercle et leur tendance à s'écarter les met incessamment en contact avec les parois du corps de pompe.

Dans l'un des essais, cette nouvelle garniture, visitée après avoir fonctionné pendant neuf mois, a été trouvée dans un état de conservation tel qu'on aurait pu la remettre immédiatement en service. En outre, la surface intérieure du corps de pompe était restée nette et polie, sans altération aucune.

Le même procédé appliqué aux pompes de la mine Anna a également donné les meilleurs résultats.

Nouvelles substances pouvant servir au bourrage
des pistons plongeurs.

Les garnitures des boîtes à bourrage dans les pompes d'asséchement du lac de Harlem étaient des disques en gutta-percha superposés et recouverts d'un anneau en cuivre jaune. Ces garnitures, qui occasionnent des frottements moindres que celles de chanvres, se sont bien comportées, même sous des pressions de 20 à 25 atmosphères, et on les a retrouvées intactes après un service de

3 à 4 mois. Il n'y a pas de doute qu'on pourrait les utiliser pour les pompes de mines (1).

M. Gromberger a remplacé, avec le plus grand succès, les bourrages en chanvre des pistons plongeurs par de la sciure de bois tendre. On remplit la boîte à bourrage de sciure, que l'on entasse autour du piston, puis que l'on comprime en serrant le chapeau au moyen de ses boulons.

Cette opération, prompte et peu coûteuse, donne des résultats d'une grande durée. Elle permet d'éviter l'usure du piston, sur lequel le chanvre trace, en peu de temps, de longues raies, qui réagissent sur la garniture et la détériorent promptement. La sciure détermine d'ailleurs une plus grande imperméabilité que le chanvre (2).

Pistons plongeurs débitant des volumes d'eau variables.

Les circonstances atmosphériques et les saisons déterminent parfois un accroissement subit de la quantité d'eau, qu'on doit se hâter d'élever au jour sous peine de voir les travaux inondés. Pour parer à cette éventualité, on augmente la course ou la section des pistons ou l'on accroche à la maîtresse-tige des jeux de réserve disposés latéralement. Mais ces divers moyens sont accompagnés de difficultés plus ou moins grandes.

M. Keyrowski, professeur à l'École des mines de Przibram, en Bohême, a trouvé le moyen d'élever à volonté des volumes d'eau en rapport avec les venues, par la simple variation de la force motrice, sans changer

(1) CIVIL ENGINER AND ARCHITECT'S JOURNAL. Août 1851, page 466.
(2) GEWERBE VEREINS BLATT DER PROVINZ PREUSSEN, 1853. Seite 229.

la course ou la section des pistons et sans augmenter ou diminuer le nombre de leurs pulsations.

Cette nouvelle disposition, appliquée à un jeu élévatoire, est fort simple ; elle consiste à former le corps de pompe de deux cylindres concentriques, *a* et *b*, (Pl. LVIII, fig. 21), comprenant entre eux un espace annulaire qui communique avec l'intérieur du corps de pompe par l'absence de la base du cylindre intérieur. Le cylindre enveloppe, *b*, est pourvu d'un indicateur du niveau d'eau, *c*, qui consiste en un tube de verre compris entre deux douilles munies de robinets à double ouverture. Un robinet, *d*, placé en haut de ce cylindre permet d'en mettre l'intérieur en communication avec l'atmosphère. Un autre robinet, *e*, ajusté à la partie inférieure, sert à l'évacuation du sable et de la boue que l'eau peut déposer au fond du corps de pompe. *f* et *g* sont le piston plongeur et sa tige, *h* et *i* le tuyau aspirant et la colonne ascendante, *k* le canal de communication du corps de pompe et de la chapelle *l* ; enfin, *m* représente le robinet de décharge de la colonne ascendante.

Voici le jeu de cet appareil : lorsque la machine fonctionne et que le robinet à air est fermé, le corps de pompe et l'espace annulaire qui l'entoure sont pleins d'eau : le piston, à chacune de ses excursions descendantes refoule dans la colonne ascendante une quantité d'eau égale à son volume. Mais si le robinet à air est ouvert un certain nombre de fois pendant l'ascension et fermé pendant la descente, l'espace annulaire se remplit en partie d'air ; le piston, dans sa course descendante, déplace son volume d'eau ; mais une fraction de celle-ci se loge entre le corps de pompe et son enveloppe, et y comprime l'air, jusqu'au moment où celui-ci acquiert une force de résistance qui lui permette de ne plus se contracter ;

alors le reste seulement est refoulé dans la chapelle et, de là, dans la colonne ascendante. L'air renfermé entre le corps de pompe et son enveloppe, étant alternativement comprimé et détendu, agit donc à la manière d'un ressort et, comme on peut introduire dans l'espace annulaire autant d'eau que l'on veut, le mineur se trouve en possession d'un moyen simple et rapide de régulariser à chaque instant le volume d'eau qui doit être élevé au jour. Il lui suffit d'agir sur le robinet en se dirigeant d'après la marche du tube indicateur.

Cette disposition semble devoir rendre de grands services dans le fonçage des puits à travers les stratifications aquifères (1).

Clapets de soupapes en caoutchouc vulcanisé et en gutta-percha.

Des expériences comparatives ont été faites dans les houillères réunies d'Eschweiler (district de Düren) sur la durée des clapets en caoutchouc vulcanisé; mais les divers résultats obtenus ont offert des discordances si grandes qu'il a été impossible de tirer aucune conclusion. En effet, les premiers clapets de ce genre ont eu une durée de 18 mois, tandis que d'autres, qui se trouvaient évidemment dans les mêmes conditions, n'ont pu résister à un service de quelques semaines. Cette circonstance extraordinaire dépendrait-elle de la qualité de la gomme brute employée dans les fabriques ?...

Soumise à d'autres essais, la gutta-percha a donné des résultats très-satisfesants, puisque des clapets de cette substance s'étaient parfaitement conservés après neuf

(1) JAHRBUCH DER MONTAN-LEHRANSTALTEN ZU LEOBEN, 1858, p. 12.

mois de travail. Toutefois, leur raideur, qui s'accroît encore
par l'usage, ne leur permet pas de se fermer assez vite;
en outre, ils se coupent promptement suivant la ligne
d'inflexion qui leur sert de charnière. C'est ce qu'ont démontré les essais tentés avec les pompes de 0.39 m. du
puits de Pommer-Esche, des houillères fiscales d'Ibbenbüren. Le clapet, disque circulaire en gutta-percha, repose,
par un de ses diamètres, sur une traverse appartenant au
corps de la soupape. Tous se sont rompus suivant la ligne
d'inflexion, ou diamètre d'attache, au bout de 11 semaines,
tandis que les mêmes organes, en cuir, avaient eu une
durée de 26 semaines; en sorte qu'il y avait encore
avantage à employer les derniers, quoique leur prix
fut double.

Cependant les charnières métalliques combinées avec
l'emploi de la gutta, permet d'éviter les ruptures préma-
turées et les fermetures paresseuses. Ainsi les pompes de
0.47 m. du puits Von der Heydt, de la même houillère,
sont munies de clapets semi-circulaires formés d'une
plaque de gutta-percha, armée d'une demi couronne métallique qui tourne autour de charnières. Cette plaque
n'est exposée à aucune courbure ou flexion; elle n'a reçu
aucune détérioration, pendant un service de 16 mois,
dans des eaux fort acide.

Coups de bélier dans les pompes d'épuisement.

Les clapets ordinaires des pompes, dont la levée est
généralement assez considérable, ne se ferment pas à
l'instant même où les colonnes cessent d'être soulevées
par les pistons ou lorsque ceux-ci commencent une excursion inverse de celle qu'ils viennent d'achever. Le courant,
ainsi brusquement arrêté, rejette les clapets avec violence

sur leurs siéges, en produisant un choc dont l'intensité est proportionnelle à la levée du clapet, au diamètre des pompes et à la hauteur de la colonne à soulever. Ces chocs, ou *coups de bélier*, produisent un ébranlement destructif dans tout l'appareil des pompes et mettent promptement les clapets hors de service. Leur violence est quelquefois telle, qu'ils déterminent la rupture de ces organes et celle des tuyaux les plus rapprochés, à l'intérieur desquels ils agissent avec une énorme pression.

« Ce mouvement de recul de l'eau, dit M. Devillez (1), peut se produire dans le tuyau d'aspiration et dans la colonne de refoulement dans les circonstances suivantes : Dans le tuyau d'aspiration, lorsque le piston, après avoir achevé sa course d'aspiration, peut revenir rapidement en arrière sous l'influence d'une forte pression que la maîtresse-tige exerce sur lui pour redescendre, et se trouve brusquement arrêté dans ce mouvement de retour par la fermeture du clapet. Dans la colonne de refoulement, lorsque le cylindre plongeur, après une descente un peu trop rapide, s'arrête avant que la vitesse de l'eau dans la colonne de refoulement soit éteinte, ce qui arrive surtout quand le diamètre de cette colonne est beaucoup plus petit que celui du piston ; l'eau, dans ce cas, continue à s'élever en vertu de la vitesse acquise, en se déversant par le haut de la colonne, fait le vide dans la colonne de pompe, absolument comme un piston qui se mouvrait de bas en haut dans cette colonne, et rouvre le clapet d'aspiration qui laisse rentrer de l'eau dans ce corps de pompe. A l'instant où la vitesse acquise s'éteint, les deux clapets sont ouverts, il y a libre communication entre la bâche qui contient la provision

(1) *Théorie générale des machines à vapeur*, p. 373.

d'eau destinée à l'alimentation de la pompe et la colonne
refoulée, et il se produit une chute de toute la colonne
pendant la fermeture des deux clapets. Le coup de bélier
qui en résulte est alors bien plus fort au clapet de refoulement qu'au clapet d'aspiration, à cause de la faible hauteur de la colonne comprise entre ces deux clapets, laquelle agit seule sur le clapet d'aspiration. Nous avons
fréquemment constaté cet effet et l'accroissement notable
dans le rendement des pompes qui en résulte, au point
d'élever ce rendement au-dessus du volume théorique correspondant au diamètre et à la course des pistons, lorsque
la descente de la maîtresse-tige est rapide et que les
colonnes d'ascension de l'eau sont étroites ; mais il
ne se produit pas aux vitesses ordinaires et avec de
larges colonnes d'ascension dans lesquelles l'eau ne prend
qu'une faible vitesse. »

Soupapes étagées ou multivalves de Hosking.

Depuis longtemps les ingénieurs anglais cherchent une
disposition de soupape qui puisse atténuer les conséquences désastreuses des coups de bélier dans les
pompes. Ils ont reconnu que le moyen d'atteindre ce
but est de donner à ces organes une levée aussi faible que
possible , — afin qu'ils se ferment dès que la colonne
d'eau cesse de s'élever, — en ménageant toutefois une
section capable de livrer un passage facile au volume
d'eau à débiter.

MM. Harvey et West, constructeurs de machines à
Hayle, dans le Cornwall, ont autrefois appliqué à une
pompe de l'établissement hydraulique d'Oldford , à
Londres, la soupape de Hornblower, ou soupape à double
siège, en la modifiant de telle façon qu'elle s'ouvrît par

le jeu du piston et se fermât en vertu de son propre poids. Mais, outre que le soulèvement de cet organe absorbe une partie du travail du moteur, l'expérience enseigne que parfois une légère usure suffit pour le rendre immobile, pendant quelques instants, au haut de sa course; alors, retombant subitement sur son siége, il se brise ou, tout au moins, produit un choc violent dans l'appareil des pompes.

Sur le continent, les constructeurs ont cherché à réduire la levée des clapets et à les faire reposer plus promptement sur leur siége en leur donnant une position inclinée; mais ce procédé a été reconnu inefficace.

Parmi le grand nombre de soupapes et de clapets exécutés ou simplement proposés pour éviter les coups de bélier, celles de MM. Jenkyn et Hosking de Gateshead méritent seules une mention particulière. La première se compose d'anneaux métalliques disposés en étages; la seconde, de clapets superposés : anneaux et clapets s'écartant les uns des autres au moment de la levée pour laisser des interstices à travers lesquels s'écoule l'eau soulevée. Chacun de ces organes s'élève, non seulement de la quantité qui lui est propre, mais encore d'une hauteur égale à la somme des levées de tous ceux sur lesquels il repose.

Dans ces derniers temps, M. Hosking, persévérant dans ses efforts, a trouvé une modification plus radicale encore, qui a donné des résultats satisfaisants. Le nouvel appareil est appelé par son auteur *gill-valve* ou clapet en ouïe, à cause de son analogie avec les ouïes des poissons; en effet, il présente, comme celles-ci, un certain nombre d'orifices qui s'ouvrent simultanément pour livrer passage à l'eau et se referment ensuite de la manière la plus parfaite et avec la plus grande facilité.

Cette soupape est représentée par les figures 17 et 18
(Pl. LVIII). Elle se compose de plateaux circulaires, ou
siéges, métalliques, concentriques et disposés par étages,
de manière à constituer une pyramide. Chaque siége annulaire est recouvert d'une série de petits clapets ordinaires,
formés de plaques en cuir, dont la tranche postérieure
est pincée par le rebord saillant du siége immédiatement
supérieur. Les divers siéges sont réunis par un boulon
traversant leur centre de figure. Cet appareil ne prend
pas plus de place que les anciens. Sa section d'écoulement
est de un dixième plus étendue que celle du tuyau d'aspiration.

On l'a appliqué, il y a peu d'années, à une pompe d'é-
puisement du comté de Kent.

Dans une autre soupape du même constructeur, chaque
plateau circulaire est percé de nombreuses ouvertures et
recouvert, sur toute sa surface, d'un anneau en cuir, en
caoutchouc ou en gutta-percha, formant un clapet circulaire analogue à ceux de M. Letestu. Les ouvertures,
ou canaux de dégorgement, sont assez étroites pour que
la substance souple et élastique des clapets ne puisse
éprouver d'affaissement sous l'influence de la colonne
d'eau.

Leur section, égale à l'épaisseur du caoutchouc est,
d'ailleurs, en rapport avec la hauteur de soulèvement des
anneaux et varie entre 20 et 25 millimètres.

M. Hosking a construit, pour l'établissement hydraulique des quartiers orientaux de la ville de Londres, des
soupapes de cette espèce d'environ un mètre (0.991 m.)
de diamètre, destinées à soutenir une colonne d'eau de
38 m. de hauteur, le nombre des coups de piston étant de
sept à la minute. Ces appareils, qui ne donnent lieu à
aucun choc, ont été trouvés, après avoir fonctionné pen-

dant une année, aussi étanches et en aussi bon état de service qu'au moment de leur installation.

Une autre modification au même principe détermine un troisième type : les plateaux circulaires, également disposés en pyramide, sont percés d'une série de trous coniques formant siéges, sur lesquels battent des soupapes sphériques en caoutchouc. Celles-ci, de même poids que l'eau, flottent et se soulèvent dès que le courant les sollicite. Cet appareil a été mis en œuvre dans la machine hydraulique de Hull, où il fonctionne sous la pression d'une colonne d'eau de 49 m. et d'une pompe à piston plein. Il est pourvu de 56 balles de caoutchouc pour un diamètre de 0.56 m. Après la pose de ces organes, destinés à remplacer des soupapes à double siége, le contrepoids put être diminué de 250 à 300 kilogr., soit 8 à 10 pour cent de son poids total.

Il résulte d'expériences faites dans le Cornwall que, pour les pompes dont le moteur, dépourvu de volant, travaille sans régularité, cette dernière modification ne semble pas devoir convenir pour l'aspiration, mais que la soupape à clapets annulaires est éminemment propre à ce genre de fonction. Cette soupape se compose de deux parties, susceptibles de prendre un mouvement vertical de bas en haut et réciproquement ; de cette manière, l'eau traverse les deux espaces annulaires qu'elle contient.

Ces appareils ont de nombreux avantages. Il fournissent au courant d'eau un passage spacieux et ne sont pas soumis aux battements si bruyants des soupapes-à-clapets ordinaires. Le grand nombre et la largeur des ouvertures de dégorgement, dont la section est au moins égale à celle de l'aspirateur, permettent de réduire considérablement la hauteur de levée des clapets. Ceux-ci, se fermant avec promptitude, rendent peu sensible la chute

des colonnes d'eau. L'énergie de pression de ces colonnes
diminue par ce fait qu'elles sont divisées en autant de colonnes partielles qu'il y a de clapets ; les clapets se fermant
successivement, la surface exposée à l'action du choc est
réduite au minimum, puisqu'elle se borne à celle du dernier clapet ou de la dernière balle qui retombe sur son
siége. Le temps qui s'écoule entre deux chutes successives,
quelque minime qu'il soit, suffit à prévenir les chocs et
leur influence sur les divers organes de la pompe. Enfin,
si un morceau de bois ou tout autre corps étranger s'introduit entre le clapet et le siége correspondant, l'orifice peut rester ouvert sans inconvénient, puisqu'il ne
constitue qu'une très-petite fraction du passage total. Le
volume d'eau débité s'en trouve sans doute diminué ; mais,
le jeu des autres organes continuant, il n'y a pas interruption totale du travail, comme dans l'emploi des soupapes ordinaires.

Un seul reproche peut être adressé à ces appareils : ils
absorbent une certaine quantité de force vive par la contraction des veines fluides résultant du passage de l'eau
à travers une multitude de petites ouvertures ; mais cet
inconvénient est faible relativement aux avantages.

Soupapes destinées aux pompes foulantes de grande hauteur.

M. Jos. Schidhammer, contrôleur de la fabrique de
fer d'Ebenau, en Autriche, a construit des soupapes
qui sont une combinaison des soupapes à tiges et à
plateau circulaire et de celles à entonnoir de M. Letestu.

Elles sont identiquement les mêmes pour l'aspiration
et la refoulée. Le siége est une saillie annulaire, ménagée
au fond de la chapelle, avec laquelle la zône circonféren-

tielle de la partie mobile de l'appareil vient en contact, par l'intermédiaire d'une couronne en cuir épais, fixée au moyen de six boulons. Cette partie mobile est guidée dans ses excursions ascendantes et descendantes par six pieds — coupés, d'après un patron, dans des feuilles de tôle — dont la base forme un crochet et qui sont fixés à la soupape par les six boulons.

La partie centrale, creusée en entonnoir et percée d'ouvertures trapézoïdales, est recouverte à son intérieur d'un cuir plié en forme de cône; ce cuir est maintenu en place par un écrou qui saisit la partie inférieure d'une armure composée d'une tige filetée, et de six branches qui servent à limiter les excursions du cuir, lorsque le courant ascendant force la garniture à se contracter sur elle-même.

Pour renouveler la garniture, il suffit de retirer les boulons de la circonférence, puis d'enlever le corps de la soupape, en laissant en place les guides, qu'on a soin de fixer au moyen de quelques broches, afin qu'ils ne tombent pas dans les tuyaux installés au-dessous.

Le but du constructeur, en disposant les guides à la circonférence, a été de se soustraire aux inconvénients des soupapes à queue, qui sont si fréquemment exposées à retomber obliquement sur leur siége, à cause de la position du centre de gravité, toujours situé au-dessus de la queue de conduite. Alors le disque se maintient toujours horizontal, quelle que soit d'ailleurs la levée de la soupape. Enfin, l'adjonction de la soupape Letestu multiplie le nombre des passages, en sorte qu'il est possible de réduire la hauteur d'ascension, ce qui est le plus sûr moyen de diminuer l'intensité des coups de bélier. En outre, la soupape se fermant à l'instant où l'excursion du piston change de direction et avant que la colonne d'eau éprouve un mouvement de recul, cette circonstance tend encore à diminuer les chocs et à empêcher l'eau de retomber dans les réservoirs après avoir traversé la soupape.

Soupapes inamovibles pendant la marche des pompes.

Il arrive assez souvent dans les pompes d'avaleresse que la soupape d'aspiration, simplement déposée et non fixée dans le fond de la chapelle, est entraînée dans le mouvement ascentionnel du piston ; puis, quand celui-ci a atteint le haut de sa course, qu'elle s'en détache et vient retomber sur son appui, en produisant un choc capable de briser ou, tout au moins, d'ébranler le jeu de pompe.

De semblables accidents s'étant produits lors du passage des sables aquifères de St-Vaast, M. Dubar, directeur de ces travaux, résolut d'empêcher la soupape de suivre le piston, tout en se ménageant les moyens de la retirer en cas de besoin, par l'introduction d'un crochet à travers la colonne d'ascension.

La soupape (fig. 22), du système Letestu, est accompagnée d'une armature fixée à la partie supérieure de la tige filetée qui rattache le cornet de cuir à son logement conique. La position de cette armature est indiquée en traits pleins au moment où la soupape fonctionne et en pointillé, lorsqu'elle est suspendue au crochet qui doit la ramener à l'orifice supérieur de la colonne ascendante. Le système se compose de deux bras, *a, a*, et de deux traverses, *b, b*, articulés aux points *c, d, e, f*. Des arrêts fixés sur les pièces *a, a* empêchent l'articulation *f* de descendre au-dessous de la ligne horizontale *d e*.

Cette disposition, applicable à toute espèce de soupapes, prévient leurs mouvements ascentionnels, puisque l'effort qui tend à les soulever produit aussi l'écartement des bras, lesquels viennent buter contre la retraite qui existe naturellement à la partie supérieure de la chapelle. Comme l'organe est simplement déposé dans une échancrure avec laquelle il est sans adhérence, il peut être enlevé sans difficulté, en sorte que le mineur est dispensé de l'ajuster à frottement dur sur son support et surtout d'employer une queue pesante et incommode.

Pour que l'eau ne passe pas de dessus en dessous pendant la descente du piston, le diamètre du cornet en cuir dépasse celui de la soupape d'une quantité assez grande pour s'appliquer sur le joint compris entre cette soupape et les parois de la chapelle et le fermer hermétiquement.

Pendant l'avaleresse de St-Vaast, où l'épuisement s'effectuait au moyen d'une pompe unique de 110 m. de hauteur, on a dû faire les cornets du piston et de la soupape avec plusieurs cuirs superposés et diminuer les sections des ouvertures de l'entonnoir, afin de résister à l'énorme pression de la colonne d'eau (1).

Application des chapelets verticaux à l'épuisement des mines (2).

En 1790 déjà, M. de Prony décrivait, dans son traité d'architecture hydraulique, un chapelet vertical destiné à élever l'eau d'une manière continue.

Une chaîne sans fin traversant un tuyau calibré entraîne

(1) *Société des anciens élèves de l'École spéciale etc. du Hainaut.* — 10e Bulletin, p. 95.
(2) *Exposition universelle de Londres* de 1862. Rapport de M. Devaux, p. 155.

avec elle des rondelles en cuir régulièrement espacées.
Ces rondelles sont autant de pistons qui soulèvent une
série de cylindres liquides d'une hauteur égale à la distance comprise entre deux de ces organes successifs.
Mais ce mode d'exhaure était entaché de graves inconvénients provenant de l'usure et de la déformation très-
prompte des cuirs et de leur frottement contre les parois
de tube, d'où résultaient des pertes d'eau et, par conséquent, une diminution considérable de l'effet utile.

Mais M. Bastier, l'un des exposants de Londres en
1862 (1), est parvenu à atténuer la gravité de ces défauts
par la simple substitution du caoutchouc vulcanisé au cuir
des disques-pistons. Il en résulte des frottements beaucoup plus doux, qui suffisent à retenir des colonnes d'eau
partielles d'une hauteur de 50 mètres. En outre, la nature
onctueuse et souple des nouveaux organes diminue leur
tendance à l'usure et à la détérioration.

La chaîne sans fin se replie sur deux poulies installées,
l'une au pied de la pompe, l'autre, — d'un plus grand
diamètre, — sur un arbre horizontal, où elle est calée, de
même que la roue qui reçoit le mouvement du moteur et le
volant régulateur de la vitesse. L'arbre, porté par un bâti
en fonte, est muni d'une roue à rochet, sur laquelle agit
un cliquet, afin de s'opposer à toute marche rétrograde et
spontanée du système. Sur la chaîne et de mètre en mètre,
sont placés les pistons, formés de disques en caoutchouc
compris entre deux autres en gutta-percha. Le tube est en
fer émaillé, il a 0,10 m. de diamètre et est soutenu sur
toute sa hauteur par des prisons fixées à une double tige
de longrines verticales. Sa partie inférieure est rétrécie,
de manière à forcer les disques à frotter contre les parois,

_____

(1) *Revue universelle*, Tome XII, p. 449.

et sa base s'ouvre en pavillon pour faciliter l'entrée des pistons.

Le mode d'action de cette pompe dépend de la profondeur de l'eau dans laquelle plonge son extrémité : elle puise, si cette profondeur est d'au moins un mètre ; car alors le liquide se mettant de niveau à l'intérieur du tube, le premier piston qui s'engage dans l'orifice trouve sa charge prête et la soulève en produisant un vide relatif, immédiatement remplacé par l'eau du puisard ; cet afflux est, à son tour, soulevé par le second piston et ainsi de suite ; mais si la couche d'eau n'a qu'une faible hauteur, l'action devient aspirante, c'est-à-dire que le disque monte à vide jusqu'à ce qu'il ait atteint le rétrécissement, où il joue le rôle de piston aspirant.

Le tube, quelle que soit la profondeur du puits, a une épaisseur constante, sa résistance étant partout la même et égale à la pression de la colonne liquide comprise entre deux disques consécutifs.

Une pompe de ce genre a fonctionné pendant un an sur un puits de la mine de South-Sydenham, près de Tavistock (Devonshire). Le volume d'eau, amené au jour par un tube d'ascension, de 0.12 m. de diamètre, avec une vitesse de 2 m. par seconde, d'une profondeur de 70 m., se montait à 1356 litres. Quant à l'effet utile répondant au travail du moteur, il était, au dire de l'inventeur, de 90 pour cent. En outre, on a constaté que les frais de réparation étaient peu sensibles et que les corps flottants, tels que les éclats de bois, n'apportaient aucun trouble dans la marche de l'appareil.

D'après M. Devaux, l'emploi des chapelets de M. Bastier permettrait de réaliser une économie de 50 pour cent au moins sur les frais d'installation, soit par le moindre poids d'un tube à jet continu et de la chaîne relativement à la

colonne élévatoire et à la maîtresse-tige des pompes ordinaires, soit par la suppression du balancier de contrepoids, la chaîne s'équilibrant d'elle-même. Enfin, l'espace
occupé serait six à huit fois moindre pour les chapelets
que pour les pompes.

Quant au maximum de profondeur où les chapelets
peuvent aller chercher les eaux, l'expérience ne l'a pas
encore déterminé ; mais il est certain qu'il existe une
limite au-dessus de laquelle la chaîne, soumise à une
trop forte charge, serait exposée à de fréquentes ruptures.

SECTION IV.

INTERMÉDIAIRES ENTRE LES POMPES ET LES MOTEURS.

Maîtresses-tiges en bois et en fer.

Le lecteur sait déjà que ces attirails servent, dans les machines d'épuisement, à transmettre l'action du moteur aux divers pistons des pompes. Lorsqu'elles sont en bois, elles représentent une série de poutrelles, — assemblées à traits de Jupiter, — dont les joints sont consolidés par des armures de fer appliquées avec boulons, sur deux faces opposées.

Ce système présente beaucoup d'inconvénients.

La durée restreinte des poutrelles engage les exploitants à en augmenter la section, ce qui élève leur prix, rend leur manœuvre difficile et ne prévient nullement la nécessité de les remplacer lorsqu'elles ont été altérées par l'air humide et plus ou moins chaud, surtout au contact du fer. Il devient de jour en jour plus difficile de trouver des bois parfaitement sains, sans nœuds, ni aubier. L'emploi simultané des deux substances — le fer des plaques et le bois des poutrelles — dont les facultés extensives sont si différentes, compromettent la solidité de l'attirail ; les assemblages, quelque soignée que soit leur exécution, ne peuvent être doués de toute la précision voulue pour que les diverses parties travaillent uniformément. Enfin, ce qui est plus grave, les boulons sollicités en divers sens par l'inégale extension des matériaux, entraînés dans les oscillations ascendantes et descendantes, soumis aux arrêts, quelquefois brusques, qui séparent ces mouvements alternatifs, agrandissent les trous du bois qu'ils traversent, se rompent ou sont chassés de leurs gîtes. C'est à ce changement continuel des deux fonctions, de traction et de pression, qu'il faut attribuer l'existence de ces couches cristallines, — observées dans quelques mines de l'Allemagne, — dont se recouvrent les armatures en fer et qui en diminuent considérablement la solidité. Enfin ces tiges, généralement trop lourdes, exigent des contrebalanciers qui équilibrent l'excès de poids.

Les attirails en fer, connus depuis longtemps, se composent de barres ou tiges partielles, juxtaposées et assemblées avec des boulons ou par l'intermédiaire de disques sur lesquels leurs extrémités sont écrouées. Mais ce système présente aussi des inconvénients résultant de l'agrandissement des trous de boulons : les diverses parties se relâchent, se disjoignent, en sorte que l'ensemble perd de la rigidité qui lui est indispensable.

Tels sont les motifs qui ont engagé un grand nombre d'ingénieurs à chercher des combinaisons plus avantageuses ou, tout au moins, à soustraire les appareils connus à la nécessité des réparations si fréquentes qu'ils réclament.

Maîtresse-tige composée d'un assemblage de fers en équerre.

Quelques exploitants du bassin de la Ruhr ont cherché à remplacer, dans la construction des maîtresses-tiges, le bois, doit le prix augmente chaque jour, par des équerres en fer. Ce système se propage de plus en plus, car les diverses tentatives faites à ce sujet ont été suivies de succès. Des attirails de cette espèce ont été exécutés dans ces derniers temps aux mines de Margaretha, près d'Opelberg, de Pluto, près de Gelsenkirchen (district de Bochum), et, plus récemment, à la mine de Vollmond, près de Langendreer (même district). Ce dernier (Pl. LX, fig. 1 à 12) est formé de treize poutrelles de 7.40 m. de longueur ; chacune d'elles se compose de quatre équerres adossées et réunies par de forts rivets, de sorte que leur section par un plan perpendiculaire à l'axe a la forme d'une croix grecque, c'est-à-dire dont les deux branches se recoupent mutuellement par leurs milieux. Ces branches ont 0.314 m. de longueur ; l'épaisseur des équerres est de 16 millimètres. On réunit ces pièces dans le puits en les plaçant bout à bout et en appliquant dans les angles d'autres équerres qui recouvrent entièrement les pre-mières et embrassent simultanément les extrémités de deux poutrelles successives, chacune sur une longeur d'un mètre. Celles-ci prennent, au point de jonction, une largeur de 0.35 m. Le tout est ensuite relié par de forts rivets ou par des boulons plus rapprochés que ci-dessus. Aux points où la maîtresse-tige est appelée à traverser les prisons de conduite, formées, comme d'ordinaire, de quatre moises comprenant entre elles un espace carré, les angles sont soigneusement remplis de blocs de bois, sur une hauteur un peu plus grande que la course des pistons. Dans ces blocs sont pratiquées des échancrures, où sont noyés des étriers destinés à les maintenir en place. Puis le tout est revêtu, comme pour les maîtresses-tiges en bois, de planches de glissement, qui déterminent un équarrissage de 0.39 à 0.40 m.

L'attirail devant être interrompu chaque fois qu'il ren-contre sur son passage les pièces d'assise d'un jeu et le corps de pompe, il se bifurque en ces points en deux

branches latérales formant un chassis rectangulaire. Les
deux branches se composent également de quatre équerres
ajustées comme ci-dessus et dont la section est une croix
mesurant 0.21 m. entre les extrémités des branches. Les
équerres ont 13 mm. d'épaisseur.

On réunit les tiges latérales avec les extrémités de la
maîtresse-tige interrompue en introduisant entre les deux
parties symétriques des trois tiges une plaque en fer
forgé, de 1.54 m. de largeur sur 1.41 m. de hauteur ;
alors on applique, sur les faces antérieures et postérieures,
des pièces de fonte, renforcées par des nervures horizontales et munies, à leur base, de rebords semi-circulaires,
au-dessous desquels est boulonné un tuyau, de 0.94 m. de
hauteur, servant d'intermédiaire pour attacher le piston
plongeur dans l'axe de l'attirail. Les couvertures en fonte
sont reliées par des boulons qui les pénètrent dans toute
leur épaisseur et par des clefs d'une épaisseur convenable.
Ces clefs traversent simultanément des ouvertures pratiquées dans la plaque en fer et dans les joints des fers
d'angle aux extrémités des trois bouts de tiges, entre lesquels ont été interposées des bandes de fer dans toutes
les parties qui ne doivent pas rester vides pour le passage
des clefs.

Lorsqu'il faut extraire le piston de son corps de pompe,
il suffit — d'arrêter la maîtresse-tige au haut de sa course,
de retirer les boulons qui relient le tuyau intermédiaire
avec les pièces voisines et d'enlever celui-ci — pour créer
dans la hauteur un espace qui permette d'achever l'opération.

La maîtresse-tige se rattache au balancier du moteur
au moyen d'une pièce en fer forgé dont la section est une
croix grecque ; cette pièce, renflée à son extrémité supérieure, est munie d'une ouverture circulaire que traverse

l'axe des tiges du parallélogramme, tandis que son autre extrémité, amincie, vient s'insérer entre les joints des quatre équerres de la première poutrelle.

L'attirail est préservé de l'oxidation par une double peinture à l'huile appliquée avant les rivures et par un goudronnage à chaud, qui précède le montage. Les joints et les fissures sont remplis de ciment.

La maîtresse-tige de Vollmond pèse 24.440 kilogr. Elle coûte, par tonne . . . fr. 461.25 soit fr. 11.272.95

Imbibition d'huile . . . . . »   7.50   »   183.50

Peinture et goudronnage. . »   3.125   »   76.37

                              11532.82

La faible pesanteur de cette maîtresse-tige en fer malléable, la facilité de sa construction et de son installation, la solidité et la résistance qu'elle possède, la modicité de son prix sont telles, qu'elle se répand de plus en plus dans les districts rhéno-westphaliens, où il en existe déjà un bon nombre.

Maîtresse-tige en acier fondu.

M. Krupp, si connu par son procédé pour la fabrication de l'acier, offrait, il y a quelques années, d'appliquer à la confection des maîtresses-tiges cette substance, qui, lorsqu'elle est parfaitement homogène, présente une remarquable ténacité et possède une force de résistance double de celle du fer forgé. Il proposait donc de construire des tiges partielles en acier fondu, d'une section proportionnée au poids à soulever et d'une longueur de 10 à 20 m. Cette grande longueur avait pour but de simplifier l'attirail en réduisant, autant que possible, le nombre des assemblages et d'atteindre le maximum de célérité dans le montage et le démontage des pièces.

Ce projet vient d'être mis à exécution au puits Prosper,
de la mine de houille Maximilien, près d'Essen, dont les
pompes (de 0.52 m. de diamètre) vont puiser les eaux à
une profondeur de 805 m., au moyen de quatre jeux superposés. La maîtresse-tige, par un singulier caprice des
exploitants, a été divisée en trois parties, dont la plus
voisine du fond est en bois, celle du milieu, en fer malléable et la troisième, en acier fondu. Naturellement nous
ne nous occuperons que de cette dernière (Pl. LX, fig. 13
à 19). L'ensemble de l'appareil est représenté de face et
de profil par les figures 13 et 14.

Les tiges partielles *(Hauptstangen)* sont au nombre de
neuf. Elles ont 9.42 m. de longueur et 0.13 m. de
diamètre. On les a remplies à chaque bout, afin de leur
restituer la solidité que leur font perdre les trous rectangulaires qui les traversent d'outre en outre. Les tiges
sont ajustées bout à bout et leurs joints recouverts d'un
manchon, également en acier et pourvu de quatre trous
correspondant à ceux des extrémités des deux tiges. Le
serrage s'effectue dans chaque trou au moyen de deux
clavettes rabottées, en acier fondu, introduites à frottement et fixées par des goupilles.

Une maîtresse-tige de cette espèce étant exposée à de
grandes vibrations, on a jugé convenable de multiplier
les conduites, lesquelles consistent chacune en un système
de trois ou quatre galets à gorge, dont les axes tournent
dans des crapaudines (Pl. LXI, fig. 1 à 3).

Des cruchots d'arrêt sont disposés en divers points de
la hauteur ; ils se composent d'aîles métalliques et sont
fixés par des clavettes au-dessous d'une embase ménagée
sur la tige.

L'attirail est suspendu au balancier de la machine
motrice par l'intermédiaire d'un axe qui traverse les deux

tiges du parallélogramme et ne forme qu'une seule pièce
avec le manchon fixé au sommet de la première tige partielle, laquelle n'a que 2.50 m. de longueur.

Les chassis rectangulaires qui interrompent la maîtresse-tige à la rencontre des corps de pompe et de leurs
assises se composent de tiges latérales (Stangenscheeren),
ayant 11 m. de longueur et 0.104 m. de diamètre, et de
pièces d'assemblage en fonte. Ces pièces de raccordement
sont accompagnées de trois manchons en acier fondu destinés à recevoir les extrémités des trois tiges, reliées
comme ci-dessus par des doubles clavettes de serrage. Le
piston de la pompe est installé au-dessous de la pièce de
raccordement, à laquelle elle se rattache par des boulons.
La pièce de dessous se raccorde avec la tige inférieure,
formée de quatre fers d'angle.

Les tiges latérales étant exposées à des résistances qui
pourraient les faire fléchir, M. Krupp a jugé convenable de
les guider au moyen de douilles attachées, soit aux sommiers
d'assise, soit au corps de pompe, par l'intermédiaire de
cylindres en fonte. Les bases des corps de pompe portent
des coussins élastiques en bois ou en liége, sur lesquels
reposent les plongeurs en cas de chute.

Comme ces tiges, composées d'une substance métallique qui offre une grande résistance à la traction,
n'ont pas un poids suffisant pour refouler la colonne
d'eau, il convient d'obvier à ce défaut par l'emploi de
courbestans, blocs cylindriques enfilés sur la maîtresse-
tige, au-dessus de la tête du piston, ou en remplissant les
pistons plongeurs de saumons en fonte.

A la mine Maximilien, l'association du bois, du fer et de
l'acier fondu, employés dans la construction de la maîtresse-tige, a contribué à augmenter le poids de celle-ci,
en sorte que l'addition nécessaire a pu se borner à un
poids de 1500 à 2000 kilogrammes.

Lorsque les pistons ou leurs têtes sont ainsi chargés de corps graves, l'appareil d'épuisement se trouve placé dans les conditions les plus favorables à un bon fonctionnement. En effet, on sait que dans les pompes foulantes une maîtresse-tige théoriquement parfaite se réduirait à un fil impondérable et n'aurait pour mission que de soulever les pistons de la pompe, dans lesquels serait concentré le poids nécessaire pour vaincre les frottements et refouler les colonnes partielles. L'attirail de M. Krupp, se rapprochant beaucoup de cet idéal, semble par ce fait, très-rationnel.

Il semble inutile de dire que la section de la maîtresse-tige va en décroissant avec la profondeur.

Ce nouveau système ne coûte pas plus, galets de conduite et poids additionnels compris, que l'ancien.

Maîtresse-tige tubulaire.

M. l'ingénieur Petit, ci-devant directeur de la fabrique d'acier annexée à l'établissement John Cockerill, à Seraing, propose de construire les maîtresses-tiges des pompes d'exhaure avec des tuyaux en tôle d'environ 10 m. de longueur, dont l'épaisseur et le diamètre seraient en rapport avec la profondeur à laquelle les eaux devraient être puisées.

Chaque tube se compose de deux tôles courbées de manière à présenter deux demi-cylindres dont les bords longitudinaux sont repliés, appliqués, ceux de l'un contre ceux de l'autre, et reliés par des rivets. Les tuyaux ainsi fabriqués doivent ensuite être ajustés bout à bout, ce qui peut s'effectuer de deux manières :

1° En garnissant leurs extrémités de colliers formés de

cornières qui en enveloppent le pourtour et constituent des bourrelets saillants, au moyen desquels les tubes peuvent s'assembler entre eux par des boulons, à la manière des tuyaux de pompe.

2° En employant, au lieu de ces colliers, des manchons en tôle, destinés à embrasser, en les recouvrant simulta-nément, chacune des extrémités des tubes à leur point de contact. Ces ligatures sont fixées au cylindre supérieur, qui, dans le montage, vient coiffer la tête du cylindre im-médiatement inférieur. On introduit les boulons ou les rivets d'attache par une ouverture pratiquée à travers le manchon et suffisamment large pour pouvoir y passer le bras. On pourrait encore se servir ici du procédé de M. Kindt ou de celui de M. Degousée pour l'assemblage des tubes de garantie des sondages (1).

La hauteur de la partie de ces ligatures qui est en contact avec le tube varie, de même que le nombre de rangées de rivets, en sorte que la résistance des joints peut toujours être mise en rapport avec l'effort à trans-mettre. Ces deux précautions suffisent pour empêcher, et la déchirure des tôles, et la rupture des rivets. Dans le cas où le mineur juge convenable d'employer des boulons, il doit river à froid celles de leurs extrémités qui dépassent les écrous, afin d'obtenir plus de fixité.

Les appareils de M. Petit, étant destinés à transmettre aux pistons des pompes l'action d'un moteur à traction directe, doivent se bifurquer à la rencontre des corps de pompe et se rejoindre au-dessous des sommiers d'assise. Cette bifurcation se fait, comme d'ordinaire, à l'aide d'une espèce de chassis, dont les côtés latéraux sont ici formés de tuyaux d'une section moindre que celles des

(1) *Traité de l'exploitation des mines de houille*, T. I, § 83.

précédents. Les parties supérieure et inférieure se composent d'un tronçon cylindrique central (Pl. LXI, fig. 4 et 5) et de deux tronçons latéraux, qui ont chacun un diamètre intérieur tel qu'ils puissent recevoir à frottement doux les bouts des colonnes de tubes correspondants. Deux plaques en forte tôle sont interposées entre les trois pièces et des cornières, ajustées dans les angles, y sont solidement rivées en sorte que le tout soit relié d'une manière invariable. Enfin, pour consolider l'ensemble, une forte tôle enveloppe simultanément les trois tronçons, auxquels elle se rattache par de solides rivures. Dans les saillies des tronçons, au-dessus ou au-dessous de l'enveloppe, suivant que cet assemblage est placé au sommet ou à la base du chassis, sont insérées les extrémités des colonnes centrales et des tubes latéraux.

Pour que l'attirail soit bien équilibré, il faut que la somme des poids des parties comprises entre deux pompes consécutives soit égale au poids de l'eau soulevée, plus les résistances passives. Dans ce système, le poids de la tôle et du piston est trop faible; mais on peut racheter ce défaut, soit en coulant pleins les pistons plongeurs, soit en chargeant leur tête par l'accumulation de corps graves à l'intérieur du tube central.

La conduite de l'attirail peut se faire par l'un des deux procédés suivants: soit en revêtant les tubes, à divers étages et sur une hauteur un peu plus grande que la course des pistons, de pièces de bois reliées par des vis et offrant, à l'extérieur, des surfaces lisses, capables de glisser entre les moises des prisons; soit en les enveloppant d'étriers armés de griffes, qui saisissent des rails de conduite, disposition analogue à celle dont on se sert quelquefois pour le guidonnage des cages d'extraction.

Il résulte des calculs de M. Petit qu'il ne faut pas

donner aux tôles une épaisseur constante de bas en haut, sous peine de voir le diamètre des tubes s'accroître démesurément; qu'il convient mieux de, combiner ces deux éléments (le diamètre et l'épaisseur de la tôle) de telle sorte qu'ils concourent simultanément à la résistance qui doit être opposée à la traction. Ce dernier effort est d'ailleurs le seul à considérer, celui de compression étant, ainsi qu'il est facile de s'en convaincre, beaucoup moins considérable.

D'après les mêmes calculs, une maîtresse-tige tubulaire installée dans un puits de 400 m. de profondeur aurait un poids à peu près égal à celui d'un appareil en bois. La première coûterait 400 francs par tonne métrique, donc un peu moins que le second.

Balancier contrepoids à air comprimé.

Ce balancier a pour but d'utiliser l'excès de poids des parties mobiles des pompes pour comprimer, à la descente, un volume d'air qui, se détendant à l'ascension, produit l'équilibre et vient en aide au moteur. Il est applicable aux pompes fixées à demeure dans les puits, mais surtout aux pompes élévatoires installées temporairement dans les excavations en fonçage, pompes dans lesquelles le poids mort s'accroît avec la longueur de la maîtresse-tige, c'est-à-dire avec l'approfondissement du puits, et varie avec la hauteur du niveau d'eau.

Les figures 6, 7 et 11 (Pl. LXI) représentent ce balancier, imaginé par M. Guary, ingénieur, et exécuté pour le fonçage de l'un des puits de la houillère de Falck, département de la Moselle.

Un peu au-dessous de la surface du sol et de chaque côté des patins de retenue de la maîtresse-tige, sont

attachés des pistons plongeurs, qui fonctionnent dans
leurs corps de pompe dépourvus de soupapes et mis en
communication avec un réservoir à air comprimé. Les
corps de pompe et les tuyaux de communication étant
remplis d'eau, l'eau, à chaque oscillation, monte ou baisse
dans le réservoir, mais de telle façon que son niveau
le plus bas soit encore assez élevé pour recouvrir l'orifice
du tuyau *a* et empêcher toute pénétration d'air au-dessous
des pistons plongeurs. Ainsi l'eau, qui établit une communication entre les plongeurs et l'air comprimé, sert
aussi à renfermer celui-ci dans un réservoir, *b*, d'où il ne
peut s'échapper trop facilement et où il est remplacé en
cas de besoin.

Une petite pompe, *c*, (détaillée fig. 8, 9 et 10), dont le
piston est commandé par le balancier de manœuvre de la
poutrelle, refoule, suivant les besoins, soit de l'eau pour
compenser les pertes dues aux fuites à travers les joints,
soit de l'air pour maintenir une pression déterminée dans
le réservoir.

On peut à volonté détacher du balancier moteur la tige
du piston, ce qu'on fait chaque fois que la quantité d'eau
introduite est jugée suffisante et que la pression de l'air a
atteint la limite déterminée. Le robinet *d* sert à intercepter
toute communication entre le réservoir et la pompe ; le
robinet *e* s'ouvre dès que l'on doit cesser de refouler l'air
dans le réservoir, sans cependant débrayer la pompe.

Des tubes indicateurs du niveau d'eau gradués par des
expériences préalables donnent toutes les indications nécessaires pour régler l'intensité de la pression. On
augmente ou diminue le volume d'eau que contient le réservoir en fesant jouer une soupape graduée, en sorte
qu'il est possible de faire varier à volonté la puissance du
balancier de contrepoids.

Si, par exemple, les deux espaces occupés dans le réservoir par l'air comprimé et correspondant aux deux extrémités de la course des pistons plongeurs sont dans le rapport de 4 à 5, si cet air atteint un maximum de pression de 10 atmosphères, cette pression réagira, par l'intermédiaire de l'eau, sur la base des plongeurs, dont elle facilitera l'ascension en se détendant jusqu'à huit atmosphères.

Chaque plongeur est attaché par un fort boulon à une pièce en bois transversale et armée de clames en fer sur ses quatre faces. Les corps de pompe reposent sur des piédestaux en fonte. Enfin des chiens, *f, f* (fig. 11), s'appuyent sur les bourrelets intermédiaires du corps de pompes et les empêchent de se soulever dans le cas où les presse-étoupes seraient trop serrés.

L'appareil que nous venons de décrire est particulièrement avantageux dans le foncement des puits à travers les sables aquifères, où l'on ne peut guère employer que les pompes élévatoires. Ici, en effet, il faut continuellement allonger la maîtresse-tige dont le poids s'accroît ainsi à chaque instant. Ce poids subit encore d'autres variations suivant la hauteur du niveau d'eau et la vitesse du moteur, celui-ci augmentant ou diminuant la fraction de poids mort absorbée pour forcer l'eau à travers les pistons. Le balancier à air comprimé répond parfaitement à la nécessité de compenser ces différences notables.

La disposition représentée par les figures a été appliquée à une maîtresse-tige déjà installée dans un puits en creusement et munie de patins de retenue. On pourrait la simplifier en prenant le plateau d'attelage des pompes pour lier la maîtresse-tige et les plongeurs, lesquels serviraient de cruchots d'arrêt. Une seule pompe foulante, placée dans l'axe de la maîtresse-tige serait peut être suffisante (1).

Tirailles, ou tiges de communication de mouvement.

Lorsque, par suite des exigences de l'extraction, l'ingénieur est forcé d'arracher certaines zônes du gîte placées au-dessous du point d'exhaure, il a recours, pour assécher ces parties, à l'installation provisoire de pompes de secours. Ces pompes sont mises en jeu par des machines installées à des distances plus ou moins grandes du point d'application de leur force. Le moteur et les pompes sont alors mis en relation par des tiges horizontales ou faiblement inclinées en bois ou en fer, désignées sous le nom de *tirailles*.

Voici deux exemples récents de ce procédé, choisis, l'un dans une mine de houille du district de Newcastle, l'autre dans la mine de zinc et de plomb de Bembermülle, près de Vallendar (district rhénan).

Dans la mine anglaise, le champ d'exploitation, préparé au-dessous du puisard de la machine d'épuisement, fournit une venue d'eau de 6 à 7 hectolitres par minute. Le plan incliné suivant lequel on élève l'eau a une longueur de 633 m.; son sommet est situé à 12.20 m. au-dessus de sa base. Le moteur, installé à ce sommet, agit par l'intermédiaire d'une tiraille sur les pompes, qui puisent le liquide dans un réservoir pratiqué au pied de la rampe.

La machine à vapeur souterraine comprend deux cylindres horizontaux, ayant 0.30 m. de diamètre et 0.60 m. de course. Elle est alimentée par une chaudière établie

(1) *Bulletin de la Société de l'Industrie minérale*, n⁰ 5. p. 443.

au jour. Les tuyaux de conduite de la vapeur ont une longueur totale de 170 m. et un diamètre de 0.127 m. et sont encastrés dans une maçonnerie destinée à prévenir les déperditions de chaleur par rayonnement. Les joints sont garnis de rondelles en caoutchouc interposées entre les brides tournées. La vapeur ne se rend aux cylindres qu'après avoir traversé un réservoir, où sa pression (2.4 atmosphères) semble peu différente de ce qu'elle est dans le générateur, quoique le volume du fluide moteur soit considérablement réduit par la condensation.

La tiraille à laquelle le moteur communique un mouvement de va-et-vient est faite en excellent pin de Dantzig ; sa longueur est égale à celle de la rampe et son équarrissage moyen, de 0.10 m. Elle porte sur des rouleaux en fonte placés à 5.50 m. les uns des autres. Quoique cet attirail ne soit pas entièrement rectiligne, ni son inclinaison uniforme, il n'a réclamé l'intercalation d'aucun de ces organes angulaires généralement usités en pareil cas.

L'appareil d'épuisement se compose de deux pompes à pistons-plongeurs, suspendues verticalement aux extrémités d'un court balancier en fonte, que met en jeu la tiraille. Les pistons-plongeurs ont une course de 0.75 m. et un diamètre de 0.19 m. Ils débitent neuf hectolitres par minute, en sorte que leur travail réel et celui qu'ils peuvent effectuer ne diffèrent que de deux hectolitres, volume insuffisant si l'on voulait parer à l'augmentation de la venue que produirait le développement des excavations ; aussi a-t-on jugé convenable de préparer à l'avance un second appareil analogue au premier pour subvenir aux besoins futurs, les travaux intérieurs étant menacés d'inondation si ces pompes ne fonctionnaient pas.

Sur les bords du Rhin, on a adopté d'autres dispositions. Après avoir enlevé la partie du filon de Bembermühle, située au-dessus de la galerie de démergement, on creusa un puits de 38 m. de profondeur au fond de l'excavation, à 115 m. de son orifice, afin de porter les travaux dans la profondeur. Puis on assécha provisoirement ces travaux au moyen d'une locomobile installée à 18 m. en avant de la galerie.

Le piston de l'appareil moteur commande un arbre chargé d'un volant et d'un pignon qui engrène avec une roue placée au-dessous. Sur l'arbre de cette roue est calé le plateau exentrique de la tiraille, auquel se rattache, en sens opposé une bielle destinée à transmettre le mouvement à un varlet ou levier angulaire. Enfin, un contrepoids, en mouvement dans un puits spécial, est suspendu au bras horizontal du varlet afin d'équilibrer la tiraille.

La tiraille, cable en fils de fer, de 130 m. de longueur, se rattache à un second varlet, placé au-dessus du puits intérieur pour mettre en jeu la tige de la pompe soulevante. Ce câble contient 120 fils ; il a 35 mm. de diamètre. En un point quelconque de sa longueur est intercalée une vis de tension qui permet de l'allonger ou de le raccourcir et, en cas de rupture, d'en réunir les deux fragments. Il porte d'ailleurs sur des rouleaux en fonte espacés de 4.20 m.; en ces différents points, il est revêtu de lattes en bois que le protègent contre les frottements.

La pompe soulevante a 0.17 m. de diamètre ; sa course varie de 0.26 à 0.52 m. suivant le point d'attache de la tiraille sur la plate-forme excentrique, point que l'on peut choisir à volonté entre ces deux termes. La tige en bois est suffisamment chargée afin de maintenir la tiraille dans un état constant de tension.

Le même câble a fonctionné plus de 2 1/2 ans ; mais au commencement, il a eu à souffrir de fréquentes ruptures. On était alors forcé de replier l'une sur l'autre les extrémités rompues du câble et de les serrer avec des vis de pression ; on rendait à l'attirail sa longueur primitive au moyen de bouts de câble ou de tiges en fer à œillets.

SECTION V.

INSTALLATION DES POMPES ET DE LEURS ACCESSOIRES DANS LES PUITS.

Treuils, ou cabestans à vapeur.

Le lecteur a lu dans la première partie de cet ouvrage la description d'appareils destinés au montage et à la réparation des pompes et de leurs accessoires. Ces appareils, auxquels était exclusivement appliquée la force de l'homme ou celle des chevaux, viennent de subir une modification radicale, dans les districts de la Ruhr et de la Belgique, par la substitution de la vapeur aux moteurs primitivement en usage. Les résultats obtenus sous le rapport de l'économie et de la sécurité ont été tels que leur emploi est devenu presque exclusif dans ces localités.

Les figures de la planche LXII réprésentent le cabestan à vapeur actuellement en activité à la mine Victoria Mathias, près d'Essen ; de même que la plupart de ceux de ce district, il a été construit par la fabrique de machines d'Essen.

Le moteur (à grande vitesse) comprend deux cylindres horizontaux conjugués et munis chacun d'une boîte de distribution spéciale. Les pistons ont une course de 0.31 m. et un diamètre de 0.205 m.; leurs tiges commandent, par l'intermédiaire de bielles, deux manivelles provenant de courbures pratiquées sur un arbre, aux ex-

trémités duquel sont calés deux pignons. Un second
arbre porte deux roues dentées et deux pignons et un
troisième, deux roues dentées (entre lesquelles est fixé le
tambour d'enroulement, en fonte) et, à ses extrémités, les
disques circulaires de deux freins (1).

La tubulure *a* établit une communication entre la prise
de vapeur et les boîtes, *b*, *b*, servant à la distribution automatique de la vapeur, qui s'effectue au moyen de deux
excentriques. La tubulure d'exhaustion du fluide élastique
qui a produit ses effets est visible en *c*. Une autre boîte
placée latéralement, renferme une glissière que met en
jeu le levier de mise en train.

La vitesse des manivelles est à celle des tambours
comme $\frac{14}{96} \times \frac{13}{108}$, fractions dont les numérateurs et les
dénominateurs indiquent respectivement les nombres de
dents des pignons et des roues d'engrenage. Cette disposition ralentit considérablement la marche du câble, ce
qui est indispensable dans la manœuvre des organes des
pompes. Le diamètre du tambour est de 0.47 m.; sa longueur doit être telle qu'elle suffise à l'enroulement d'un
câble de 0.04 m. de diamètre sur la hauteur à desservir
dans le puits.

Les freins à enveloppe placés aux deux extrémités de
l'arbre du tambour sont manœuvrés, l'un au moyen d'une
pédale qui se trouve à portée du machiniste, l'autre au
moyen d'une vis et d'une roue. Le second, réservé au déplacement et au transport des pièces fort lourdes, exige
l'emploi d'un ouvrier spécial.

---

(1) Une ordonnance de police prescrit l'emploi d'un double engrenage dans le but de soustraire les ouvriers au danger qui résulterait
de la rupture de l'une des dents.

L'appareil est ajusté sur un bâti rectangulaire en bois dans les combles du bâtiment des machines d'épuisement ou d'extraction. Les cylindres sont alimentés par les générateurs de ces machines, dont la vapeur est amenée par une conduite de tuyaux soigneusement garantis contre les déperditions de chaleur. Le câble, en quittant le tambour, se dirige vers la partie antérieure du treuil, repose sur une première poulie de conduite, puis vient s'infléchir sur une autre placée en un point correspondant à la section du puits dans lequel il doit fonctionner.

Un marteau-signal sert à transmettre les ordres de l'intérieur au machiniste.

Le chanvre, dont on se servait autrefois pour fabriquer les câbles des cabestans, a fait place aux fils de fer, qui conviennent mieux pour un usage interrompu, en ce qu'ils ne sont pas sujets à pourrir ou à se détériorer pendant qu'ils restent inactifs sur les tambours. On peut d'ailleurs préserver les câbles métalliques de l'oxidation par un fréquent graissage. Leur diamètre doit être tel qu'ils puissent être soumis sans inconvénient à des charges de 23 à 25 mille kilogrammes.

Le fait suivant permettra d'établir une comparaison entre les cabestans à vapeur et ceux à bras d'homme, sous le rapport du temps employé aux manœuvres d'installation des pompes.

A la mine Bonifacius, près d'Essen, se trouve un appareil à vapeur analogue à celui que nous venons de décrire et d'une force de 12 chevaux. Le poids des pièces constitutives des jeux de pompe varie de 1250 à 11000 kilogr. Ces jeux superposés, dont les hauteurs sont de 79.40 et de 100 m., ont été montés en 67 et 48 heures, à des profondeurs respectives de 179 et 100 m. L'installation de la maîtresse-tige, en bois, pesant avec ses clames

90,000 kilogr. a pris 8 jours. Ainsi ce travail, qui avec un cabestan mû à bras d'hommes aurait exigé trois mois, avec la vapeur s'est achevé en moins de 18 jours. Cette économie de temps est principalement due à la marche rapide du câble remontant à vide, vitesse qui pourrait encore être accélérée par l'interposition d'engrenages que l'on rendrait libres à l'aide d'un appareil de débrayage.

Petite grue mobile servant à enlever les portes des chapelles.

On est fréquemment obligé d'ouvrir les chapelles pour réparer les soupapes et les clapets; il importe donc de rendre cette opération facile malgré le poids considérable de l'objet à enlever. L'appareil en usage aux mines Centrum, de Düren, et aux mines domaniales d'Ibbenbüren est d'une manœuvre aussi prompte que sûre (Pl. LXII, fig. 5).

Deux étriers, fixés par des boulons à la base de la colonne ascendante, immédiatement au-dessus de la chapelle, servent de support à un axe vertical tournant autour de ses tourillons. A cet axe se rattache une barre de fer recourbée angulairement, dont la branche inférieure est horizontale. Une chaine ou une tige bifurquée, suspendue à une poulie, porte à sa partie inférieure un crochet et une vis de tension munie d'un tourniquet.

Pour opérer, le pompier introduit un fort boulon dans un trou foré et taraudé à la tranche supérieure de la porte et vers son milieu; il place le crochet au-dessous de ce boulon, opère une tension en agissant sur le tourniquet de la vis; alors, après avoir enlevé les boulons de la chapelle, il tire pour forcer la roulette à marcher en avant; puis, fesant tourner la grue, il conduit la porte sur l'un des côtés de la chapelle. Une manœuvre inverse la remet en place.

Réparation d'une pompe au moyen d'un scaphandre, ou appareil à plongeur.

Un scaphandre a été employé à la houillère de Wallsend dans les conditions suivantes (1) :

Les pompes d'exhaure, à ce que déclare le possesseur de la mine, fonctionnaient de la manière la plus satisfesante, le niveau des eaux avait baissé de plus de 60 m. et l'opération tirait à sa fin, puisqu'il ne restait plus à battre qu'une hauteur de 18.50 m. pour parvenir à l'assèchement complet de l'excavation, lorsque le jeu inférieur cessa subitement son débit. Après avoir constaté l'inutilité de continuer l'épuisement, on décida de se procurer un appareil à plongeur par l'entremise d'une maison de commerce de Sidney, afin d'essayer de réparer les dégats survenus aux pompes.

Dès que l'appareil fut arrivé, un palier établi dans le puits à environ 3.50 m. au-dessus du niveau de l'eau, servit de point d'attache pour des échelles qui avaient été descendues verticalement le long des parois de l'excavation. Puis on suspendit quatre grosses lampes au-dessus de la surface liquide.

Un ouvrier qui n'était pas plus que les autres au courant de ce genre de travail, mais qui était doué de courage et d'énergie, se dévoua et descendit dans le puits, après avoir revêtu le scaphandre. Il visita d'abord la chapelle des clapets d'ascension, qu'il trouva brisée. Mais l'examen par attouchement qu'il fit de celle d'aspiration lui prouva

_____

(1) Schlesische Wochenschrift, n° 39.

qu'elle était en bon ordre. Se reportant alors au premier point, il enleva les boulons de la porte rompue et l'expédia au jour, où il remonta lui-même pour faire son rapport. Il descendit de nouveau et on lui envoya au moyen du câble une nouvelle porte, garnie de cuir, qu'il mit en place et fixa par des boulons.

Cette opération délicate et difficile dura douze heures, dont quatre furent employées au placement et au boulonnage de la nouvelle porte, travail qui exigea la présence continuelle de l'ouvrier au-dessous du niveau d'eau. Il convient de remarquer que la porte de chapelle, consistant en une plaque de 0.61 m. de hauteur et de largeur, avait un poids tel qu'un homme d'une grande force corporelle était seul en état de la soulever.

L'emploi d'un appareil à plongeur est certes fort rare dans les mines ; cependant un second exemple peut encore être cité : Pendant l'exécution du puits n° 4 de la mine de Chalonnes (1), le sas-à-air dont on devait faire usage n'étant pas prêt, l'ingénieur, dans le but d'éviter des pertes de temps, eut recours à l'appareil à plongeurs de M. Ernoult pour continuer le curage du puits. Un ouvrier revêtu du scaphandre descendit sous l'eau à une profondeur de 12 m.; là, piochant le terrain, il en expédiait les débris au jour et il travailla avec succès jusqu'au moment où arriva le sas-à-air.

Nouvelles assises-de-support en bois.

Les pièces d'assise encastrées dans les maçonneries se corrodent promptement sous l'action de la chaux , même

---

(1) Schlesische Wochenschrift, n° 39.
Société des anciens élèves de l'École spéciale du Hainant. 7° Bulletin, page 85.

lorsque leurs extrémités sont enduites de goudron. En
outre, elles produisent, en raison des chocs auxquels
elles sont soumises, des disjonctions, fort nuisibles dans
les conditions ordinaires, et désastreuses quand il s'agit
d'un cuvelage. Cependant il est des cas où ces encastrements deviennent indispensables. Ainsi le muraillement
du puits d'exhaure de la mine de Schleswig, à Bochum,
occupe un espace tel que les exploitants se trouvaient dans
l'alternative de construire un jeu de 134 m. de hauteur ou
de le diviser en deux parties en insérant les pièces
d'assise dans la maçonnerie. Ils se décidèrent pour ce
dernier mode; mais, afin de se soustraire aux inconvénients qui y sont attachés, ils firent porter les pièces
d'assise, non sur le revêtement lui-même, mais sur des
appendices en briques construits en dehors de la courbe;
puis, sur ces massifs de renfort, ils installèrent des
caisses en fonte pour recevoir l'assise, formée de poutrelles de 0.47 m. de largeur sur 0.63 de hauteur.

Par ce procédé, les pièces d'assise cessent d'être exposées aux atteintes de la chaux et ne peuvent, en aucune
manière, contribuer à la disjonction du revêtement.

Le lecteur doit se rappeler que des dispositions
analogues existent à la mine de l'Aumônier, à Liége (1).

On a aussi cherché à éviter le contact direct de la roche
et des assises en bois par l'interposition de caisses ou de
plateaux en fonte, sur lesquels reposent les extrémités
des bois. Ce procédé a été mis en œuvre à la mine de
Constantin, près de Bochum, avant l'emploi des supports
exclusivement en fonte, dont il sera fait mention plus loin.

_____

(1) Voir page 175 du tome I.

Voûtes en bois servant de supports aux pompes.

Les appareils d'épuisement établis au puits Widmann de la mine de plomb de Diepenlichen, près de Stolberg, sont à pistons plongeurs et leur diamètre est de 0.73 m. Ils reposent sur des voûtes surbaissées en bois et tracées avec un rayon de 9.30 m. (Pl. LXIII, fig. 10). La distance qui sépare les coussinets (6.60 m.) comprend onze voussoirs en bois de chêne, divisés en trois groupes, deux de trois et un de cinq pièces. Les voussoirs de chaque groupe sont reliés entre eux par des clavettes en bois, engagées dans des échancrures pratiquées entre les joints. La voûte a une épaisseur de 0.73 m. et une hauteur à la clef de 1.60 m.

Dans la crainte que les schistes houillers assez tendres ne cédassent à la pression, les mesures avaient été prises de telle façon que le groupe-clef, après son introduction à coups de masse, se trouvait encore de 0-10 m. plus élevé que les groupes latéraux, afin de permettre aux coussinets de céder de chaque côté de 25 à 40 mm. avant que la clef ne prît sa position normale, c'est-à-dire avant que l'extrados de la voûte ne formât un plan horizontal. Au-dessus de cette clef est installée une poutre de fort équarrissage, sur laquelle porte le jeu foulant.

Si une trop forte pression fesait céder les coussinets, la poutre venant reposer par ses deux extrémités sur les groupes latéraux, il faudrait armer la voûte d'un ancrage consistant en tirants en fer, rattachés par des axes de même métal, d'un côté, à la partie inférieure de la clef (pièce du milieu), de l'autre, aux extrémités de la poutre de recouvrement. Cet ancrage empêcherait la descente de la clef et l'inflexion de la poutre, puisque la pression qui se fait sentir sur le milieu de cette poutre et sur le groupe-

clef agit également sur les extrémités de la poutre et sur
les voussoirs latéraux.

La figure 5 représente une assise d'un autre genre.
Celle-ci est située à 136 m. de profondeur.

Des dispositions semblables ont été appliquées à un
puits incliné de la mine Argus, près de Bochum, et, sur
une grande échelle, à la houillère Centrum.

On a établi un arceau de même espèce à un profondeur
de 158.80 m. dans le puits d'exhaure de la mine de Neu-
Wolfsbank, district d'Essen (Pl. LXIII, fig. 6 à 9).

Cet arceau, qui doit occuper une largeur de 7.20 m., se
compose de 17 voussoirs et de deux coussinets en bois. Ces
voussoirs ont une épaisseur de 0.63 m. et une hauteur de
1.88 m. Le rayon que détermine la direction des joints et
de la surface d'entaillement de la roche a une longueur
de 6.90 m. ; mais la voûte n'offre ni flèche, ni courbure,
l'intrados et l'extrados étant formés de surfaces planes et
horizontales. Enfin, les stratifications du terrain donnant
toute garantie de solidité, nulle précaution n'a été prise
contre la pression, si ce n'est d'augmenter l'épaisseur des
coussinets en bois et de la porter à 0.94 m. afin qu'ils
débordent, sur chaque face, les voussoirs en contact.

Le montage de la voûte a lieu sur un plancher établi au
point déterminé. Les deux coussinets étant mise en place,
les voussoirs leur succèdent alternativement sur l'une et
l'autre paroi de l'excavation ; puis, la clef, — dont les
deux surfaces, de même que celles des voussoirs en contact sont rigoureusement planées et enduites de savon, —
est introduite dans l'espace vide et forcée de pénétrer
jusqu'au fond sous l'impulsion de deux vis de pression, dont
il suffit de manœuvrer les écrous.

Deux forts sommiers placés sur l'extrados de la voûte
servent d'intermédiaire entre celle-ci et le corps de pompe.

Emploi de la fonte et du fer malléable pour les supports des pompes.

Les appareils d'épuisement du puits n° 1 de la houillère Constantin le Grand, près de Bochum, se composent de deux colonnes de pompe, entre lesquelles fonctionne une maîtresse-tige unique. Les colonnes prennent leur assiette sur des assises en fonte, dont la disposition est due à M. l'ingénieur Dittmann, de Bochum (Pl. LXIII, fig. 11 à 14).

Chaque assise se compose de deux plateaux en fonte, de 1.33 m. de hauteur et de 0.07 m. d'épaisseur, assemblés au moment du montage, de la manière indiquée par la figure 11 et reliés par treize boulons. Leur section par un plan transversal a la forme d'un double T, en sorte que ces pièces offrent une paroi verticale et deux plates-formes horizontales, représentées en projection horizontale dans la figure 12 et vues de face, par devant et par derrière, dans les figures 13 et 14. La largeur normale des deux plates-formes est de 0.21 m., excepté la partie de la surface sur laquelle reposent les pompes et les extrémités de la plate-forme inférieure, destinées à être encastrées dans la roche, et dont la largeur est de 0.62 m. Après la pose des assises, qui a exigé leur division en deux parties, afin de rendre possible leur introduction dans les échancrures du rocher, des arcs de cercle de consolidation sont ajustés sur la face postérieure, de manière à comprendre entre leurs extrémités deux des nervures avec lesquelles ils sont boulonnés. Les autres nervures sont interrompues par les arcs. Des moises de même métal relient les surfaces supérieures et inférieures des assises et en maintiennent l'écartement. Enfin l'ensemble est consolidé par une charpente composée de trois séries de poutrelles superposées,

qui, en même temps, forment la tête des parois latérales
et de la paroi de division du puits.

———

A la mine Pluto , près de Bochum , les assises des
pompes se composent de pièces en fer malléable auxquelles
on a donné la forme d'un double T et une base d'assez
grande largeur.

Pièces d'assise en tôle et en fer laminé.

Les pompes foulantes du puits n° 2 de Scharley (Basse-
Silésie) ont un diamètre de 0.64 m. ; leurs jeux reposent
sur des pièces d'assise dont l'une a 3.87 m. de portée et
les deux autres, 4.70 m. Toutes ont une hauteur uniforme
de 1.10 m. La construction de ces diverses pièces étant
la même , il suffira d'en décrire une , représentée par les
figures 15 à 19 (Pl. LXIII).

Deux poutrelles en fer laminé, de 25 mm. d'épaisseur
et de 0.24 m. de largeur , sont disposées horizontalement
et maintenues à une distance de 1.05 m. l'une de l'autre
par des parois verticales en tôle , avec lesquelles elles
sont assemblées au moyen de cornières et de rivets.
Chaque paroi est formée de trois tôles placées bout à
bout et dont les joints sont recouverts d'autres tôles,
moins larges, réunies deux à deux par des rivets. Enfin,
deux lignes de boulons maintiennent les deux parois verticales à une distance constante de 56 millimètres.

Les extrémités de ces supports, soigneusement enve-
loppées de ciment, sont insérées dans des sabots en
fonte, dont les bases, fort larges, répartissent le poids de
la pièce et de sa charge sur une grande surface de la
maçonnerie du revêtement en briques.

Le but que l'on a voulu atteindre par ce genre de

construction a été de se dispenser de l'emploi du bois, qui devient de jour en jour plus coûteux et plus rare (1).

Autorégulateur de l'écoulement de l'eau des réservoirs.

Souvent les réservoirs ménagés dans le voisinage des parois des puits d'exhaure ont pour objet de recueillir les eaux des stratifications les plus rapprochées de la surface, afin que ces eaux ne tombent pas au fond des travaux et qu'on puisse les épuiser au niveau où on les a rencontrées. Ces réservoirs sont de simples galeries percées dans les roches encaissantes ou bien ils proviennent de l'exploitation d'une couche ; ils sont fermés par un serrement auquel est adapté un robinet qui donne la faculté d'écouler l'eau à volonté. Chaque fois que le réservoir doit être vidé, un ouvrier descend dans l'excavation, où il ouvre plus ou moins le robinet en le réglant sur le volume d'eau que l'appareil est en état d'élever au jour.

C'est afin de se soustraire à cette obligation qu'on a établi un *autorégulateur* de la fourniture d'eau aux pompes, à la mine de Mönkhoffsbank-und-Heinrich, près d'Essen, dans un travers-banc situé à une profondeur d'environ 60 m. au-dessous du sol et suivi d'un percement dans une couche (Pl. LXIV, fig. 1 et 2). La partie de cette galerie qui met en communication le puits d'exhaure et le réservoir est partiellement obstruée, à une faible distance de son orifice, par un simple batardeau en briques et en mortier de trass. Ce barrage, de 0.94 m. d'épaisseur, laisse entre sa partie supérieure et le faîte de la galerie un espace qui permet aux ouvriers de pénétrer dans l'ex-

---

(1) PREUSS. ZEITSCHRIFT. *Bd.* XII, A, *S.* 28.

cavation et il est traversé par des tuyaux destinés à conduire les eaux dans le compartiment des pompes, où elles se déversent directement dans l'aspirateur.

A une distance de 5 à 6 mètres en amont du batardeau, un serrement en briques, de 0.94m. d'épaisseur, ferme complètement la galerie. L'espace compris entre les deux digues renferme un fléau reposant, par son centre d'oscillation, sur deux paliers. Ce fléau porte : d'un côté, un flotteur, composé de douze pièces de bois reliées par des boulons et suspendu au-dessus d'une cavité pratiquée dans le sol afin de pouvoir fournir ses excursions descendantes ; de l'autre, une soupape à double siége, qui fonctionne dans une boîte installée à l'extrémité d'une colonne de tuyaux couchés. Cette colonne traverse le serrement, de l'autre côté duquel fonctionne un clapet, qui, par l'intermédiaire d'un levier, se rattache à une tringle ; celle-ci traverse une boîte à bourrage et se termine par une poignée.

Le jeu de ces divers appareils est fort simple :

Le clapet étant soulevé, ce que l'on fait en tirant la tringle par sa poignée, l'eau du réservoir pénètre dans les tuyaux, traverse la soupape et se répand dans la dépression pratiquée au-dessous du bloc contre-poids et derrière le bâtardeau, où elle atteint une hauteur déterminée, puis elle se rend au puits d'exhaure à travers la seconde colonne de tuyaux. Le volume de l'eau accumulée derrière le bâtardeau est-il trop considérable pour l'alimentation des pompes, le flotteur s'élève et la soupape se ferme. Le niveau vient-il, au contraire, à baisser, par suite de la levée du piston, le flotteur descend et relève la soupape, qui s'ouvre pour laisser passer le liquide. Le débit d'eau se trouve compris entre des limites assez rapprochées pour satisfaire à l'alimentation de l'appareil, mais il ne va

guère au delà. Enfin, lorsque toute communication entre
le réservoir et la galerie extérieure doit être interrompue,
il suffit de saisir la poignée de la tringle et de la pousser
en avant pour fermer l'orifice de dégorgement.

Si le niveau d'eau se trouve en arrière du barrage à une
hauteur anormale, c'est que la soupape est perméable ; il
faut alors l'enlever de son siège pour la rétablir en bon
état de fonctionnement. Mais on ne peut se livrer à cette
opération qu'après avoir interrompu le passage de l'eau à
travers le serrement, ce qui réclame également la fermeture du clapet pour retenir l'eau dans le réservoir.

Les ingénieurs de Saarbrücken ont modifié quelques
unes des dispositions primitives de l'autorégulateur (fig. 3).

Le réservoir, établi comme ci-dessus, reçoit les eaux de
divers étages de la mine. Là, elles s'éclaircissent en
déposant les particules qu'elles tiennent en suspension :
puis elles viennent se déverser dans la bâche où plonge
l'aspirateur des pompes. Le niveau de l'eau dans cette
bâche, dont les dimensions sont 4 m. de longueur,
1.56 m. de largeur et 1.88 m. de hauteur, reste constant
par l'effet d'une soupape et d'un flotteur réunis par un balancier. Tout mouvement ascendant du siége de la soupape est prévenu par une tige attachée à une traverse qui
s'engage dans des encoches pratiquées à la base du tube
par lequel le liquide s'échappe dans la bâche. Le tuyau de
prise d'eau est criblé, à son extrémité, de narines qui
laissent passer le liquide et retiennent en arrière tous les
corps solides. Il est d'ailleurs précédé d'un large robinet
capable de suspendre à volonté l'admission de l'eau dans
la bâche. Enfin, le jeu des appareils est exactement le
même que celui des précédents.

31

*Descente simultanée des pompes et de leurs mo-
teurs dans les puits en creusement.*

Les ingénieurs silésiens, si fréquemment appelés à traverser par fonçage des sables mouvants et aquifères et,
par conséquent, à se débarrasser des venues d'eau, ont
essayé un grand nombre de combinaisons pour tâcher
d'arriver au mode d'épuisement le plus commode et le plus
expéditif. Le procédé consistant à laisser descendre simultanément les pompes et le moteur alimenté par des chaudières installées à la surface s'est promptement répandu
depuis quelques années dans les mines de la Haute-Silésie,
C'est ainsi, notamment, qu'a été creusé le puits d'exhaure
de la mine de Guido, près de Zabrze.

Les pompes appliquées à ce fonçage sont disposées
de la même manière que les pompes d'alimentation des
générateurs rendues indépendantes de la marche du
moteur. Elles sont fixées sur deux poutrelles transversales,
que l'on fait descendre, au fur et à mesure que le fonçage
progresse, en allongeant les tringles de suspension. Pour
régulariser cette descente, les extrémités des poutrelles
glissent dans des rainures pratiquées de haut en bas sur
des longuerines verticales qui font partie du revêtement
de l'excavation.

Deux tuyaux de cuivre livrent à la pompe la vapeur
provenant d'une chaudière établie au jour. D'autres
tuyaux conduisent hors du puits et du bâtiment de la
machine, la vapeur qui a produit son effet. La colonne
d'ascension de la pompe est en tôle afin de faciliter les
manœuvres et d'offrir un poids peu considérable. Elle
déverse sur la margelle les eaux venant du puits. Ces
eaux traversent un canal et se réunissent dans un réser-

voir, d'où une pompe à bras les refoule dans les générateurs. On prolonge les diverses colonnes de tuyaux et
les tringles de suspension en y introduisant de nouvelles
pièces.

Le piston de la pompe de Guido a 0.31 m, de course et
0.155 m. de diamètre et fait 15 à 20 excursions complètes
par minute; dans le même temps son débit est de 9 à 10
hectolitres. Cet effet correspond au volume d'eau déversé
dans l'excavation par les venues qui se sont prononcées
jusqu'au moment où l'avaleresse est parvenue à une profondeur de 60 m. Mais, à dater de cette époque, il a été
difficile d'obtenir constamment une pression qui suffit
au service de la pompe, parce que la colonne de conduite
de la vapeur, étant imparfaitement revêtue, permettait au
fluide élastique de se refroidir dans son parcours de la
chaudière au cylindre; alors les pompes, après une
marche d'une demi-heure, devaient se reposer un certain
temps avant de pouvoir fonctionner de nouveau.

Le puits Barbara, d'une mine de Tarnowitz, portant
aussi le nom de Guido, offre un autre exemple de ce mode
d'épuisement, dans lequel ou prolonge incessamment les
colonnes d'adduction et d'évacuation de la vapeur, ainsi
que la colonne d'ascension.

La pompe avait antérieurement servi à l'alimentation des
chaudières. La course de son piston était de 0.34 m. et
son diamètre, de 0.13 m. et elle donnait 48 à 50 pulsations par minute. L'eau du puisard était enlevée par un
tuyau d'aspiration en caoutchouc et refoulée au jour à
travers une colonne de tuyaux en cuivre de 0.08 m.

Le volume d'eau débité par minute s'élevait à 10 hectolitres lorsque le puits eût atteint la profondeur de 25 m.

Ce procédé, très-avantageux d'ailleurs, n'est guère
praticable lorsque les venues d'eau sont trop fortes.

Application de l'élévateur hydraulique au déplacement des pompes volantes.

Lorsque les eaux affluent en quantité considérable dans les puits en fonçage, les retards dûs au renouvellement des garnissages et aux changements de soupapes et de pistons prennent plus d'importance et les difficultés augmentent avec le poids et le diamètre des pompes, en sorte que souvent les pompes sont inondées avant l'achèvement de la réparation. Il faut donc, dans la plupart des circonstances, être en mesure de retirer promptement les jeux, malgré leurs poids considérables, pour les plonger de nouveau dans l'eau, lorsqu'on les a remis dans un bon état de fonctionnement. C'est dans ce but que l'on a établi dans les mines Ferdinand, près de Kattowitz, et Florentine, près de Langiewnick (Haute-Silésie), des *élévateurs hydrauliques.*

L'appareil se compose d'un piédestal, *a* (Pl. LXIV, fig. 4 à 6), surmonté d'un coussin, *b*, et d'un corps de pompe, *c*, dans lequel fonctionne un plongeur, *d*, dont la tête est recouverte d'une traverse en fer forgé, *e*, à laquelle se rattachent les tiges de suspension, *f, f*. Le piédestal a une longueur aussi minime que possible afin de ménager l'espace disponible à l'orifice du puits ; il est formé de deux plaques trapézoïdales, en tôle, dont les tranches supérieures et inférieures sont recouvertes de plates-formes en fer et qui sont assemblées par des diaphragmes, ou parois transversales ; toutes ces pièces sont rivées avec des cornières appliquées dans les angles.

Le corps de pompe *c* traverse la cellule que forment les parois latérales et les diaphragmes intérieurs et repose, au moyen d'un talon annulaire ménagé à sa partie supérieure, sur un bloc en fonte, auquel les plates-formes

supérieures servent de point d'appui. Le cylindre reçoit
l'eau motrice et la laisse échapper par un petit tuyau
débouchant à sa partie inférieure. En outre, pour faciliter
l'évacuation totale du liquide renfermé dans le cylindre,
celui-ci est pourvu, à sa partie supérieure, d'un petit
orifice par lequel l'air peut entrer ; pendant la marche de
l'appareil, cet orifice est hermétiquement fermé par une
vis conique.

Le piston plongeur est creux ; sa tête, fixée à l'orifice g,
est saisie entre les deux flasques de la traverse au moyen
d'un boulon g', qui, lui permettant de prendre un mouvement de rotation la ramène incessamment dans l'axe de
l'appareil. Ces flasques sont maintenues en état d'écartement par trois boulons et quatre moises h. Les tiges traversent les cellules qui constituent ces moises et elles
sont saisies par des coins en acier fondu i. D'autres
moises, k, découpées en demi-cercle à leur base, sont
rivées entre les parois latérales du piédestal, où elles
forment des cellules disposées à l'aplomb des précédentes
et servent de supports à d'autres coins en acier fondu, i', i',
destinés à traverser les trous immédiatement inférieurs
des tiges.

Dans les figures le piston de l'élévateur est arrivé à
l'extrémité de sa course descendante ; les deux tiges sont
saisies chacune par les deux coins i et i', reposant, l'un
sur la cellule k du support, l'autre sur celle de la traverse c.

Le piédestal a porte, par ses extrémités, sur des poutrelles en bois ou, mieux, en fer, installées à l'orifice du
puits ; c'est pourquoi les rivets des extrémités de la base
ont leur tête noyée dans l'épaisseur de la matière, afin
de ne pas faire saillie. En outre, la disposition de cet
organe doit être telle, que l'axe du cylindre se confonde
avec le prolongement de celui du jeu volant.

Les tiges qui ont pour but de lier le fardeau et la machine motrice se composent de tringle partielles, de 3.25 m. de longueur, rattachées entre elles par des éclisses de 0.58 m. Toutes ces pièces doivent être ajustées avec assez d'exactitude pour pouvoir être substituées les unes aux autres sans aucune difficulté. Dans tout leur parcours, les tiges sont percées de trous rectangulaires espacés de 0.78 m. et destinés à recevoir les coins de suspension. Le lecteur verra bientôt pourquoi cette distance de 0.78 m. est moindre que la course du piston.

La manière de faire fonctionner ces appareils est des plus simples.

Supposons qu'il s'agisse de descendre des soupapes suspendues aux tiges, qui elle-même sont retenues par les coins i', i' sur les cellules de support. On enlève les coins supérieurs i, i, on refoule l'eau à l'intérieur du cylindre et le piston, débarrassé de sa charge, s'élève jusqu'à l'extrémité de sa course. Alors la traverse e est arrivée à une hauteur telle, qu'il est possible d'introduire des coins dans les trou i'', i'' (situés immédiatement au-dessus des précédents), tout en les fesant reposer sur les arêtes des cellules. L'introduction d'un nouveau volume d'eau allonge de quelques centimètres la course du piston, jusqu'à ce que, l'eau s'étant écoulée lentement, la charge soit descendue de 0.78 m. et que les coins soient venus reposer sur la cellule du piédestal. On répète la même opération et enfin la pompe atteint la profondeur prescrite.

Dans l'opération contraire, c'est-à-dire pour retirer les jeux volants, on reprend les coins i, i placés sur la traverse et on les introduit dans les trous immédiatement supérieurs; l'eau refoulée dans le cylindre soulève le piston, qui accomplit sa course ascendante; les trous i'', i'', qui auparavant se trouvaient au-dessous de la base du support, viennent en correspondance avec les arêtes des cellules k; on y insère des coins, afin de retenir la charge à cette hauteur; puis on donne une issue à l'eau, que le piston, en vertu de son poids et de celui de la traverse, force à retourner vers la pompe motrice.

Il est évident que l'opération ne doit jamais être compromise par le défaut de soutenement du fardeau et que les tiges partielles doivent être ajoutées ou retirées par le haut, suivant les besoins.

Vêtements des mineurs occupés au montage des pompes et aux avaleresses des puits.

Lors du fonçage du puits d'Abercare (Monmoutshire), les exploitants se préoccupèrent de trouver l'étoffe la plus propre à préserver les mineurs de l'atteinte des eaux qui tombaient en abondance des parois de l'excavation. Celle qui réussit le mieux fut une toile mince recouverte d'une couche de gutta-percha, dont on confectionna des espèces de foureaux, assez semblables à des blouses. Leur légèreté, qui laisse aux ouvriers toute liberté de mouvement, les rend bien préférables aux vêtements de cuir en usage sur le continent. Ces surtouts servent aussi aux mineurs occupés au montage et aux réparations des pompes. On complète l'habillement avec des chapeaux de même étoffe, dont le prix varie de 15 à 20 francs.

MM. Bodewig et Cie, fabricants à Cologne, livrent des étoffes préparées par un nouveau procédé, qui semblent fort convenables pour la confection des vêtements des mineurs, les portes d'aérages, etc. Ce sont des toiles écrues, de bonne qualité, enduites de substances grasses, d'une

nature particulière, qui les rendent imperméables à l'eau,
tout en leur laissant leur souplesse, malgré le froid ou la
chaleur, l'humidité ou la sécheresse. Le fabricat colonais
est recommandable par la modicité du prix, qui s'élève à
peine à fr. 1.90 le mètre carré.

Des essais se font actuellement dans les mines de Saarbrücken pour reconnaître la valeur de ces tissus dans
leur application aux portes d'aérage.

SECTION VI.

MOTEURS D'ÉPUISEMENT.

Abrégé de l'histoire des machines d'épuisement à traction directe.

Lorsque, en 1749, Hœll, directeur des machines, à Schemnitz, en Hongrie, eut l'idée de substituer, dans les machines récemment construites par Newkommen, la pression d'une colonne d'eau à celle de la vapeur, il imagina également de rattacher la tête du maître-tirant à la tige du piston moteur sans aucun intermédiaire et de telle sorte que les axes des deux organes coïncidassent suivant une seule et même ligne verticale. Il installa le cylindre moteur sur l'orifice du puits et conserva l'encliquetage et le mode de distribution du constructeur Anglais (1).

C'est donc à l'an 1749 qu'il faut faire remonter l'emploi de la traction directe pour les machines d'exhaure. C'est à Hœll qu'on doit en attribuer l'honneur. Cette invention se propagea rapidement en Carinthie, en Bohème et dans tous les districts métallifères de l'Europe. Elle fut appliquée, vers la fin du siècle dernier, à des soufflets cylindriques de Marchienne-sur-Meuse, près de Namur (2) et, au commencement du XIX\ :sup:`e`, par le célèbre Reichen-

---

(1) *Voyages métallurgiques*, de Jars et Duhamel, t. II, p. 154 et suiv. — EINLEITUNG ZUR BERGBAUKUNST, par Delius, *Bd.* II. *S.* 164, ou la traduction de Schreiber, t. II, p. 105.

(2) *Journal des Mines*, An, IV, t. III, n° XVI.

bach, lorsque le gouvernement bavarois le chargea de la conduite des produits liquides des mines de sel aux diverses usines d'évaporation. Les neuf machines à colonne d'eau qui furent construites dans cette gigantesque entretreprise pour porter la saumure à des hauteurs considérables, en lui fesant franchir des montagnes abruptes, agissaient sur les résistances sans aucun intermédiaire, c'est-à-dire par traction directe (1). Enfin, une machine du système de Hœll fut établie, en 1823, aux mines de Huelgoat (département du Finisterre).

Dans ses brevets de 1822 et de 1826 (2), M. Frimot, constructeur de machines à Landerneau, près de Brest, propose un système complet de machines *à vapeur*, dont une, « produisant le mouvement alternatif rectiligne, appliquée à élever l'eau.... Les centres des pistons de la pompe à vapeur et de la pompe à eau sont unis par une verge rigide, sans l'intermédiaire de balanciers.... Un parallélogramme, reposant sur la tige du piston à vapeur, descend parallèlement au cylindre et s'attache, par le milieu de la traverse inférieure, à la ligne des tirants de la pompe à eau. Toutes les jointures de ces pièces sont faites à charnières et la tige du piston à vapeur roule à pivot sur ce dernier. »

Ces lignes et surtout la figure annexée au texte témoignent que l'appareil de M. Frimot n'est pas un spécimen de la traction directe proprement dite et telle qu'on la conçoit actuellement. En outre, serait-il possible de faire fonctionner à de grandes profondeurs, au moyen de cet appareil, les pompes actuelles, ordinairement d'un si

---

(1) *Karl Langsdorf*, AUSFUHRLICHES SYSTEM DER MACHINENKUNDE. Heidelberg et Leipzig. t. I, p. 487.

(2) *Description des machines et des procédés consignés dans les brevets,* t. XXXVI, p. 382.

grand diamètre, sans risquer de briser le parallélogramme interposé entre la tête de la maîtresse-tige et le piston moteur.

En 1827, Fafchamps, conducteur des mines à Charleroi, obtient, en France et en Belgique, un brevet « pour l'application directe des machines à vapeur à double effet au mouvement des pompes destinées à épuiser les eaux des mines ». Cet appareil, composé de deux colonnes de pompes fonctionnant sans l'impulsion d'un cylindre moteur unique, ne peut-être considéré comme renfermant le principe de Hœll que pour l'une des colonnes de pompes; il ne doit donc être qualifié que de machine à *demi-traction directe*.

M. Devaux en 1828 et M. Fafchamps en 1833 prennent des brevets pour des machines à traction directe, avec cylindres à double effet. Personne n'ignore actuellement l'incompatibilité qui existe entre les pompes d'exhaure et l'emploi de la vapeur agissant à double effet. D'ailleurs, l'échec complet que subit un appareil de ce genre, établi par M. Fafchamps, en 1837, sur un puits de recherches appartenant à M. Dupont, maître de forges à Fayt, fixa décidément l'opinion des ingénieurs à cet égard.

Mais, en 1835, M. Verpilleux, constructeur de machines à vapeur, à Rive de Gier, établit sur le puits Thibier (1) un moteur d'exhaure à simple effet et à traction directe fesant fonctionner une pompe à piston-plongeur qui élevait l'eau d'un seul jet à 73 m. de hauteur. Cette machine n'était pas pourvue de balancier de contre-poids; mais la poutrelle de l'encliquetage était mise en mouve-

---

(1) *Bulletin de la Société de l'industrie minérale*, année 1857, page 575: « *Notice sur les machines d'épuisement à traction directe du bassin de la Loire*, par M. Baure ».

ment par un balancier accessoire que commandait la
maîtresse-tige.

L'engoûment qui régnait à cette époque pour les
machines de Cornwall fut probablement la cause des pré-
ventions dont cet appareil fut alors l'objet; en sorte que,
durant une période de dix ans, les exploitants ne firent
plus que deux tentatives : l'une, en 1842, au puits Thi-
baud, à Terre-Noire; l'autre, en 1844, au puits Trotton.
Dans aucune des deux on ne fit usage de contrebalanciers.

Le premier essai de M. Verpilleux semble être, au
moins pour les districts de la Loire, le point de départ
d'expériences plus concluantes, qui ont amené les
progrès réalisés depuis cette époque.

Les brevets de M. Letoret, l'un en date du 6 septembre 1836, l'autre du 27 mars 1837, offrent, le
premier une simple reproduction de la machine à parallélogramme de M. Frimot, légèrement modifiée, et le
second, un appareil d'exhaure dans lequel la maîtresse-
tige est mise en jeu par un balancier installé au-dessous
du cylindre moteur, c'est-à-dire tout-à-fait étranger au
principe de la traction directe. Certes, si M. Loteret
s'était alors arrêté dans ses travaux, il n'y aurait aucune
raison de le citer ici; mais alors, poursuivant une nouvelle idée qu'il avait probablement conçue dans ses entre-
tiens avec M. Fafchamps et qui consistait à substituer au
cylindre à double effet de celui-ci un cylindre à simple
effet, il fut amené à faire un essai de ce système sur l'un
des puits de la mine du Grand-Hornu. Les défauts qu'il
reconnut dans cet appareil le mirent en état d'en faire
exécuter un plus parfait sur le puits n° 3, ou Grand-
Trait, de la houillère de l'Agrappe, à Frameries, près de
Mons.

A dater de ce moment, la machine d'épuisement à

traction directe existait en Belgique. M. Letoret s'efforça
de la propager, reprenant ainsi l'œuvre de M. Fafchamps,
mais ses démarches multipliées restèrent vaines : nulle
part il ne put décider les exploitants à renoncer aux
machines du Cornwall. Cependant la Société de Houssu
(Centre du Hainaut), forcée de se créer de nouveaux moyens
d'exhaure, était indécise sur le système qu'elle devait
choisir. Celui qui écrit ces lignes, alors directeur de cet
établissement, convaincu des avantages économiques des
nouvelles machines et certain d'un succès complet au
point de vue technique, parvint à vaincre des préjugés
fortement enracinés et obtint de ses commettants l'autori-
sation de faire construire un appareil à traction directe.
Le résultat vint confirmer ses prévisions, et la machine
de Houssu, visitée par un grand nombre d'ingénieurs et
par quelques savants, fut généralement regardée comme
offrant, pour cette époque, le type le plus parfait et le
moins coûteux des appareils d'exhaure.

En résumé, M. Hœll, en inventant les machines à
colonnes d'eau, trouve aussi le principe de la traction
directe. C'est à M. Verpilleux qu'est due la solution du
problème inverse, c'est-à-dire substitution de l'action
motrice d'une colonne d'eau dans les appareils d'exhaure
de Hœll. M. Fafchamps, quoique ses démarches incessantes n'aient pour objet qu'un appareil défectueux, pré-
pare les voies et attire l'attention des constructeurs belges
et, en particulier, celle de M. Letoret. Enfin ce dernier
rend l'appareil pratique par l'agencement convenable de
ses organes.

Il convient d'observer que les travaux de M. Hœll
paraissent avoir été ignorés de tous les concurrents : il
suffit, pour s'en convaincre, de comparer les anciennes
machines à colonnes d'eau avec des appareils d'exhaure

actuellement en usage. De cette comparaison, il résulte, à l'évidence, que tous les organes avaient été primitivement disposés de manière qu'il eût suffi de substituer la pression de la vapeur à celle de l'eau. Cependant soixante-quinze ans s'écoulent sans que personne songe à exécuter cette simple transformation, et plus de seize ans sont employés en tâtonnements, qui, en définitive, ramènent les constructeurs au point de départ pur et simple (1).

Machine à traction directe, de la houillère de Sainte-Marguerite, à Liége.

Les perfectionnements dont le système de la traction directe a été l'objet depuis l'époque où nous avons décrit, dans la première partie de cet ouvrage, la machine de Houssu nous engagent à faire connaître un type récent, réalisé dans une série d'appareils d'épuisement que M. Marcellis a construits dans son usine de Liége pour la Belgique et pour l'étranger. Les plans de ces moteurs d'exhaure sont dûs à M. Goffint, ingénieur de cette usine.

La machine de Ste-Marguerite extrait l'eau d'une profondeur de 280 m., au moyen de pompes de 0.60 m. de diamètre et d'environ 3 m. de course. Elle est à simple effet et à moyenne pression, sans détente et à condensation. La planche LXV est une vue latérale et la planche LXVI, une vue de face de l'appareil. Les figures qui accom-

---

(1) Ceux de nos lecteurs qui désireraient obtenir de plus amples détails sur ce sujet, trouveront dans le tome V, page 37, de la *Revue Universelle*, des « documents relatifs à l'histoire des machines à traction directe » publiés par l'auteur de ces lignes. La plupart de ces documents ont été reproduits, avec des conclusions que nous n'approuvons pas entièrement, dans le Rapport de la Commission nommée par le Gouvernement belge pour rechercher si le sieur Fafchamps est réellement l'inventeur du système (voir le *Moniteur belge*, 1860, n° 21).

pagnent ces deux projections représentent quelques
organes d'une manière plus détaillée.

La base du cylindre à vapeur repose, par des empâte-
ments renforcés de nervures, sur les pierres de taille qui
recouvrent le prolongement muraillé des parois verticales
du puits d'exhaure. Chaque saillie est liée au massif de
maçonnerie par trois forts boulons racinaux. Au centre de
la base se trouve le presse-étoupes de la tige motrice.

Le cylindre moteur est dépourvu de toute enveloppe. Le
constructeur n'a pas jugé qu'il fût nécessaire jusqu'ici,
dans une mine de houille, de subir cette complication dans
le simple but d'obtenir quelque économie de combustible.
Les dimensions de cet organe sont : 2.20 m. de diamètre
intérieur, 3.75 m. de hauteur (la course du piston étant
de 3 m.) et 0.05 m. d'épaisseur. Il est muni, vers le haut,
d'une tubulure dans laquelle vient s'emboîter l'extrémité
supérieure de la colonne d'équilibre. Enfin, le couvercle
est un disque de 0.06 m. d'épaisseur, renforcé par des
nervures rayonnant du centre à la circonférence.

Le tuyau, a, qui amène la vapeur dans l'appareil de distribution renferme une *soupape-régulatrice* ou *valve de
mise-en-train*, dont la tige horizontale, b, est manœuvrée par
un levier coudé et une tringle filetée, c, placée au devant
de la colonnette. Ce tuyau vient s'assembler au fond et à la
partie postérieure de la boîte de distribution. Les fig. 6
et 7 (Pl. LXVI), sont des coupes de la boîte par des plans
respectivement perpendiculaire et parallèle à la projection
latérale. Cette boîte est divisée en quatre compartiments
par trois cloisons verticales et se trouve en communication :
avec le tuyau adducteur par la tubulure d et le conduit e;
avec la partie du cylindre située sous le piston, par le conduit f; et avec la partie supérieure, par le tuyau d'équilibre, g.
Elle ne renferme que deux soupapes, qui sont du système

dit de Hornblower, l'une d'admission et l'autre disposée pour servir simultanément à l'équilibre et à l'exhaustion. Les presse-étoupes des tiges de ces soupapes sont installés sur la plaque qui recouvre la boîte. La vapeur se distribue comme suit : Après avoir débouché par la tubulure *d*, elle se répand dans le compartiment postérieur, traverse le conduit *e* et la soupape d'admission *h*, dès que celle-ci est ouverte, puis parcourt le conduit *f* pour se rendre sous le piston moteur. Lorsque ce piston a atteint le haut de sa course, la soupape d'équilibre et d'exhaustion, *i*, s'ouvre, la vapeur revient en arrière en parcourant le conduit *f*, traverse la soupape *i* et se rend dans le compartiment postérieur de gauche, *k*. Une partie entre alors dans la colonne d'équilibre, pour se répandre, de là, dans le haut du cylindre, où elle établit l'équilibre de pression ; le reste gagne le condenseur, qui reçoit également, dans la course ascendante, le fluide moteur qui a produit ses effets.

Condenseur.

Ce condenseur (Pl. LXVI, fig. 8) est du système dit Letorct (1). Bien que nous ayons déjà décrit cet appareil dans la première partie du présent ouvrage (2) nous croyons bon d'ajouter ici quelques explications.

m est un vase en communication directe, par le tuyau *n* avec la partie postérieure de la boîte à vapeur.

o surface sphérique percée de trous, ou *pomme d'arrosoir*, qui termine le tuyau d'injection, *p*. Celui-ci est pourvu d'une glissière, *q*, et d'une soupape, *r*. La glissière, ou *vanne modératrice* d'injection est manœuvrée par une tringle verticale, un levier horizontal, un levier coudé et une tringle filetée, *s*, annexée à la colonnette. On

---

(1) **Voir** au sujet de la paternité de cette invention l'avant dernier paragraphe de ce chapitre.

(2) Tome III, §. 744.

détermine par tâtonnement l'ouverture de cet organe ; une fois qu'elle a atteint le point voulu, elle reste invariable, aussi longtemps, du moins, que les conditions de fonctionnement de l'appareil ne changent pas. La soupape qui sert à opérer l'injection est soumise aux impulsions de l'encliquetage, avec lequel elle communique par une série de tringles et de leviers. L'un des leviers est chargé d'uncontre-poids qui aide à renverser le sens du mouvement. Le levier *a* étant soulevé, la soupape d'injection se ferme ; au contraire, elle s'ouvre lorsque l'attirail est abandonné à l'influence des pièces et du contre-poids.

v est le réservoir des eaux de condensation, dans lequel plonge l'extrémité du condenseur ; il renferme la soupape métallique *u* et son levier du contrepoids. Le poids de ces deux organes est calculé de manière que la soupape s'ouvre sous une pression quelque peu supérieure à celle de l'atmosphère et se ferme pour toute pression inférieure. Une tringle, liée avec le levier, fait connaître au dehors tous les mouvements de la soupape.

w tuyau de trop-plein par lequel s'échappe l'eau, l'air et la vapeur. Des trous d'hommes permettent de visiter l'intérieur des deux capacités.

x est le prolongement de la colonne ascendante. Nous l'avons interrompu à sa partie supérieure, afin de ne pas avoir de la confusion dans le dessin. Ce prolongement sert à déverser dans une bâche, installée au jour, la totalité de l'eau extraite de la mine. Une partie de cette eau descend dans le condenseur à travers le tuyau d'injection ; le reste s'écoule par un trop-plein hors de l'établissement.

L'assemblage de la tige motrice et de la maîtresse-tige

en bois s'effectue au moyen d'une crossette percée, en son milieu, d'un trou taraudé que traverse l'extrémité filetée de la tige. Les quatre faces latérales de la crossette sont munies de saillies cylindriques destinées à recevoir chacune une forte barre méplate en fer forgé. Les barres embrassent la tête de la maîtresse-tige, avec laquelle elles se rattachent deux à deux au moyen d'une série de boulons.

Le balancier, y, n'a pas pour but d'équilibrer le maître-tirant, mais simplement de faire fonctionner les divers organes mobiles de l'appareil. Il se compose de deux *flasques* en tôle, disposées symétriquement de chaque côté de la tige-motrice et reliées par des entre-toises en fer forgé. Ces flasques se rattachent d'un côté à deux des saillies cylindriques de la crossette, de l'autre à un sommier par l'intermédiaire de deux bielles pendantes que réunissent des traverses. Comme on le verra plus loin, le balancier, au moyen d'un parallélogramme articulé, met en jeu la poutrelle, a, de la cataracte et celle, b, des encliquetages.

Régulateur ou encliquetage.

Au devant de la boîte à vapeur s'élève un bâti en fonte composé de deux montants reliés par un arc. Cette cons-truction a l'aspect d'une porte. Pour lui donner plus de stabilité, on l'a reliée à la colonne d'équilibre par une entre-toise horizontale qui, prolongée au dehors, forme une douille dans laquelle passe la partie supérieure de la poutrelle, a. La partie inférieure est guidée par une autre douille fixée au sommier. Elle porte trois taquets, deux pour les soupapes à vapeur et un, plus petit, pour celle du condenseur. La partie antérieure de la poutrelle est munie de vis de rappel destinées à modifier ou à régulariser la position des taquets.

Le bâti supporte quatre arbres, 1, 2, 3, 4, mobiles et articulant sur tourillons. Les deux principaux, savoir : l'*arbre d'admission*, 1, et celui *d'exhaustion*, 3, ont leurs coussinets engagés dans des échancrures latérales ménagées le long des montants. Sur chacun d'eux sont calés les organes suivants :

1° Deux leviers à manche (contournés), 5 et 6, destinés à recevoir le choc des taquets et correspondant, celui du haut, à la soupape d'admission et celui du bas, à celle d'équilibre et d'exhaustion. Comme ils doivent servir à la mise-en-train et, par conséquent, être menés à la main, ils sont munis de poignées.

2° Deux leviers de contre-poids, 7 et 8, auxquels sont suspendues des tringles verticales terminées par des contre-poids ; ils tendent sans cesse à donner aux arbres un mouvement angulaire qui les ramène dans une position déterminée.

3° Deux *secteurs*, ou *virgules d'accroche*, 9 et 10, destinés à s'engager dans l'encoche des cliquets. L'axe de rotation de ceux-ci se trouve sur la face intérieure de l'un des montants.

4° Deux cames, 11 et 12, employées pour soulever les soupapes de distribution à l'aide des grands leviers arqués. Leurs faces, armées de rebords saillants, maintiennent sur leurs contours les mentonnets, 13 et 14, qui agissent directement sur les soupapes de distribution.

L'arbre du milieu ne reçoit que les deux mentonnets, 13 et 14, dont l'un, celui de la soupape d'admission, est à peu près rectiligne, tandis que l'autre, celui de la soupape d'équilibre est coudé. Ils portent, aux extrémités en contact avec les cames, de petits galets destinés à adoucir les frottements. Les autres extrémités, disposées en fourches, embrassent les tiges de soupapes et se logent entre deux écrous.

L'arbre inférieur, 4, disposé à la partie antérieure du bâti, est consacré à la condensation. Il porte : 1° un levier contourné, moins grand que les précédents, 2° un levier contre-poids, qui, comme on l'a vu, est en relation avec un autre levier horizontal, destiné à renverser le sens du mouvement et, 3°, la virgule de la cataracte, accompagnée de son cliquet.

La cataracte, Z, de la machine d'exhaure de Sᵗᵉ-Marguerite est à double effet, c'est-à-dire qu'elle détermine deux repos, un à chaque extrémité de la course. Elle est représentée en élévation dans la figure 1 (Pl. LXVI) et en plan par la figure 2 (Pl. LXV).

La tige, C, de la cataracte, installée sur la face antérieure de l'un des montants du bâti, monte et descend par suite d'actions exposées plus haut. Cette tige, armée de trois petits taquets D_1, D_2, D_3, soulève ou abaisse les cliquets des secteurs, accroche ou dégage ceux-ci et rend l'arbre immobile ou lui permet de prendre un mouvement angulaire sous l'impulsion du contrepoids. Elle porte à son extrémité inférieure, un piston plongeur fonctionnant dans un cylindre qui est accompagné latéralement de deux boîtes cylindriques munies de soupapes, F, F, l'une d'échappement et l'autre d'aspiration. Le corps de pompe foulante, installé dans une bâche, ne peut recevoir l'eau qui remplit cette dernière qu'à travers des orifices plus ou moins étranglés par les tampons cylindriques, suivant la longueur des arrêts qu'il s'agit d'obtenir aux deux extrémités de la course du piston.

Les deux tringles G, G, servant à manœuvrer les tampons qui obstruent plus ou moins l'entrée et la sortie de l'eau dans la pompe, sont mises en relation au moyen de leviers coudés et de barres horizontales, avec les tringles filetées, H, qui accompagnent la colonnette ; deux roues, auxquelles le machiniste imprime un mouvement angulaire, permettent de régler à volonté l'introduction e la sortie de l'eau appartenant à la pompe de la cataracte.

Deux côtés de la bâche *V* portent des consoles servant de support à deux arbres sur lesquels sont calés de petits balanciers munis de contrepoids. L'un de ces balanciers peut être soulevé par la poutrelle à deux branches, *B*, qui est articulée à l'une des flasques du balancier.

Supposant, ainsi que l'expriment les figures, que le piston moteur soit sur le point d'atteindre le bas de sa course, la poutrelle, entraînée par le balancier dans son mouvement de descente et ne soutenant plus le levier avec son taquet, permet au contrepoids, *I*, de céder à l'action de la pesanteur. L'écrou, *K*, appuyant par l'extrémité du second levier, tend à soulever le contre-poids, *L*, effet qui ne peut se produire entièrement tant qu'un volume d'eau suffisant n'a pas traversé la soupape d'aspiration pour venir se placer sous le piston plongeur et le forcer à s'élever. Lorsque toute l'eau nécessaire a pénétré à travers l'orifice, le piston de la cataracte s'élève et entraîne la tige, *C*, dont un des taquets, D_1, vient heurter le cliquet correspondant 9 ; le contrepoids de la soupape d'admission agit et le piston moteur s'élève.

Lorsqu'il a atteint le haut de sa course, le taquet de la poutrelle, *B*, a soulevé le contre-poids *I* et son levier et, en même temps, l'écrou *K*. Alors le contre-poids *L*, rendu à la liberté, agit sur la tête du piston plongeur. Mais celui-ci ne peut achever sa course descendante qu'après avoir expulsé, à travers l'orifice et la soupape, les dernières gouttes d'eau qui restent au-dessous de lui. Or, le temps que dure cette expulsion dépend de la partie de l'orifice laissée libre par le tampon. Cependant le piston plongeur atteint le bas de sa course, le secteur de l'arbre 3

est dégagé, la soupape d'équilibre et d'exhaustion s'ouvre
et la vapeur se répand en partie au-dessus du piston et en
partie dans le condenseur.

Jeu de la machine (Pl. LXVI, fig. 3 et 5).

Au moment où le piston moteur est sur le point d'atteindre le bas de sa course, le levier d'équilibre et d'exhaure, 6, est abaissé par le taquet descendant de la poutrelle,
la soupape correspondante est fermée, le secteur, accroché
et le contre-poids, soulevé. La vapeur s'échappe du cylindre
dans le condenseur et le piston moteur reste immobile au
bas de sa course. Après un temps d'arrêt dont on règle la
durée suivant les besoins, la tige de la cataracte, dans son
mouvement ascendant, soulève le cliquet 9 et décroche le
secteur de l'arbre d'admission 1 ; le contre-poids tombe et
imprime à l'arbre un mouvement angulaire qui force la
came 11 à abaisser l'un des bras du mentonnet, tandis que
l'autre soulève la soupape d'admission. En même temps
la virgule du condenseur est libérée du cliquet par l'action
de la cataracte , le contre-poids entraîne le levier , et la
soupape d'injection *r* s'ouvre. Alors la poutrelle *A* et le
piston moteur accomplissent leur oscillation ascendante.

Au moment où ils vont atteindre le terme de leur course,
le levier supérieur est soulevé par le taquet ascendant, la
soupape d'admission est fermée et son secteur est accroché
par le cliquet. La vapeur cesse de pénétrer dans le
cylindre.

Après un temps d'arrêt déterminé par la cataracte,
l'arbre d'équilibre, recevant le mouvement que lui imprime
son contrepoids, le communique à la came 12 et, par
l'intermédiaire du mentonnet, ouvre la soupape correspondante ; alors la vapeur agit simultanément sur les deux
faces du piston moteur, qui, entraîné par le poids des

attirails des pompes, fournit sa course descendante. Le
taquet de la poutrelle, arrivé au bas de son excursion,
abaisse le levier et ferme la soupape d'équilibre. Quant au
levier du condenseur, il est entraîné dans l'ascension de
son taquet, la soupape est fermée et le secteur correspondant est accroché.

Les divers organes ayant repris les positions représentées par les figures 3 et 5, l'appareil reste en repos, jusqu'à ce que l'un des taquets de la cataracte, décrochant
le secteur de l'arbre d'admission, détermine une nouvelle
oscillation ascendante.

Une petite machine spéciale, désignée dans la province
de Liége sous le nom de *trotteuse* et en France sous celui
de *cheval*, sert à actionner une pompe destinée à l'alimentation des chaudières. Au-dessus d'un cylindre vertical à
simple effet, est installé un arbre horizontal coudé en manivelle et communiquant, par l'intermédiaire d'un parallélogramme, le mouvement de va-et-vient à la tige des
pompes, placée dans l'axe du cylindre à vapeur. Une glissière, fonctionnant sous l'impulsion de l'arbre, règle l'introduction de la vapeur.

Observations sur la machine d'exhaure de Ste-Marguerite.

Cet appareil qui rappelle quelque dispositions usitées
dans le Cornwall, a toujours eu une marche sûre et régulière; jamais il n'a fait défaut quoiqu'il ait dû jusqu'à
présent fonctionner six jours par semaine. Il en est de même
des nombreuses machines, identiques dans leurs dispositions, sinon dans leur force, que MM. Marcellis ont installées en diverses localités de la Belgique et des pays
étrangers.

La cataracte, qui est d'une forme nouvelle, détermine
les repos avec précision.

Le mode de condensation, malgré ses imperfections, donne des résultats avantageux, ainsi que l'ont constaté MM. Sampermans et Bia, le premier directeur gérant, le second, ingénieur de la houillère de Ste-Marguerite. En effet, il résulte des expériences auxquelles ils se sont livrés, que l'effet produit est le même, soit que l'appareil marche avec condensation et sous une pression de 1.75 atmosphères, soit sans condensation et avec une pression de vapeur d'environ 2.75 atmosphères ; c'est donc un bénéfice important que donne ici la condensation.

M. Goffint a supprimé l'expansion, afin de se soustraire à la nécessité d'augmenter la vitesse initiale de l'excursion ascendante et aux secousses qui disloquent les maîtresses-tiges et autres parties les moins solides de l'appareil.

Enfin, il a aboli le balancier de contre-poids, indispensable pour des pompes d'un faible diamètre, mais inutile pour des colonnes d'eau de 0.60 m., dont le poids est toujours au moins égal à celui des maîtresses-tiges.

Aussi ce type d'appareil d'exhaure réunit à la simplicité l'avantage d'une réduction notable dans la consommation du combustible sur les machines à haute pression sans condensation. Cependant dans le cas où l'économie du combustible motive un plus grand capital d'installation, on ne peut guère le conserver et l'on doit avoir recours aux machines à moyenne pression, détente et condensation, comme celle de Cornwal, à un ou à deux cylindres, comme MM. Marcellis en ont construit dans des circonstances semblables.

Installation des machines à traction directe dans les puits inclinés.

Les exemples suivants ont été pris dans des mines

situées sur les rives abruptes de la Ruhr, dans une situation où ces dispositions sont fréquemment en usage.

La machine d'exhaure de la houillère de Flor et Flœrchen, près de Heisingen, est établie dans un puits incliné de 60 degrés et d'une profondeur de 209 m. ; elle fait fonctionner deux pompes superposées : celle de dessus a 125.40 m. de longueur et l'autre, 83.60 m. ; leurs diamètres sont respectivement de 0.30 et de 0.18 mètres.

Le cylindre — à simple effet et haute pression — a été disposé pour marcher avec expansion. Il est installé sur des poutrelles en fonte de fer, conformées de manière à servir en même temps de supports à la boîte de distribution de vapeur et à l'encliquetage. La colonne creuse, qui soutient le cylindre par le haut et communique avec lui, est mise en relation avec le tuyau d'évacuation de la vapeur lorsque celle-ci doit être conduite au-dessus du piston, pour entretenir cette partie de l'appareil à la même température que l'autre.

Le piston moteur a 0.75 m. de diamètre et 2.51 de course ; il est lié avec la tête du maître-tirant et sa tige est maintenue suivant une ligne droite par un parallélogramme d'Evant. Les soupapes de distribution à double siége se ferment par l'action de contre-poids et s'ouvrent par des cataractes que commande la maîtresse-tige.

Lorsque le piston de la machine fournit huit excursions par minute, sa force est de 70 à 80 chevaux-vapeur ; elle débite alors, dans le même temps, 7.7 hectolitres aspirés de l'étage supérieur et 15.4 du fond du puits ; soit, en totalité, 2.31 mètres cubes.

Un appareil de même espèce a été établi dans la mine de Roher Dickebank, près de Werden, sur la Ruhr.

Le cylindre est boulonné sur deux sommiers en fonte, dont les surfaces supérieures sont normales à l'axe incliné

du puits. Le piston a un diamètre de 1.41 m. et une course
de 2.83 m. ; sa tige est maintenue dans une direction rectiligne par une traverse dont les extrémités sont munies de
patins embrassant des guides sur lesquels ils circulent.
Un levier lié avec la traverse et, par conséquent, astreint
à suivre le mouvement de la tige, se divise en deux branches,
dont l'une, glissant entre des conducteurs, détermine le
mouvement de la poutrelle qui commande l'encliquetage.

Application des glissières aux machines à traction directe.

M. Rittinger, conseiller divisionnaire des mines, en
Autriche, est parvenu à simplifier la construction des
moteurs d'exhaure. Il supprime les soupapes, qui, pour
être manœuvrées, exigent une grande complication de
leviers et de tringles, toutes pièces ajustées et fort coûteuses, et les remplace par un tiroir équilibré fonctionnant
sous l'impulsion d'un petit cylindre à traction directe.

Cette machine, représentée en coupe et en élévation
par les figures 6 et 7 de la Planche LXVII, fonctionne
depuis le mois d'octobre 1857, au puits n° 1 de la houillère domaniale de Wegwanow, près de Radwitz, en
Bohême.

Deux forts plateaux en fonte, *a, a*, recouvrent les massifs
de maçonnerie qui enveloppent l'orifice du puits. Ces
plateaux reçoivent des sommiers de même métal, sur
lesquels repose le cylindre à vapeur.

L'extrémité inférieure de la tige du piston métallique
passe à travers un *té*, ou pièce transversale, *b*, en bois,
maintenu par deux écrous superposés ; cette pièce a pour
but de venir en contact avec de forts coussins élastiques
en bois, afin de limiter l'oscillation ascendante du piston.

Ces coussins ont été écartés de la figure, où ils auraient occasionné de la confusion. La maîtresse-tige s'assemble avec le té au moyen de deux armatures, *c, c*, un peu au-dessous desquels sont boulonnés des cruchots d'arrêt en bois, destinés à borner l'excursion descendante de l'attirail. *D* est le tuyau adducteur de la vapeur ; il débouche dans la boîte de distribution, *e; f*, conduite de la vapeur dans le cylindre ; *g*, tuyau d'exhaustion. La glissière équilibrée met alternativement en communication le tuyau adducteur de la vapeur et le cylindre ou ce dernier et le tuyau d'exhaustion. Une petite tubulure, *h*, ménagée au haut du cylindre, détermine l'équilibre de pression sur les deux faces du piston moteur et permet à la maîtresse-tige des pompes de l'entraîner avec elle pour qu'il accomplisse son excursion descendante.

Pour obtenir le mouvement alternatif de la glissière, on a installé, au-dessus de la boîte de distribution, une petite machine à vapeur, *i*, surmontée elle-même d'un régulateur hydraulique, *k*, dont nous reparlerons plus loin. Les axes des tiges de ces trois appareils se confondent suivant une ligne droite et verticale. La glissière de la machine accessoire reçoit son mouvement de va-et-vient de la traverse *b*, par l'intermédiaire de deux tringles et d'un levier à contre-poids. La tringle *l* est armée, à ses deux extrémités, de douilles ou boîtes mobiles, *m*, distantes l'une de l'autre, d'une longueur égale à la course du piston ; c'est contre ces douilles que vient heurter, à la fin de chaque excursion, un taquet, *n*, fixé sur le té de la maîtresse-tige. Ce mouvement est communiqué par le levier à contre-poids et par la tringle, *o*, à la glissière. Le machiniste met l'appareil en train en manœuvrant le levier à poignée, *p*, qui est équilibré par un contre-poids et qui agit directement sur la glissière du cylindre moteur.

La machine accessoire *i* reçoit la vapeur motrice du tuyau adducteur *d*, avec lequel elle est en relation par un autre tuyau, *q*, d'une plus faible section ; après avoir fonctionné, le fluide s'échappe, par un tuyau de même diamètre que *q*, dans la conduite de décharge *g*. Les deux petits tuyaux sont munis de robinets commandés par des manivelles, *r*, et destinés à régler l'adduction et la décharge de la vapeur du petit cylindre.

Mais on obtient ce résultat d'une façon plus complète au moyen du régulateur hydraulique *k*. Un piston, qui consiste en deux disques percés de trous et pouvant s'écarter l'un de l'autre, se meut dans un cylindre constamment plein d'eau. Cette faculté que l'on a d'allonger et de raccourcir le piston permet de faire varier le volume d'eau auquel il doit livrer passage, tout en diminuant ou en augmentant la capacité des espaces qu'il a à parcourir, de là, possibilité d'accélérer ou de ralentir son mouvement et, par suite, celui de la machine accessoire, afin d'obtenir une marche plus ou moins rapide, suivant le degré d'activité que l'on veut imprimer à la maîtresse-tige. Ainsi, ce petit appareil, qui maintient dans des limites déterminées le nombre d'excursions à effectuer dans un temps donné, remplace la cataracte, sans produire de temps d'arrêt.

Des tringles commandées par des roues, *s, t*, traversent des colonnettes et vont aboutir, l'une au tuyau de la vapeur, où elle manœuvre la valve régulatrice d'admission, l'autre au tuyau d'échappement, où elle fait fonctionner le registre de décharge, *u*.

Le cylindre moteur a 0.90 m. de diamètre ; la course du piston est de 1.90 mètres.

Cet appareil, remarquable par sa marche uniforme et sans chocs et par la facilité de sa régularisation, a été construit, d'après les plans de M. Rittinger, dans l'atelier de Blansco (principauté de Salm). Elle pèse 14.3 tonnes métriques et elle a coûté, sans les frais de transport, 18,000 francs (1).

Machines à simple effet du système de Woolf, appliquées à l'épuisement.

Les exploitants savent depuis longtemps que les machines à détente et à un seul cylindre, présentent de grands inconvénients dûs à la nécessité d'employer des attirails de masses considérables et à l'action destructive de la vapeur au commencement de sa course. Cette circonstance a engagé M. Kley, ingénieur civil à Bonn, à rechercher un système qui permette de développer régulièrement le travail et de diminuer la pression initiale de la vapeur. Son but a été atteint par les dispositions suivantes :

Il prend un appareil de Woolf, composé, comme on le sait, de deux cylindres de capacités inégales ; le plus petit reçoit la vapeur à haute pression venant des générateurs, où elle travaille avec une pression constante et pendant la course entière ; puis, après avoir produit son effet, elle passe au-dessus du petit piston, pour se rendre au-dessous de celui du second cylindre, dont le volume est quadruple ou quintuple du premier ; là, elle agit par expansion jusqu'au moment où, la course achevée, elle débouche dans le condenseur.

Le grand cylindre est installé au-dessus de l'orifice du puits, de telle façon que l'axe de la tige du piston corresponde avec celui de la maîtresse-tige, à laquelle se rattache l'extrémité du balancier de contre-poids. Le petit

(1) ZEITSCHRIFT DER ŒSTERREISCHISCHEN INGENIEUR-VEREIN. 1858, S. 9.

cylindre est placé comme d'ordinaire auprès du grand ;
la tige de son piston est articulée et vient saisir le même
bras du balancier, dont l'excursion est égale à la course
du petit piston. L'extrémité du prolongement de la tige
articulée met en jeu la pompe à air du condenseur. Ainsi,
l'appareil de M. Kley peut être classé parmi les machines
à traction directe (1).

Deux machines de ce genre fonctionnent actuellement
aux mines de la Vieille-Montagne, à Moresnet; elles ont
été construites — selon les principes de l'auteur — l'une
par une fabrique de la Prusse-Rhénane, l'autre par
MM. Marcellis, à Liége. Toutes deux fonctionnent d'une
manière convenable; de plus, l'expérience a prouvé qu'elles
offrent une économie considérable de combustible; elles
sont donc éminemment applicables aux mines métalliques.
Mais il ne semble pas, au moins dans l'état actuel des choses,
qu'elles puissent être appropriées aux mines de houille. Les
appareils de condensation et d'expansion, de même que les
nombreux organes accessoires qu'ils comprennent, déterminent une énorme augmentation de prix, comparativement
aux machines à traction directe actuellement en usage.
D'ailleurs les exploitants se préoccupent peu d'une dépense
plus considérable de combustible, lorsqu'elle leur permet
de réduire le chiffre du capital de premier établissement.
Peut-être, la création d'un épuisement central, pour
le service d'un bassin houiller ou de l'une de ses parties,
permettrait-il de réaliser, par ce moyen, des économies
très-notables en retour de l'avance d'un fort capital; mais
cette circonstance appartient à des probabilités trop
éloignées pour pouvoir être prévues. Puisque donc ces
appareils ne semblent pas devoir se propager dans les

---

(1) *Revue universelle* 1860, 6e livraison, page 353.

mines de houille, il devient inutile d'entrer dans de plus grands détails sur ce sujet.

Reproches adressés aux machines à traction directe comparées aux machines à balancier de Cornwall.

Ces appareils ont été l'objet de nombreuses critiques de la part de quelques ingénieurs, ce qui ne les a pas empêchés de devenir d'un usage presque général (1).

Ceux qui ont entrepris d'arrêter leur essor ou, tout au moins, de diminuer leur importance reconnaissent, il est vrai, leur supériorité quant aux frais de premier établissement, en ce qu'elles ont de moins que les autres un balancier et son parallélogramme et que les maçonneries des fondations et du bâtiment qui les abrite sont réduites à leur plus simple expression. Mais ils considèrent ces économies comme peu importantes, puisqu'elles se bornent à la suppression de quelques briques et de deux organes, en conservant d'ailleurs tous les autres.

Si, disent-ils, ces appareils occupent peu de place aux abords des puits, ils en prennent beaucoup à leur orifice ; en sorte qu'ils deviennent impossible d'extraire simultanément par un même puits l'eau et les produits de la mine, à moins de porter le cylindre moteur de l'exhaure au-dessus des molettes. Mais, d'abord, les mineurs, autant qu'ils le peuvent, installent ces appareils sur des excavations exclusivement destinées à l'épuisement et sont aidés dans

(1) Les machines de ce système, exclusivement employées en Belgique, sont fort répandues en France et en Allemagne, excepté dans quelques parties des provinces rhéno-westphaliennes, où les balanciers en tôle sont l'objet d'une espèce d'engouement. Les Anglais en ont construit un assez bon nombre.

cette tendance par la multiplicité des puits, au moins pour ce qui concerne les mines d'exploitation ancienne. En outre, dans le cas où les pompes sont placées dans l'un des compartiments d'un puits, il est toujours possible de disposer la maîtresse-tige de telle façon que le cylindre moteur n'empiète pas sur la partie destinée à l'extraction ; en sorte que les câbles, après s'être infléchis sur les molettes , n'éprouvent aucun obstacle dans leur course. La margelle aura encore trois côtés inoccupés, ce qui est plus que suffisant pour recevoir les produits de l'extraction. Ceci n'est pas une supposition en réponse à une supposition, mais un fait réel, puisque ces dispositions se rencontrent aussi bien en Allemagne qu'en Belgique et en Angleterre.

Les détracteurs du nouveau système pensent que les masses mises en mouvement sont insuffisantes pour qu'il soit permis de lui appliquer l'expansion. Les faits sont contraires à cette opinion et il suffit pour s'en convaincre de citer, parmi de nombreux exemples, la machine qui fonctionne actuellement au Grand Hornu (Hainaut) avec une expansion de 8,7 de la course du piston. D'ailleurs les masses sont toujours aussi grandes que dans les autres systèmes, car, si l'épuisement a lieu au moyen de pompes d'un trop faible diamètre, les maîtresses-tiges qui doivent se soutenir d'elles-mêmes, sont trop pesantes relativement à la colonne d'eau à élever et l'équilibre est obtenu par un balancier de contrepoids. Si le diamètre des pompes augmente, l'équarissage de cet organe de transmission augmente également ; en sorte que, dans les deux cas, la masse à mettre en mouvement est aussi grande que dans les machines à balancier.

Si le mineur a rarement recours à l'expansion, c'est que dans la plupart des systèmes d'épuisement, elle engendre des chocs destructeurs et que, dans les houillères, une économie de combustible a trop peu d'importance pour qu'il s'expose à des chances presque inévitables d'accident.

La disposition de la boîte-à-bourrage au-dessous du cylindre fournit matière à une objection qui ne semble pas plus fondée que les précédentes ; car cet organe n'est pas, comme le disent les opposants, placé au-dessous, mais au niveau du sol. Dans tous les cas, elle est parfaitement accessible et peut être entretenue de manière à ne rien laisser à désirer.

Des regards latéraux permettent de visiter cet organe. On le graisse fréquemment, au moyen d'une petite pompe foulante dont l'aspirateur plonge dans une boîte à huile et que le machiniste fait fonctionner lorsqu'il le juge nécessaire.

Voici, en dernier lieu, une objection d'un caractère plus spécieux, sans qu'elle ait toutefois l'importance qu'on croit devoir lui attribuer, ainsi que le démontre suffisamment une assez longue expérience de ce genre d'appareils : Les chocs auxquels sont exposées les pompes se propagent, dit-on, immédiatement à tout le système dans les machines à traction directe, tandis qu'ils sont amortis, dans les machines à balancier, par les divers organes placés entre le piston moteur et sa maîtresse-tige. En outre, le mouvement étant communiqué instantanément à cette dernière, sa vitesse initiale est égale à celle du piston moteur. Le résultat de cette vitesse, trop grande, est la production de chocs qui ne se font pas sentir dans les machines à balancier, où la vitesse initiale est notablement réduite par l'interposition du parallélogramme. A cela nous répondrons que, dans l'un et l'autre cas, les chocs modérés seront amortis par l'élasticité de la tige, tandis que les chocs fort violents brisent les balanciers les plus solides, ainsi qu'on l'a vû récemment dans le comté de Durhan, ou disloquent le piston à vapeur et ses accessoires dans les appareils à traction directe. Or qui pourra dire lequel de ces deux accidents est le plus fâcheux? Les mineurs ont depuis longtemps reconnu que les trop grandes vitésses peuvent être fort nuisibles et ils ont pris pour principe de ne jamais beaucoup dépasser celle de 20 m. par minute pour le refoulement des pistons plongeurs ; et l'expérience a démontré qu'il n'y a aucune crainte à concevoir si l'on se renferme dans cette limite.

Machines d'exhaure à balancier vacillant.

Dans le nord de l'Angleterre existe généralement l'usage, fort ancien, de donner aux appareils d'exhaure deux ou trois tiges, dont les têtes se réunissent au jour et qui sont affectées chacune au service spécial d'un étage d'épuisement ; de sorte que les mineurs de cette région s'évertuent à rendre libre et à dégager de tout obstacle l'orifice des puits d'exhaure, afin de rendre accessibles en toute circonstance et les tiges et les autres organes, et de pouvoir, en cas de besoin, les retirer facilement de l'excavation et les amener au jour. Pour satisfaire à ces exigences, M. Andrew Barclay, de Kilmarnock, a cru devoir modifier la disposition de l'appareil d'exhaure en retirant sur le côté du puits le cylindre qui en obstruait l'orifice, en sorte que la ou les maîtresses-tiges, dégagées de tout encombrement, puissent être attachées ou détachées avec promptitude et facilité. Cet ingénieur a construit plusieurs appareils de ce genre, entre autres celui de la houillère de Greenfield, près de Hamilton, que nous allons décrire.

Ses dimensions sont assez considérables, puisqu'il fait fonctionner des pompes à piston-plongeur d'un diamètre de

0.68 m., au moyen d'un piston-moteur de 3.66 m. de course et de 1.83 m. de diamètre.

Cette machine, représentée par les figures 1 à 3 de la planche LXVII, est installée à côté du puits, sur une fondation en maçonnerie. La base du cylindre, liée avec le massif par de forts boulons, se trouve dans le prolongement de la paroi du puits. Elle est renforcée par des nervures et munie d'une tubulure pour l'adduction de la vapeur. Une autre tubulure, venue à la fonte avec le couvercle du cylindre, met celui-ci en communication avec la colonne d'équilibre.

La boîte de distribution est figurée séparément par deux coupes, longitudinale et transversale (fig. 4 et 5). C'est une caisse en fonte, dont la longueur est égale au diamètre du cylindre et qui, divisée par des cloisons horizontales et verticales, forme deux conduits distincts : l'un *a*, fait communiquer les générateurs et le dessous du piston ; l'autre, *b*, le condenseur, les deux faces du piston et la colonne d'équilibre, *c*. Elle renferme la soupape d'admission, *d*, et celle d'équilibre, *e*, toutes deux du système de Hornblower.

La vapeur, après avoir, à son issue des chaudières, pénétré dans la boîte de distribution par la tubulure *f*, traverse la soupape d'admission *d,* qui, en cet instant, est ouverte, s'introduit par une ouverture latérale dans le conduit *a*, puis se rend sur la face inférieure du piston. Lorsque la vapeur a produit son effet, la soupape d'admission se ferme, celle d'équilibre s'ouvre, le fluide revient sur ses pas, traverse la soupape d'équilibre, pour déboucher dans le conduit *b* et se rendre, partie dans le condenseur, partie dans la colonne d'équilibre par l'espace *g*, ménagé comme appendice à la partie antérieure de la boîte.

Un balancier vacillant, — formé de deux flasques, *A, A,*

très solides, reliées par les pièces transversales, ou jougs,
qui servent à la suspension des organes décrits ci-dessous
et jouent le rôle d'entretoises, — est attaché à la partie
supérieure de la tige du piston moteur, qui le soutient et
l'entraîne avec elle dans ses excursions ascendantes et
descendantes.

Un arbre vertical oscillant, B, formé d'un cadre rectangulaire en fonte, que renforcent des croix de St-André, a
pour mission de supporter l'extrémité antérieure du balancier et de le suivre dans toutes ses oscillations longitudinales ; pour cela, il est muni, à sa base, de forts tourillons
qui, reposant sur des paliers, lui permettent de vaciller
dans le plan vertical passant par son axe. Le balancier
supporte, en outre, la tige de la pompe à air, C, celle de
la pompe alimentaire, D, et la maîtresse-tige, E, des
pompes. Celle-ci se lie avec l'extrémité postérieure du
balancier par une fourche en fer forgé, qui embrasse sa
tête et se boulonne avec elle et dont la partie supérieure,
se repliant sur un joug, est fixée au moyen de fortes clavettes.

Le joug, m, auquel se rattache la tige de la pompe à
air se prolonge à l'extérieur des flasques pour recevoir les
extrémités de deux bielles, n, n, dont les autres extrémités, formant centres de rotation, viennent s'articuler
au sommet de deux supports verticaux, fixés sur le couvercle du cylindre. Ces bielles retiennent le balancier, le
forcent à marcher parallèlement à lui-même et rappellent
constamment son point d'attache dans l'axe du piston
moteur.

Sur le couvercle de la bâche du condenseur sont boulonnées deux pièces verticales servant à guider la tige de
la pompe à air ; cette tige se compose de deux pièces
assemblées par un enfourchement et une forte clavette. A

ce point de jonction se trouvent des glissières dont les rainures embrassent des montants et maintiennent la tige dans la direction verticale.

Le passage d'exhaustion, *h*, placé en avant de la boîte de distribution, la met en communication directe avec le condenseur. L'eau de cet appareil, entraînée par le piston de la pompe à air à la partie supérieure du vase, s'écoule en partie, par le clapet *i*, dans l'espace réservé au-dessous de la pompe alimentaire, dont le piston la refoule, à travers le clapet *k*, dans les générateurs. L'excédant s'écoule par un trop-plein, *l*.

La poutrelle *o*, visible dans la projection horizontale, n'a pu être représentée dans l'élévation latérale, où elle eût engendré de la confusion. Elle se rattache à l'un des prolongements extérieurs du joug *m* et porte deux taquets *p*, disposés latéralement dans le but d'abaisser et de relever alternativement le levier *q*, chaque fois que la poutrelle, suivant le mouvement du balancier, est entraînée vers le bas ou vers le haut. Le levier *q* est calé sur un arbre *r*, mobile dans ses coussinets et fixé, au moyen de deux colonnettes, sur le couvercle de la bâche du condenseur. L'arbre *r* gouverne à la fois les deux soupapes de distribution. Il est armé : 1° de deux cames, *s*, *s*, disposées de manière à pouvoir alternativement soulever ou abandonner à elles-mêmes les manettes t_1, t_2, qui commandent les soupapes de distribution ; 2° de deux leviers coudés, *u*, dont les bagues tournent folles sur l'arbre et qui, chargés de contrepoids à leurs extrémités inférieures, sont constamment ramenés sous un taquet ajusté latéralement sur chaque manette. Les contre-poids ont une résistance suffisante pour s'opposer, pendant la course du piston, aux soulèvements accidentels et intempestifs des soupapes, mais trop petite pour ne pas céder

à la somme des poids de la manette et du plongeur de la
cataracte, qui, ainsi qu'on va le voir, viennent s'ajouter
dans une certaine période du mouvement.

Chaque levier à manche est réuni par une tringle v,
au piston plongeur de la cataracte. Celle-ci se compose,
outre ce dernier organe, d'un corps de pompe, muni, à sa
partie inférieure, d'un robinet et d'un clapet s'ouvrant de
dehors en dedans. Lorsque la tringle est soulevée, ce
clapet s'ouvre sous l'action aspirante du plongeur et le
cylindre se remplit d'eau ; dès que l'appareil est livré à lui-
même, le liquide refoulé ferme la soupape et n'a plus
d'autre issue que le robinet, par lequel il s'échappe avec
une vitesse variable et dépendant de l'ouverture de sortie
donnée à cet organe.

Le jeu des encliquetages est fort simple : les taquets p, p
de la poutrelle o, abaissent et relèvent tour à tour le
levier q, impriment à l'arbre un mouvement angulaire en
deux sens opposés, qui, tous deux, ont pour résultat de
soulever l'une des manettes et d'abaisser l'autre. Supposons donc, comme l'indique la figure 1, que le piston
moteur vient de commencer son excursion ascendante. Le
levier de la soupape d'exhaustion est soulevé par sa came,
celui de la soupape d'admission est abaissé, la vapeur se
répand au-dessous du piston. La course terminée, l'arbre
tourne en sens inverse sous l'impulsion du levier q ; la
came soulève la manette de la soupape d'admission, qui
se ferme. En même temps, la soupape d'exhaustion est
rendue libre par la retraite de la came ; mais sa manette,
retenue par la cataracte, ne peut descendre ; de là, un
temps d'arrêt, qui se prolonge jusqu'au moment où, l'eau
s'étant échappée par le robinet, le piston de la cataracte
agit par son poids, force le levier coudé à s'écarter et la
manette à s'abaisser. Dans ce moment, la soupape d'équi-

libre s'ouvre et l'excursion descendante s'effectue. Le piston arrivé au bas de sa course, un nouvel arrêt se produit causé par la cataracte annexée à la soupape d'exhaustion, puis la série des mouvements recommence.

Telle est la marche de cette machine, dont les diverses parties sont toujours accessibles et qui, par l'exiguité des fondations et des bâtiments qu'elle exige, est moins coûteuse que les appareils ordinaires à balancier.

M. Barclay a adopté une autre disposition consistant à reléguer le balancier dans une excavation ménagée au milieu du massif des fondations, toutes les autres pièces restant dans les mêmes positions relatives que ci-dessus.

Machine d'épuisement rotative.

M. Melchior Colson a construit, dans le cours de ces dernières années, plusieurs machines d'épuisement de son invention qui offrent un type fort nouveau. Le premier de ces appareils a été installé, au commencement de l'année 1861, pour le service d'un puits en fonçage, à Fayt, près de Binche (Centre du Hainaut). Il a une force de 50 chevaux-vapeur et fonctionne aujourd'hui d'une manière régulière et permanente. Les exploitants en sont très satisfaits. Deux autres machines rotatives sont en activité dans les mines de plomb de l'Andalousie ; l'une d'elles, livrée dans le courant de l'année 1860, a une force de 200 chevaux. Celle de la houillère de Ransart, près de Charleroi, élève 2 mètres cubes par minute, d'une profondeur de 400 m. Enfin, une cinquième a été établie dans le puits du Many, des charbonnages de Marihaye, à Seraing. Elle est représentée en élévation et en plan dans la planche LXVIII et fera l'objet de ce paragraphe.

La machine rotative de Marihaye est, comme les autres du même genre, à double effet, à détente et à condensation.

Le cylindre est établi sur un piédestal en fonte, creux et
cylindrique (1), à l'intérieur duquel circule la tige du
piston. Celle-ci commande le bras le plus long d'un
balancier sur lequel sont articulées les tiges des pompes
et une bielle qui, par l'intermédiaire d'une manivelle,
transforme le mouvement alternatif en mouvement circulaire continu et le transmet à l'arbre d'un volant destiné à
emmagasiner la force et à régulariser la vitesse de la
marche. Le volant est évidé sur un quart de sa circonférence, afin de pouvoir franchir les points morts. L'arbre du
volant porte deux excentriques qui meuvent des bielles
et des encliquetages, d'où résultent la distribution de la
vapeur dans le cylindre et la régularisation de la détente.
a, tuyau d'admission de la vapeur ; *b*, tuyau d'exhaustion,
qui conduit le fluide élastique dans le condenseur. Celui-
ci est accompagné d'une pompe à air, dont le piston reçoit
le mouvement d'une manivelle calée à l'extrémité antérieure
de l'arbre du volant.

La pompe d'alimentation est un appareil spécial qui
fonctionne auprès des chaudières, en dehors de l'enceinte
de la machine.

La figure 3 représente spécialement l'arbre du volant,
les excentriques et les bielles d'encliquetage, la manivelle
motrice et la bielle articulée à l'extrémité du balancier,
enfin, les articulations de ces divers organes et la coulisse
propre à guider la tige du piston à vapeur.

Les quatre tiges des pompes sont disposées symétriquement de chaque côté de l'axe du balancier ; les deux
extrêmes commandent les jeux fixes et celles du milieu,
les jeux volants ; les premières fournissent 1.20 m. les deux
autres 0.60 m. de course. Les oscillations résultant de
l'action circulaire du balancier sur les tiges sont anéanties

(1) Les ouvriers lui ont donné le nom de *crinoline*.

et les tiges sans cesse ramenées dans la verticale par des coulisses dans lesquelles glissent des patins fixés aux articulations.

Le piston à vapeur a 1 m. de diamètre et 2 m. de course. Dans sa marche normale, cet organe donne 16 pulsations doubles par minute, il parcourt donc 64 m. dans cet espace de temps. Mais en cas de besoin, la marche peut être beaucoup plus rapide, puisque, à Fayt, elle a pu, sans inconvénient, s'élever à 320 m. qui résultaient de 80 coups doubles remplaçant les 30 coups doubles habituels. L'appareil de Marihaye est construit pour extraire, en portant la pression à 3 atmosphères, deux mètres cubes d'eau, d'une profondeur de 300 m., ce qui correspond à 10,000 kilogr., ou 133 chevaux-vapeur.

Le développement des grandes vitesses transmises à ces pompes par l'appareil rotatif est évidemment favorisé par ce fait que les points morts de la manivelle motrice coïncident avec les extrémités des courses des pistons des pompes; en sorte que le ralentissement en ces points et dans leur voisinage, par l'emploi d'un volant, donne aux soupapes le temps de s'ouvrir et de se fermer. Les attirails des pompes et les colonnes d'eau, disposés symétriquement de chaque côté de l'axe du balancier, se trouvent en équilibre parfait; cette circonstance empêche, non-seulement les pertes d'effet utile, mais encore un accident qui se présente fréquemment dans les appareils ordinaires et qui engendre la chute violente de la maîtresse-tige lorsque celle-ci est livrée à son propre poids, au moment où la colonne d'eau cesse de lui faire équilibre, par suite de la non alimentation des pompes. Quant à cet accident, il peut avoir une cause quelconque, comme, par exemple, l'introduction d'un copeau ou de tout autre corps solide entre le clapet et son siége.

Cette machine est peu encombrante ; les organes en
sont très-simples et leurs petites dimensions les rendent
fort maniables et, par conséquent, d'un montage facile et
prompt. Dans son intégrité, elle est beaucoup moins coûteuse que tout autre qui serait appelée à remplir les mêmes
fonctions.

Le seul but de M. Colson, en créant ce système d'épuisement, a été de réduire les énormes et dispendieuses
dimensions des appareils actuellement en usage et de
profiter pratiquement de l'économie résultant de la grande
détente ; non-seulement il est y arrivé, mais encore il a
évité, en même temps, les trop grandes vitesses initiales
imprimées aux attirails des machines de Cornwall et des
machines à traction directe, vitesses qui ont causé tant
d'accidents, dont quelques-uns, de date récente, ont eu
assez de gravité. L'appareil de M. Colson, étant pourvu
d'un volant et soumis à toutes les phases d'une machine
rotative, détermine l'expansion avec la plus grande facilité.

Avec forte détente et condensation, le mouvement de
rotation est doux, l'eau s'élève avec continuité, sans
retour de colonne, sans chocs sur les clapets, ni perte de
force vive.

Enfin, cet appareil peut être agencé, non-seulement
pour marcher à détente prolongée, mais encore pour que
la force s'accroisse avec la profondeur du puits. Il suffit,
quand le moment est arrivé, d'installer un second cylindre
à l'extrémité libre du balancier et de le faire travailler à
pleine admission, de manière à transformer l'appareil en
une machine de Woolf. Le moment de la grande détente
coïncidera ainsi avec celui où les travaux auront acquis
leur maximum de profondeur (1).

(1) Ces considérations sont amplement développées dans une intéres-
sante brochure sur *les machines d'épuisement à rotation comparées
aux machines à simple effet*, par M. V***, ingénieur.

Mais la machine de M. Colson est fondée sur des principes qui renversent toutes idées généralement admises, puisqu'elle marche à grande vitesse et se compose de masses légères et peu volumineuses. Il est incontestable que leur réussite complète produira une véritable révolution dans la construction des appareils d'exhaure.

La machine et les pompes de Marihaye sont en activité depuis plus de six ans; elles n'ont donné lieu jusqu'ici à aucune espèce de réparation, à aucun emploi de cuirs ou de cuivres, en un mot, à aucun entretien, si ce n'est qu'on a dû rétablir des bourrages à quatre reprises différentes.

Le *drivage*, ou descente de pompes volantes, opération généralement si nuisible aux organes, n'a ici occasionné aucune détérioration.

L'inclinaison des tiges qui relient le balancier et les maîtresses-tiges, si fort blâmée par quelques personnes, n'a pas causé à Marihaye la moindre gêne. Certes, elle serait de nature à causer des pertes de forces dans des puits plus étroits, mais rien non plus ne serait plus simple que de parer à cet inconvénient; il suffirait pour cela d'allonger les bielles et de pratiquer des échancrures dans les parois vers l'orifice du puits.

Emploi des locomobiles comme moteurs de l'asséchement des avaleresses.

Nous avons indiqué plus haut l'emploi qu'on fait des locomobiles dans les sondages et dans l'extraction. On les applique aussi comme moteurs d'exhaure au fonçage des puits de recherche, afin d'éviter les frais considérables d'une machine fixe et permanente avant d'avoir reconnu le gîte. On s'en sert encore dans les avaleresses ordinaires, lorsque la profondeur de l'épuisement ne doit pas dépasser certaines limites et, enfin, lorsque des travaux inondés appellent un asséchement rapide, ce qu'on peut obtenir en réunissant un certain nombre de ces appareils. Les ingénieurs silésiens et anglais en font souvent usage.

Rappelons en quelques mots la construction de ces machines. Un fort cadre en bois servant de bâti repose sur quatre roues. Sur ce bâti est installée une chaudière tubulaire pareille à celle d'une locomotive et accompagnée de deux cylindres placés l'un à droite, l'autre à gauche. Ces cylindres, de même que leurs boîtes de distribution, les glissières pour la conduite des tiges des pistons et les organes accessoires, sont fixés sur des supports en fonte. De petites bielles, articulées sur les têtes des pistons mettent en jeu des manivelles qui impriment un mouvement rotatif à un volant. Celui-ci porte à la surface extérieure d'un de ses bras un bouton destiné à communiquer un mouvement de va-et-vient à un tirant horizontal. Le tirant meut une manivelle, qui, à son tour, commande l'arbre sur lequel sont calés les leviers coudés, ou varlets, installés à l'orifice du puits et tenant suspendues les tiges des pompes.

La locomobile, une fois arrivée à pied d'œuvre, est fixée sur une fondation composée de poutres, avec lesquelles on la relie au moyen de forts boulons d'ailleurs faciles à enlever. Celle qui existe à la mine de Quintoforo, près de Tarnowitz, en Silésie, se transporte d'un lieu à un autre pour subvenir aux épuisements temporaires des excavations en creusement et quelquefois aussi pour retirer les déblais. Elle comprend deux cylindres de 0.20 m. installés de chaque côté du générateur. Son piston, dont la course est de 0.63 m., donne 30 coups par minute et engendre une force de 12 chevaux-vapeur. Elle tire l'eau à l'aide de deux pompes élévatoires, dont les attirails se font mutuellement équilibre.

La transmission de mouvement s'effectue également au moyen d'une courroie embrassant simultanément le volant et une roue à gorge calée sur un arbre à manivelles qui commande les tiges des pompes.

Mais comme le glissement de la courroie occasionne une perte d'effet utile , on remplace souvent cet organe par un tirant horizontal dont les extrémités se rattachent à deux boutons exentriques fixés, l'un au volant, l'autre à un disque circulaire qui est substitué à la roue à gorge. Quelquefois, enfin, il est possible de placer la locomobile assez près de l'orifice du puits pour que son volant commande directement l'arbre à manivelles.

L'inconvénient des locomobiles réside dans la nécessité qu'il y a , pour obtenir une surface de chauffe suffisante , d'employer des chaudières tubulaires, que l'on doit réparer si fréquemment et qu'il est si difficile de nettoyer, que le mineur est quelquefois forcé de se munir d'un appareil de réserve pour que le travail n'éprouve pas d'interruption.

Des constructeurs anglais , MM. Medwin et Hall, ont livré, pour l'asséchement d'un puits des mines de Dierdorf, près de Neuwied, une locomobile qu'ils ont cherché à soustraire à ces inconvénients. La chaudière, d'une construction analogue à celle de Cornwall , a 4.90 m. de longueur; elle est timbrée pour marcher à 3.5 atmosphères et renferme deux tubes de chauffe, ou foyers intérieurs, l'un de 0.68 et l'autre de 0.37 m., surmontés d'une courte cheminée dans laquelle un tuyau d'échappement de vapeur fait appel aux produits de la combustion et active le tirage. Des trous d'homme permettent de nettoyer cette chaudière , dont la surface de chauffe est de 10 m. carrés, ce qui correspond à une force de 12 chevaux.

Machines d'épuisement souterraines (1).

Les ingénieurs des districts houillers du centre de la France ont eu l'idée de supprimer les maîtresses-tiges et les répétitions (relais) de pompes, en transportant de l'orifice au fond du puits le moteur de l'épuisement, afin de refouler d'un seul jet les eaux du puisard à la surface du sol. Dans cette nouvelle disposition, une machine à vapeur met en jeu une pompe à double effet destinée à aspirer et à refouler l'eau par les deux faces de son piston. Le mouvement, — que régularisent deux volants commandés chacun par une bielle, — se transmet directement, au moyen d'une seule et même tige, du moteur à la pompe, lesquels sont placés horizontalement, bout à bout. Le corps de la pompe est flanqué, à droite et à gauche, de deux tuyaux servant, l'un à l'aspiration, l'autre au refoulement, et de deux boîtes à clapets.

Pendant le travail du piston, l'eau est aspirée dans le puisard par une tubulure de l'un des tuyaux latéraux, puis refoulée, à travers l'autre tuyau, dans un réservoir d'air installé au milieu du corps de pompe; de là elle s'élève au jour dans la colonne ascentionnelle.

Les moteurs d'asséchement souterrains ont été employés, dès 1845, d'une manière permanente, dans les houillères de Lucy, près de Blanzy. Là fonctionnent actuellement deux appareils de ce genre, qui portent l'eau respectivement à 100 et à 90 m. de hauteur. Une autre fonctionnait avant 1838 à la mine de Monterrad (bassin de la Loire). Il est évident que ces minimes hauteurs d'ascension pourraient être fortement majorées, puisque la conduite des

_____

(1) Ce paragraphe est en partie extrait de l'ouvrage intitulé : *Matériel des houillères*, par A. Burat, p. 283.

eaux de salines de la Bavière comprend une colonne
d'ascension par laquelle le liquide salé est lancé d'un seul
jet à une hauteur de 355 mètres.

L'emploi de pompes à double effet, surmontées de
colonnes de tuyaux ascensionnels, dispense les exploitants
d'entretenir les maîtresses-tiges et leurs accessoires, de
réparer et de changer les clapets; il supprime aussi certaines catégories d'accidents, — tels que les ruptures des
attirails des pompes, — dont les conséquences, fort graves
pour tout le système, exigent de longues et dispensieuses
réparations. Ces appareils sont peu coûteux d'installation :
d'après M. Burat, celui du puits de la Carrière à Blanzy,
débite plus de 5.3 hectolitres par minute, ce qu'on doit à
sa marche à double effet et à la vitesse de la colonne
ascendante, tandis qu'une machine à simple effet pour un
pareil débit devrait avoir une capacité triple, qui occa-
sionnerait une dépense de premier établissement proportionnelle.

Mais ces avantages sont accompagnés d'inconvénients
sérieux; en outre, la position des travaux souterrains
s'opposera, dans la plupart des cas à ce que les exploitants
aient recours au nouveau mode d'exhaure.

La dépense en combustible est évaluée à deux fois et
demie celle des machines à simple effet, puisqu'elle s'élève
à 4 ou 5 kilogrammes par heure et par force de cheval.
L'installation de machines à vapeur dans les travaux souterrains est une cause d'embarras et de frais, dûs au
dégagement des produits de la combustion et à l'énorme
rayonnement de chaleur qui rend leur voisinage intolérable. Les foyers des chaudières sont une source permanente de dangers dans une mine à grisou. Enfin, ce qui
est plus grave encore, ces moteurs sont exposés à être
submergés, ainsi que cela a eu lieu, en 1858, au puits

de Monterrad. Alors le feu s'éteint, la machine cesse de fonctionner et la mine est inondée sans remède.

En outre, ces dispositions ne peuvent convenir à l'exploitation des couches minces, — dont les travaux, s'éloignant sans cesse, nécessiteraient le déplacement de l'appareil d'exhaure après de courtes périodes, — mais seulement à des gites fort puissants, comme ceux de Blanzy, qui donnent lieu à une exploitation de longue durée par le même étage. Enfin, les mines auxquelles elles peuvent être appliquées ne doivent pas dépasser certaines limites de profondeur qui sont insuffisantes pour les besoins actuels.

Si les mines de houille par leur nature n'admettent pas les moteurs souterrains, il n'en est pas de même des carrières à ciel ouvert. Un appareil de ce genre, construit en 1859, dans les ateliers du Grand Hornu, pour la carrière de MM. Baatard, à Soignies, a amené une diminution de la force motrice et des dépenses générales d'installation. Cette machine est en tout conforme à celle de Blanzy, à part le tuyau d'ascension, qui a 0.12 m. de diamètre et qui serpente sur le talus de l'excavation. Elle débite en moyenne 3 hectolitres à une hauteur de 25 mètres.

Emploi du siphon pour l'asséchement de certaines parties spéciales des mines.

Le siphon a été assez souvent utilisé par les Allemands pour épuiser des quartiers d'une mine située en contre-bas de l'orifice de la vallée qui, seule, met ces travaux en relation avec le puits. Il se compose d'une série de tubes métalliques dont les joints sont parfaitement étanches et le diamètre proportionné à l'affluence des eaux. Cette

conduite est recourbée en deux branches inégales, dont
l'une — de déversement — plonge dans les eaux du puisard, et l'autre — d'exhaustion — dans celles qui s'accu-
mulent à l'extrémité inférieure de la vallée. Une petite
pompe, installée au sommet de la courbure, sert à amorcer
l'appareil, c'est-à-dire à y produire un vide dans lequel la
pression atmosphérique chasse immédiatement le liquide.

Voici quelques exemples relatifs à l'emploi de cet
organe d'asséchement.

Une galerie à-travers-bancs d'assez grande longueur
avait été percée dans la mine de Freie Vogel, près de
Bochum, afin de recouper le fond du bassin de l'une des
couches. Mais il se trouva que la réalité vint donner tort
aux prévisions des mineurs, et l'on rencontra ce fond de
bassin à 7.20 m. au-dessus du point d'arrivée ; en sorte
qu'il restait en aval une assez grande étendue du gîte dont
les eaux devaient rendre l'exploitation difficile. Il ne
pouvait être question d'entreprendre une nouvelle galerie
au-dessus de la précédente, à cause de la dépense et de la
perte de temps qu'eût entraîner cette opération ; on eut
donc recours au percement d'une descenderie dans la
couche et à l'installation d'un siphon, dont une des
branches, prolongée dans la galerie à-travers-bancs, se
recourbait à son orifice, tandis que l'autre venait plonger
verticalement dans le puisard pour y déverser l'eau trans-
vasée des excavations en vallée. La première de ces
branches avait une longueur de 348.50 m. et une inclinaison de 3 degrés ; le diamètre intérieur des tuyaux en
fonte était de 0.13 m. ; enfin, une pompe aspirante était
placée au point le plus élevé de l'appareil.

———

Lorsque le nouveau siége d'épuisement de la mine de
plomb de Diepenlichen, près de Stolberg (Prusse Rhé-

nane) eut atteint une profondeur suffisante, les exploitants résolurent de l'utiliser pour assécher d'anciens travaux. Mais la pente des galeries étant dirigée en sens contraire de ce qu'elle aurait dû être pour qu'on put atteindre ce but, les eaux, au lieu de se diriger vers la nouvelle excavation, s'en éloignaient et s'écoulaient dans deux faux puits, dont l'un était éloigné de 170 m.

La différence de niveau existant entre les deux extrémités des galeries qui fesaient communiquer le nouveau puits d'exhaure et les puits intérieurs était d'environ 2 mètres. Cette disposition des lieux nécessita l'emploi temporaire d'un siphon pour ramener les eaux dans le nouveau puits d'exhaure.

Des tuyaux en fonte, de 2 m. de longueur et de 0.16 m. de diamètre intérieur, assemblés à boulons, formèrent une conduite que l'on coucha sur le sol des galeries et dont la branche de dégorgement vint plonger dans une bâche en tôle, d'où l'eau était aspirée par les pompes. La première partie de la conduite installée dans les galeries se bifurquait en deux branches accessoires pour chacun des faux puits à assécher. Un robinet, placé au point de bifurcation, servait à déterminer l'action du siphon sur l'une ou l'autre branche d'aspiration. Enfin, une pompe avait été mise en jeu pour amorcer l'eau.

Le siphon a fonctionné sans interruption, sans dérangement, jusqu'au moment où les progrès du fonçage du nouveau puits, conjointement avec le développement des travaux, permirent d'enlever l'appareil, devenu inutile.

Les carrières d'ardoises de St-Goor (district de Saarbrücken) étaient jadis l'objet d'une exploitation souterraine que l'on a remise en activité dans ces dernières années. L'asséchement de ces travaux a pu être effectué, jusqu'à une certaine profondeur, au moyen de quatre siphons en zinc. Ces appareils consistaient en assemblages de tuyaux, de 0.94 à 1.25 m. de longueur et de 0.08 à 0.10 m. de diamètre, réunis, par leurs extrémités, au moyen de colliers et de boulons, lesquels étaient assez régulièrement conformés pour pouvoir se remplacer mutuellement. Des tuyaux coudés sont intercalés entre certains tuyaux recti-lignes, afin de former la courbure principale et les courbures accessoires qui permettent à la conduite de suivre les sinuosités des excavations.

Pour amorcer cet appareil et le mettre en marche, on bouche l'orifice inférieur de la branche de déversement; puis, après avoir rempli d'eau la branche elle-même, on la relie, par un tuyau coudé, avec la branche d'aspiration qui plonge dans l'eau. Au moment où l'orifice est dégagé, l'eau traverse le siphon et se répand au jour. Cette carrière étant située sur les flancs d'une pente abrupte, à une assez grande hauteur au-dessus de la Moselle, il a été permis de placer l'orifice de dégorgement beaucoup en-dessous du point où se fait la prise d'eau, ce qui facilite l'opération.

Dans la galerie qui dessert la mine métallique d'Ernst August, à Clausthal, fonctionnent, d'une manière perma-nente, des siphons semblables aux précédents.

L'installation d'un siphon dans le voisinage de la mine de Hammelsbeck, près de Mülheim, offre assez d'intérêt pour qu'il en soit fait mention. Les travaux d'exploitation avaient privé des eaux ménagères un propriétaire de la surface. Les restituer en fesant jouer des pompes d'une manière permanente eût été trop coûteux. Mais comme on découvrit sur une éminence voisine une source gisant à 12.50 m. de profondeur, il suffit d'établir un tuyau d'asphalte, plongeant dans la source et se prolongeant, en forme de siphon et en tranchée, jusqu'à la maison privée d'eau. La tranchée avait pour but de réduire la hauteur de 12.50 m. à celle de la colonne barométrique, qui n'est que de 10 mètres. Le liquide s'élève aujourd'hui dans la partie verticale du tuyau, pour venir se déverser à un niveau un peu inférieur à celui de la source.

Transformation de l'injecteur Giffard en un appareil d'asséchement.

L'injecteur imaginé par M. Giffard pour l'alimentation des chaudières représente à la fois un moteur à vapeur et une pompe dont le volume et le poids sont réduits au minimum. Si la hauteur à laquelle l'eau doit être élevée reste à peu près constante, l'engin peut être débarrassé, sans inconvénients, de tous les organes de régularisation. Ce n'est plus alors qu'un simple tube, appelé à provoquer, par l'injection de la vapeur, l'aspiration de l'eau pour la déverser à une hauteur déterminée, et cet appareil, aussi simple que léger, serait fréquemment appliqué, si un excès de vapeur n'y était pas inutilement dépensé à élever la température de l'eau. Cependant il est certains cas où les mineurs des districts houillers reculent devant les frais d'acquisition et d'installation d'appareils d'asséchement qui ne doivent servir que pendant un temps fort limité et ils ne se préoccupent en aucune manière d'une dépense de combustible qu'ils considèrent ordinairement comme de faible importance.

De semblables considérations ont engagé les exploitants de la mine de Kippax, près de Leeds (1), à employer

(1) Compte-rendu de M. Wardle, de Leeds, à l'Institut des ingénieurs mécaniciens, MINING JOURNAL, n° 1360, vol. XXXI. Et THE PRACTICAL MECHANIC'S JOURNAL, *january* 1, 1869, Parts CLXI.

l'injecteur Giffard pour assécher une partie de couche située
à une assez grande distance du puits d'exhaure et en
contrebas de la galerie servant à l'écoulement des eaux
vers ce puits.

L'étendue de cette partie du champ d'exploitation était
trop limitée pour donner lieu à la construction d'un appareil spécial d'exhaure ; d'ailleurs, l'accroissement des
venues d'eau ayant rendu insuffisant l'emploi des pompes
à bras établies dans l'origine, il fallait recourir à un autre
moyen d'assèchement ou abandonner les travaux en vallée.

L'injecteur que l'on mit en œuvre fut simplifié par la
suppression des organes régulateurs ; il se réduisait à un
tube en fonte, à la partie supérieure duquel le jet de
vapeur, sortant d'un bec en cuivre jaune, provoquait
l'aspiration de l'eau, qui s'écoulait à l'extrémité inférieure
du même tube. Les orifices par lesquels débouchent les
deux fluides étaient établis dans des relations de position
qui concordaient avec la pression de la vapeur et avec la
hauteur de soulèvement de la colonne d'eau.

La vapeur, provenant d'une chaudière établie au jour,
traversait le puits et les galeries qui aboutissaient à l'injecteur, au moyen d'une conduite de 305 m. de longueur
et de 38 mm. de diamètre intérieur. La différence de
niveau entre les deux extrémités de la galerie descendante
à la base de laquelle se trouvait l'eau à épuiser était de
8.20 m., et la colonne d'aspiration avait 91 m. de
longueur. Avant d'entrer dans l'injecteur, le fluide élastique passait dans une boîte où il se dépouillait de l'eau
de condensation résultant de son long parcours à travers
la conduite. Cette eau s'échappait ensuite, à intervalles
égaux, par une soupape automatique.

L'injecteur fonctionnait plusieurs heures de suite et
même, lorsque la quantité d'eau à épuiser était assez con-

sidérable, il marchait jour et nuit sans aucune interruption. Il n'a exigé ni soins, ni réparations, ni surveillance,
et pour le mettre en train on n'avait qu'à tourner le robinet
annexé au tuyau adducteur de la vapeur.

Cet appareil fournit un moyen d'asséchement aussi
simple qu'efficace. Il est vrai que, bien loin de donner
lieu à une application économique de la vapeur, il est au
contraire le plus coûteux de tous ceux que l'on a employés
jusqu'à présent. Mais la vapeur ayant été produite exclusivement par la combustion de menus charbons de rebut,
on peut en définitive le considérer comme peu coûteux.

———

Les exploitants de la mine de houille d'Induna, près de
Bochum, procédaient au fonçage d'un puits incliné de
50 degrés et percé suivant la ligne de plus grande pente
d'une couche de 1.25 m. de puissance, lorsqu'ils rencon-
trèrent des venues d'eau formant un volume de 3 à 4 hectolitres par minute. Ces sources gênaient considérablement les travaux de fonçage, par suite de l'impossibilité
d'élever les eaux autrement que par de petites tonnes et
d'une machine d'extraction de 15 chevaux.

Adjoindre à cette petite machine une communication de
mouvement par tiraille, pour mettre en jeu une maîtresse-
tige et des pompes de 0.31 m., eut occasionné de grands
frais et retardé l'avaleresse. Les exploitants s'y étaient
pourtant résignés et la construction était déjà commencée,
lorsque, cédant aux représentations de M. l'ingénieur
Von Dücker, ils résolurent de se servir d'un injecteur
Giffard, qu'un établissement de Düsseldorf mettait à leur
disposition gratuitement.

Le système se composait de deux tuyaux, — l'un pour
l'adduction de la vapeur, l'autre pour l'ascension de

l'eau, — et d'un injecteur placé entre les deux tuyaux, à une profondeur de 54 m.

La décision avait été prise le 5 juin 1864 et, déjà le 24 juillet, l'eau jaillissait à 20 m. de hauteur et se déversait sur la galerie d'écoulement. Il ne fallut que 12 heures pour épuiser les eaux accumulées pendant 38 heures et reprendre le fonçage qui, dès lors, continua sans difficulté.

La vapeur motrice avait une tension de 2 atmosphères dans le générateur, et la température de l'eau dans la colonne ascendante variait de 10 à 25 degrés centigrades.

Deux injecteurs ont été disposés à bord de l'Aigle, yacht impérial, afin d'en épuiser la cale, dans le cas où des boulets, perçant la coque de ce bâtiment, donneraient passage aux eaux. On s'est aussi servi dernièrement de ces appareils pour élever l'eau destinée à refroidir les tuyères des haut-fourneaux et pour remplir pendant la nuit, au moyen des générateurs chauffés par des feux de forge, les réservoirs appelés à fournir de l'eau pendant le jour.

Mais l'injecteur peut surtout rendre de grands services lorsque, comme dans les établissements de bains, il s'agit de se procurer de l'eau chaude ; alors l'intégrité du calorique est utilisée pour le chauffage du liquide, dont l'aspiration n'occasionne aucune dépense.

Procédés propres à préserver les corps de pompe contre l'action corrosive des eaux acides.

Les eaux des mines renferment souvent de l'acide sulfurique, en partie à l'état libre, en partie combiné avec diverses bases, telles que l'alumine, le protoxide de fer,

la chaux, la potasse, etc. Cet acide attaque très énergiquement la fonte de moulage grise, qui sert à fabriquer
les tuyaux et les corps de pompe, met en évidence et en
saillie les cristaux de graphite et rend les surfaces si
rugueuses et si poreuses, que les garnitures en cuir des
pistons, qui doivent frotter dessus, sont promptement
détruites.

On a essayé divers moyens pour se soustraire à ce
grave inconvénient :

M. Krug de Nidda, ingénieur des mines à Tarnowitz, a
fait revêtir le corps de pompe de la houillère dite Reine-
Louise d'une doublure en bronze, ou alliage consistant en
9 parties de cuivre et une d'étain, à peu près le même que
celui dont on se sert pour la fabrication des canons. Cette
doublure, d'une épaisseur de 17 mm., laisse, entre elle
et la surface intérieure du corps de pompe, un intervalle
de 4 à 5 mm. Dans cet intervalle, après avoir chauffé les
deux cylindres, on coule de la poix bouillante, qui, en se
refroidissant, prend une adhérence très forte. Alors, pour
que la poix ne soit pas exposée à l'humidité, on l'enlève,
aux deux extrémités du cylindre, sur une hauteur de
65 à 75 mm., et la remplace par un anneau d'étain fondu.

Cet essai a si bien réussi, l'économie qu'il a permis de
réaliser sur les garnitures en cuir a été si notable, que
l'on a admis les doublures en bronze dans presque toutes
les houillères de la Haute-Silésie.

———

De son côté, M. Volkner a atteint le même but au
moyen de pistons d'un nouveau système, privés de garnitures en cuir. Les pompes qu'il a fait construire pour une
mine de lignite élèvent, par minute, 6 à 7 mètres cubes
d'une eau fort acide, sans qu'aucune dégradation se
produise dans les divers organes.

Le cylindre, ou corps de pompe, est en fonte truitée, fine et assez dure pour être difficilement attaquable par l'alésoir, vu que la résistance de ce métal est en raison de sa densité et de la finesse de son grain. Le corps du piston, de même fonte que la précédente, est légèrement conique à l'extérieur, les diamètres diminuant du haut vers le bas. Quatre anneaux en bronze, alésés suivant la conicité de la surface du piston, sont disposés entre celui-ci et le corps de pompe ; leurs surfaces extérieures sont polies et ils sont ajustés à feuillures les uns sur les autres. Enfin, une boîte cylindrique de serrage, vissée à la base du piston sert à soulever les anneaux, à les serrer les uns contre les autres et à rendre ainsi l'organe étanche.

Dès que l'imperméabilité de la garniture laisse à désirer, il suffit d'ouvrir la porte de la chapelle et de tourner la tête de vis pour forcer les anneaux à pénétrer plus avant. Mais lorsque ceux-ci ont été repoussés à une hauteur telle que celui de dessus se trouve en contact avec la saillie ménagée à la partie supérieure du piston, on enlève cet anneau, devenu trop mince et le remplace par un autre, ajouté immédiatement sur la boîte de serrage.

Deux crochets, placés au-dessus du piston, permettent, en cas de rupture ou d'inondation, d'extraire cet organe au moyen d'une chaîne. Les clapets, inclinés sur leur siége, se meuvent autour de leurs tourillons, dont la latitude d'ascension est limitée par de petits blocs en bronze. C'est ainsi qu'on les empêche d'adhérer, tout en leur laissant la faculté de livrer un grand passage au courant d'eau.

La chapelle a forme de baril ; elle est fermée par une porte en forte tôle de chaudières et enveloppée de deux cercles en fer dont les extrémités portent des œillets où sont insérées des barres en bois. Cette disposition permet d'ouvrir et de fermer la porte avec promptitude et n'est

entachée d'aucun des inconvénients inhérents à l'emploi
des boulons. Les clapets d'aspiration sont en tout semblables à ceux des pistons.

Arrêts de la course des pistons à vapeur.

Le lecteur a vu, dans la première partie de cet
ouvrage (1), le procédé généralement employé pour
prévenir les chocs du piston à vapeur contre le fond ou le
couvercle du cylindre, procédé qui consiste à ajuster,
aux deux extrémités du balancier moteur, des arrêts en
fonte munis de traverses destinées à venir reposer sur les
jumelles, un peu avant que le contact n'ait lieu.

Les mineurs de la Haute-Silésie emploient maintenant,
pour limiter la course du piston à vapeur dans ses
courses ascendantes et descendantes, des tampons de
caoutchouc, assez semblables à ceux qui sont fixés à l'avant
et à l'arrière des wagons de chemins de fer pour amortir
les chocs qui pourraient résulter de la rencontre de ces
véhicules.

La machine d'exhaure de la mine Élisabeth, près de
Miechowitz, est pourvue d'organes de ce genre. Ici le
tampon se compose d'une boîte en fonte, attachée à la
maîtresse-tige et renfermant trois piles de disques circulaires en caoutchouc, séparés par des rondelles en fer
forgé; et d'une boîte plus petite, dans laquelle est inséré
à frottement dur un bloc en bois dont les fibres sont disposées verticalement. Une broche filetée traverse simultanément les piles élastiques et la partie supérieure de
chaque boîte; elle est fixée, d'un côté par un boulon, de
l'autre par une clavette. L'appareil complet comprend
quatre pareils tampons disposés par paires et boulonnés,

---

(1) Tome III, § 734.

de chaque côté de la maitresse-tige, une paire au-dessus d'un sommier de retenue, l'autre au-dessous et à une distance telle, que le choc sur l'une ou l'autre face du sommier précède l'instant où le piston viendrait heurter le fond ou le couvercle du cylindre.

Cet appareil est éminemment applicable aux machines à traction directe, qui, à défaut de balancier moteur, ne peuvent recevoir les arrêts autrefois en usage.

Nouvelle cataracte.

Une machine d'épuisement, récemment installée à la mine de Birkengang et Eschweiler Reserve (district de Düren), est pourvue d'une cataracte dont la disposition s'écarte beaucoup de celles que l'on rencontre ordinairement. La distribution de la vapeur ne se produit plus par la mise en liberté des poids destinés à déterminer l'ouverture des soupapes, mais par une action directe sur celles-ci, en sorte que tous les organes compris entre le cliquet de la cataracte et les tiges des soupapes sont supprimés et que la levée de ces soupapes s'effectue par un mouvement lent et progressif, et non brusque comme dans l'action des contre-poids. L'auteur de cette simplification est M. Osterkamp, directeur des machines.

Moyens propres à éviter le bris des machines d'exhaure à traction directe lors de la rupture des maîtresses-tiges (1).

Dans les machines d'épuisement à traction directe, il arrive parfois qu'un des assemblages de la maitresse-tige

---

(1) La haute importance du sujet nous a engagé à introduire ce paragraphe, que nous avons rédigé d'après la discription du brevêt de l'inventeur. *(Note de l'Editeur).*

vient à s'arracher. Le piston à vapeur, n'ayant plus alors à
soulever qu'une partie de sa charge normale, prend un
mouvement accéléré, d'autant plus rapide que la partie qui
reste attachée au piston est plus courte; et, bien avant que
le machiniste, en supposant même qu'il soit près du jeu de
fer et attentif aux évolutions de la machine, ait pu prendre
une détermination quelconque, le piston est venu buter
contre le couvercle du cylindre, qu'il brise en se brisant
souvent lui-même. L'accident prend un caractère très-
grave quand il occasionne l'inondation de la mine et un
chômage quelque peu prolongé.

M. Gillet, ingénieur à Liége, a songé qu'on pourrait
éviter pareille aventure en forçant la soupape d'équilibre
à s'ouvrir au moment où la maîtresse-tige se casse et par
le fait même de cette rupture. La vapeur repassant ainsi
immédiatement de l'autre côté du piston, tout danger
disparaîtrait. On pourrait encore pour plus de sûreté forcer
aussi la soupape d'admission à se fermer.

A cet effet, M. Gillet propose deux moyens, l'un mécanique, l'autre physique.

Le premier consiste à appliquer le long de la maîtresse-
tige une tringle en fer jouant dans des œillets. L'extrémité
inférieure de cette tringle est fixée au bas de la maîtresse-
tige, l'autre est articulée à un bras de levier appartenant
à un petit appareil établi au bas de la tige du piston.

Dans la marche normale de la machine, tout le système
de la tringle et du levier participe au mouvement de la
maîtresse-tige, et rien ne change dans la position relative de tous ces organes. Mais si la maîtresse-tige vient à
casser, le tronçon inférieur s'arrêtera, l'autre, restant
attaché au piston, continuera à s'élever; or la tringle
n'étant fixée qu'au premier s'arrêtera, puis descendra avec
lui et, par là, exercera un effort de traction sur le levier du

petit appareil placé sous la tige du piston, effort qui, par
le jeu de cet appareil, sera transmis aux soupapes d'équilibre et d'admission.

Quant au moyen physique, il consiste à fixer le long de
la maîtresse-tige un conducteur électrique fesant partie
d'un circuit dans lequel entrent, à la surface, une pile et un
électro-aimant soutenant un poids. Lorsque la maîtresse-
tige se rompra, le conducteur sera cassé en même temps
et le courant électrique interrompu, ce qui déterminera
la chute du poids. Or ce poids sera disposé de manière à
décrocher dans sa chute la soupape d'équilibre. Il est
facile de construire un levier de décrochage tel qu'un
kilogramme suffise pour le faire agir.

Condenseur de M. Hoffmann.

En décrivant, dans la première partie de cet ouvrage (1),
un nouveau condenseur à quantité d'eau constante et sans
pompe à air, nous avons par erreur attribué à M. Letoret
l'idée première de cet appareil (2). Il y a déjà plus de
vingt-cinq ans que M. Hoffmann, de Breslau, s'est servi
du même moyen pour diminuer la consommation du combustible des machines à haute pression et augmenter leur
puissance (3).

(1) Tome III, § 744.
(2) PREUSSICHE ZEITSCHRIFT, *Band* X, *Abtheil* B, *Seite* 142.
(3) Il résulte de recherches auxquelles nous nous sommes livré
récemment que l'invention du condenseur remonte à une date plus
ancienne encore; un appareil de ce genre a été proposé et exécuté
dès 1825 par le docteur Alban, de Plau (Mecklembourg), lequel dans
son *Traité des machines à haute pression*, en donne un croquis que
nous reproduisons (Pl. LXVIII, fig. 5) et la description suivante:
a, est le tuyau de décharge de la vapeur qui a fonctionné dans le
    cylindre.
b, le condenseur, incliné dans l'intérieur d'une citerne *c*, qui reçoit
    l'eau par un tuyau, *k*.

La figure 4 de la planche LXVIII représente les dispositions de l'appareil du mécanicien allemand.

Au centre du couvercle d'un cylindre en fonte de fer est ajustée une boîte à étoupes à travers laquelle passe la tige d'une soupape d'injection. Une manivelle communique à cette dernière un mouvement de bas en haut et de haut en bas. La vapeur débouche latéralement par le tuyau de décharge à travers une tubulure placée immédiatement au-dessous de la soupape. La base du cylindre s'évase en entonnoir renversé et plonge dans l'eau ; elle est percée

l, une sorte de filtre.

L'extrémité inférieure du condenseur traverse la paroi de la citerne pour déboucher dans une boîte, *e*, et est pourvue d'un clapet, *d*, s'ouvrant en dehors.

m, petit tube dans lequel se trouve l'injecteur, mû par une clef à vis.

Le condenseur fonctionne comme suit: Au moment où s'ouvre la valve d'échappement, la vapeur, possédant une pression plus élevée que l'atmosphère, passe par le tube, arrête l'injection et chasse, par le clapet *d*, dans la boîte *e*, l'eau et l'air contenus dans le condenseur. Cela est l'affaire d'un instant : le clapet reprend aussitôt sa position, le jet d'eau recommence et la vapeur se trouve condensée. L'air et la vapeur passent par le tube *f*, l'eau par le déversoir *g*.

Enfin, au moment de livrer ces lignes à l'impression, nous recevons le numéro de l'*Engineer* du 9 octobre 1868, dans lequel un correspondant de ce journal revendique en faveur d'un M. John Pattison la priorité de l'invention dont il s'agit. La figure 6 (Pl. LXVIII) est un croquis de l'appareil, construit par l'inventeur lui-même et appliqué en 1824 à une machine d'épuisement de la houillère Elswick, située près de New-Castle, sur la Tyne.

A, condenseur relié au cylindre par les deux tubes *c, c*.

B, valve servant au dégagement de l'air.

D, valve d'injection, communiquant avec le tube *i* qui se rend dans une citerne située à 7.60 m. au-dessus du condenseur.

F, orifice d'injection.

G, réservoir à eau chaude.

E, valve du fond.

On voit que l'invention de M. Letoret se rapproche plus encore de celle-ci que des deux autres. La seule différence notable qui existe entre l'appareil anglais et l'appareil belge, c'est que le premier est construit pour une machine à double effet.   (*Note de l'Éditeur.*)

d'ouvertures à grande section, formant une espèce de grille sur laquelle battent des clapets en caoutchouc, accessibles en tous temps.

Dans les intervalles périodiques pendant lesquels l'évacuation de la vapeur dans le condenseur est interrompue, l'eau de condensation se réunit dans l'appareil et la pression atmosphérique tient les clapets fermés. Mais dès que la soupape d'exhaustion s'ouvre, la vapeur, dont la tension dépasse celle de l'atmosphère, ouvre les clapets et chasse de l'appareil l'air et l'eau qu'il renferme. Bientôt après, la pression descend à une atmosphère, les clapets se referment et l'injection produit la condensation. La dépression ne se prononce qu'après que le piston a recommencé sa course ascendante ; elle est comprise, d'après des observations réitérée entre $\frac{1}{3}$ et $\frac{1}{2}$ atmosphère.

L'appareil de M. Hoffmann l'emporte sur celui de M. Letoret, en ce qu'il possède des soupapes très-mobiles, recouvrant des ouvertures larges, multipliées, facilement accessibles, au lieu de soupapes métalliques, accompagnées de leviers et de contre-poids, organes sujets à s'encrasser par les matières que l'eau tient en suspension ou en dissolution. Par contre, la forme allongée de l'autre condenseur, la conduite de la vapeur se dirigeant de haut en bas suivant la direction de l'axe de l'appareil et l'injection opérée latéralement le rendent peut-être préférable.

Asséchement d'excavations isolées, au moyen de la machine calorique d'Éricsson [1].

Il existe à la mine de Zufælligglueck, près de Herdorf

[1] Preuss. Zeitschrift, *Bd.* XI, *Abth.* A, *S.* 260.

(district de Düren), une machine calorique qui attire en ce
moment l'attention des mineurs. Elle a été faite pour
assécher un puits intérieur creusé au-dessous du sol de la
galerie de démergement jusqu'à une profondeur de 21 m.
et a coûté, rendue à pied d'œuvre, environ 1,875 francs ;
les frais d'installation et autres dépenses accessoires se
sont élevés à fr. 712-50. Ce moteur, dont la force est
d'environ un cheval, met en jeu une pompe aspirante et
soulevante, de 0.11 m. de diamètre et 0.31 m. de course,
qui donne 21 coups par minute et soulève, à la hauteur
de 21 m , 66.4 litres d'eau. Mais 16 coups par minute
suffisent pour dominer les venues qui affluent dans l'excavation. La dépense, y compris 1.6 hectolitres de coke
pour activer le feu, s'élève à fr. 7-85 par 24 heures.
Un accident arrivé au moteur ayant occasionné son chômage, on a pu calculer le bénéfice qu'il procure. Il a fallu,
pour faire fonctionner les pompes, y appliquer, par
24 heures, 18 manœuvres dont le salaire s'est élevé à
fr. 33-75 ; l'économie réalisée par la machine est donc
de fr. 25-90 par jour. Il convient, en outre, d'observer que
l'effet utile du personnel était moindre que l'effet mécanique, puisque, en une semaine, les eaux se sont élevées
de 0.62 m. dans la galerie percée à la base du faux puits,
galerie de 33.40 m. de longueur, 2.10 m. de hauteur et
3.60 m. de largeur.

CHAPITRE VII.

DE QUELQUES INNOVATIONS ENVISAGÉES AU POINT DE VUE DU PRIX DE REVIENT.

Fleurets en acier fondu (V. T. I, p. 12.)

Des expériences comparatives ont eu lieu à Eisleben (district de Kansdorf), à l'occasion du percement de galeries dans le schiste cuivreux et dans la stratification dite *Mur-blanc*, sur les fleurets en acier fondu et sur les fleurets en acier de Suhler. La forme et les dimensions étaient les mêmes de chaque côté. Le poids de 12 outils en acier fondu est de 18.70 kilogr., et le kilogramme coûte fr. 1.70, y compris le transport; un fleuret pesant 1.56 kilogr. revient donc à fr. 2.65 — L'acier en barre de Suhler qui constitue les tranchants des fleurets en fer vaut fr. 0.62 le kilogramme.

Deux essais, dont les durées ont été de 26 et de 35 semaines ont été faits successivement dans deux galeries, l'une de 1.57 m. de hauteur, sur 1.05 m. de largeur, l'autre de même largeur sur 2.10 m. de hauteur. Le prix du mètre d'avancement a varié, dans le premier cas, entre fr. 17.85 et 21.45 et, dans le second, entre fr. 19.65 et 23.20

Le tableau suivant comprend — d'abord pour un avancement de 10 m., ensuite pour une journée de mineur : — 1° la perte en acier éprouvée par les tranchants des deux espèces, 2° la valeur de la matière perdue, et 3° les frais de forge.

INDICATION	1re EXPÉRIENCE. ACIER		2e EXPÉRIENCE. ACIER	
	Suhler.	Fondu.	Suhler.	Fondu.
1. Pour un avancement de 10 mètres.				
Perte (En kilogrammes .	4.474	0.626	8.917	1.148
(En francs . . .	2.77	1.00	5.55	1.84
Frais de forge	9.64	2.39	6.45	4.16
2. Pour une journée de mineur.				
Perte (En kilogrammes .	44.000	6.000	77.000	8.000
(En francs . . .	2.70	1.00	4.80	1.30
Frais de forge	9.60	2.40	5.50	3.80

Si, d'un côté, l'acier fondu coûte 2 3/4 fois autant que l'acier cémenté, de l'autre, les pertes provenant de son usure sont 7 fois moindres, exprimées en poids, et 3 fois en francs. Les dépenses de forge sont 2 1/2 fois moindres et l'effet utile des mineurs un peu plus élevé.

De son côté, M. Lombard, ingénieur des houillères de Monthieux, a fait des expériences dans le but de comparer l'acier fondu à du fer aciéré.

1. La première série de ces expériences a eu pour objet le prix de revient de la fabrication de 100 fleurets neufs.

Acier fondu :

252. 2 kilogr. d'acier à fr. 1.50 le kilogr .	fr.	378 85
Main-d'œuvre.	»	5 50
Houille, 50 kilogr. à fr. 1 le quintal, . .	»	0 50
	fr.	384 85

Fer aciéré :

250 kilogr. de fer à fr. 0.55 le kilogr. .	fr.	137 50
12 kilogr. acier corroyé à fr. 1.30. . .	»	15 60
Main-d'œuvre.	»	13 75
Houille.	»	1 80
	fr.	168 65

D'où résulte que les 100 kilogr. de fleuret reviennent :

En acier fondu, à . . . fr. 153 90
En fer aciéré, à . . . » 67 50

Le prix de la main-d'œuvre est moins élevé pour les premiers, un forgeron et son aide pouvant en faire 100 à 110 en une journée, tandis qu'ils n'en confectionnent que 30 à 40 en fer aciéré; mais le prix total des premiers est presque double; les outils en fer aciéré sont donc avantageux sous ce rapport.

2. La seconde série d'expériences a eu lieu pour rechercher le prix de revient du mètre courant du fourneau de mine relativement à l'usure des fleurets en laissant de côté la main-d'œuvre du forage et la réparation des outils. Le déchet est compté au prix de revient de

100 kilogr. des fleurets mis en œuvre et ayant 25 mm. de diamètre à la tige et 2.5 kilogr. de poids.

INDICATIONS.	ACIER FONDU.	FER ACIÉRÉ.
Nombre de mètres creusés . .	19.5	14 .
Poids après ce travail, en kilogr.	2.315	1.646
Perte par fleuret, en kilogr. .	0.185	0.854
Id. par mètre courant de trou creusé, en grammes . . .	9.4	61
Nombre de mètres courants de trous creusés avant réparation	1.5	0.6 à 0.8
Prix de revient du mètre courant de trou, en francs	0.01446	0.04117

L'acier fondu est, relativement au déchet, plus avantageux que le fer aciéré dans le rapport de 2.8 à 1.

3. La troisième série d'expériences portait sur l'entretien des deux espèces d'outils, dont le tranchant doit être refait après chaque poste de 8 heures. Les anciens fleurets exigent, de plus, des réparations à la tête dont les autres sont exempts.

INDICATIONS.	ACIER FONDU.	FER ACIÉRÉ.
Nombre de fleurets réparés dans une journée d'ouvrier . . .	140	90
Prix de revient de la réparation totale.	fr. 2 85	fr. 4 44
Id. par mètre courant de trous forés	» 0 0190	» 0 0634

En réunissant les valeurs des deux tableaux, on trouve pour l'usure et les réparations des outils, par mètre courant de fourneau percé : acier fondu, fr. 0.0335 ; fer aciéré, 0.1046 ; c'est-à-dire que sous ce rapport le second coûte le triple du premier.

4. La quatrième série d'expériences était relative à l'influence qu'exerce la nature des fleurets sur la promptitude du percement. Ces outils, essayés par le même ouvrier, à la même hauteur et dans la même stratification, avaient des dimensions rigoureusement égales, savoir: 0.60m. de longueur, 25mm. à la tige et 30 au tranchant.

Dans huit expériences, 400 coups de masse ont fait avancer les fleurets en acier fondu de 0.082 m. et ceux en fer aciéré de 0.056 m. seulement.

Perforateur héliçoïde de M. Lisbet.
(*Voir T. I, p.* 45).

Expériences faites à la mine de Crachet-Picquery.

Les essais présentés dans le Chapitre II de cet ouvrage n'ayant eu pour objet que des trous de mine isolés et placés dans des conditions diverses, ne donnent pas des résultats assez concluants. En voici d'autres qui, se rapportant à l'ensemble d'un travail effectué pendant une longue période, permettront d'apprécier avec plus de certitude les avantages du nouveau mode de percement.

La première de ces expériences a été faite à la mine de Crachet-Picquery (Couchant de Mons), lors de l'ouverture d'un travers-bancs dans un grès assez dur (bouveau en querelle) (1).

Le perforateur (du second type) était manœuvré par deux ouvriers qui travaillaient à la journée et ne pratiquaient qu'un fourneau, pendant que quatre autres ouvriers, payés à prix fait, battaient simultanément deux trous de

(1) Ces documents nous ont été communiqués par M. Stœsser, directeur-gérant de Crachet-Picquery. Ils sont les résultats d'observations que M. Vinchent, ingénieur de cet établissement, a contribué à recueillir.

mine au moyen de fleurets ordinaires. Les derniers avaient
donc intérêt à obtenir le maximum d'avancement.

Le tableau suivant renferme toutes les particularités
relatives aux deux opérations parallèles, c'est-à-dire le
travail et la dépense des deux hommes employés au perforateur et des quatre hommes opérant par le procédé
ordinaire.

INDICATIONS.	PERFORATEUR.	FLEURETS ORDINAIRES.
Durée du travail	144 h. 11 m.	144 h.
Temps consacré au forage des trous	74 h. 27 m.	113 h. 40 m.
» à la pose de l'instrument, au tir à la poudre et au déblai	69 h. 33 m.	87 h. 20 m.
Nombre de trous forés . . .	103	99
Longueur totale de ces trous .	53.56 m.	44.76 m.
» moyenne » . .	0.52 m.	0.45 m.
» forée en 8 heures . .	2.97 m.	2.48 m.
» » par heure. . .	0.7174	0.3937
Nombre d'hommes occupés . .	3 (1)	4
Dépenses en salaires	127.20 fr.	216 fr.
Huile consommée	2.60 kil.	3.45 kil.
Outils hors d'usage	124	139
Avancements	4.25 m.	5.00 m.
Prix de revient du mètre courant de galerie	29.90 fr.	43.20 fr.

Ainsi le nouvel appareil a donc permis de réaliser sur
les salaires une économie en argent de 30 pour cent ; mais
il a fait éprouver une perte de temps de 15 pour cent et
nécessité une consommation de poudre plus considérable.

L'excédant de 8.80 m. que présente la longueur de la
totalité des trous forés par le nouvel instrument sur la
longueur obtenue par le procédé ordinaire, avec un avancement de 0.75 m. en moins, constitue une anomalie que

(1) L'un d'eux est chargé du déblai.

MM. Stœsser et Vinchent cherchent à concilier au moyen
des considérations suivantes : La dureté de la roche qu'ont
dû traverser les deux excavations est, en effet, exactement
la même ; mais le clivage était plus favorable dans la
partie qui a été l'objet du procédé ordinaire. — Certains
trous n'ont pas produit d'effet. — Les mineurs, peu ha-
bitués à la manœuvre du perforateur, n'étaient en aucune
manière stimulés par leur intérêt personnel, puisqu'ils
travaillaient à la journée. — Enfin, il est à croire que les
ouvriers ont craint que le travail, devenant plus rapide
n'entraînât la suppression d'un grand nombre d'entre eux
et qu'ils ont opéré en conséquence, sans songer que le
résultat le plus probable serait, au contraire, de multiplier le nombre des galeries à-travers-bancs, aujourd'hui
limité par suite du prix élevé de ces excavations. — Il se
peut aussi que les fourneaux de mine n'aient pas été aussi
bien placés dans un cas que dans l'autre ; mais alors à qui
attribuer les dispositions défectueuses des fourneaux : à
l'inhabileté des ouvriers ou au perforateur lui-même ?...

MM. Stœsser et Vinchent ont fait, en outre, quelques
observations très-intéressantes pendant le cours des nombreux essais auxquels ils se sont livrés. Le foret ne fonctionne pas dans les roches humides, car les débris im-
prégnés d'eau ne se dégagent pas et il devient fort difficile
de retirer l'outil du trou qu'il a percé. Il est aussi plus
facile et plus prompt de forer de bas en haut que de haut
en bas, parce que, dans la première position, l'action de la
gravité vient en aide à celle de l'hélice pour entraîner les
déblais hors du fourneau, tandis que, dans le second cas,
ces deux forces se contrarient. — L'inspection seule des
déblais suffit, paraît-il, pour reconnaître dans les bureaux
du jour si les ouvriers manœuvrent convenablement l'appareil. Ainsi, quand ces matières sont plus tenues que

d'ordinaire, pour une même qualité de roche, c'est que l'on débraye trop fréquemment la vis et la tige du fleuret, alors l'outil n'avance pas suffisamment et s'use davantage.

2. *Expériences faites à la mine des Artistes, à Flémalle-Grande, près de Liége* (1).

Ici le perforateur héliçoïde a été appliqué à des bancs de grès et de schistes, dans lesquels devait être creusée une galerie de 1.80 sur 2.10 m. Les grès avaient une puissance de 8 à 10 m. et une inclinaison de 50 degrés dans le sens du forage et renfermaient des rognons de silex concrétionné. Leur dureté était telle, que les exploitants ayant dû renoncer à les attaquer par les procédés ordinaires se décidèrent à essayer du perforateur. Comme ce quartier de la mine était infesté de grisou, l'abatage se fit au moyen d'aiguilles-coins (voir Tome I, page 130).

En même temps qu'on opérait sur les grès, un perforateur fonctionnait dans des schistes tendres avec tir à la poudre.

Le travail dans les grès a été si irrégulier et accompagné de si grandes difficultés, dues, pour la plupart, à l'emploi de l'aiguille-coin, que les expériences n'offrent pas ce caractère d'exactitude nécessaire pour qu'on puisse se rendre un compte exact des avantages de l'instrument. Voici toutefois une série d'observations qui feront connaître le temps absorbé par les diverses manœuvres :

1° Installation de l'appareil au bas de la
    galerie et sous un angle de 30 degrés   Minutes 3

---

(1) Ces documents nous ont été fournis par M. Dallemagne, élève de l'École des mines de Liége.

Forage d'un trou de 40 mm. de diamètre
et de 0.24 m. de profondeur . . . Minutes 8
Dégagement de la mèche . . . . . . » 0.5
2° Pose du même appareil vers le sol de
la galerie et avec une inclinaison de
25 degrés . . . . » 5
Forage d'une longueur de 0.30 m. . . . » 8
Dégagement de la mèche . . . . . . » 1
3° Pose du fleuret perpendiculairement aux
stratifications . . . . » 3.5
Forage d'un trou de 0.217 m. . . . . » 7
Dégagement de la mèche. *Un peu plus de* » 1
4° Installation perpendiculairement au toit » 5
Forage de 0.15 m. . . . . » . 5
Dégagement de la mèche. . . . . . » 2
5° Au milieu de la galerie et perpendicu-
lairement aux stratifications . . . » 6
Forage de 0.30 m. parallèle aux délits. . » 4.5
6° Au milieu de l'axe et parallèlement au
toit . . . . » 3.5
Forage de 0.27 m. et changement de l'outil
pendant l'opération . . . . . . » 8.5
Dégagement de la mèche. . . . . . » 2

Ce travail s'est fait à l'aide du levier à la Garousse, que
les ouvriers préfèrent généralement à la manivelle, moins
puissante et d'ailleurs plus difficile à manœuvrer dans les
espaces restreints.

Une autre galerie, de 2 sur 1.40 m. a été pratiquée
dans les schistes sur une longueur de 35.80 m. et divisée
en deux parties : la première, de 17 m. de longueur, a été
attaquée par le procédé ordinaire ; la seconde, de 18.80 m.,
au moyen du perforateur à hélice.

Les schistes sont formés de bancs de diverses épaisseurs, dont l'inclinaison varie de 64 à 72 degrés et entre lesquels sont intercalées trois couches de houille, de 0.20 à 0.30 m. de puissance, trois stratifications de grès, de 0.19 à 0.30 m. d'épaisseur, et un bezy (couche composée d'un mélange de houille et de schiste), de 0.60 m. Les stratifications sont de dureté moyenne, feuilletées, d'un gris noirâtre, de nature homogène et sans rognons de sidérose. Quoique la dureté fut assez uniforme d'un bout à l'autre de la galerie, la première partie de l'excavation offrait des schistes plus résistants; mais cette ténacité était compensée par la présence du bezy et de deux des trois couches de houille. Les bans de grès, peu durs et d'ailleurs fort minces, n'avaient aucune influence sur le travail.

Dans la première partie, excavée par les moyens ordinaires, deux ouvriers occupés au battage de la mine ont travaillé 8 heures par jour. Ils sont restés 55 jours pour creuser une longueur de 17 m., ce qui fait, en moyenne, un avancement journalier de 0.31 m. Dans ce laps de temps, on a réparé 330 fleurets, soit 12 par jour. Enfin les dépenses se sont réparties comme suit :

110 journées de mineur, à fr. 4 . . . . . fr.	440	»
27 1/2 id. de boute-feu, à fr. 3 . . . »	85	25
33 kilogr. de poudre, à fr. 1.12. . . . »	36	96
275 m. d'étoupille , à fr. 0.10. . . . . »	27	50
Huile et réparations 1137 1/2 lampes, à fr. 0.12 »	16	48
Réparations de 330 fleurets . . . . . »	7	50
Total. . . . fr.	613	69
Soit par mètre linéaire d'avancement. . . »	36	60

Dans la seconde partie de la galerie, deux ouvriers appliqués au perforateur, pendant le même nombre d'heures

que ci-dessus, ont mis 31 1/2 jours pour percer 18.80 m.
de galerie ; ils ont donc avancé, en moyenne, de 0.64 m.
par jour, et le prix de revient du mètre courant s'établit
comme suit :

63 journées de mineurs, à fr. 4 . . . . . fr.	252	00
16 id. de boute-feu, à fr. 3.10 . . . »	49	60
49 1/2 kilogr. de poudre, à fr. 1.12 . . . »	55	44
320 m. de mèches de sûreté, à fr. 0.10 . . »	32	00
Huile et réparations de 80 lampes, à fr. 0.12 »	9	60
Réparations de 18 forets . . . . »	0	82
Total. . . . fr.	399	46
Soit par unité linéaire d'avancement . . . »	21	25

Ce qui constitue un bénéfice de 85 pour cent en faveur
du nouvel appareil.

Dans ce dernier cas la profondeur des trous a varié de
0.29 à 0.85 m. et a été en moyenne de 0.48 m. Le nombre
des trous forés a été de 366 ; leur longueur totale, de
171.91 et la longueur obtenue en un jour, de 6.90 m.

La comparaison des deux prix de revient donne lieu à
deux observations : dans le battage ordinaire, les mineurs
n'ont été occupés que 8 heures sur 24, en sorte que le
nombre de journées des boute-feu a été proportionnellement plus grand que dans le travail au perforateur, lequel
travail se fesait en deux postes. Cette circonstance établit
en excès une somme de fr. 42.62, ou la moitié de celle
qui est indiquée ci-dessus.

La quantité de poudre et la longueur totale des fusées
de sûreté consommées est plus grande avec le perforateur
qu'avec le battage à la main, ce qu'on ne peut guère
attribuer qu'à la plus grande profondeur et au plus grand
diamètre des trous. Quoiqu'il en soit, cette différence

peut être négligée eu égard à l'immense économie de main d'œuvre.

3. *Creusement d'une galerie dans la houillère de Cheratte, près de Liége.*

Une galerie à travers-bancs, ayant 2m. de hauteur et autant de largeur et une direction légèrement anormale à l'allongement des stratifications, a été percée au moyen du perforateur, sur une longueur de 9.60 m., dans des grès inclinés de 22 degrés, dont les bancs ont une épaisseur variable de 0.27 à 1.12 mètres.

Ce percement, qui a duré environ cinq semaines, a été exécuté par postes de jour et de nuit, comprenant chacun deux ouvriers qui travaillaient au prix de 75 francs par mètre linéaire d'avancement. Ils ont fait pendant ce laps de temps 98 journées, sur lesquelles 22 heures ont été perdues par suite d'interruptions accidentelles du travail. Ces interruptions ont eu pour causes le bris de ressorts du levier à rochet et la rupture d'un fleuret dans le trou, accident qui a rendu ce trou impraticable par l'impossibilité où l'on s'est trouvé d'en retirer les morceaux, faute des outils nécessaires.

Pendant la première semaine, on perçait les fourneaux avec des mèches de 28 mm. de diamètre; un second forage leur donnait une section définitive de 40 millimètres. L'emploi immédiat d'outils de 34 millimètres vint dispenser de cet élargissement ultérieur des fourneaux.

Voici la nomenclature des résultats obtenus, de la main d'œuvre et des matériaux employés dans ce travail :

Nombre de trous forés. 270
Longueur totale des trous. 145.310
Id. moyenne de chacun d'eux. . . 0.538

9.60 m. de galerie à 75 fr. le mètre y compris la four-
niture de la poudre et des étoupilles . . fr. 720 00
Transport des déblais, 9.60 m. à fr. 5 . . » 48 00
Réparations du perforateur . . . . . . » 3 88
    Id.   des fleurets . . . . . . » 12 55
    Id.   1.5 kilogr. d'acier . . . . » 4 12
Houille pour la réparation des outils. . . » 0 63
Huile d'éclairage épurée 9.20 litres . . . » 8 55
Graisse et huile pour le perforateur . . . » 1 36
Coffres d'aérage, bois, clous et main d'œuvre. » 13 64
Amadou . . . . » 1 25

                        Total. . . . fr. 813 98
Bénéfice sur la poudre (à déduire) . . . » 63 00

                        Reste. . . . fr. 750 98
Prix moyen par mètre courant . . . . » 78 22

C'est dans le but d'encourager les ouvriers à l'usage
du perforateur, qu'on leur a laissé le prix de 75 fr. par
mètre, le même qu'ils obtiennent, dans les mêmes terrains,
par les procédés ordinaires.

La poudre et les étoupilles étaient à la charge de
l'entreprise. Quelles que soient les variations du prix de
la poudre, il est d'usage à la houillère de Cheratte de la
livrer aux mineurs au prix de 2 fr. le kilogr., afin qu'ils
ne soient pas tentés d'en revendre une partie et de gaspiller
l'argent. Comme, à l'époque du creusement ci-dessus,
cette substance ne coûtait que fr. 1.10 le kilogr., l'établissement a réalisé de ce chef un bénéfice de 63 fr., différence entre 140 et 77 fr.. Les ouvriers ont donc reçu :
70 kilogr. de poudre à 2 fr. . . . . . . fr. 140 00
80 mètres d'étoupiles à fr. 0.65 . . . . » 11 70

                        Total. . . . fr. 151 70
qui, retranché de 720 fr., valeur de 9.60 m. de percement,

laisse fr. 568.30 de bénéfice, soit, par journée et sans
égard aux interruptions de travail, à peu près, fr. 5.80.

Le déblai du front d'attaque et le transport des produits
de l'abatage à la chambre d'accrochage ont été payés à raison
de 5 fr. par mètre courant d'avancement. Deux ouvriers
exécutaient ce travail après avoir fait leur journée sur un
autre point de la mine. Les déblais produits par chaque
mètre courant de l'excavation pouvaient remplir 16 à 20
voitures d'une contenance de 6 hectolitres. Le puits où
on les transportait était situé à une distance de 600 m.

D'après ce qui précède, il est évident que, si trois
postes de mineurs, au lieu de deux, avaient été affectés au
havage, si la surveillance nocturne avait été aussi active
que celle de jour et si, dès l'origine du travail, on avait
employé des fleurets d'un diamètre moyen, le percement
eût été au moins de moitié plus rapide. Enfin, M. Monoyer, directeur de la houillère, pense que l'effet utile eût
été bien plus grand si les ouvriers, quoique déjà familiarisés avec l'appareil, sachant placer les fourneaux de
mine dans les directions convenables et même faire partir
plusieurs coups simultanés, lorsque les circonstances s'y
prêtaient, n'eussent été retenus dans le développement de
leurs efforts par la crainte de voir diminuer le prix des
galeries en roches stériles.

Lorsque, dit cet ingénieur, cet instrument, généralement admis, aura ramené les salaires au taux normal,
l'exécution plus rapide des excavations permettra de
réaliser des économies, non-seulement sur la main
d'œuvre, mais encore sur la réparation des outils et la
consommation de la poudre; économies qui, d'après
M. Monoyer s'élèveraient à 40 % dans les grès non
quartzeux dont la dureté n'atteint pas le maximum. Toutefois la quantité de poudre employée sera, ainsi qu'on l'a

généralement observé, un peu plus grande que dans l'ancien procédé.

Un peu plus avant dans la galerie, les grès devenant plus difficiles à percer, on a dû abandonner le perforateur pour revenir à l'emploi des fleurets.

Épinglettes en laiton, ou cuivre jaune (T. I, p. 67).

Ces instruments reviennent à meilleur marché que ceux de cuivre rouge. Les forgerons de la mine de Kansdorf en fabriquent — dont les tiges ont 0.62 à 0.78 m. de longueur, 10 mm. de diamètre à la partie supérieure et 6 à 8 mm. vers le milieu et qui sont munis d'une poignée annulaire en fer — au prix suivant :

0.34 kilogr. de laiton à fr. 3.85	fr.	1,310
0.11 id. de fer pour l'anneau à fr. 0.50 .	»	0,055
Soudure	»	0,060
Main d'œuvre	»	1,060
Total. . . .	fr.	2,485

Les épinglettes de même longueur, en cuivre rouge, reviennent à fr. 3,125.

Du bois et du fer servant au revêtement provisoire des puits.

Les exploitants de Streppy-Bracquegnies ont comparé les prix respectifs de ces deux modes de revêtement en se basant sur les observations suivantes.

Un cadre de boisage, dont le prix est de 19 francs peut être employé quatre fois. Une *tournée* de porteurs, c'est-à-dire tous ceux qui sont compris entre deux cadres successifs, coûte 9 francs et peut servir trois fois. Les lattes, ou *coulants*, qui sont hachées lors de l'enlèvement des bois, doivent être enlevées à chaque reprise, c'est-à-dire à chaque tronçon de boisage du puits. Elles valent fr. 4.57 par chaque longueur de 20 m. Enfin un cadre exige 4 kilogr. de clous à fr. 0.40 le kilogr. Quant aux bois de garnissage, leur quantité et leur valeur sont les mêmes dans les deux procédés.

Les reprises boisées ont 20 m. de hauteur. Les cinq premiers cadres sont espacés de 0.50 m. et les suivants, de 1 m., ce qui fait 22 cadres et leurs accessoires, qui nécessitent les dépenses que voici :

22 cadres à un quart de 19 fr.	fr.	104 50
20 1/2 tournées de porteurs à un tiers de 9 fr.	»	61 50
20 1/2 mètres de lattage à fr. 4.57 . . .	»	93 68
20 1/2 × 4 kilogr. de clous à fr. 0.40 . .	»	32 80
Total. . . .	fr.	292 48

De cette somme il faut déduire la valeur des vieux bois qui, à l'exception de quelques porteurs propres à confectionner des billes de chemin de fer, ne peuvent être considérés que comme bois à brûler et dont le prix peut être évalué comme suit : un vieux cadre, 2 fr. ; une tournée de porteurs fr. 2.50 ; un mètre de lattes, fr. 0.60, d'où :

22 cadres à un quart de 2 fr.	fr.	11 00
28 1/2 tournées de porteurs à un tiers de fr. 2.50.	»	17 08
20 1/2 mètres de lattes à fr. 0.60	»	12 30
Total. . . .	fr.	40 38
Reste, pour 20 1/2 mètres, une dépense de .	»	252 10
Ou, par mètre	»	12 29

Les cadres en fer sont peu sujets à se détériorer et leur durée peut être considérée comme à peu près illimitée à l'exception des porteurs, qui se courbent quelquefois sous le choc des éclats du rocher, mais qu'il suffit de redresser. Supposant toutefois qu'ils soient réduits à l'état de vieux fer, après avoir servi aux fonçages simultanés de deux puits, qui, tels que ceux de Streppy, forment une hauteur de 550 m., il conviendra que les mineurs aient à leur disposition 40 cadres, 10 de 444 kilogr. et 30 de 500 kilogr. chacun, soit un total de 19,440 kilogr., à fr. 24.50 les 100 kilogr., plus fr. 0.20 pour forer les trous que doivent traverser les boulons des éclisses.

Dans les revêtements en fer, de même que pour les blindages en bois, les cinq premiers cadres sont placés à 0.50 m. de distance et les suivants, à un mètre ; mais les reprises ont 25 m. de hauteur.

Chaque cadre exige dix éclisses en fonte ; mais il faut compter sur le double de ce nombre, à cause des ruptures fréquentes résultant des coups de mine. Leur prix est de 18 fr. les 100 kilogr. ou les 54 pièces.

Enfin les porteurs, qui, pour une longueur de 1 m. pèsent 5 kilogr., ont un poids total de 3,900 kilogr., valant 19 fr. les 100 kilogr., plus 5 francs pour la façon.

Le revêtement des deux puits formant une hauteur de 550 m. exigera donc :

19,440 kilogr. par cadre à fr. 24.70 les % .	fr.	4,801 68
1,600 éclisses à fr. 18 les 54 pièces . .	»	533 33
3,900 kilogr. de porteurs à 24 fr. les % .	»	936 00
Total. . . .	fr.	6,271 01

Dont il faut déduire pour le vieux fer :

19,440 kilogr. à fr. 12	fr.	2,332 80
1,600 éclisses à 9 fr. les 54	»	266 66
3,900 kilogr. de boulons à 14 fr.	»	546 00
Total. . . .	fr.	3,145 46

Reste fr. 3,125.55 pour revêtement provisoire de

550 m. de puits, ce qui fait, par mètre, fr. 5.68, c'est-à-dire moins de la moitié de ce que coûte le mètre courant de revêtement en bois.

En outre, on a constaté à Streppy que l'économie de main d'œuvre dans l'installation et la reprise des cadres s'élève à 3 1/2 heures par mètre courant de puits, ce qui, pour 550 m., donne 1,925 heures ou 80.2 jours. Or le salaire des ouvriers au jour et à l'intérieur, les frais occasionnés par les machines, etc., pour l'un des deux puits, étant de fr. 138.15 par jour, s'élèvent à fr. 11,079.63 pour 80.2 jours. L'économie de ce chef, jointe à celle qui résulte directement de la substitution du fer au bois est telle, que la dépense faite pour les cadres et leurs accessoires se trouve amortie en 9 mois, ou dans la moitié de ce temps, si, comme à Streppy, les 550 m. de fonçage sont répartis sur deux puits creusés simultanément.

M. Vanderslagmolen (1), auquel nous empruntons ces données, assure que ce bénéfice, bien loin d'être exagéré, est plutôt inférieur à la réalité.

Réverbère de Sacré-Madame (T. I, p. 444).

L'appareil coûte à la Société une somme de fr. 11.92, dont voici le détail :

Lampe	Bec américain	fr.	2 20
	Pot en fer-blanc	»	0 50
	Cheminée en verre	»	0 22
Cage	Métaux et main d'œuvre	»	8 00
	4 vitres à fr. 0.25	»	1 00
	Total.	fr.	11 92

(1) *Société des anciens Élèves de l'École spéciale du Hainaut,* 10ᵉ *Bulletin,* Page 91.

Nous ne tenons pas compte du droit de brevet que les inventeurs feraient sans doute payer à d'autres établissements et qui augmenterait le prix de revient :

Les frais d'amortissement de l'appareil, en supposant qu'il dure 5 ans et que l'éclairage ait lieu pendant 6 mois (d'extraction, c'est-à-dire pendant 140 jours) se monteront, par heure, à . . . . fr. 0.0056

L'usure des cheminées en verre, à raison de trois par mois de 24 jours, coûtera par heure . . . . » 0.0092

La consommation en coton et en huile (cotée à fr. 0.55 le litre) est, par heure, d'environ . . . . » 0.0265

Total. . . . fr. 0.0413

Il faut cinq réverbères, en moyenne, pour éclairer un puits. L'éclairage coûte donc, par heure et par puits . . . . . . fr. 0.2065

Or un lampion en tôle à quatre becs alimentés par de l'huile de houille coûte, d'usure et de consommation, 0,1543 et, comme il en faut quatre pour éclairer un puits, le prix de revient de cet éclairage est, par puits et par heure, de . . . » 0.6173

Différence en faveur des réverbères. . . fr. 0.4108

Engins de soutenement des mines de Fresnes et de Vieux-Condé (T. I. p. 533). *Prix de revient.*

Une botte en bois de chêne . . . . fr. 0 46
Deux frettes pesant 2 kilogr. à fr. 30 les % . » 0 60

A reporter. . . fr. 1 06

Report. . .	fr.	1	06
Main d'œuvre de ces frettes	»	0	30
Une rondelle en fer laminé, 1.75 kil. à fr. 30 les %,	»	0	52
Main d'œuvre	»	0	25
Vis et écrous en acier : 11.50 kilogr. . . .	»	17	70
Tête de vis : 3 kil. de fer à fr. 33 les %, . .	»	0	99
Main d'œuvre d'ajusteurs et forgerons . . .	»	2	65
Madrier en bois d'orme, de 1.80 de longueur,			
0.25 de largeur et 0.06 m. d'épaisseur . .	»	1	84
Total	fr.	25	31

Dans l'origine, les vis et leurs écrous étaient en fer et, par conséquent, coûtaient moins ; leur faible durée a engagé les exploitants à les faire en acier.

La clef destinée à desserrer les écrous des vis contient :

4.5 kilogr. fer laminé à fr. 30 les % . . .	fr.	1	35
3　id.　fer battu à » 33 les % . . .	»	0	99
Main d'œuvre des forgerons	»	2	00
Total. . . .	fr.	4	34

Une clef suffit pour dix appareils.

Avantages des muraillements en pierres sèches.

L'exposé succint d'un travail exécuté dans la mine de Monceau-Fontaine, près de Charleroi, permettra de comparer, sous le rapport économique, les boisages et les murs en pierres sèches (1).

Deux galeries, placées dans les mêmes conditions et ayant chacune 200 m. de longueur et des sections égales, ont été percées dans une couche de 0.75 m. de puissance,

(1) 3e *Bulletin de la Société des anciens Élèves de l'École spéciale des mines du Hainaut*, page 74.

inclinée de 35 degrés et reposant sur un mur sans consistance. L'une a été revêtue d'un boisage, l'autre d'un mur en pierres sèches. La première a dû être réparée trois fois en un an, tandis que la seconde était, à la même époque, en aussi bon état que le jour où elle a été achevée.

Le coût comparatif des deux espèces de revêtements peut être établi comme suit :

Galerie boisée	Main d'œuvre	fr.	3	00
	Montants	»	1	20
	Autre bois	»	1	50
	Total. . . .	fr.	5	70
Réparations	Main d'œuvre	»	2	00
	Bois	»	1	50
	Total. . . .	fr.	3	50
Soit par mètre courant : fr. 5.70 + (3 × 3.50) =		»	16	20
Galerie muraillée	Main d'œuvre	»	5	00
	Bois de revêtement . .	»	1	50
	Total. . . .	fr.	6	50
Différence		»	9	70

Une différence aussi sensible en faveur des muraillements en pierres sèches ne peut être considérée comme tout-à-fait normale : des circonstances peuvent se présenter où elle deviendra nulle ou se fera sentir en sens contraire. Mais on peut prévoir que, dans l'avenir, ce mode de soutenement offrira des avantages économiques certains, eu égard surtout à la cherté sans cesse croissantes des bois.

Comparaison entre les chapeaux en fer ou en bois et les voûtes en maçonnerie (T. I. p. 593).

Le lecteur a vu l'usage que l'on fait à Mariemont des

vieux rails provenant de voies ferrées de la surface.
Ils pèsent 25 kilogr. par mètre et coûtent fr. 10 les %..
Chaque chapeau, ayant une longueur de 2.80 m., pèse
donc 70 kilogr. et coûte 7 francs. Comme il en faut deux
pour un mètre courant de galerie, la dépense de ce chef
s'élève à 14 francs. Les *osselets*, semelles sur lesquelles
reposent les rails, ont 0.25 m. de longueur et 0.10 m.
d'équarrissage et forment un cube de 0.0025 m. c., ce qui
fait, pour quatre osselets en chêne à 100 fr. le mètre
cube, la somme de 1 franc. Ainsi l'unité linéaire du
revêtement du faîte coûte 15 fr., tandis qu'un chapeau de
chêne (pour un mètre courant de galerie) de 2.80 m. de
longueur et de 0.30 m. d'équarrissage, c'est-à-dire un
cube de 0.252 m. à 70 fr. le mètre, revient à fr. 17.64.

Outre ce désavantage direct, les bailes en bois, occupant plus de place que celles en fer, on est obligé d'arracher
0.20 m. de plus à la roche du faîte pour obtenir une
galerie de même hauteur. Enfin, les bailes en fer, pouvant
être retirées lorsque la voie devient inutile, conservent
encore une grande partie de leur valeur, tandis que le
bois est entièrement détérioré.

L'emploi des vieux rails pour étançonner le faîte des
excavations est aussi moins coûteux et d'une exécution
moins encombrante que celui des voûtes en maçonnerie.
En voici la preuve :

Une galerie de grande communication de la mine de
Sars-Longchamps (Centre du Hainaut), devait avoir une
largeur de 2.20 m. et autant de hauteur sous clef. La pro-
babilité d'une longue durée et le mauvais état de terrain
engagèrent les exploitants à la revêtir d'un muraillement
en voûte de 0.60 m. d'épaisseur.

Il fallait donc donner à la section d'entaillement 3.40 m.
de largeur sur 2.80 m. de hauteur. Le déblai était de

9.52 m. c. et le massif de maçonnerie mesurait 5.20 m. c. par mètre linéaire, ce qui occasionna les dépenses suivantes :

Creusement et service des maçons . . . . . fr.	57	00
Maçons : 5.20 m. c. à fr. 2.35 le mètre . . »	12	22
Transport des briques : 3,200 à fr. 1.75 le mille »	5	60
Briques : 3,200 à fr. 8 le mille. . . . . »	25	60
Chaux : 10 hectolitres à fr. 0.50 . . . . »	5	00
Cendres : 15 id. à fr. 0.20 . . . . »	3	00
Total. . . . fr.	108	42

L'emploi de chapeaux aurait permis de réduire la hauteur de la galerie à 2.15 m. et l'arrachement du rocher à un massif de 7.21 m. c. par mètre linéaire. Quant à la maçonnerie, dont les pieds droits seuls seraient conservés, son cube ne serait plus que de 2.40 m. c., en sorte que la dépense serait réduite de fr. 26.96, ainsi que le fait voir le détail suivant :

Creusement de la roche et service des maçons. fr.	47	00
Maçons : 2.40 m. c. à fr. 1.75 le mètre . . »	4	20
Transport des matériaux : 1,450 briques à fr. 1.75 le mille . . . . »	2	54
Chaux : 5 hectol. à fr. 0.50. . . . . . »	2	50
Briques : 1,450 à fr. 8 le mille. . . . . »	11	60
Cendres : 8 hectol. à fr. 0.20 . . . . . »	1	60
Vieux rails : 170 kil. à fr. 0.10. . . . . »	17	00
Semelles en chêne. . . . . »	5	00
Total. . . . fr.	91	44

En outre, le volume des déblais et des matériaux de maçonnerie à transporter, étant moindre, cause moins d'encombrement et moins de retard dans la circulation des produits, nouvelle source d'économie, qui échappe à toute évaluation.

Transport mécanique dans la mine de Sherburn (Voir T. II, p. 47).

Dans ce paragraphe et le suivant on a établi les prix comparatifs (1) du transport par machine et du transport par chevaux, sans tenir compte des dépenses pour installation de la machine et des chaudières, achat de chevaux et réfection de la voie.

I. *Transport par machine.*

A. ENTRETIEN DE LA MACHINE A VAPEUR.

1. Salaires.

Réparation de la machine et des chaudières . . .	fr. 1,250 00
Deux machinistes et un chauffeur	» 3,702 19

2. Matériaux.

Houille : 871 tonnes à fr. 2,462	» 2,145 12
Huile de machines : 36.3 litres à fr. 1.17	» 42 46
Suif : 44.43 kil., à fr. 1.25	» 55 54
Chanvre : 14.50 kil., à fr. 1	» 14 50
Filasse pour pistons : 57.13 kil., à fr. 1.04 . . .	» 59 41
Cordes pour garnitures, 26.3 kil., à fr. 0.85. . .	» 22 35
Coton : 6.8 kil., à fr. 1.81	» 12 30
Laine et chiffons pour nettoyer : 19.5 kil., à fr. 0.66.	» 12 88
Blanc de plomb : 13.2 kil., à fr. 0.85	» 11 22
Total pour 286 jours . . .	fr. 7,327 97

Soit par jour, fr. 25.62.

(1) Ces documents ont été fournis par M. Crawford, directeur des mines de Sherburn et de Sherburn-East, à MM. Serlo, V. Rohr et Engelhardt, collaborateurs d'une revue allemande *(Zeitschrift für das Berg-Hutten-und Salinenwesen in dem preussichen Staate)* qui nous a été d'un grand secours dans nos recherches relatives à la rédaction du présent ouvrage.

B. CABLES.

Câble d'avant : longueur 1,097.16 m., pesant
1,465 kil., à fr. 0.86 = fr. 1,259 90.

Le câble dure 13 mois en activité, d'où, pour
un an . . . . fr. 1,162 83

Câbles d'arrière, desservant quatre galeries et
pesant 4,059 kil., à fr. 0.86 = fr. 3,490 74.

Ils fonctionnent pendant trois ans, d'où, pour un an » 1,163 58
_____

Total pour 286 jours. . . . . fr. 2,326 41

Ou par jour, fr. 8.13.

C. ROULEAUX DE FRICTION.

361 pièces (pour le câble d'avant et
une longueur de 2,313 m.) y com-
pris le support et la pose, à fr. 7.50 = fr. 2,707 50

486 pièces pour câble de retour (sur
1700.60 m.) à fr. 6.25 . . . . = » 3,037 50
_____

fr. 5,745 00

Ces rouleaux ont été usés en 8 ans environ. Soit,
par an. . . . . fr. 718 12

Ou, par jour, fr. 2.51.

D. POULIES.

4 poulies, de 1.83 m. de diamètre à
l'extrémité des voies, à fr. 150 . = fr. 600 00

1 idem de 1.22 m. de diamètre. . = » 112 50

4 id. id. à fr. 100 = » 400 00
_____

fr. 1,112 50

Elle peuvent servir pendant 16 ans,
soit par an . . . . fr. 69 53

Ou, par jour, fr. 0.24.

E. GRAISSE POUR LES ROULEAUX ET LES CABLES.

934 kil. à fr. 1.245 . . . . fr. 228 83

Par jour, fr. 0.80.

F. SALAIRES POUR TRAVAUX DANS LES GALERIES.

1 jeune homme sur le convoi			fr.	3 125
6	id.	à l'accrochage dour donner les signaux, attacher et détacher les voitures, . .	»	11 250
1	id.	aux carrefours	»	1 875
4	id.	aux quatre extrémités de galerie . .	>	7 500
1	id.	pour graisser les rouleaux et les câbles	»	1 560

Total par jour, fr. 25.31.

Ensemble des totaux par jour : fr. 62.61.

Nombre de tonnes transportées : 576.

Soit : fr. 0.11 par tonne pour une distance de 732 m. Ou fr. 0.15 par tonne et par kilomètre.

II. Transport par chevaux.

Il faut 23 chevaux pour transporter le nombre de tonnes indiqué ci-dessus.

A. ENTRETIEN DES CHEVAUX.

Coût annuel d'un cheval (nourriture, médicaments, harnais, etc.), fr. 1,193.75, soit pour 23 chevaux. fr. 27,456 25

Par jour, fr. 96.

B. SALAIRES.

23 conducteurs à fr. 1.57 . . . = fr.	36 11
2 garçons à fr. 1.25 . . . . = »	2 50

Par jour, fr. 38.61

Ensemble des frais journaliers : fr. 134.61.

Ainsi le transport de 576 tonnes exige une dépense de fr. 134.61 pour une distance moyenne de 732 m.; une tonne, environ fr. 0.234; et la tonne kilométrique, fr. 0.32.

Le transport par machine coûte donc, par jour, fr. 0.17 de moins que par chevaux.

Transport mécanique dans la mine de Sherburn-East.

I. Transport par machine.

A. ENTRETIEN DE LA MACHINE.

1. Salaires.

Réparations de la machine et des chaudières. . .	fr.	1,875 00
2 machinistes et 2 chauffeurs	»	4,750 00

2. Matériaux.

Houille : 1,742 tonnes à fr. 2.463	fr.	4,290 45
Autres matériaux	»	500 00
Total. . . .	fr.	11,115 45

Par jour, fr. 39.91.

B. CABLES.

Câble d'avant (1647 m. de longueur), pesant 2441.75 kil., à fr. 0.86, soit fr. 2100 pour une durée de 15 mois, ou, pour un an	fr.	1.680 00
Câble d'arrière (2928 m. de longueur), pesant 3357.55 kil., à fr. 0.86, soit, fr. 2887.50, pour une durée de 2 1/2 années, et pour un an .	»	1,155 00
Total. . . .	fr.	2,835 00

Par jour, fr. 9.91.

C. ROULEAUX DE FRICTION.

360 rouleaux pour le câble d'avant, à fr. 7.50 pièce, y compris les crapaudines et la pose . . . . = fr.	2,700
250 rouleaux pour les câbles d'arrière, à fr. 6.25 . . . . . = fr.	1,562 50
Total pour une durée de 6 ans . . fr.	4,262 50
Donc, par an . . . . . . »	710 41

Par jour, fr. 2.48.

D. POULIE DES CABLES.

2 poulies de 2 44m. de diam. à fr. 200 = fr.   400 00
2 id. de 1.22 »   »   » 100 = »   200 00
1 id. de 1.53 »   »   » 125 = »   125 00

Durée, 12 ans . . . . fr. 725 00

Soit par an . . .   fr.   6041

Par jour, fr. 0.21.

E. GRAISSE POUR ROULEAUX ET CABLES.

610 kil., à fr. 0.246 . . . . . .   fr.   150 00

Par jour, fr. 0.52.

F. SALAIRES POUR TRAVAUX DANS LES VOIES.

2 garçons sur les trains, à fr. 3. 125 = fr.   6 250
3 id. pour accrocher les wagons
et opérer dans les carrefours à
fr. 1.875 . . . . = » 5.625 00

Total par jour, fr. 11 875

Ensemble des frais journaliers : fr. 64.905.
Nombre de tonnes transportées : 416.
Soit fr. 0.15 par tonne pour distance de 1716 m.
Ou fr. 0.09 par tonne kilométrique.

II. Transport par chevaux.

Il faut 44 chevaux pour suffire au transport de ces 416 tonnes.

A. ENTRETIEN DES CHEVAUX.

Coût annuel de 44 chevaux à fr. 1193.75   fr. 52,525 00

Par jour, fr. 183.65.

B. SALAIRES.

44 conducteurs à fr. 1.563 par jour = fr   .68 77
1 garçon d'écurie . . . . . , . »   1 25

Par jour . . . fr. 70 02
Ensemble des frais journaliers, fr. 253,67.

La dépense nécessaire pour transporter le même nombre de tonnes à 1 kilomètre serait ainsi de fr. 147.82.

Soit par tonne kilométrique : fr. 0.35.

Le transport par machine procure donc ici une économie de fr. 0.26.

Plus l'extraction sera forte, mieux se fera sentir l'avantage du transport mécanique, parce que l'usure des câbles, poulies, rouleaux, etc., reste toujours la même, quelle que soit la force de la machine, tandis que, dans l'ancien système, les frais d'entretien croissent proportionnellement au nombre de chevaux.

Devis estimatifs d'un transport mécanique et d'un transport par chevaux dans une mine anglaise.

On sait la difficulté qu'il y a de se procurer auprès des exploitants anglais, le moindre renseignement sur l'économie de leurs mines. Cette circonstance, que nous avons déjà signalée dans la première partie de cet ouvrage, donnera quelque intérêt à l'évaluation faite par un ingénieur anglais de la dépense que nécessiteraient, y compris l'amortissement du capital, un transport par machine et un transport par chevaux.

On suppose que l'extraction soit de 320 tonnes métriques et s'opère, au moyen d'une machine à vapeur, sur une voie horizontale de 2,414 m.

I. *Transport par machine,*

A. FRAIS D'ÉTABLISSEMENT.

Une machine à vapeur, — d'une force de 15 chevaux,
  à deux cylindres de 0.40 m. de diamètre, pour
  une pression de 2 atmosphères, — avec chaudières   fr. 10,500 00

A reporter. . . fr. 10,500 00

Report. . . fr.	10,500 00
4831.20 m. de câbles en fils de fer de 62 mm. de	
circonférence . . . . »	4,393 75
Rouleaux et poulies avec tourillons et supports. . »	8,075 00
Total. . . . fr.	22,968 75

B. FRAIS D'EXPLOITATION POUR UN JOUR.

1. Salaires.

Un machiniste . . . . fr.	5000
Un chauffeur. . . . . »	3124
Un ouvrier pour accrocher les cordes près du puit . . »	4374
Un garçon pour relier les wagons à l'accrochage. . . »	2500
Un ouvrier pour rattacher les wagons dans les voies . . »	4374
Un garçon pour relier les wagons dans les voies. . . »	2500
Un id. pour graisser les rouleaux . . . . . . »	2500
	fr. 24372

2. Matériaux.

Huile, suif, graisse pour la machine, les câbles et	
les rouleaux . . . . fr.	2500
Usure et rupture de la machine et des câbles. . . . »	12500
Id. des rouleaux et poulies . . . . »	7500
Houille pour les chaudières : 3 tonnes . . . . . . »	14060
	fr. 3656

Ensemble des frais journaliers, fr. 60.93.

II. Transport par chevaux.

A. FRAIS DE PREMIER ÉTABLISSEMENT.

20 chevaux à fr. 875. . . . . fr.	17,500 00
Harnachement. . . . . »	1,250 00
Timons pour attacher aux wagons. . . . . . »	250 00
Total. . . . fr.	19,000 00

B. FRAIS DE SERVICE POUR UN JOUR.

1. Salaires.

20 conducteurs de chevaux à fr. 1.874 . . . . fr.	37 48
3 palefreniers à fr. 3.75 . . . . »	7 50
Total . . . fr.	44 98

2. Matériaux.

Nourriture de 20 chevaux, à fr. 3.75 . . . . . . fr.	75	00
Ferrure . . . . »	4	37
Usure des harnais et des fers . . . . »	11	25
Médicaments pour les chevaux . . . . »	2	50
fr.	93	12

Ensemble des frais journaliers, fr. 138.10.

Le capital de premier établissement est donc, pour les machines et chaudières, de fr. 22.968.75, et, pour les chevaux, de 19000; différence à charge des premières: 3968.75. Mais la décroissance de valeur des chevaux est bien plus considérable que celle des machines. Pour 20 chevaux on peut admettre une détérioration journalière de 15 francs, ce qui fait qu'au bout de 4 ans ils sont presque sans utilité.

En laissant de côté cette considération, on constate le résultat suivant :

320 tonnes transportées sur des voies horizontales à 2414 m. coûtent :

Par machine à vapeur . . . . fr.	60	93
Par chevaux . . . . »	138	10
Excès de dépense de ces derniers. . . fr.	77	17

Transport souterrain dans la mine de Von-der-Heydt (T. II, p. 60).

1. Frais de premier établissement.

DÉSIGNATION DES POSTES.	SA-LAIRES.	MA-TÉRIAUX.	ENSEMBLE
1. Installation des bâtiments de la machine au jour . . .	3591.97	6337.34	9929.31
2. Machine au jour (achetée de rencontre)	—	8850.00	8850.00
3. Chaudières et accessoires . .	—	3678.82	3678.82
4. Courroie pesant 63.5 kilogr.	—	515.87	515.87
5. Conduite des travaux. . . .	750.00	—	750.00
6. Réparations à la machine . .	1051.16	—	1051.16
7. Maçonnerie des chaudières et transports divers	2251.94	—	2251.94
8. Machine souterraine	—	13015.54	13015.54
9. Conduites de vapeur par le puits Krug.	1470.28	1143.20	2613.48
10. Creusement de la chambre de la machine et fondations. .	3602.34	2598.31	6200.65
11. Agrandissement et muraillement de la galerie au-devant de la chambre.	909.00	878.33	1787.33
12. Achat et installation des rouleaux de conduite. . . .	1656.03	3087.08	4743.11
13. Idem de la sonnerie	647.00	592.95	1239.95
14. Installation de la conduite d'eau.	316.81	119.50	436.31
15. Autres dépenses	222.06	190.40	412.46
16. Deux wagons de contrôle . .	697.65	470.30	1167.95
17. Arrachement du sol des galeries de transport	3452.00	569.45	4021.45
18. Pose des rails à l'intérieur . .	1623.92	909.15	2533.07
19. Idem au jour	1161.00	948.30	2109.30
20. Nivellement de la halde . . .	472.36	—	472.36
21. Percement d'une communication	2290.84	282.87	2573.71
Totaux . . .	26166.36	44187.41	70353.77

2. *Frais journaliers.*

DÉSIGNATION DES POSTES	AVRIL	MAI	JUIN	TOTAL
Signaux et garages . .	539.06	593.40	550.62	1683.08
Personnel de service . .	130.00	125.00	115.00	370.00
Cantonniers .	209.13	225.03	209.13	643.29
Retireurs de wagons .	476.25	511.88	550.63	1548.76
Graisseurs de rouleaux .	53.18	57.81	53.18	164.17
Machinistes .	444.75	448.75	368.44	1261.94
Chauffeurs .	204.50	156.25	125.63	486.38
Matériaux de graissage .	82.75	84.00	80.25	247.00
Matériaux pour la machine.	176.06	140.28	166.38	482.72
30 tonnes de houille . .	300.00	300.00	300.00	900.00
Usure des câbles . . .	300.00	300.00	300.00	900.00
Idem des rouleaux . .	93.75	93.75	93.75	281.25
Total. .	3009.43	3036.15	2923.01	8968.59
Nettoyage (en moins) . .	150.00	150.00	150.00	450.00
Reste. .	2859.43	2886.15	2773.01	8518.59
Nombre de tonnes transportées . .	11722	12828.5	11394.5	35945
Prix par 100 tonnes . .	fr. 24.39	fr. 22.49	fr. 24.33	fr. 23.69
1 tonne à 1000 mètres . .	» 0.1515	» 0.1441	» 0.1524	» 0.1503

3. Tableau comparatif des frais par chevaux et par machines.

DÉSIGNATION DES TRAVAUX		AVRIL				MAI				JUIN			
		QUOTITÉS D'EXTRACTION par		MONTANT DES FRAIS par		QUOTITÉS D'EXTRACTION par		MONTANT DES FRAIS par		QUOTITÉS D'EXTRACTION par		MONTANT DES FRAIS par	
		tonne	tonne kilom.	Chevaux.	Machines	tonne	tonne kilom.	Chevaux.	Machines	tonne	tonne kilom.	Chevaux.	Machines
Du puits Krug 1881 mètres.	houille	5370.5	10102.0	2517.42	1558.78	5374.0	10108.5	1519.06	2467.01	4706.0	8852.0	2205.94	1380.60
	produits stériles	—	—	—	—	17.5	39.9	8.20	4.76	—	—	—	—
Couche Karl 1718.80 m.	houille	1927.5	3303.0	823.20	509.84	1831.5	3138.8	782.20	455.51	1913.0	3278.5	817.01	511.35
	produits stériles	75.0	128.5	32.03	19.84	260.0	445.6	111.04	64.67	267.5	458	114.24	71.51
Du puits Seil 1128 60 m.	houille	4094.0	4620.5	1343.35	712.97	4928.5	5561.8	1617.16	807.22	4310.5	4864.8	1414.38	358.77
	produits stériles	74.0	83.5	24.28	12.80	119.5	134.8	39.20	19.58	—	—	—	—
Totaux. . .		11541.0	18357.5	4740.28	2814.32	12521.0	19422.4	5076.86	2818.75	11197.0	17453.7	4551.57	2722.23
Vers le puits Krug	matériaux de maçonnerie	26.0	48.9	12.18	7.56	42.5	79.9	19.93	11.58	42.5	79.9	19.92	12.46
	bois	85.0	159.9	39.84	24.68	92.5	174.0	43.35	25.25	90.0	169.9	42.18	26.40
Vers la Couche Karl.	matériaux de maçonnerie	5.0	8.5	2.14	1.32	40.0	68.5	17.08	9.94	5.0	8.5	2.14	1.32
	bois	—	—	—	—	5.0	8.5	2.14	1.32	10.0	11.3	3.28	1.78
Vers le puits Seil.	matériaux de maçonnerie	22.5	25.4	4.10	4.10	55.0	62.0	18.04	9.08	50.0	56.4	16.40	8.83
	bois	42.5	47.9	7.48	7.48	62.5	70.5	20.51	10.23				
Totaux . . .		181.0	290.6	75.49	45.14	297.5	463.4	121.05	67.40	197.5	326.0	83.92	50.79
Sommes totales. . .		11722.0	18528.1	4815.77	2859.46	12828.5	19885.8	5197.91	2886.15	11394.5	17779.7	4635.49	2773.07

Transport par câbles dans la mine de Glücksburg
(T. II, page 74).

I. Frais d'établissement.

Bâtiment de la machine et des chaudières. . . .	fr.	5,881 82
Machine d'extraction et accessoires	»	11,250 00
Réservoirs pour les eaux alimentaires.	»	763 25
Rouleaux de conduite, supports, etc	»	2,624 70
Câbles	»	2,325 00
Rails	»	5,685 00
Clous pour les rails	»	825 00
Traverses pour rails et rouleaux	»	1.560 00
Étais pour les poulies du câble d'arrière	»	225 00
Salaires pour les constructions des planchers, la pose des étais, des rails, etc.	»	684 00
Tiges des signaux et pose	»	750 00
Total. . . .	fr.	32,574 52

II. Frais de service.

Houille : 1,500 quintaux à fr. 0.312	fr.	468 00
Matériaux pour la machine	»	121 50
Salaire du machiniste.	»	720 00
id. du chauffeur	»	540 00
Huile pour graisser les tourrillons des rouleaux et des poulies	»	611 25
Salaire des haveurs à fr. 1.84 par journée . . .	»	653 50
Id. des rouleurs et du garde-convoi	»	1,673 37
Usure des câbles (durée du câble d'avant, 15 mois ; du câble d'arrière : 3 ans).	»	1,113 75
Usure des rouleaux (durée : environ 8 ans) . . .	»	326 25
Total. . . .	fr.	6,227 62

La quantité totale du transport effectué pendant l'année 1863 a été de

Houille : 23071 tonnes métriques }
Déblais : 2207   »   »   } 25278 tonnes.

Le prix du transport de la tonne sur toute la distance a
donc été de fr. 0.246 ; et à 100 m., de fr. 0.0246. Mais
on aurait pu facilement tripler l'extraction sans augmenter
sensiblement les frais et en limitant à 8 heures la durée
du travail journalier.

Signaux électriques de Von-der-Heydt
(T. II, page 293).

Frais d'établissement.

1,883 m. de fil télégraphique à fr. 1 . . . . . . fr.	1,883	000
30 m. de fil de cuivre recouvert de gutta-percha — pour relier le précédent avec les sonneries, les galvanomètres et la batterie — à fr. 0.50. . . »	15	000
Deux plaques et conduites souterraines . . . . »	21	150
12 commutateurs en laiton, avec lames de contact en platine. . . . . »	52	500
10 manipulateurs complets, à fr. 4.375 la pièce . »	468	750
1883 m. de fil de traction. . . . . »	123	750
Deux grandes sonneries de Kramer à fr. 155.875 . »	311	750
Deux galvanomètres à fr. 27.125 . . . . . . »	54	250
Quatre boîtes pour renfermer les sonneries et les galvanomètres . . . . »	18	375
13 éléments de Meidinger avec les boulons d'ancrage. »	56	875
Caisse de la batterie . . . . »	7	500
Installation des fils de traction, des conducteurs et des appareils . . . . »	294	810
Total. . . . fr.	3,307	71

Les anciens signaux nécessitaient la présence de trois
manœuvres de jour et autant de nuit, gagnant, par journée
de 12 heures, fr. 2.156, ce qui ferait pour une année de
300 jours de travail, une somme de fr. 3,880, capable
d'amortir le capital ci-dessus en 10 1/2 mois.

FIN.

APPENDICE.

ADDITIONS & RECTIFICATIONS.

Nous nous étions proposé de donner à cet appendice une plus grande étendue et d'y consigner les faits intéressants dont l'art des mines s'est enrichi pendant le cours de la présente publication et que nous n'avons pu introduire dans le corps même de l'ouvrage. Après réflexion, nous avons décidé de garder jusqu'au bout la discrétion qui a été apportée dans les quelques ajoutes indispensables au manuscrit laissé par M. A.-T. Ponson.

Cependant les relations que l'auteur s'était ménagées dans tous les bassins houillers de l'Europe ne seront pas perdues, et nous comptons mettre à profit les documents que l'on continue de nous envoyer. Nous nous sommes assuré la collaboration éclairée d'un ingénieur belge, rompu à la pratique des mines et avantageusement connu déjà par des publications sur la matière.

Vitesse des cages et temps nécessaire pour les charger et les décharger.

On a vu (tome II, page 180), les vitesses extraordinaires que l'on imprime en Angleterre aux cages d'extraction et la rapidité des manœuvres relatives au chargement et au déchargement de ces cages. Il ne sera pas sans intérêt de mettre en regard de ces données deux exemples pris dans notre pays.

A la fosse *Vedette*, appartenant aux Charbonnages-Unis de l'Ouest de Mons (¹), la cage du levant prend au fond (495 m.), 4 chariots, et monte directement au jour. Celle du couchant charge 2 chariots à la même profondeur, remonte à 436 m., y prend deux autres chariots et part pour le jour. La durée moyenne d'une ascension de la cage du levant (de 495 m. au jour), est de 1' 25".

Le minimum de temps que l'on met au fond pour charger les 4 chariots est de 40", lorsque le nord et le midi donnent chacun 2 chariots; mais lorsque l'un des deux côtés fournit seul, il faut de 1' à 2' pour charger.

La cage du Couchant met en moyenne :

Ascension de 495 à 436 m. (parcours : 59 m.) . .	25"
Chargement de 2 chariots à l'étage de 436 m. . .	25"
Ascension de l'étage de 436 m. au jour	1' 5"
Total. . .	1' 55"

Le déchargement des 4 chariots au jour exige, en moyenne, de 30" à 40". Il se fait en même que le chargement au fond.

(¹) Fusion des Sociétés du Bois-de-Boussu, etc., dirigée par M. César Plumat, à qui nous devons ces renseignements.

La houillère de la Haye, où nous prendrons le second exemple (1), se trouve, comme on sait, dans une situation particulière. Située au sommet d'une colline, elle communique avec une des vallées qui l'entourent par un tunnel dont la chambre de réception est à 65 mètres de la surface. L'acrochage est à 411 mètres de profondeur. Les cages, qui pèsent 1100 kilogr., contiennent deux berlaines de 6.5 hectolitres, pesant ensemble 630 kilogr. et contenant 1170 kilog. de charbon. Soit un poids total de 2900 kilogr., que la machine doit élever à 346 m. Après le déchargement des charbons la cage montante continue sa marche et arrive à la surface avec un poids égal au poids mort, ou 1830 kilogr., non compris le poids de la corde — afin de permettre à l'autre cage de descendre à l'accrochage du fond. Il y a là une double manœuvre qui entraîne une grande perte de temps. On a cherché à l'éviter en réglant les cordes de manière que la cage du *haut-chif* (2) touchait l'accrochage de 411 m. lorsque l'autre se trouvait au tunnel. Après quelque temps, on a reconnu à ce procédé plusieurs inconvénients. Ainsi, la corde du *bas-chif*, sur une hauteur de 65 mètres — du jour au tunnel — ne pouvait être inspectée. En outre, le transport des ouvriers ne pouvant plus se faire que par une corde, il fallait un temps excessivement long pour distribuer les postes.

Le temps nécessaire pour charger à l'accrochage, remonter le trait jusqu'au tunnel, le décharger, et gagner la surface, est d'environ 3′.

(1) Extrait d'une obligeante communication de M. Ubaghs, sous-directeur de cette houillère.

(2) Le *haut* et le *bas-chif* sont les deux câbles qui, s'enroulant en sens inverses sur les bobines, passent, l'un par dessus, l'autre par dessous.

Pour arriver à la surface sans s'arrêter au tunnel, il faut, pour un trait de charbon, 70″ à 80″, suivant la pression, ce qui correspond à une vitesse moyenne de 5.85 à 6.00 m. par seconde.

Mais lorsqu'il y a halte au tunnel, on doit ajouter le ralentissement à l'arrivée et au départ, et le temps nécessaire pour laisser retomber la cage sur les taquets. Il faut ainsi 60″ à 65″ pour mettre le trait au tunnel et 18″ à 20″ pour arriver à la surface, ce qui correspond à une vitesse moyenne de 3.25 m.

Pour le transport des ouvriers, la vitesse est naturellement beaucoup plus petite. Le parcours de 411 m. se fait alors en 4 minutes au maximum, soit une vitesse moyenne de 1.71 m. Les ouvriers se fractionnent ici par postes de 12 hommes.

En résumé, le travail, de 6 heures du matin à 8 heures du soir, ou 14 heures, comprend la remonte des ouvriers de jour, la descente des ouvriers de nuit, l'extraction de 200 traits, ou 400 berlaines. Les ouvriers occupent les cordes pendant 2 1/2 heures. Il resterait donc 11 1/2 heures pour le trait ; mais on doit compter sur des pertes de temps, sur la descente des conducteurs, des surveillants, etc., enfin les retards fortuits.

Application d'une turbine hydraulique au transport souterrain.

L'auteur, à la page 120 du tome II, décrit une turbine appliquée par M. Gier aux travaux de mine. A ce propos, M. Grosrenaud, ingénieur de la compagnie des mines de la Barallière, près de St-Étienne, nous fait savoir que le 28 décembre 1853, il a pris, à *son brevet* d'invention (n° 13,800) sur les « roues hydrauliques à réaction, à axe horizontal et vertical », une addition pour des turbines à double aubage, l'une à droite, l'autre à gauche, applicables « au traînage dans les mines »; que peu de mois après, une de ces turbines était installée dans les mines de la Chazotte, près St-Étienne, sous une chute de 110 m., pour remonter les bennes sur un plan incliné intérieur; qu'enfin, à l'Exposition universelle de 1855, il exposa, en compagnie de M. Évrard, directeur des mines de la Chazotte, une autre turbine verticale, destinée à être installée dans ces mêmes mines, sous une chute de 150 m.

Nous donnons acte à l'honorable ingénieur français de sa réclamation, tout en lui faisant observer que l'auteur, en décrivant le traînage par câbles, établi à Zabrze, par M. Gier, ne nous paraît nullement attribuer à celui-ci une invention quelconque.

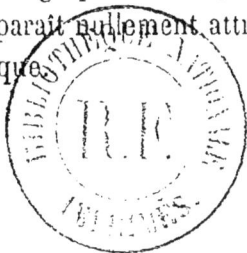

JULES PONSON.

TABLE DES MATIÈRES

CONTENUES DANS LE SECOND VOLUME.

CHAPITRE V.

TRANSPORT INTÉRIEUR.

Ire SECTION.

VOIES ET TRANSPORT INTÉRIEUR.

IIe SECTION.

VASES DE TRANSPORT INTÉRIEUR.

Ve SECTION.

MOTEURS D'EXTRACTION.

SECTION IV.

INTERMÉDIAIRES ENTRE LES POMPES ET LES MOTEURS.

SECTION V.

INSTALLATION DES POMPES ET DE LEURS ACCESSOIRES DANS LES PUITS.

SECTION VI.

MOTEURS D'ÉPUISEMENT.

CHAPITRE VII.

ÉCONOMIE DES MINES DE HOUILLE.

DE QUELQUES INNOVATIONS ENVISAGÉES AU POINT DE VUE DU PRIX DE REVIENT.

FIN DE LA TABLE.

ERRATA.

TOME PREMIER.

Page. Ligne.

39	3	en descendant,	*au lieu de*	elle, *lisez :* la vapeur.
40	13	»	»	e, » l.
82	8	en remontant,	»	fumicoton, *lisez :* fu-nicoton.

fumis, *lisez :* funis.

163	2	»	»	(1) Bulletin, *lisez :* (1) 10e Bulletin.
192	1	en descendant,	»	au-dessus, *lisez :* au-dessous.
200	15	»	»	

$$e = \frac{\sqrt{6 \times 1000\, H \times \left(D.\ tang. \frac{180}{n} \right)^2}}{8\, e}$$

lisez :

$$e = \frac{\sqrt{6 \times 1000\, H \times \left(D.\ tang. \frac{180}{n} \right)^2}}{8\, E}$$

201 *Remplacez la fin de la note par les lignes suivantes :*

$$e^2 (E - 4\, k) - 4\, k\, d\, e - k\, d^2 = 0 \, ;$$

$$\text{d'où } e = \frac{2\, d\, k \pm d \sqrt{k E}}{E - 4\, k}$$

Puis, remplaçant, sous le radical, k par sa valeur :

$$e = \frac{2\, d\, k \pm 5\, d. tg. \frac{180}{n} \sqrt{30\, E\, H}}{E - 4\, k} \, .$$

286 2 en remontant, *au lieu de* grune, *lisez*: grume.

288 1 en descendant, » Bellington, *lisez*: Bed-
lington.

340 6 en remontant, »

$$\pi R \times \frac{k}{360} - (r-e)\frac{r}{2}\sqrt{3} = \pi R^2 \times \frac{\frac{1}{2}k}{180} - (r-e)r\sqrt{3},$$

lisez:

$$\pi R^2 \frac{k}{360} - (r-e)\frac{r}{2}\sqrt{3} - \pi R^2 \frac{\frac{1}{2}k}{180} - (r-e)\frac{r}{2}\sqrt{3}$$

341 5 et 6 en descendant, *au lieu de*

$$Q = 3L\left[\pi R^2 \frac{\text{arc sin.}\dfrac{r\sqrt{3}}{2\sqrt{r^2-re+e^2}}}{180} - 3\sqrt{3}(r-e)\right]$$

$$= L\left[\pi R^2 \frac{\text{arc sin.}\dfrac{r\sqrt{3}}{2\sqrt{r^2-re+e^2}}}{60} - 3r\sqrt{3}(r-e)\right].$$

lisez:

$$Q = 3L\left[\pi R^2 \frac{\text{arc sin.}\dfrac{r\sqrt{3}}{2\sqrt{r^2-re+e^2}}}{180} - \frac{r}{2}\sqrt{3}(r-e)\right]$$

$$= L\left[\pi R^2 \frac{\text{arc sin.}\dfrac{r\sqrt{3}}{2\sqrt{r^2-re+e^2}}}{60} - \frac{3}{2}r\sqrt{3}(r-e)\right]$$

370 16 en remontant *après* souffle, *lisez*: léger.

583 13 » *au lieu de*: à les projeter, *lisez*:
de les projeter.

594 10 » » la bas de l'étais *lisez*:
la base de l'étai.

TOME SECOND.

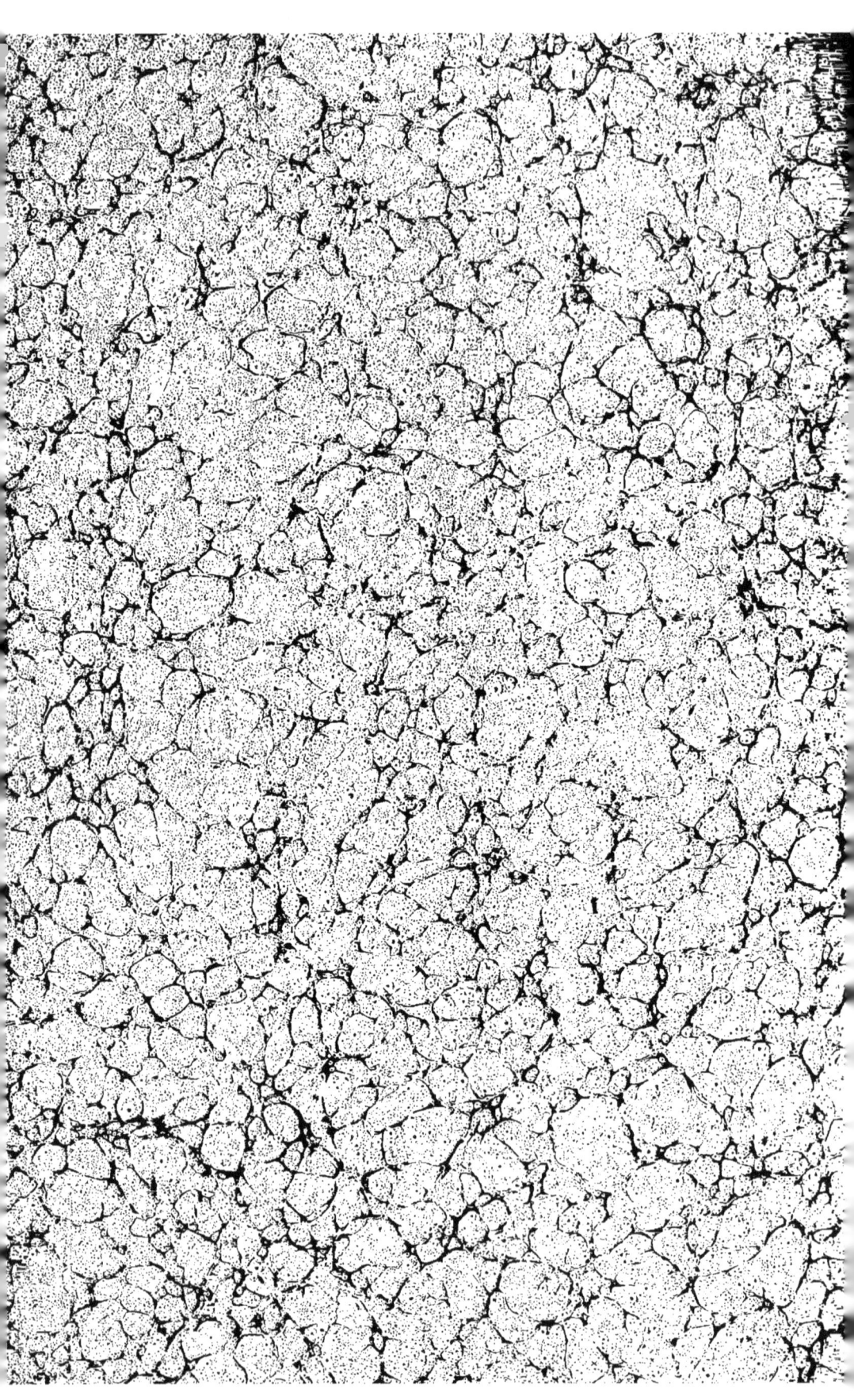

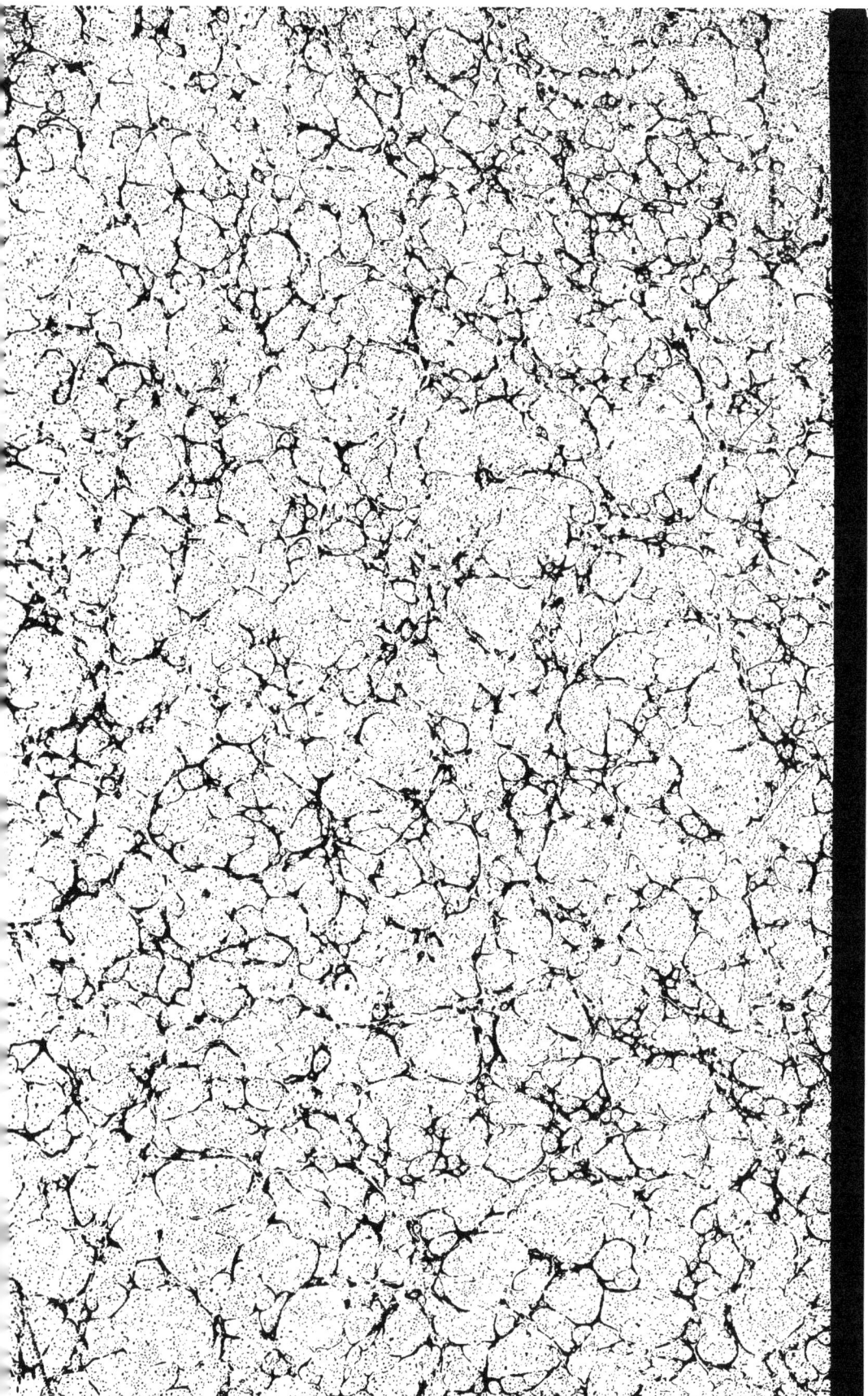

www.ingramcontent.com/pod-product-compliance
Lightning Source LLC
Chambersburg PA
CBHW060846220326

41599CB00017B/2400